AF551754

EUL
VERLAG

Rechnungslegung und Wirtschaftsprüfung

Herausgegeben von Prof. (em.) Dr. Dr. h. c. Jörg Baetge, Münster, Prof. Dr. Hans-Jürgen Kirsch, Münster, und Prof. Dr. Stefan Thiele, Wuppertal

Band 48
Dominik Dettenrieder
Hedge Accounting in Industrieunternehmen nach IFRS 9
Lohmar – Köln 2014 ♦ 320 S. ♦ € 62,- (D) ♦ ISBN 978-3-8441-0337-3

Band 49
Florian Gallasch
Die Bilanzierung von Versicherungsverträgen nach IFRS 4 Phase II – Das Bewertungsmodell für Erst- und passive Rückversicherungsverträge im Schaden- und Unfallbereich
Lohmar – Köln 2014 ♦ 344 S. ♦ € 63,- (D) ♦ ISBN 978-3-8441-0374-8

Band 50
Christoph Pier
Die Bilanzierung landwirtschaftlicher Vermögenswerte nach IAS 41 und den Regelungsänderungen „Agriculture: Bearer Plants"
Lohmar – Köln 2015 ♦ 288 S. ♦ € 58,- (D) ♦ ISBN 978-3-8441-0383-0

Band 51
Florian Steinbach
Der Kapitalisierungszinssatz in der Praxis der Unternehmensbewertung – Theoretische und empirische Analyse der Ermessensspielräume bei der Ermittlung objektivierter Unternehmenswerte nach IDW S 1
Lohmar – Köln 2015 ♦ 296 S. ♦ € 59,- (D) ♦ ISBN 978-3-8441-0403-5

Band 52
Peter Dittmar
Behavioral Auditing – Begrenzte Rationalität und Entscheidungsheuristiken im Kontext der Urteilsbildung des Abschlussprüfers
Lohmar – Köln 2015 ♦ 320 S. ♦ € 62,- (D) ♦ ISBN 978-3-8441-0418-9

JOSEF EUL VERLAG

Reihe: Rechnungslegung und Wirtschaftsprüfung · Band 52

Herausgegeben von Prof. (em.) Dr. Dr. h. c. Jörg Baetge, Münster, Prof. Dr. Hans-Jürgen Kirsch, Münster, und Prof. Dr. Stefan Thiele, Wuppertal

Dr. Peter Dittmar

Behavioral Auditing

Begrenzte Rationalität und Entscheidungsheuristiken im Kontext der Urteilsbildung des Abschlussprüfers

Mit einem Geleitwort von Prof. Dr. Dr. h. c. Jörg Baetge, Westfälische Wilhelms-Universität Münster

Bibliografische Information der Deutschen Nationalbibliothek

Die Deutsche Nationalbibliothek verzeichnet diese Publikation in der Deutschen Nationalbibliografie; detaillierte bibliografische Daten sind im Internet über <http://dnb.d-nb.de> abrufbar.

Dissertation, Westfälische Wilhelms-Universität Münster, 2014

D 6

ISBN 978-3-8441-0418-9
1. Auflage September 2015

© JOSEF EUL VERLAG GmbH, Lohmar – Köln, 2015
Alle Rechte vorbehalten

JOSEF EUL VERLAG GmbH
Brandsberg 6
53797 Lohmar
Tel.: 0 22 05 / 90 10 6-6
Fax: 0 22 05 / 90 10 6-88
E-Mail: info@eul-verlag.de
http://www.eul-verlag.de

Bei der Herstellung unserer Bücher möchten wir die Umwelt schonen. Dieses Buch ist daher auf säurefreiem, 100% chlorfrei gebleichtem, alterungsbeständigem Papier nach DIN 6738 gedruckt.

Geleitwort

Nach den Annahmen der neoklassischen Theorie in der Ökonomie bilden Menschen ihre Urteile stets unbegrenzt rational. Sie wählen danach immer diejenige Entscheidungsalternative, die den höchsten Nutzen für sie bringt. Dagegen ist nach den Erkenntnissen der kognitiven Psychologie die kognitive Leistungsfähigkeit des Menschen begrenzt. Dies ergibt sich aus der begrenzten Informationsaufnahme- und Informationsverarbeitungskapazität des menschlichen Gedächtnisses und führt dazu, dass der Mensch in der Regel nur begrenzt rationale Urteile abgeben kann. Folge dieser begrenzten Rationalität ist, dass der Mensch in zahlreichen Entscheidungssituationen unbewusst auf Entscheidungsheuristiken zurückgreift. Darunter sind kognitive Problemlösungsverfahren zu verstehen, mit welchen die Komplexität des zu lösenden Entscheidungsproblems reduziert wird, bevor auf Basis des vereinfachten Entscheidungsproblems ein Urteil gebildet wird. Durch die unbewusste Verwendung von Entscheidungsheuristiken verringert sich der kognitive Aufwand (sog. Denkkosten), den der Mensch zur Lösung eines Entscheidungsproblems benötigt. In der kognitionspsychologischen Forschung sind zahlreiche Entscheidungsheuristiken erforscht worden, die dazu führen, dass Menschen zu verzerrten Urteilen gelangen. Ein Urteil wird als verzerrt bezeichnet, wenn das Entscheidungsergebnis systematisch von der rational betrachtet „richtigen" Lösung des Entscheidungsproblems abweicht. Systematisch bedeutet in diesem Zusammenhang, dass Abweichungen von der „richtigen" Lösung regelmäßig auftreten und Menschen die für ihre Urteilsbildung relevanten Faktoren zu stark oder zu schwach in ihrem Entscheidungskalkül berücksichtigen. Derart verzerrte Urteile sind insoweit problematisch, als der Mensch nur unbewusst auf Entscheidungsheuristiken zurückgreift. Der systematischen Verzerrung seiner Urteile ist er sich folglich nicht bewusst. Vielmehr hält er diese verzerrten Urteile für korrekte Aussagen.

Die Urteilsbildung des Abschlussprüfers stellt einen Sonderfall der menschlichen Urteilsbildung dar. Der Abschlussprüfer hat bei einer Abschlussprüfung auf Basis unsicherer Informationen sowie unter Zeit- und Budgetdruck eine Vielzahl von Einzelurteilen zu bilden. Wie jeder Mensch kann auch ein Abschlussprüfer nur begrenzt rational entscheiden. Unbewusst bedient er sich bei der Bildung seines Prüfungsurteils zahlreicher Entscheidungsheuristiken, die dazu führen können, dass er verzerrte Urteile abgibt. Derart verzerrte Urteile sind für den Abschlussprüfer problematisch, weil sie zu Effektivitäts- und Effizienzverlusten bei der Abschlussprüfung bzw. zu Fehlurteilen führen können. Diese hätten zur Folge, dass das vom Abschlussprüfer qua Gesetz von der Öffentlichkeit erwartete sichere und genaue Urteil über die Normenkonformität eines Jahresabschlusses (zu möglichst geringen Kosten) nicht erreicht wird. Da dies zu schwerwiegenden Konsequenzen für den Abschlussprüfer führen könnte, ist der unbewusste Einsatz von Entscheidungsheuristiken durch den Abschlussprüfer für die betriebswirtschaftliche Prüfungsforschung und die Prüfungspraxis von besonderer Bedeutung.

Der Verfasser verfolgt in der vorliegenden Arbeit das Ziel, empirisch gesicherte Erkenntnisse der kognitiven Psychologie in die betriebswirtschaftliche Prüfungsforschung zu integrieren, um die reale Urteilsbildung des Abschlussprüfers bei der Abschlussprüfung zu beschreiben, zu erläutern und zu prognostizieren. Dazu wird untersucht, an welchen Stellen der Abschlussprüfung der Abschlussprüfer unbewusst auf Entscheidungsheuristiken zurückgreift, wie diese dazu führen können, dass der Abschlussprüfer zu einem verzerrten Urteil gelangt, und wie derartige Urteilsverzerrungen in ihrer Intensität verringert bzw. vermieden werden können.

Die vorliegende Arbeit ist in sechs Abschnitte gegliedert. Im **ersten Abschnitt** werden die Problemstellung und der Gang der Untersuchung erläutert.

Im **zweiten Abschnitt** grenzt der Verfasser sein Untersuchungsobjekt ab. Dazu definiert er die Begriffe „Abschlussprüfung“, „Abschlussprüfer“ und „Urteilsbildung“. „Abschlussprüfung“ soll danach ein dem Wirtschaftlichkeitsprinzip unterliegender planvoller Informationsprozess zur Bildung eines hinreichend sicheren und genauen Urteils über die Normenkonformität des Jahresabschlusses eines Unternehmens sein. Unter den Begriff „Abschlussprüfer“ subsumiert der Verfasser alle an einer Abschlussprüfung mitwirkenden Personen, welche auf Basis selbst erstellter Arbeitspapiere die „Vor“-Urteile liefern, die der mandatsverantwortliche Abschlussprüfer zu einem Gesamturteil über die Normenkonformität des Jahresabschlusses des geprüften Unternehmens aggregiert. Der Verfasser merkt an, dass durch Entscheidungsheuristiken hervorgerufene Urteilsverzerrungen vereinzelt vom mandatsverantwortlichen Abschlussprüfer aufgedeckt und korrigiert werden können, wenn dieser die „Vor"-Urteile der an einer Abschlussprüfung mitwirkenden Personen zu einem Gesamturteil aggregiert. Diese Aggregation ist nicht Gegenstand der vorliegenden Untersuchung. „Urteilsbildung" ist ein nach Auffassung des Verfassers innermenschlicher Prozess, bei welchem einem zu beurteilenden Objekt ein spezieller Wert auf einer Urteilsdimension zugeordnet wird. Das Urteil drückt demnach aus, wie der Abschlussprüfer einen oder mehrere Sachverhalte einschätzt.

Im **dritten Abschnitt** stellt der Verfasser die für die vorliegende Untersuchung relevanten Grundlagen der betriebswirtschaftlichen Prüfungstheorie vor. Zunächst werden die Zielsetzung und die Notwendigkeit des risikoorientierten Prüfungsansatzes erläutert und anschließend formalisiert. Darauf aufbauend beschreibt der Verfasser das Prüfungsvorgehen des Abschlussprüfers als eine Phasenfolge. Die Abschlussprüfung gliedert er dazu in die Phasen „Prüfungsplanung", „Prüfungsdurchführung" und „Prüfungsüberwachung". Der Verfasser nutzt diese Phasen in seiner Arbeit als Raster und überträgt die Erkenntnisse der kognitiven Psychologie über die Urteilsbildung des Menschen auf den Urteilsbildungsprozesses eines Abschlussprüfers.

Im **vierten Abschnitt** erläutert der Verfasser die für die vorliegende Arbeit relevanten Erkenntnisse der kognitiven Psychologie über die Urteilsbildung des Menschen. Dazu stellt er zunächst den Informationsverarbeitungsansatz dar, der die menschliche Urteilsbildung als einen Informationsverarbeitungsprozess beschreibt. Daran anschließend stellt der Verfasser das Mehr-Speicher-Modell des menschlichen Gedächtnisses vor. Der Verfasser nutzt dieses Modell, um zu klären, warum die kognitive Leistungsfähigkeit des Menschen begrenzt ist. Diese Begrenzung ergibt sich vor allem aus der nur sehr geringen Speicherkapazität des menschlichen Kurzzeitgedächtnisses. Diese begrenzte kognitive Leistungsfähigkeit, die im Schrifttum auch als begrenzte Rationalität bezeichnet wird, führt dazu, dass der Mensch die von ihm zu lösenden Entscheidungsprobleme unbewusst systematisch vereinfacht, d. h. die Komplexität des Entscheidungsproblems reduziert, sodass er das Problem „lösen" kann. Wie die als Entscheidungsheuristiken bezeichneten Vereinfachungsprozesse im Unterbewusstsein ablaufen, erläutert der Verfasser anhand der sog. Problemraumtheorie. Anschließend stellt er ausgewählte Entscheidungsheuristiken vor. Zunächst wird jede dieser Entscheidungsheuristiken vom Verfasser „definiert“. Daraufhin wird beschrieben, wieweit diese Entscheidungsheuristiken jeweils dazu führen (können), dass der Mensch zu einem verzerrten Urteil gelangt und worauf diese verzerrten Urteile zurückzuführen sind.

Im **fünften Abschnitt** führt der Verfasser die Erkenntnisse über den Prüfungsprozess des Abschlussprüfers mit den Erkenntnissen der kognitiven Psychologie über die Urteilsbildung des Menschen zusammen. Zunächst erläutert er die Urteilsbildung des Abschlussprüfers anhand der Problemraumtheorie. Darauf aufbauend untersucht der Verfasser, auf welche Entscheidungsheuristiken der Abschlussprüfer in den drei Phasen der Abschlussprüfung („Prüfungsplanung“, „Prüfungsdurchführung“ und „Prüfungsüberwachung“) jeweils unbewusst zurückgreift. Für jede der von ihm identifizierten Entscheidungsheuristiken erläutert der Verfasser dann ausführlich, wie diese dazu führen können, dass der Abschlussprüfer zu einem verzerrten Urteil gelangt. Daran anschließend entwickelt der Verfasser eine Vielzahl von Entscheidungshilfen, die dazu beitragen könnten, die sich aus den vom Abschlussprüfer unbewusst herangezogenen Entscheidungsheuristiken ergebenden Urteilsverzerrungen in ihrer Intensität zu verringern bzw. ganz zu vermeiden.

Im **sechsten Abschnitt** schließt der Verfasser mit einer Zusammenfassung der wichtigsten Ergebnisse und gibt einen Ausblick, welche Implikationen die gewonnenen Untersuchungserkenntnisse für die Prüfungsforschung und die Prüfungspraxis haben.

Mit der gut nachvollziehbaren Monografie beschreibt und erläutert der Verfasser anschaulich die oftmals abstrakten und wenig eingängigen Theorien der kognitiven Psychologie und integriert diese systematisch in die betriebswirtschaftliche Prüfungsforschung. Zahlreiche Übersichten und Beispiele verdeutlichen die vom Verfasser aus der kognitiven Psychologie herausgearbeiteten Entscheidungshilfen für den Abschlussprüfer.

Münster in Westfalen, im Oktober 2014 — Prof. Dr. Dr. h.c. Jörg Baetge

Vorwort des Verfassers

Die vorliegende Arbeit entstand während meiner Tätigkeit als wissenschaftlicher Mitarbeiter im Forschungsteam Baetge und meiner Tätigkeit als fachlicher Mitarbeiter bei der KPMG LLP in New York. Sie wurde im Juli 2014 von der Wirtschaftswissenschaftlichen Fakultät der Westfälischen Wilhelms-Universität Münster als Dissertation angenommen.

Meinem hochverehrten Doktorvater, Herrn Professor Dr. Dr. h.c. Jörg Baetge, danke ich herzlich für die wissenschaftliche Betreuung der Arbeit und für die Übernahme des Erstgutachtens. Seine stete Diskussionsbereitschaft und seine wertvollen Anregungen haben erheblich zum Gelingen dieser Arbeit beigetragen. Mein Dank gilt auch Herrn Professor Dr. Wolfgang Berens für die Übernahme des Zweitgutachtens und Herrn Professor Dr. Gustav Dieckheuer für seine Mitwirkung in der Promotionskommission.

Meinen ehemaligen und derzeitigen Kollegen des Forschungsteams Baetge danke ich nicht nur für die stets sehr gute Zusammenarbeit und die fachliche Unterstützung, sondern auch für die gelegentliche Ablenkung von der Forschung. Namentlich erwähnen möchte ich Herrn Dr. Henner Klönne, Frau Dipl.-Ök. Ilka Lappenküper und Herrn Dipl.-Volksw. Alois Panzer. Mein besonderer Dank gilt Herrn Dr. Fabian Graupe, der trotz seiner hohen Arbeitsbelastung das Manuskript der vorliegenden Arbeit kritisch durchgesehen hat und zahlreiche Verbesserungsvorschläge unterbreitete. Großer Dank gebührt zudem Herrn Dr. Michael Janko, der neben den Höhen und Tiefen der Dissertationsphase auch die Wohnung in Münster mit mir geteilt hat. Unsere regelmäßigen fachlichen Diskussionen haben die Arbeit wesentlich vorangebracht. Darüber hinaus danke ich den Kollegen am Institut für Rechnungslegung und Wirtschaftsprüfung unter der Leitung von Herrn Professor Dr. Kirsch für die stets konstruktive Kritik an meinem Forschungsprojekt in den gemeinsamen Doktorandenseminaren. Besonders hervorheben möchte ich hier Herrn Dr. Timo Hesse, der mir ununterbrochen für fachliche und nicht fachliche Diskussionen zur Verfügung stand.

Zu großem Dank bin ich ferner der KPMG LLP verpflichtet. Für den Vertrauensvorschuss, mich als Berufseinsteiger unmittelbar in der New Yorker Niederlassung einzusetzen, danke ich Herrn WP/StB Dr. Norbert Fischer und Frau WP/StB Michaela Peisger. Mein besonderer Dank gebührt den Herren WP/StB Thomas Bohn, WP Dr. Benedikt Brüggemann und WP Tobias Meyer. Ihnen habe ich nicht nur eine exzellente praktische Ausbildung zu verdanken. Sie haben mir auch sehr geholfen, eine theoretisch fundierte, aber gleichzeitig praktisch nutzbare Dissertation zu verfassen.

Auch in meinem privaten Umfeld hatte ich zahlreiche Stützen. Besonders hervorheben möchte ich Herrn StB Stephan Schwitte, der nicht müde wird, meine fachlichen und nicht fachlichen Ideen mit scharfem Verstand kritisch zu reflektieren. Für die unzähligen Stunden, die er mit beeindruckender Hartnäckigkeit in den Feinschliff der vorliegenden Arbeit investierte, danke ich ihm sehr. Furthermore, I want to thank Mr. Dritan Muneka, MDipl & Trade, for all the technical discussions during my work on this dissertation, his scintillatingly witty lectures on life in general, and the binders full of memories of our marvelous time in New York. Großer Dank gilt nicht zuletzt auch Herrn Thomas Heumer, der mit seiner abendfüllenden Persönlichkeit und seiner unvergleichlichen Ironie großen Anteil am guten Gelingen der Arbeit hat.

Ganz besonders danken möchte ich meiner Frau Rabea Dittmar, die durch das Promotionsprojekt sicherlich die größten Einschränkungen hat hinnehmen müssen. Sie hat mir in den vergangenen Jahren den Rückhalt gegeben, der nicht nur für die Promotion essenziell war. Ihr gegenüber stehe ich in echter Schuld.

Der größte Dank gebührt schließlich meinen Eltern, Christa und Peter Dittmar, die mich auf meinem bisherigen Lebensweg mit großer Zuversicht, vertrauensvoll und bedingungslos in außergewöhnlicher Weise unterstützt und gefördert haben. Einen Großteil dessen, was ich in meinem Leben erreicht habe – dazu zählt auch diese Promotion – habe ich ihrem unerschütterlichen Glauben an mich zu verdanken. Meine Mutter konnte den Abschluss dieser Promotion leider nicht mehr miterleben. Mit dem Wissen über die Freude, welche ihr meine Promotion bereitet hätte, gab sie über ihren Tod hinaus zusätzliche Willensstärke, diese Arbeit zu beenden. Ihr und meinem Vater ist diese Arbeit gewidmet.

Münster in Westfalen, im Oktober 2014 — Peter Dittmar

Inhaltsübersicht

Inhaltsverzeichnis

Verzeichnis der Übersichten

Abkürzungsverzeichnis

A

a. A.	anderer Auffassung
ABC	Center for Adaptive Behavior and Cognition
ACL	Audit Command Language
APAK	Abschlussprüfer-aufsichtskommission
APC	Auditing Practice Committee
AR	*audit risk*
ARR	*analytical review risk*
AU	Interim Auditing Standards
AU-C	Clarified Auditing Standards
Aufl.	Auflage

B

BBR	Baetge-Bilanz-Rating®
BS	Berufssatzung
bzgl.	bezüglich
bzw.	beziehungsweise

C

CPA	Certified Public Accountant
CR	*control risk*

D

d. h.	das heißt
Dipl.-Kfm.	Diplom-Kaufmann
DPR	Deutschen Prüfstelle für Rechnungslegung
DR	*detection risk*

E

EDV	Elektronische Datenverar-beitung
ESMA	European Securities and Markets Authority
EU	Europäische Union

F

f.	folgende (Seite)
ff.	fortfolgende (Seiten, Jahre)
F&E	Forschung und Entwick-lung

G

GE	Geldeinheiten

H

Hrsg.	Herausgeber
hrsg. v.	herausgegeben von

I

IAASB	International Auditing and Assurance Standards Board
IDEA	Interactive Data Extraction and Analysis
IDW PS	Prüfungsstandards des Instituts der Wirtschaftsprüfer in Deutschland e.V.
IDW	Institut der Wirtschaftsprüfer in Deutschland e.V.
IFAC	International Federation of Accountants
IFRIC	International Financial Reporting Interpretations Committee
IFRS	International Financial Reporting Standards
IKS	Internes Kontrollsystem
inkl.	inklusive
IR	*inherent risk*
ISA	International Standard(s) on Auditing
ISQC	International Standard on Quality Control
IT	Informationstechnologie
i. V. m.	in Verbindung mit

K

KPMG	Klynveld Peat Marwick Goerdeler

M

Mio.	Millionen
m. w. N.	mit weiteren Nachweisen

N

n. F.	neue Fassung
No.	*number*
Nr.	Nummer(n)

P

PCAOB	Public Company Accounting Oversight Board
PS	Prüfungsstandard(s)

R

rev.	*revised*
RiskCalc	Moody's RiskCalc™
RMM	*risk of material misstatement*
Rn.	Randnummer

S

S.	Seite(n)
SAS	Statements on Auditing Standards
SIC	Standing Interpretations Committee

sog. sogenannte

Sp. Spalte

T

TDR *test of details risk*

Tz. Textziffer

U

u. a. und andere

V

vBP vereidigte Buchprüfer

vgl. vergleiche

VO Verordnung

W

WP Wirtschaftsprüfer

WPK Wirtschaftsprüferkammer

www *world wide web*

Z

z. B. zum Beispiel

1 Einleitung

11 Problemstellung

Ziel der Abschlussprüfung[1] ist es, dass der Abschlussprüfer[2] ein **hinreichend sicheres[3] und genaues[4] Urteil** darüber abgibt, ob der Jahresabschluss eines Unternehmens in Einklang mit den jeweils einschlägigen Rechnungslegungsvorschriften steht (Effektivität der Abschlussprüfung). Dieses Prüfungsurteil hat der Abschlussprüfer **mit geringstmöglichen Kosten** der Prüfungsdurchführung zu erreichen (Effizienz der Abschlussprüfung).[5] Bevor der Abschlussprüfer allerdings **ein Gesamturteil** über den Jahresabschluss abgeben kann, hat er auf Basis unsicherer Informationen sowie unter Zeit- und Budgetdruck zahlreiche Einzelurteile zu bilden.[6]

Nach den neoklassischen Annahmen der Ökonomie[7] bildet der Mensch jedes seiner Urteile **unbegrenzt rational**[8]. Danach, so wird angenommen, wählt der Mensch in Einklang mit der (subjektiven) Erwartungsnutzentheorie[9] und dem BAYES-Theorem[10]

---

1 Abschlussprüfung kann als betriebswirtschaftliche Prüfung allgemein als ein dem Wirtschaftlichkeitsprinzip unterliegender Prozess zur Bildung eines vertrauenswürdigen Urteils über die Normenkonformität des Prüfungsobjekts definiert werden. Vgl. LEFFSON, U., Wirtschaftsprüfung, S. 13 und S. 325; LOITLSBERGER, E., Treuhand- und Revisionswesen, S. 27; RICHTER, M., Theorie betriebswirtschaftlicher Prüfungen, S. 271; RUHNKE, K., Abschlußprüfung, S. 11. Der Begriff „Abschlussprüfung" wird im Folgenden synonym mit „Prüfung" verwandt.

2 Der Begriff „Abschlussprüfer" wird im Folgenden synonym mit „Prüfer" verwandt.

3 Ein Prüfungsurteil gilt ab einer Prüfungssicherheit von 95 % als hinreichend sicher. Dies entspricht einem Prüfungsrisiko von 5 %. Vgl. dazu statt vieler BAETGE, J., Risikoorientierter Prüfungsansatz, S. 439, sowie STIBI, E.-M., Risikoorientierte Abschlußprüfung, S. 186 m. w. N.

4 Ein hinreichend sicheres Prüfungsurteil gilt nach BAETGE dann als hinreichend genau, wenn es einen Genauigkeitsgrad von 99 % aufweist. Vgl. dazu BAETGE, J., Sicherheit und Genauigkeit, S. 720. Ausführlich zur geforderten Genauigkeit des Prüfungsurteils vgl. LEFFSON, U./LIPPMANN, K./BAETGE, J., Sicherheit und Wirtschaftlichkeit der Urteilsbildung, S. 32 f.

5 Vgl. LEFFSON, U./LIPPMANN, K./BAETGE, J., Sicherheit und Wirtschaftlichkeit der Urteilsbildung, S. 16, sowie LOITLSBERGER, E., Treuhand- und Revisionswesen, S. 22 f.

6 Vgl. dazu RUHNKE, K., Prüfungswerkzeug, S. 127; SCHREIBER, S., Informationsverhalten von Wirtschaftsprüfern, S. 38; SCHWIND, J., Informationsverarbeitung von Wirtschaftsprüfern, S. 17; SOLOMON, I./SHIELDS, M., Decision-Making in Auditing, S. 139.

7 Vgl. BRETZKE, W.-R., Homo Oeconomicus, S. 21 f. und S. 29-41; KIRCHGÄSSNER, G., Homo Oeconomicus, S. 66-98.

8 Zur Unbestimmtheit des Begriffs „rational" vgl. EISENFÜHR, F./WEBER, M./LANGER, T., Rationales Entscheiden, S. 4 f.

9 Nach der (subjektiven) Erwartungsnutzentheorie entscheiden Menschen so, dass sie den vom Urteil erwarteten Nutzen maximieren. Der erwartete Nutzen eines Urteils ergibt sich aus der Summe der mit den jeweiligen Eintrittswahrscheinlichkeiten gewichteten möglichen Entscheidungsalternativen.

immer diejenige Entscheidungsalternative aus, die für ihn den **höchsten Nutzen** aufweist.[11] Indes ist der Mensch nach den Erkenntnissen der kognitiven Psychologie realiter nicht dazu in der Lage, alle für die Beurteilung eines bestimmten Sachverhalts relevanten Informationen aufzunehmen und fehlerfrei zu einem Urteil zu verarbeiten.[12] Die **kognitive Leistungsfähigkeit** des Menschen ist nämlich in der Realität **begrenzt**. Denn der Mensch besitzt biologisch bedingt nur eine begrenzte Informationsaufnahme- und Informationsverarbeitungskapazität. Im Schrifttum wird dies als begrenzte Rationalität bezeichnet.[13]

Als Folge dieser **begrenzten Rationalität** greifen Menschen in bestimmten Entscheidungssituationen unbewusst auf sog. Entscheidungsheuristiken[14] zurück.[15] **Entscheidungsheuristiken** sind kognitive Problemlösungsverfahren,[16] bei denen zunächst die Komplexität der zu lösenden Entscheidungsprobleme reduziert und dann auf Basis des vereinfachten Entscheidungsproblems ein Urteil gebildet wird (kognitive Faustregeln)[17].[18] Durch die unbewusste Nutzung von Entscheidungsheuristiken verrin-

Vgl. dazu grundlegend NEUMANN, J. V./MORGENSTERN, O., Theory of Games and Economic Behavior; SAVAGE, L., Foundations of Statistics; EDWARDS, W., Theory of Decision Making.

10 Das BAYES-Theorem stammt aus der Wahrscheinlichkeitstheorie und beschreibt, wie bedingte Wahrscheinlichkeiten zu berechnen sind, also wie eine A-priori-Wahrscheinlichkeit bei Beobachtung neuer Informationen in eine A-posteriori-Wahrscheinlichkeit zu überführen ist. Vgl. dazu grundlegend BAYES, T., Doctrine of Chances, S. 370-418.

11 Vgl. mit zahlreichen Beispielen JUNGERMANN, H./PFISTER, H.-R./FISCHER, K., Psychologie der Entscheidung, S. 203-208; LAVILLE, F., Abandon Optimization Theory, S. 398-404.

12 Vgl. SIMON, H., Models of Man, S. 198, sowie ARBINGER, R., Psychologie des Problemlösens, S. 31; RICHTER, M., Theorie betriebswirtschaftlicher Prüfungen, S. 271.

13 Vgl. zur begrenzten Rationalität des Menschen erstmals SIMON, H., Behavioral Model of Rational Choice, S. 99 und 104. Vgl. ferner HOGARTH, R., Judgement and Choice, S. 63-66. Begrenzt rational bedeutet ausdrücklich nicht, dass der Mensch irrational entscheidet. Vgl. JONES, B., Bounded Rationality, S. 298; LAGUEUX, M., Rationality Principle in Economics, S. 31; SIMON, H., Human Nature, S. 297.

14 Zu den Ursprüngen des Begriffs „Heuristik" vgl. BROMME, R./HÖMBERG, E., Psychologie und Heuristik, S. 1-6, sowie HERTWIG, R., Strategien und Heuristiken, S. 261. Vgl. auch STREIM, H., Heuristische Lösungsverfahren, S. 143-145, der zahlreiche Definitionen des Begriffs „Heuristik" diskutiert. Zum Einsatz von Heuristiken bei der Bildung von Urteilen vgl. GIGERENZER, G./GAISSMAIER, W., Heuristic Decision Making, S. 454 f.; KLEIN, H., Heuristische Entscheidungsmodelle, S. 35 f.

15 Vgl. ALBERT, M., Ökonomische Rationalitätsauffassungen, S. 20; BETSCH, T./FUNKE, J./PLESSNER, H., Denken, S. 186; BRANDER, S./KOMPA, A./PELTZER, U., Denken und Problemlösen, S. 125 f.; FEIGENBAUM, E./FELDMAN, J., Thoughts, S. 6; KATZ, D./KAHN, R., Social Psychology, S. 283.

16 Vgl. BRANDER, S./KOMPA, A./PELTZER, U., Denken und Problemlösen, S. 124 f.; FETCHENHAUER, D., Psychologie, S. 37.

17 Vgl. FUNKE, J., Denken, S. 100; GERRIG, R./ZIMBARDO, P./GRAF, R., Psychologie, S. 304.

gert sich der kognitive Aufwand, den der Mensch zur Lösung eines Entscheidungsproblems benötigt (sog. Denkkosten), wodurch der menschliche Urteilsprozess insgesamt verkürzt wird.[19] Dementsprechend erscheint es zunächst vorteilhaft, dass der Mensch bei seiner Urteilsbildung auf Entscheidungsheuristiken zurückgreift.[20]

In bestimmten Entscheidungssituationen führen zahlreiche Entscheidungsheuristiken allerdings dazu, dass der Mensch zu einem **verzerrten Urteil**[21] gelangt.[22] Ein Urteil gilt als verzerrt, wenn das Entscheidungsergebnis systematisch von der „richtigen", d. h. der optimalen, Lösung des Entscheidungsproblems abweicht.[23] Systematisch bedeutet in diesem Zusammenhang, dass

- die Abweichung von der „richtigen" Lösung **regelmäßig** auftritt und
- der Mensch die für die Bildung des Urteils relevanten Faktoren unbewusst **einseitig zu stark oder zu schwach** in sein Entscheidungskalkül einbezieht.[24]

Verzerrte Urteile, die auf Entscheidungsheuristiken beruhen, sind insofern problematisch, als die systematische Verzerrung des Urteils beim Menschen unbewusst abläuft,[25] mit der Folge, dass der Mensch das verzerrte Urteil für eine korrekte Aussage hält.[26]

---

18 Vgl. DÖRNER, D., Problemlösen als Informationsverarbeitung, S. 38; ROBERTSON, S. I., Problem Solving, S. 38.

19 Vgl. MÜLLER-MERBACH, H., Heuristische Verfahren, Sp. 1816; STRACK, F., Urteilsheuristiken, S. 242.

20 Vgl. GIGERENZER, G./TODD, P./ABC RESEARCH GROUP, Fast and Frugal Heuristics, S. 5; JOLLS, C./SUNSTEIN, C./THALER, R., Behavioral Approach, S. 1477; THORNGATE, W., Efficient Decision Heuristics, S. 223.

21 Urteilsverzerrungen (*biases*) werden im Schrifttum auch als Entscheidungsanomalien, kognitive Illusionen bzw. Täuschungen oder Vereinfachungsfehler bezeichnet. Vgl. dazu etwa KLOSE, W., Entscheidungsanomalien, S. 42 f.

22 Vgl. KAHNEMAN, D./TVERSKY, A., Psychology of Prediction, S. 237; TVERSKY, A./KAHNEMAN, D., Heuristics and Biases, S. 1124.

23 Vgl. dazu FETCHENHAUER, D., Psychologie, S. 38.

24 Vgl. KOROBKIN, R./ULEN, T., Removing the Rationality Assumption, S. 1085. Die unbewussten Über- bzw. Unterbewertungen der in das Entscheidungskalkül einbezogenen Informationen könnten sich im Aggregat herauskürzen. In diesem Fall wären die Urteile lediglich zufällig korrekt. Dies kann indes als Spezialfall angesehen werden und wird in der vorliegenden Untersuchung daher nicht weiter behandelt.

25 Vgl. WILSON, T./BREKKE, N., Unwanted Influences on Judgments, S. 122 und S. 126-128 m. w. N.

26 Vgl. POHL, R., Cognitive Illusions, S. 3.

Die **Urteilsbildung des Abschlussprüfers** stellt einen Sonderfall der menschlichen Urteilsbildung dar.[27] Trotz seiner besonderen Ausbildung unterliegt auch der Abschlussprüfer einer begrenzten Rationalität.[28] Danach ist der Abschlussprüfer bei einer Abschlussprüfung nicht in der Lage, alle prüfungsrelevanten Informationen aufzunehmen und fehlerfrei zu einem Urteil zu verarbeiten. Vielmehr bedient auch er sich unbewusst zahlreicher **Entscheidungsheuristiken**.[29] Für die Urteile, die der Abschlussprüfer auf Basis dieser Entscheidungsheuristiken gebildet hat, benötigt er einen geringeren kognitiven Aufwand und eine kürzere Entscheidungszeit als für Urteile, die er ohne Hilfe dieser Entscheidungsheuristiken fällen würde. Dementsprechend können die vom Abschlussprüfer unbewusst eingesetzten Entscheidungsheuristiken grundsätzlich zu Zeit- und Kosteneinsparungen bei der Abschlussprüfung führen, wodurch sich ceteris paribus die **Effizienz der Abschlussprüfung erhöht**.

In den unterschiedlichen Phasen der Abschlussprüfung[30] nutzt der Abschlussprüfer allerdings unbewusst zahlreiche Entscheidungsheuristiken, die dazu führen können, dass er verzerrte Urteile abgibt.[31] Diese sind für den Abschlussprüfer insofern problematisch, als sie Effektivitäts- und Effizienzverluste bei der Abschlussprüfung zur Folge haben können. **Effektivitätsverluste** ergeben sich z. B. dann, wenn der Abschlussprüfer auf Basis unbewusst verzerrter Urteile unwirksame oder zu wenig wirksame Prüfungshandlungen[32] durchführt bzw. sich grundsätzlich wirksamer Prüfungshandlungen zu

[27] Vgl. FISCHER-WINKELMANN, W., Prüfungstheorie, Sp. 1539; LENZ, H., Verhaltensorientierter Prüfungsansatz, Sp. 1926. Zu den besonderen Charakteristika der Entscheidungssituation des Abschlussprüfers vgl. ASHTON, R./ASHTON, A., Research in Accounting and Auditing, S. 3-25.

[28] Vgl. MARTEN, K.-U./QUICK, R./RUHNKE, K., Wirtschaftsprüfung, S. 42 und S. 52; RUHNKE, K., Abschlußprüfung, S. 290 f.; SCHWIND, J., Informationsverarbeitung von Wirtschaftsprüfern, S. 59.

[29] Vgl. GANS, C., Prüfungen als heuristische Suchprozesse, S. 363; LUBITZSCH, K., Prüfungssicherheit, S. 92 m. w. N.

[30] Die Phasen einer Abschlussprüfung werden im Schrifttum unterschiedlich abgegrenzt bzw. bezeichnet. Vgl. BUCHNER, R., Wirtschaftliches Prüfungswesen, S. 158, und EGNER, H., Betriebswirtschaftliche Prüfungslehre, S. 42. Für die vorliegende Untersuchung wird die Abschlussprüfung in die Phasen „Prüfungsplanung", „Prüfungsdurchführung" und „Prüfungsüberwachung" gegliedert. Vgl. BONNER, S./PENNINGTON, N., Cognitive Processes, S. 2-12; CHOW, C./MCNAMEE, A./PLUMLEE, R. D., Audit Steps, S. 127 f.

[31] Vgl. BAZERMAN, M./LOEWENSTEIN, G./MOORE, D., Why Good Accountants Do Bad Audits, S. 97. Danach berücksichtigt der Abschlussprüfer bestimmte prüfungsrelevante Informationen regelmäßig zu stark bzw. zu schwach in seinem Entscheidungskalkül.

[32] Als Prüfungshandlung gilt jede Tätigkeit des Abschlussprüfers, die diesen dazu befähigt, die Normenkonformität eines Prüfungsobjekts anhand eines Soll-Ist-Vergleichs beurteilen zu können. Vgl. LÜCK, W., Jahresabschlußprüfung, S. 39; ZAEH, P., Planung der Prüfungsmethoden, S. 377. Prü-

Zeitpunkten bedient, an denen sie nicht wirksam sind. **Effizienzverluste** treten z. B. dann auf, wenn der Abschlussprüfer auf Basis unbewusst verzerrter Urteile zu viele Prüfungshandlungen durchführt, um zu einem aus seiner Sicht hinreichend sicheren und genauen Prüfungsurteil zu gelangen. Solche Effizienzverluste werden offenbar, wenn allfällige Effektivitätsverluste z. B. durch ein internes Qualitätssicherungssystem aufgedeckt werden (und vom Abschlussprüfer zu korrigieren sind).

Aufgrund dieser möglichen Effektivitäts- und Effizienzverluste, die unmittelbare Folge unbewusst verzerrter Urteile sind, ist es unverzichtbar, die **Urteilsbildung des Abschlussprüfers** genauer zu untersuchen. Da dies mit rein ökonomischen Erklärungsansätzen nur unzureichend möglich ist,[33] wird für die vorliegende Untersuchung auf empirisch gesicherte Erkenntnisse der kognitiven Psychologie zurückgegriffen. Denn diese offenbaren, wie Menschen in der Realität, also unter Berücksichtigung ihrer begrenzten Informationsaufnahme- und Informationsverarbeitungskapazität, tatsächlich entscheiden.[34] Erst auf Basis dieser Erklärungsansätze kann das Entscheidungsverhalten des Abschlussprüfers bei der Abschlussprüfung realitätsnah untersucht werden.[35]

Das **Ziel der vorliegenden Untersuchung** ist es, die reale Urteilsbildung des Abschlussprüfers bei der Abschlussprüfung mit Hilfe empirisch gesicherter Erkenntnisse der kognitiven Psychologie zu beschreiben, zu erläutern und zu prognostizieren. Dabei soll gezeigt werden, an welchen Stellen der Abschlussprüfung der Abschlussprüfer dazu neigt, unbewusst auf Entscheidungsheuristiken zurückzugreifen, wie diese dazu führen können, dass der Abschlussprüfer zu einem verzerrten Urteil gelangt, und wie derartige Urteilsverzerrungen in ihrer Intensität verringert bzw. ganz vermieden werden können.

---

fungshandlungen werden in Risikobeurteilungen, analytische Prüfungshandlungen, Systemprüfungen und Einzelfallprüfungen systematisiert. Vgl. statt vieler RAMMERT, S., Prüfungsnachweise, S. 1090 f.

33 Vgl. EGNER, H., Betriebswirtschaftliche Prüfungslehre, S. 38 f.; EGNER, H., Verhaltensorientierte Prüfungstheorie, Sp. 1566; EINHORN, H., Accounting and Behavioral Science, S. 196; LENZ, H., Verhaltensorientierter Prüfungsansatz, Sp. 1927, sowie GANS, C., Prüfungen als heuristische Suchprozesse, S. 50 m. w. N. Mit Bezug auf die Theorie und Praxis der Rechnungslegung vgl. HOLZER, H. P./LÜCK, W., Verhaltenswissenschaft und Rechnungswesen, S. 509.

34 Vgl. LAUX, H./GILLENKIRCH, R./SCHENK-MATHES, H., Entscheidungstheorie, S. 17.

35 Vgl. LECHNER, K., Reine und/oder empirisch-kognitive Theorie der Prüfung?, S. 57; PLATZER, W., Empirisch-kognitive Theorie der Prüfung, S. 174.

Damit das übergeordnete Ziel der Untersuchung erreicht wird, sind folgende **Einzelfragen** zu beantworten:

- Welche Charakteristika weisen Entscheidungsprobleme auf, die Menschen unbewusst dazu verleiten, zur Lösung des jeweiligen Entscheidungsproblems auf Entscheidungsheuristiken zurückzugreifen?
- Sind diese Entscheidungsprobleme mit denen des Abschlussprüfers bei der Abschlussprüfung vergleichbar?
- An welchen Stellen der Abschlussprüfung steht der Abschlussprüfer solchen Entscheidungsproblemen gegenüber?
- Welche Entscheidungsheuristiken zieht der Abschlussprüfer unbewusst zur Lösung dieser Entscheidungsprobleme heran?
- Welche dieser Entscheidungsheuristiken führen dazu, dass der Abschlussprüfer unbewusst ein verzerrtes Urteil abgibt?[36]

Die **Ergebnisse dieser deskriptiven Analyse**, vor allem die gewonnenen Erkenntnisse über die vom Abschlussprüfer unbewusst eingesetzten Entscheidungsheuristiken und deren Wirkungsweisen, leisten nicht nur einen Beitrag zu einem besseren Verständnis des Entscheidungsverhaltens des Abschlussprüfers bei der Abschlussprüfung. Vielmehr schaffen sie auch die Grundlage dafür, speziell auf die Entscheidungsprozesse des Abschlussprüfers bezogene **präskriptive Entscheidungsmodelle** zu entwickeln, mit denen die Qualität der abgegebenen Urteile verbessert werden kann. Für ein solches *behavioral auditing* sind in der vorliegenden Untersuchung geeignete Entscheidungshilfen zu entwickeln, mittels welcher der Abschlussprüfer dazu gebracht werden soll, bei seiner Urteilsbildung auf diejenigen unbewusst genutzten Entscheidungsheuristiken zu verzichten, die ihn zu verzerrten Urteilen führen könnten. Dadurch lassen sich

36 Dabei ist es nicht das Ziel, die Intensität der jeweils identifizierten Urteilsverzerrungen exakt vorherzusagen. Vielmehr sollen diesbezüglich „nur" Tendenzaussagen abgegeben werden. Solchen Tendenzaussagen mangelt es zwar grundsätzlich an Präzision, indes sind sie ausreichend, um die wesentlichen Zusammenhänge zu verdeutlichen. Vgl. GANS, C., Prüfungen als heuristische Suchprozesse, S. 59.

Effektivitäts- und Effizienzverluste vermeiden,[37] die sich aus verzerrten Urteilen des Abschlussprüfers ergeben könnten.

Außerdem sollen Entscheidungshilfen erarbeitet werden, die den Abschlussprüfer ganz bewusst dazu motivieren, in präzise definierten Entscheidungssituationen auf bestimmte Entscheidungsheuristiken zurückzugreifen, wenn dabei sichergestellt ist, dass der Abschlussprüfer in dieser Entscheidungssituation auf Basis der gewählten Entscheidungsheuristik kein wesentlich verzerrtes Urteil abgibt. Gelingt dies, kann aufgrund der mit der eingesetzten Entscheidungsheuristik verbundenen Verkürzung des Zeitbedarfs für den Urteilsprozess des Abschlussprüfers bei **unveränderter Effektivität** der Abschlussprüfung deren **Effizienz erhöht** werden.

Um dies erreichen zu können, sind in der vorliegenden Untersuchung – aufbauend auf den Erkenntnissen der kognitiven Psychologie – die folgenden **Einzelfragen** zu beantworten:

- Wie können bestimmte Entscheidungssituationen des Abschlussprüfers (neu) gestaltet werden, um die aus den unbewusst eingesetzten Entscheidungsheuristiken resultierenden Urteilsverzerrungen in ihrer Intensität zu verringern bzw. ganz zu vermeiden?
- Wie können bestimmte Entscheidungsheuristiken gezielt eingesetzt werden, damit der Abschlussprüfer mit geringem kognitiven Aufwand und kurzer Entscheidungszeit zu einem nicht wesentlich verzerrten Urteil gelangt?

In der vorliegenden Untersuchung wird ausdrücklich nicht der Versuch unternommen, die Urteilsbildung des Abschlussprüfers mathematisch zu axiomatisieren oder Parameter für bestehende mathematische Modelle zu erarbeiten.[38] Vielmehr sollen ausgewählte empirisch gesicherte Erklärungsansätze der kognitiven Psychologie, die in der Prüfungsforschung bislang ignoriert oder lediglich getrennt voneinander behandelt wurden,

---

37 Vgl. MESSIER JR., W., Audit Decisions Aids, S. 209.

38 Mit formalen mathematischen Modellen können die bei einer menschlichen Urteilsbildung ablaufenden kognitiven Prozesse nur unzureichend wiedergegeben werden. Vgl. dazu FIEDLER, K., Urteilsbildung als kognitiver Vorgang, S. 9 f. Nach FIEDLER können die „mathematischen Möglichkeiten des Modells [...] mitunter den Blick für die psychologischen Prozesse verstellen, die das Modell eigentlich abbilden soll".

systematisch in die betriebswirtschaftliche Prüfungstheorie integriert werden. Auf dieser Basis sollen dann **konkrete Handlungsempfehlungen** formuliert werden, wie die Urteilsbildung des Abschlussprüfers in der Prüfungspraxis verbessert werden kann.

Die in der Problemstellung aufgeworfenen Fragen sollen in der vorliegenden Untersuchung anhand der im folgenden Abschnitt beschriebenen **Vorgehensweise** beantwortet werden.

12 Gang der Untersuchung

In **Abschnitt 2** wird das Untersuchungsobjekt abgegrenzt und konkretisiert (Abschnitt 21). Dazu werden die Begriffe „Abschlussprüfung" (Abschnitt 22), „Abschlussprüfer" (Abschnitt 23) und „Urteilsbildung" (Abschnitt 24) erläutert.

In **Abschnitt 3** werden die für die vorliegende Untersuchung relevanten Grundlagen der Prüfungstheorie vorgestellt. Zunächst werden die Zielsetzung und die Notwendigkeit des risikoorientierten Prüfungsansatzes erläutert (Abschnitt 321) und anhand des Prüfungsrisikomodells formalisiert (Abschnitt 322). Aufbauend auf diesen Ausführungen werden dann die unterschiedlichen Phasen einer Abschlussprüfung beschrieben (Abschnitt 33). Die Abschlussprüfung wird dazu in die Phasen „Prüfungsplanung" (Abschnitt 332), „Prüfungsdurchführung" (Abschnitt 333) und „Prüfungsüberwachung" (Abschnitt 334) gegliedert.

Die für die vorliegende Untersuchung relevanten psychologischen Grundlagen der menschlichen Urteilsbildung werden in **Abschnitt 4** erörtert. Die menschliche Urteilsbildung wird in der kognitiven Psychologie häufig als innermenschlicher Informationsverarbeitungsprozess dargestellt. Dazu wird in der Regel der sog. Informationsverarbeitungsansatz herangezogen. Dieser wird in Abschnitt 421 vorgestellt. Daran anschließend wird das Mehr-Speicher-Modell des menschlichen Gedächtnisses beschrieben (Abschnitt 422). Auf dieser Grundlage wird dann erläutert, ob und wieweit der Mensch einer begrenzten Rationalität unterliegt (Abschnitt 423). Da die menschliche Urteilsbildung einem Problemlösungsprozess entspricht, wird anhand der sog. Problemraumtheorie untersucht, wie Menschen im Allgemeinen Probleme lösen (Abschnitt 431) und wie sich die begrenzte Rationalität des Menschen auf diesen

Problemlösungsprozess auswirkt (Abschnitt 432). Als eine Folge der begrenzten Rationalität greift der Mensch in seinem Problemlösungsprozess unbewusst auf Entscheidungsheuristiken zurück. Nachdem erläutert wurde, was unter Entscheidungsheuristiken zu verstehen ist (Abschnitt 433.1), wird diskutiert, wie diese grundsätzlich kategorisiert werden können und welcher Kategorisierung in der vorliegenden Untersuchung gefolgt wird (Abschnitt 433.2). Im Anschluss daran werden ausgewählte Entscheidungsheuristiken detailliert vorgestellt. Für jede dieser Entscheidungsheuristiken wird separat erläutert, wie der Mensch auf deren Basis zu einem Urteil gelangt, wieweit dieses Urteil verzerrt sein kann und worauf sich diese Urteilsverzerrung konkret zurückführen lässt (Abschnitt 433.3).

Den Kern der vorliegenden Untersuchung bildet **Abschnitt 5**. Hier steht die Urteilsbildung des Abschlussprüfers bei der Abschlussprüfung im Fokus. Zunächst wird die Urteilsbildung des Abschlussprüfers anhand der in Abschnitt 431 vorgestellten Problemraumtheorie erläutert (Abschnitt 52). Daran anschließend wird diskutiert, warum die Abschlussprüfung für den Abschlussprüfer kein Routineproblem darstellt (Abschnitt 53). Auf Grundlage dieser kurzen Vorüberlegungen wird dann in Abschnitt 54 ausführlich untersucht, in welchen Phasen der Abschlussprüfung der Abschlussprüfer auf die in Abschnitt 433.3 vorgestellten Entscheidungsheuristiken zurückgreift und wie diese dazu führen können, dass der Abschlussprüfer bei der Abschlussprüfung zu einer Vielzahl verzerrter Urteile gelangt. Anschließend wird für jede vom Abschlussprüfer regelmäßig herangezogene Entscheidungsheuristik diskutiert, welche Entscheidungshilfen dazu beitragen könnten, die aus den Entscheidungsheuristiken resultierenden Urteilsverzerrungen in ihrer Intensität zu verringern bzw. ganz zu vermeiden. Im Anschluss daran werden die gewonnenen Erkenntnisse zusammenfassend gewürdigt (Abschnitt 55).

In **Abschnitt 6** werden die wichtigsten Erkenntnisse der vorliegenden Untersuchung kurz zusammengefasst. Zudem wird ein Ausblick gegeben, welche Implikationen diese Erkenntnisse für die Prüfungsforschung und die Prüfungspraxis haben.

2 Abgrenzung des Untersuchungsobjekts

21 Vorbemerkung

Das Objekt der vorliegenden Untersuchung ist die Urteilsbildung des Abschlussprüfers bei der Abschlussprüfung. Das Untersuchungsobjekt lässt sich eindeutig abgrenzen, indem die Begriffe „**Abschlussprüfung**“, „**Abschlussprüfer**“ und „**Urteilsbildung**“ erläutert werden.

22 Begriff „Abschlussprüfung“

Die Abschlussprüfung ist ein dem Wirtschaftlichkeitsprinzip unterliegender planvoller Informationsprozess mit dem Ziel der Bildung eines hinreichend sicheren[39] und genauen[40] **Urteils über die Normenkonformität des Jahresabschlusses**[41] eines Unternehmens.[42] Konkreter Gegenstand der Abschlussprüfung sind alle im Jahresabschluss enthaltenen Aussagen (sog. *assertions*).[43] Dies sind die im Jahresabschluss explizit abgegebenen oder implizit enthaltenen Erklärungen und Einschätzungen der

---

39 Ein Prüfungsurteil gilt im Schrifttum als hinreichend sicher, wenn eine Prüfungssicherheit von 95 % erreicht wird. Damit wird im Schrifttum ein Prüfungsrisiko von bis zu 5 % als angemessen akzeptiert. Vgl. grundlegend LEFFSON, U./LIPPMANN, K./BAETGE, J., Sicherheit und Wirtschaftlichkeit der Urteilsbildung, S. 46 und S. 50, sowie ADAMS, R., Risks in the Foreground, S. 102; LUBITZSCH, K., Prüfungssicherheit, S. 27; MARTEN, K.-U./QUICK, R./RUHNKE, K., Wirtschaftsprüfung, S. 210; RUHNKE, K., Business Audit, S. 696; STIBI, E.-M., Risikoorientierte Abschlußprüfung, S. 186. A. A. KNOP, W., Prüfung des IKS, S. 418, der eine Prüfungssicherheit von 99 % fordert.

40 Die Forderung nach einem hinreichend sicheren Prüfungsurteil ist nur dann sinnvoll, wenn dieses mit einer bestimmten Genauigkeit erreicht wird. Im Schrifttum wird für ein Prüfungsurteil ein Genauigkeitsgrad von 99 % gefordert, d. h. es besteht ein Toleranzbereich für Fehler von 1 %, innerhalb dessen die Ordnungsmäßigkeit des Prüfungsobjekts als (noch) gegeben gilt. Vgl. bereits LEFFSON, U./LIPPMANN, K./BAETGE, J., Sicherheit und Wirtschaftlichkeit der Urteilsbildung, S. 40 f.; BAETGE, J., Objektivierung des Jahreserfolges, S. 115; FISCHER-WINKELMANN, W., Entscheidungsorientierte Prüfungslehre, S. 203. Vgl. dazu ferner auch BAETGE, J., Sicherheit und Genauigkeit, S. 720.

41 Auch der Konzernabschluss unterliegt einer Abschlussprüfung. Auf Besonderheiten der Konzernabschlussprüfung bzgl. des Themas der Arbeit wird im Folgenden jeweils gesondert hingewiesen.

42 Vgl. bereits LOITLSBERGER, E., Treuhand- und Revisionswesen, S. 27, der Abschlussprüfung treffend als einen „dem Wirtschaftlichkeitsprinzip unterliegende(n) Beurteilungsprozeß“ bezeichnet. Vgl. ferner LEFFSON, U./BÖNKHOFF, F., Beurteilungsprozeß, Sp. 175; LEFFSON, U., Wirtschaftsprüfung, S. 13 und S. 325; RICHTER, M., Theorie betriebswirtschaftlicher Prüfungen, S. 271; RUHNKE, K., Abschlußprüfung, S. 11. Für eine Übersicht der zahlreichen im Schrifttum vorhandenen Definitionen von Abschlussprüfung vgl. GANS, C., Prüfungen als heuristische Suchprozesse, S. 14 f., sowie MEISEL, B., Geschichte der deutschen Wirtschaftsprüfer, S. 9 ff., jeweils m. w. N.

43 Vgl. LEFFSON, U., Wirtschaftsprüfung, S. 16; WYSOCKI, K., Meßtheoretischer Ansatz, S. 105 f.; ZÜND, A., Revisionslehre, S. 74.

gesetzlichen Vertreter des zu prüfenden Unternehmens.[44] Diese vom Abschlussprüfer zu beurteilenden **Aussagen des Jahresabschlusses** lassen sich mit ISA 500.17 in drei Kategorien systematisieren:[45]

- Aussagen über die **Arten von Geschäftsvorfällen und Ereignissen** des Prüfungszeitraums (*classes of transactions and events for the period under audit*).
  - (a) Vollständigkeit (*completeness*): Alle Geschäftsvorfälle und Ereignisse, die erfasst werden müssen, wurden gebucht.
  - (b) Vorkommen (*occurence*): Die gebuchten Geschäftsvorfälle und Ereignisse sind eingetreten.
  - (c) Genauigkeit (*accuracy*): Beträge und andere Daten in Bezug auf die gebuchten Geschäftsvorfälle und Ereignisse wurden richtig erfasst.
  - (d) Periodenabgrenzung (*cut-off*): Die Geschäftsvorfälle und Ereignisse wurden im richtigen Geschäftsjahr erfasst.
  - (e) Kontenzuordnung (*classification*): Die Geschäftsvorfälle und Ereignisse wurden auf die richtigen Konten gebucht.
- Aussagen über **Kontensalden** am Ende der Berichtsperiode (*account balances*).
  - (a) Vorhandensein (*existence*): Die ausgewiesenen Aktiva und Passiva existierten am Abschlussstichtag in der Realität.
  - (b) Rechte und Verpflichtungen (*rights and obligations*): Die ausgewiesenen Aktiva sind rechtliches oder zumindest wirtschaftliches Eigentum, die ausgewiesenen Passiva stellen eine Verpflichtung des berichtenden Unternehmens dar.
  - (c) Vollständigkeit (*completeness*): Alle Aktiva und Passiva, die zu bilanzieren sind, wurden auch erfasst.
  - (d) Bewertung und Zuordnung (*valuation and allocation*): Die ausgewiesenen Aktiva und Passiva sind richtig bewertet. Allfällige Wertänderungen wurden richtig erfasst.

---

[44] Vgl. KROMMES, W., Jahresabschlussprüfung, S. 520; TESCH, J., Nachweisprüfung, S. 965.

[45] Vgl. zur folgenden Aufzählung ISA 500.17 sowie CANITZ, I., Aussagenkonzept der IFAC, S. 36-41; RUHNKE, K./LUBITZSCH, K., Aussagen-Konzept der IFAC, S. 368.

- Aussagen über **Ausweis und Angaben** (*presentation and disclosure*).
  (a) Vorkommen, Rechte und Verpflichtungen (*occurence, rights and obligations*): Die ausgewiesenen Geschäftsvorfälle, Ereignisse sind tatsächlich vorgekommen und betreffen das berichtende Unternehmen.
  (b) Vollständigkeit (*completeness*): Der Jahresabschluss enthält alle erforderlichen Angaben.
  (c) Kontenzuordnung und Verständlichkeit (*classification and understandability*): Die im Jahresabschluss gemachten Angaben sind angemessen klar dargestellt und verständlich formuliert.
  (d) (Sicherheit), Genauigkeit und Bewertung (*accuracy and valuation*): Die im Jahresabschluss gemachten Angaben sind richtig dargestellt.

Um diese Aussagen beurteilen zu können, hat der Abschlussprüfer zunächst das jeweilige **Ist-Objekt** festzustellen. Dieses ist die jeweilige Merkmalsausprägung der Aussage im zu prüfenden Jahresabschluss (welche Aussage wird im Jahresabschluss gemacht?).[46] Hierzu muss er auf Basis der für den Jahresabschluss relevanten Rechnungslegungsnormen das **Soll-Objekt** herleiten (welche Aussage hätte im Jahresabschluss vermittelt werden müssen?).[47] Der vorliegenden Untersuchung werden IFRS-Abschlüsse zugrunde gelegt, daher sind die *International Financial Reporting Standards*[48] in der von der Europäischen Union (EU) anerkannten Fassung die relevanten Rechnungslegungsnormen.[49] Das auf Basis der IFRS hergeleitete Soll-Objekt hat der Abschlussprüfer dann mit dem zuvor dem Jahresabschluss entnommenen Ist-Objekt zu vergleichen (**Soll-Ist-Vergleich**).[50] Entspricht das Ist-Objekt nicht in allen Merkmals-

46 Vgl. LEFFSON, U., Wirtschaftsprüfung, S. 15; MARTEN, K.-U./QUICK, R./RUHNKE, K., Wirtschaftsprüfung, S. 49; WYSOCKI, K., Wirtschaftliches Prüfungswesen, S. 2.

47 Vgl. MARTEN, K.-U./QUICK, R./RUHNKE, K., Wirtschaftsprüfung, S. 49; MIELKE, F., Geschäftsrisikoorientierte Abschlussprüfung, S. 16.

48 Unter IFRS wird hier die Gesamtheit der IAS, IFRS, SIC bzw. IFRIC verstanden.

49 Die von der EU anerkannten IFRS werden als *endorsed* bezeichnet. Zum Endorsement-Verfahren der EU vgl. BUCHHEIM, R./KNORR, L./SCHMIDT, M., Endorsement-Verfahren, S. 337 f.

50 Vgl. LOITLSBERGER, E., Treuhand- und Revisionswesen, S. 68, sowie LEFFSON, U., Wirtschaftsprüfung, S. 15. Dies setzt indes voraus, dass die im Jahresabschluss vermittelte Aussage und die auf Basis der IFRS hergeleitete Aussage auf derselben Messskala abgebildet werden können. Vgl. dazu ZÜND, A., Revisionslehre, S. 76.

ausprägungen dem Soll-Objekt,[51] hat der Abschlussprüfer die im Jahresabschluss vermittelte Aussage als fehlerhaft zu beurteilen.[52] Wurde eine Aussage im Jahresabschluss als fehlerhaft beurteilt, hat der Abschlussprüfer die Bedeutung dieses Fehlers („Schwere“[53]) zu analysieren.[54] Dazu hat er auf Basis der für die Abschlussprüfung relevanten Prüfungsnormen einen **Toleranzbereich für Fehler** auf der Aussageebene festzulegen.[55] Der vorliegenden Untersuchung werden die *International Standards on Auditing* (ISA) als relevante Prüfungsstandards zugrunde gelegt.[56] Liegt der Fehler innerhalb des auf Grundlage der ISA festgelegten Toleranzbereichs, gilt er als nicht wesentlich.[57] Liegt der Fehler indes außerhalb dieses Toleranzbereichs, ist er für den Abschlussprüfer wesentlich. **Wesentliche Fehler auf Aussageebene** hat der Abschlussprüfer vom geprüften Unternehmen korrigieren zu lassen.[58] Von ihm bekannt gemachte, aber vom zu prüfenden Unternehmen nicht korrigierte wesentliche Fehler hat er in seinem Urteil über die Normenkonformität der jeweiligen Aussage zu berücksichtigen.[59]

---

51 Zu den möglichen Gründen einer Soll-Ist-Abweichung vgl. LEFFSON, U./BÖNKHOFF, F., Beurteilungsprozeß, Sp. 177 f.; LEFFSON, U., Wirtschaftsprüfung, S. 17 f.

52 Vgl. MIELKE, F., Geschäftsrisikoorientierte Abschlussprüfung, S. 16. Zu Fehlern im Jahresabschluss vgl. BAETGE, J., Objektivierung des Jahreserfolges, S. 33.

53 WYSOCKI, K., Wirtschaftliches Prüfungswesen, S. 3.

54 Vgl. LEFFSON, U., Wirtschaftsprüfung, S. 15.

55 Vgl. MIELKE, F., Geschäftsrisikoorientierte Abschlussprüfung, S. 16; WYSOCKI, K., Meßtheoretischer Ansatz, S. 130. Zur Problematik, einen solchen Toleranzbereich festzulegen, vgl. WOLZ, M., Wesentlichkeit, S. 91. Sind den zur Bestimmung des Soll-Objekts jeweils herangezogenen IFRS Wahlrechte und Ermessensspielräume inhärent, hat der Abschlussprüfer eine Bandbreite festzulegen, innerhalb derer er die im Jahresabschluss vermittelten Aussagen noch als normgerecht akzeptiert. Vgl. LEFFSON, U./BÖNKHOFF, F., Beurteilungsprozeß, Sp. 177.

56 Die ISA sind bislang noch nicht von der EU-Kommission angenommen worden. Gleichwohl werden die ISA in der Prüfungspraxis bereits heute unmittelbar oder mittelbar angewendet. Unmittelbar werden die ISA z. B. in Großbritannien angewendet. Mittelbar angewendet werden sie z. B. in Deutschland, wo die ISA in die IDW PS und damit in die nationalen Prüfungsstandards transformiert worden sind. Vgl. NAUMANN, K.-P./FELD, K.-P., Anwendung der International Standards on Auditing, S. 641.

57 Ein Fehler gilt als wesentlich, wenn er die wirtschaftlichen Entscheidungen der Jahresabschlussadressaten beeinflussen kann. Vgl. LEFFSON, U., Wesentlich, S. 436; WOLZ, M., Wesentlichkeit, S. 15. Solange ein nicht wesentlicher Fehler gemeinsam mit anderen nicht wesentlichen Fehlern für den Jahresabschluss nicht wesentlich wird, können diese vom Abschlussprüfer ignoriert werden.

58 Eine der wesentlichen Aufgaben des Abschlussprüfers bei der Abschlussprüfung ist es, als fehlerhaft identifizierte Aussagen im Jahresabschluss noch vor Abgabe seines Urteils korrigieren zu lassen. Solche Korrekturen sind Ausdruck der sog. prophylaktischen Funktion der Abschlussprüfung. Vgl. dazu MARTEN, K.-U./QUICK, R./RUHNKE, K., Wirtschaftsprüfung, S. 83.

59 Zur Berichterstattung des Abschlussprüfers über wesentliche Fehler vgl. MARTEN, K.-U./QUICK, R./RUHNKE, K., Wirtschaftsprüfung, S. 87.

Den zuvor beschriebenen Beurteilungsprozess hat der Abschlussprüfer für jede wesentliche Aussage im Jahresabschluss durchzuführen.[60] Jeder dieser Beurteilungsprozesse endet damit, dass der Abschlussprüfer ein Urteil über die jeweilige Aussage abzugeben hat. Diese **Vielzahl einzelner Urteile** hat der Abschlussprüfer dann in einem letzten Schritt zu einem abschließenden Gesamturteil über die Normenkonformität des Jahresabschlusses des geprüften Unternehmens zu aggregieren.[61]

23 Begriff „Abschlussprüfer“

Eine Abschlussprüfung wird in der Regel von **mehreren Personen** durchgeführt.[62] Dabei wird zwischen verantwortlichen und ausführenden Personen unterschieden.[63] Unter **verantwortliche Personen** sind bei einer Abschlussprüfung diejenigen Personen zu subsumieren, die für das Prüfungsurteil und damit auch für einen sachgerechten Urteilsprozess verantwortlich sind. Dabei handelt es sich um diejenigen Personen, die den Bestätigungsvermerk bzw. den Prüfungsbericht unterzeichnen. Als Unterzeichner kommen selbstständige Wirtschaftsprüfer, bei einem selbstständigen Wirtschaftsprüfer angestellte, zeichnungsberechtigte Wirtschaftsprüfer, gesetzliche Vertreter einer Wirtschaftsprüfungsgesellschaft sowie bei einer Wirtschaftsprüfungsgesellschaft angestellte Wirtschaftsprüfer in der Rechtsstellung eines Prokuristen in Frage.[64]

Die für die Abschlussprüfung verantwortlichen Personen übertragen regelmäßig einen wesentlichen Teil der aus ihrer Verantwortung für das Prüfungsurteil und den Prüfungsprozess resultierenden Aufgaben auf ihnen **hierarchisch unterstellte Personen**.[65]

---

60 Aufgrund der Beschaffenheit der im Jahresabschluss enthaltenen Aussagen wiederholen sich dabei bestimmte Beurteilungsprozesse mehrfach und in identischer Weise.

61 Vgl. LEFFSON, U./LIPPMANN, K./BAETGE, J., Sicherheit und Wirtschaftlichkeit der Urteilsbildung, S. 24, sowie LEFFSON, U., Wirtschaftsprüfung, S. 16; MARTEN, K.-U./QUICK, R./RUHNKE, K., Wirtschaftsprüfung, S. 51; WYSOCKI, K., Meßtheoretischer Ansatz, S. 105; WYSOCKI, K., Wirtschaftliches Prüfungswesen, S. 3.

62 Vgl. LEFFSON, U., Wirtschaftsprüfung, S. 61 f., sowie MIRTSCHINK, D., Haftung des Wirtschaftsprüfers gegenüber Dritten, S. 191. Abschlussprüfungen können daher auch als „mehrpersonale Urteilsprozesse“ bezeichnet werden. Vgl. dazu SCHADE, G., Gebot sorgfältiger Abschlußprüfung, S. 27. Zu mehrpersonalen Urteilsprozessen vgl. ferner HAX, H., Entscheidungsmodelle in der Unternehmung, S. 14 f.

63 Vgl. SCHADE, G., Gebot sorgfältiger Abschlußprüfung, S. 27.

64 Vgl. SCHADE, G., Gebot sorgfältiger Abschlußprüfung, S. 28.

65 Vgl. LEFFSON, U., Wirtschaftsprüfung, S. 61, sowie ferner GANSTER, G., Freier Beruf und Kapitalgesellschaft, S. 57.

Ungeachtet einer solchen Aufgabendelegation bleiben die für die Abschlussprüfung verantwortlichen Personen für alle Einzelurteile und das abschließende Gesamturteil über den zu prüfenden Jahresabschluss voll verantwortlich. Denn die Verantwortung für die zu bildenden Urteile lässt sich nicht übertragen; sie ist höchst persönlich und unteilbar.[66]

Die **ausführenden Personen**, die sog. Prüfungsgehilfen, sind alle Personen, die nicht als verantwortliche Personen im oben genannten Sinn gelten, indes an einer Abschlussprüfung mitwirken.[67] Darunter lassen sich unter anderem Prüfungsleiter, Prüfungsassistenten, interne Spezialisten (z. B. Aktuare, IT-Spezialisten, Juristen), Berichtskritiker sowie freie Mitarbeiter (z. B. selbstständig tätige Berufsträger) und externe Sachverständige (z. B. Versicherungsmathematiker, Bausachverständige) subsumieren.[68]

Die für die Abschlussprüfung verantwortlichen Personen haben stets zu gewährleisten, dass „nur zuverlässige Personen mit den notwendigen Fachkenntnissen“[69] als Prüfungsgehilfen an einer Abschlussprüfung mitwirken. Die Tätigkeiten dieser Prüfungsgehilfen haben sie zu beaufsichtigen und dahingehend zu beurteilen, ob die von den Prüfungsgehilfen jeweils gebildeten „Vor“-Urteile den Anforderungen eines sachgerechten Urteilsprozesses entsprechen. Denn die für die Abschlussprüfung verantwortlichen Personen dürfen sich nicht unkritisch auf diese „Vor“-Urteile ihrer Prüfungsgehilfen verlassen. Vielmehr müssen sie sich „eine auf Kenntnissen beruhende, eigene Überzeugung bilden“[70], wenn sie die von den Prüfungsgehilfen gebildeten „Vor“-Urteile zu einem Gesamturteil über die Normenkonformität des Jahresabschlusses aggregieren.

Gegenstand der vorliegenden Untersuchung sind die **„Vor“-Urteile der an einer Abschlussprüfung mitwirkenden Personen**. Im Folgenden werden diese Personen zusammengefasst und vereinfacht als „Abschlussprüfer“ bezeichnet. Abschlussprüfer

66 Vgl. SCHADE, G., Gebot sorgfältiger Abschlußprüfung, S. 28.

67 Vgl. POLL, J., Verantwortlichkeit des Abschlussprüfers, S. 95.

68 Vgl. JANY, J., Qualität von Abschlussprüfungen, S. 121 m. w. N. Auch Personen, die in einer Wirtschaftsprüfungsgesellschaft eine leitende Funktion innehaben, können als Prüfungsgehilfen an einer Abschlussprüfung beteiligt sein.

69 BUSCH, J./BOECKER, C., Haftung des Abschlussprüfers, S. 358.

70 BS WP/vBP, § 12.

bezeichnet somit alle an einer Abschlussprüfung mitwirkenden Personen, welche die „Vor“-Urteile liefern, die vom mandatsverantwortlichen Abschlussprüfer zu einem Gesamturteil zusammengeführt werden.[71] Anzumerken ist, dass durch Entscheidungsheuristiken hervorgerufene Urteilsverzerrungen vom mandatsverantwortlichen Abschlussprüfer aufgedeckt und korrigiert werden können, wenn dieser die „Vor“-Urteile der an einer Abschlussprüfung mitwirkenden Personen zu einem Gesamturteil aggregiert. Diese Aggregation ist nicht Gegenstand der vorliegenden Untersuchung.

24 Begriff „Urteilsbildung“

Die **Urteilsbildung ist ein innermenschlicher Prozess**,[72] bei welchem einem Objekt ein spezieller Wert auf einer Urteilsdimension zugeordnet wird.[73] Ein Urteil drückt demnach aus, wie der Mensch eine Sache einschätzt.[74] Danach stellt ein **Urteil eine Sachverhaltsaussage** dar. Dies wird auch als erkenntnislogische Ebene eines Urteils bezeichnet,[75] welche in der sprachlichen Ebene eines Urteils – dem Urteilssatz – geäußert wird. Zum Beispiel umfasst der Urteilssatz „Das Inventar ist richtig bewertet“ eine Aussage über einen konkreten Sachverhalt. Nach der logischen Elementarlehre setzen sich **Urteilssätze aus drei Elementen** zusammen:[76] Der Begriff „Das Inventar“ stellt das Objekt dar, über das eine bestimmte Aussage getroffen wird. Dieses Objekt ist das Subjekt des Urteils. Der Begriff „richtig bewertet“ ist die Eigenschaft, die dem Objekt mit dem Urteil zugeschrieben wird. Diese Zuschreibung gilt als das Prädikat des Urteils. Das aus dem Urteilssatz verbleibende „ist“ verknüpft das Subjekt mit dem Prädikat. Diese Verknüpfung wird in der Logik als Kopula bezeichnet.[77] Ein solches Urteil aus **Subjekt, Prädikat und Kopula** äußert ein Mensch annahmegemäß nur dann, wenn er

---

[71] Ist dies ausnahmsweise nicht der Fall, wird ausdrücklich darauf hingewiesen.

[72] Vgl. FIEDLER, K., Urteilsbildung als kognitiver Vorgang, S. 2; HAGEST, J., Logik der Überzeugungsbildung, S. 13.

[73] Vgl. BETSCH, T./FUNKE, J./PLESSNER, H., Denken. Nach WENTURA/FRINGS kann Entscheiden daher auch als Wahl zwischen verschiedenen Entscheidungsalternativen bezeichnet werden. Vgl. WENTURA, D./FRINGS, C., Kognitive Psychologie, S. 139.

[74] Vgl. KLAUS, G., Moderne Logik, S. 31; STROMBACH, W., Gesetze unseres Denkens, S. 25.

[75] Vgl. HAGEST, J., Logik der Überzeugungsbildung, S. 13.

[76] Vgl. HAGEST, J., Logik der Überzeugungsbildung, S. 14.

[77] Vgl. PFÄNDER, A., Logik, S. 40.

persönlich davon überzeugt ist, dass die Eigenschaft, welche er dem Subjekt mit dem Prädikat zuschreibt, wahr ist (sog. subjektive Wahrhaftigkeit[78]). Um persönlich davon überzeugt sein zu können, dass eine Eigenschaft wahr ist, müssen bestimmte Gründe vorliegen, die für diese Eigenschaft sprechen.[79]

Bei der Abschlussprüfung konkretisieren sich die Gründe, die für das Urteil des Abschlussprüfers sprechen, in den vom ihm zu erlangenden Prüfungsnachweisen. Die Interpretation dieser Prüfungsnachweise ist häufig subjektiv.[80] Während der eine Abschlussprüfer auf Basis bestimmter Prüfungsnachweise ein Urteil für richtig hält und dieses äußert,[81] ist ein anderer Abschlussprüfer bei Vorliegen derselben Prüfungsnachweise nicht von dessen Richtigkeit überzeugt.[82] Urteile von Abschlussprüfern sind also häufig nur subjektiv wahr. Die **Bildung dieser subjektiv wahren Urteile** ist Gegenstand der vorliegenden Untersuchung.[83] Denn die Bildung solcher Urteile ist für den Abschlussprüfer mit einer bewussten kognitiven Anstrengung verbunden.[84] Der Abschlussprüfer reagiert auf diese kognitive Anstrengung, indem er seine Urteilsbildung systematisch vereinfacht. Dazu bedient er sich unbewusst zahlreicher Entscheidungsheuristiken.[85]

---

78 Zur subjektiven Wahrhaftigkeit vgl. HABERMAS, J., Theorie des kommunikativen Handelns, S. 439.

79 Vgl. PFÄNDER, A., Logik, S. 233 f.

80 Vgl. LEFFSON, U., Grundsätze ordnungsmäßiger Buchführung, S. 199.

81 Vgl. HAGEST, J., Logik der Überzeugungsbildung, S. 16.

82 Vgl. HAGEST, J., Logik der Überzeugungsbildung, S. 17.

83 Ausdrücklich nicht untersucht werden dagegen Urteile, die der Abschlussprüfer zwar aus unterschiedlichen Gründen äußert, von denen er persönlich allerdings nicht überzeugt ist.

84 Vgl. dazu die Ausführungen in Abschnitt 432.

85 Ausführlich zum Einsatz von Entscheidungsheuristiken im menschlichen Problemlösungsprozess vgl. Abschnitt 433.

3 Risikoorientierter Prüfungsansatz und die Phasen der Abschlussprüfung

31 Vorbemerkung

In den folgenden Abschnitten wird der grundsätzliche Ablauf einer Abschlussprüfung beschrieben. Mit dem **risikoorientierten Prüfungsansatz** wird dazu zunächst die in der Prüfungspraxis dominierende Strategie zur Durchführung einer Abschlussprüfung erläutert.[86] Daran anschließend wird der risikoorientierte Prüfungsansatz anhand des sog. **Prüfungsrisikomodells** formalisiert. Darauf aufbauend wird das konkrete Prüfungsvorgehen beschrieben. Dazu wird die Abschlussprüfung in die Phasen „Prüfungsplanung", „Prüfungsdurchführung" und „Prüfungsüberwachung" gegliedert. Diese Phasen dienen der vorliegenden Arbeit als Raster, die Erkenntnisse der kognitiven Psychologie über die Urteilsbildung des Menschen auf die Urteilsbildung des Abschlussprüfers bei der Abschlussprüfung zu übertragen.

32 Risikoorientierter Prüfungsansatz und Prüfungsrisikomodell

321. Zielsetzung und Notwendigkeit des risikoorientierten Prüfungsansatzes

Das Ziel des Abschlussprüfers bei der Abschlussprüfung ist es, ein **hinreichend sicheres und genaues Urteil** darüber abzugeben, ob der Jahresabschluss des zu prüfenden Unternehmens in Einklang mit den jeweils relevanten Rechnungslegungsvorschriften steht.[87] Der Abschlussprüfer hat den Prüfungsprozess dabei mit dem erforderlichen Maß an Sorgfalt so zu gestalten, dass die Mindestqualität des Prüfungsurteils **mit geringstmöglichem Mitteleinsatz** erreicht wird.[88] Um ein solches Prüfungsurteil abgeben zu können, bedient sich der Abschlussprüfer in der Regel des sog. risikoorientierten Prüfungsansatzes.

---

86 Vgl. dazu auch ZAEH, P., Risiko und Wesentlichkeit, S. 303, nach dem der risikoorientierte Prüfungsansatz „faktisch unverzichtbarer Bestandteil" einer Abschlussprüfung geworden ist.

87 Vgl. BAETGE, J., Risikoorientierter Prüfungsansatz, S. 439, sowie MARTEN, K.-U./QUICK, R./RUHNKE, K., Wirtschaftsprüfung, S. 207; RUHNKE, K., Business Audit, S. 696.

88 Vgl. LOITLSBERGER, E., Treuhand- und Revisionswesen, S. 42 f., sowie LEFFSON, U./LIPPMANN, K./BAETGE, J., Sicherheit und Wirtschaftlichkeit der Urteilsbildung, S. 16; MOCHTY, L., Theoretische Fundierung des risikoorientierten Prüfungsansatzes, S. 737.

Der risikoorientierte Prüfungsansatz ist eine **systematische Methode zur Planung von Prüfungshandlungen**.[89] Nach dem risikoorientierten Prüfungsansatz hat der Abschlussprüfer seine Prüfungshandlungen so zu planen, dass das sog. Prüfungsrisiko[90] „nach oben begrenzt bleibt“[91].[92] Das **Prüfungsrisiko** beschreibt die Wahrscheinlichkeit, dass der Abschlussprüfer (unwissentlich) ein unzutreffendes Prüfungsurteil über den Jahresabschluss abgibt.[93] Unzutreffend ist ein Prüfungsurteil, wenn der Abschlussprüfer einen uneingeschränkten Bestätigungsvermerk für einen Jahresabschluss erteilt, obwohl dieser wesentliche Fehler enthält (sog. β-Fehler)[94].[95] Nach Meinung des Schrifttums und der Prüfungspraxis hat der Abschlussprüfer bei der Abschlussprüfung die Eintrittswahr-

89 Vgl. CUSHING, B./LOEBBECKE, J., Audit Risk, S. 36; CUSHING, B. U. A., Risk Orientation, S. 11; WIEDMANN, H., Risikoorientierter Prüfungsansatz, S. 15. Vgl. dazu ferner THIEL, H., Risikoorientierte Abschlussprüfung, S. 162, der den risikoorientierten Prüfungsansatz beschreibt als eine „systematische Erfassung und Analyse von all denjenigen Risiken bei einem Unternehmen, die einen wesentlichen Einfluss auf die Urteilsbildung des Abschlussprüfers hinsichtlich der zu beurteilenden Jahresrechnung haben können und damit auch zu einem Risiko für den Prüfer [Prüfungsrisiko] werden können“.

90 Prüfungsrisiko ist der Komplementärbegriff zu Prüfungssicherheit, d. h. ein Prüfungsrisiko von 0 % bedeutet gleichzeitig eine Prüfungssicherheit von 100 %. Vgl. dazu LUBITZSCH, K., Prüfungssicherheit, S. 80, der Prüfungsrisiko als inversen Begriff zu Prüfungssicherheit bezeichnet.

91 MOCHTY, L., Theoretische Fundierung des risikoorientierten Prüfungsansatzes, S. 735.

92 Vgl. ALDERMAN, C. W./TABOR, R., Risk-Driven Audits, S. 56 f.; GÖBEL, S., Risikoorientierte Abschlussprüfung, S. 43. Außer dem Prüfungsrisiko ist der Abschlussprüfer bei Ausübung seiner beruflichen Tätigkeit auch einem Auftragsrisiko und einem Geschäftsrisiko ausgesetzt. Vgl. DIEHL, C.-U., Risikoorientierte Abschlussprüfung, S. 1114. Während das Auftragsrisiko im zu prüfenden Unternehmen selbst begründet ist und sich aus mandantenspezifischen Besonderheiten ergibt, stellt das Geschäftsrisiko das allgemeine Unternehmerrisiko des Abschlussprüfers dar. Zum Auftrags- und Geschäftsrisiko vgl. BRUMFIELD, C./ELLIOTT, R./JACOBSON, P., Business Risk, S. 60; KÖDEL, W., Risikoorientierte Abschlußprüfung, S. 70-74. Da diese Risiken für eine Untersuchung der Urteilsbildung des Abschlussprüfers bei der Abschlussprüfung nicht relevant sind, werden sie im Folgenden nicht weiter betrachtet.

93 Vgl. ADAMS, R., Risks in the Foreground, S. 101; DIEHL, C.-U., Risikoorientierte Abschlussprüfung, S. 192; WALZ, A., Integrated Risk Model, S. 61.

94 Vgl. BAETGE, J., Risikoorientierter Prüfungsansatz, S. 441; LEFFSON, U./LIPPMANN, K./BAETGE, J., Sicherheit und Wirtschaftlichkeit der Urteilsbildung, S. 57-59; QUICK, R., Risiken der Jahresabschlußprüfung, S. 2; SCHULTE, E., Urteilsgewinnung bei Unternehmungsprüfungen, S. 107-109. Zu den Folgen eines β-Fehlers für den Abschlussprüfer vgl. ASHTON, R./ASHTON, A., Research in Accounting and Auditing, S. 6 f.; STIBI, E.-M., Risikoorientierte Abschlußprüfung, S. 46 und S. 84; WOLZ, M., Wesentlichkeit, S. 19 f.

95 Ein Prüfungsurteil ist ebenfalls unzutreffend, wenn der Abschlussprüfer den Bestätigungsvermerk einschränkt, ergänzt oder versagt, obschon der Jahresabschluss keine wesentlichen Fehler enthält (α-Fehler). Vgl. SCHULTE, E., Urteilsgewinnung bei Unternehmungsprüfungen, S. 108 f. Der α-Fehler wird aufgrund seiner geringen praktischen Relevanz im Folgenden nicht weiter behandelt. Vgl. dazu BAETGE, J., Risikoorientierter Prüfungsansatz, S. 441; BALLWIESER, W., Risikoorientierter Prüfungsansatz, S. 361; ELLIOTT, R./ROGERS, J., Audit Objectives, S. 49; LEFFSON, U./LIPPMANN, K./BAETGE, J., Sicherheit und Wirtschaftlichkeit der Urteilsbildung, S. 57.

scheinlichkeit eines β-Fehlers auf maximal 5 % zu begrenzen.[96] Dies entspricht einer **(Mindest-)Prüfungssicherheit von 95 %**. Der Abschlussprüfer hat diese Prüfungssicherheit mit einer Genauigkeit von 99 % zu erreichen.[97]

Eine Prüfungssicherheit von weniger als 100 % steht der Vertrauenswürdigkeit des Prüfungsurteils des Abschlussprüfers nicht entgegen.[98] Denn ein verbleibendes Prüfungsrisiko, z. B. eines von 5 %, ist für den Abschlussprüfer unvermeidbar. Aufgrund der immanenten Grenzen interner Kontrollsysteme,[99] der fehlenden endgültigen Beweiskraft von Prüfungsnachweisen[100] sowie dem Risiko bewusster Täuschungen,[101] z. B. durch Kollusion[102], könnte der Abschlussprüfer nämlich selbst bei einer (kostenintensiven) Vollprüfung keine absolute Prüfungssicherheit garantieren.[103]

Um die geforderte Prüfungssicherheit von 95 % mit geringstmöglichem Mitteleinsatz erreichen zu können, hat der Abschlussprüfer **Art, Umfang und Zeitpunkt seiner Prüfungshandlungen** so festzulegen, dass besonders fehleranfällige und damit für den

---

96 Vgl. grundlegend LEFFSON, U./LIPPMANN, K./BAETGE, J., Sicherheit und Wirtschaftlichkeit der Urteilsbildung, S. 46 und S. 50, sowie ADAMS, R., Risks in the Foreground, S. 102; BAETGE, J., Zielvorschrift für Rationalisierungsansätze bei der Prüfung, S. 286; BAETGE, J., Risikoorientierter Prüfungsansatz, S. 439; BAETGE, J., Sicherheit und Genauigkeit, S. 720; LUBITZSCH, K., Prüfungssicherheit, S. 27; RUHNKE, K., Business Audit, S. 696; STIBI, E.-M., Risikoorientierte Abschlußprüfung, S. 186. A. A. KNOP, W., Prüfung des IKS, S. 418, der fordert, dass die Eintrittswahrscheinlichkeit eines β-Fehlers bei einer Abschlussprüfung maximal 1 % betragen sollte.

97 Eine Genauigkeit von 99 % bedeutet, dass für mögliche Fehler ein Toleranzbereich von 1 % besteht, innerhalb dessen die Ordnungsmäßigkeit des Jahresabschlusses noch gegeben ist. Vgl. dazu grundlegend LEFFSON, U./LIPPMANN, K./BAETGE, J., Sicherheit und Wirtschaftlichkeit der Urteilsbildung, S. 32 f., sowie BAETGE, J., Sicherheit und Genauigkeit, S. 720; BUCHNER, R., Wirtschaftliches Prüfungswesen, S. 195 f.;

98 Vgl. WIEDMANN, H., Risikoorientierter Prüfungsansatz, S. 14.

99 Vgl. dazu etwa KROMMES, W., Jahresabschlussprüfung, S. 66; WICH, H., Internes Kontrollsystem, S. 158; WYSOCKI, K., Wirtschaftliches Prüfungswesen, S. 52.

100 Vgl. GRONEWOLD, U., Beweiskraft von Beweisen, S. 43 f.; SPERL, A., Prüfungsplanung, S. 69; WYSOCKI, K., Wirtschaftliches Prüfungswesen, S. 66.

101 Vgl. dazu WIEMANN, D., Prüfungsqualität des Abschlussprüfers, S. 24.

102 Kollusion liegt vor, wenn mehrere Mitarbeiter eines Unternehmens gemeinsam das Ziel verfolgen, ihr Unternehmen zu schädigen Vgl. MELCHER, T., Aufdeckung wirtschaftskrimineller Handlungen, S. 67; ODENTHAL, R., Korruption und Mitarbeiterkriminalität, S. 294.

103 Vgl. dazu LEFFSON, U., Wirtschaftsprüfung, S. 165 f.; RUHNKE, K., Internationale Normen der Abschlußprüfung, S. 115. Eine Vollprüfung wäre zudem nicht mit der Treuepflicht des Abschlussprüfers gegenüber dem zu prüfenden Unternehmen bzw. gegenüber den Testatsadressaten vereinbar. Denn die für eine Vollprüfung notwendige Prüfungszeit würde dazu führen, dass der Abschlussprüfer ein unverhältnismäßig hohes Prüfungshonorar zu berechnen hätte. Vgl. dazu BAETGE, J., Zielvorschrift für Rationalisierungsansätze bei der Prüfung, S. 283, und BAETGE, J., Risikoorientierter Prüfungsansatz, S. 439.

Abschlussprüfer risikoreiche Prüffelder[104] intensiver geprüft werden als Prüffelder, die als risikoarm eingeschätzt werden.[105] Die Festlegung von Art, Umfang und Zeitpunkt der Prüfungshandlungen wird als **Prüfungsprogrammplanung** bezeichnet.[106] Die Prüfungsprogrammplanung ist kein einmaliger, der Abschlussprüfung vorgeschalteter Prozess. Vielmehr ist diese nach Art eines Regelkreises sukzessiv an die vom Abschlussprüfer während der Prüfungsdurchführung erlangten Erkenntnisse anzupassen.[107]

Der Zusammenhang zwischen den Risiken des zu prüfenden Unternehmens und den vom Abschlussprüfer als Reaktion auf diese Risiken durchzuführenden Prüfungshandlungen kann mit dem sog. **Prüfungsrisikomodell** formal dargestellt werden.[108] Wie das Prüfungsrisikomodell konkret aufgebaut ist und wie der Abschlussprüfer damit seine Prüfungshandlungen planen kann, wird im folgenden Abschnitt erläutert.

322. Aufbau und Grundaussagen des Prüfungsrisikomodells als formale Grundlage des Prüfungsansatzes

Im Prüfungsrisikomodell wird das **Prüfungsrisiko** (*audit risk*, AR) als **Funktion seiner Risikokomponenten** dargestellt.[109] Das Prüfungsrisiko wird dazu in die Risikokomponenten Fehlerrisiko (*risk of material misstatement*, RMM) und Entdeckungsrisiko[110]

---

[104] Im Schrifttum und der Prüfungspraxis wird unter einem Prüffeld ein nach bestimmten Kriterien abgegrenztes Teilobjekt des gesamten Prüfungsobjekts verstanden. In einem Prüffeld werden in der Regel solche Sachverhalte und Geschäftsvorfälle zusammengefasst, die räumlich, zeitlich und sachlich vergleichbar sind. Vgl. zur Definition eines Prüffeldes auch BUCHNER, R., Wirtschaftliches Prüfungswesen, S. 167.

[105] Vgl. dazu ADAMS, R., Risk, S. 130; KANTER, H./MCENROE, J./KYES, M., Audit Risk Model, S. 51. KÖDEL fasst das vom risikoorientierten Prüfungsansatz postulierte Vorgehen wie folgt zusammen: „[D]ie Allokation prüferischer Ressourcen [folgt] den identifizierten Risiken". Vgl. dazu KÖDEL, W., Risikoorientierte Abschlußprüfung, S. 114.

[106] Vgl. WYSOCKI, K., Wirtschaftliches Prüfungswesen, S. 146.

[107] Vgl. KEMPF, D., Risikoorientierter Prüfungsansatz, S. 242; SPERL, A., Prüfungsplanung, S. 94; SCHMIDT, S., Risikobeurteilungen und Prüfungshandlungen, S. 877; ZAEH, P., Entwicklung von Prüfungsstrategien, S. 229.

[108] Vgl. BALLWIESER, W., Risikoorientierter Prüfungsansatz, S. 360.

[109] Das Prüfungsrisikomodell rekurriert lediglich auf den Sicherheitsaspekt des risikoorientierten Prüfungsansatzes, d. h. auf die Wahrscheinlichkeit für das Auftreten von Fehlern. Der Genauigkeitsaspekt, d. h. die Größe und Bedeutung etwaiger Fehler, bleibt indes unberücksichtigt. Insofern ist das Prüfungsrisikomodell nur ein vereinfachter Ansatz zur Darstellung des risikoorientierten Prüfungsansatzes.

[110] Im Schrifttum wird darauf hingewiesen, dass der Begriff „Entdeckungsrisiko" irreführend sei, da damit eigentlich das Nicht-Entdeckungsrisiko gemeint ist. Vgl. dazu LINK, R., Abschlussprüfung und Geschäftsrisiko, S. 113. QUICK verwendet daher anstelle des Begriffs „Entdeckungsrisiko" den Begriff „Aufdeckungsrisiko". Vgl. dazu QUICK, R., Risiken der Jahresabschlußprüfung, S. 49.

(*detection risk*, DR) zerlegt.[111] Im Prüfungsrisikomodell sind Fehlerrisiko und Entdeckungsrisiko wie folgt multiplikativ miteinander verknüpft:[112]

$$(3.1)\ AR = RMM \times DR$$

Das **Fehlerrisiko** bezeichnet die Wahrscheinlichkeit, dass in einem Prüffeld Fehler vorhanden sind, die entweder für sich oder zusammen mit Fehlern anderer Prüffelder wesentlich sind.[113] Das Fehlerrisiko kann in die Risikokomponenten inhärentes Risiko (*inherent risk*, IR) und Kontrollrisiko (*control risk*, CR) zerlegt werden. Demnach ergibt sich die folgende (erweiterte) Risikogleichung:[114]

$$(3.2)\ AR = (IR \times CR) \times DR$$

Das **inhärente Risiko** bezeichnet die Wahrscheinlichkeit, dass in einem Prüffeld Fehler vorhanden sind, die für sich oder zusammen mit anderen Fehlern wesentlich sind,[115] wenn es im zu prüfenden Unternehmen kein internes Kontrollsystem[116] gibt,[117] mit dem derartige Fehler entweder vermieden oder aufdeckt und korrigiert werden.[118] Danach beschreibt das inhärente Risiko die grundsätzliche **Fehleranfälligkeit eines Prüffel-**

111 Vgl. BAETGE, J., Risikoorientierter Prüfungsansatz, S. 443; DIEHL, C.-U., Risikoorientierte Abschlussprüfung, S. 1114; WIEDMANN, H., Risikoorientierter Prüfungsansatz, S. 18. Vgl. dazu auch QUICK, R., Risiken der Jahresabschlußprüfung, S. 49.

112 Vgl. BALLWIESER, W., Risikoorientierter Prüfungsansatz, S. 365; LUBITZSCH, K., Prüfungssicherheit, S. 83; WOLZ, M., Wesentlichkeit, S. 54. Vgl. dazu auch SCHINDLER, R., Unternehmensrisiken und Abschlussprüfung, S. 49 f., der eine solche multiplikative Verknüpfung im mathematischen Sinne generell ablehnt, da mit ihr suggeriert werden würde, dass Fehlerrisiko und Entdeckungsrisiko unabhängig voneinander bestehen und gleichgewichtig in das Prüfungsrisiko eingehen.

113 Vgl. DIEHL, C.-U., Risikoorientierte Abschlussprüfung, S. 1114; NAGEL, T., Risikoorientierte Jahresabschlußprüfung, S. 26. Dies impliziert, dass sich auch relativ kleine Fehler zu einem wesentlichen Fehler kumulieren können. Vgl. HÖMBERG, R., Wesentlichkeit bei der Abschlussprüfung, S. 312 f.

114 Vgl. zu dieser Risikogleichung etwa DIEHL, C.-U., Risikoorientierte Abschlussprüfung, S. 196; LINK, R., Abschlussprüfung und Geschäftsrisiko, S. 114; MIELKE, F., Geschäftsrisikoorientierte Abschlussprüfung, S. 20; WIEDMANN, H., Risikoorientierter Prüfungsansatz, S. 18.

115 Vgl. BAETGE, J., Risikoorientierter Prüfungsansatz, S. 441; COLBERT, J., Inherent Risk, S. 111.

116 Unter den Begriff „internes Kontrollsystem" werden im Folgenden alle im Unternehmen implementierten Grundsätze, Verfahren und Maßnahmen subsumiert, die dazu dienen, die Entscheidungen der Unternehmensleitung umzusetzen. Vgl. LEFFSON, U., Wirtschaftsprüfung, S. 243 f. Dem Schrifttum und der Prüfungspraxis entsprechend soll der Begriff „internes Kontrollsystem" für die vorliegende Untersuchung beibehalten werden, obschon dieser bei grammatischer Auslegung keine aufbauorganisatorischen Maßnahmen enthält und danach nicht präzise ist. Vgl. ausführlich zu dieser Unterscheidung ZAEH, P., Risikoorientierte Abschlußprüfung, S. 18.

117 Vgl. MARTEN, K.-U./QUICK, R./RUHNKE, K., Wirtschaftsprüfung, S. 308.

118 Vgl. DÖRNER, D., Risikoorientierter Prüfungsansatz, Sp. 1746; MARTINOV, N./ROEBUCK, P., Materiality and Inherent Risk, S. 105.

des.[119] Diese wird von einer Vielzahl makroökonomischer, branchen-, mandanten- sowie prüffeldspezifischer Faktoren beeinflusst.[120] Dadurch ist die Höhe des vom Abschlussprüfer einzuschätzenden inhärenten Risikos abhängig von den Gegebenheiten im Einzelfall. Diese liegen außerhalb der Einflusssphäre des Abschlussprüfers.[121] Danach kann er das inhärente Risiko zwar einschätzen, nicht aber beeinflussen oder kontrollieren.[122]

Das **Kontrollrisiko** stellt die Wahrscheinlichkeit dar, dass in einem Prüffeld vorhandene Fehler, die für sich oder zusammen mit anderen Fehlern wesentlich sind, vom internen Kontrollsystem des zu prüfenden Unternehmens weder vermieden (präventive Kontrolle) noch aufgedeckt und korrigiert werden (detektivische Kontrolle).[123] Das Kontrollrisiko kann danach als Maß für die **Wirksamkeit des internen Kontrollsystems** beschrieben werden.[124] Die Höhe des Kontrollrisikos ist zum einen davon abhängig, ob das vom zu prüfenden Unternehmen eingerichtete interne Kontrollsystem grundsätzlich dazu geeignet ist, Fehler zu vermeiden, aufzudecken und zu korrigieren (**sachgerechter Aufbau des internen Kontrollsystems**).[125] Zum anderen wird die Höhe des Kontrollrisikos davon beeinflusst, wieweit die im zu prüfenden Unternehmen vorhandenen Kontrollstrukturen wie geplant ausgeführt werden und funktionieren (**ein-**

---

119 Vgl. WOLZ, M., Wesentlichkeit, S. 54.

120 Vgl. ISA 315, Anlage 2, sowie BAETGE, J., Risikoorientierter Prüfungsansatz, S. 442; BALLWIESER, W., Risikoorientierter Prüfungsansatz, S. 362 f.; MUNTER, P./MCCASLIN, T., Risk and Materiality, S. 42; PETERS, J., Inherent Audit Risk Assessment, S. 229; RUHNKE, K./LUBITZSCH, K., Aussagen-Konzept der IFAC, S. 373 f.; STIBI, E.-M., Risikoorientierte Abschlußprüfung, S. 65-67. Zu empirischen Ergebnissen, welche Einflussfaktoren von der Prüfungspraxis für relevant gehalten werden, vgl. die Studie von QUICK, R. U. A., Risikoorientierte Jahresabschlussprüfung und inhärentes Risiko, S. 214-225.

121 Vgl. dazu NAGEL, T., Risikoorientierte Jahresabschlußprüfung, S. 83; QUICK, R., Risiken der Jahresabschlußprüfung, S. 37.

122 Vgl. DIEHL, C.-U., Risikoorientierte Abschlussprüfung, S. 195; MARTEN, K.-U./QUICK, R./RUHNKE, K., Wirtschaftsprüfung, S. 209; QUICK, R., Risiken der Jahresabschlußprüfung, S. 37. Letzterer betont, dass es in der Verantwortung des zu prüfenden Unternehmens liegt, das inhärente Risiko zu kontrollieren.

123 Vgl. dazu bereits THIEL, H., Risikoorientierte Abschlussprüfung, sowie BAETGE, J., Risikoorientierter Prüfungsansatz, S. 442; DIEHL, C.-U., Risikoorientierte Abschlussprüfung, S. 194; SWART, C., Systemprüfung, S. 101; WOLZ, M., Wesentlichkeit, S. 55.

124 Vgl. STIBI, E.-M., Risikoorientierte Abschlußprüfung, S. 76, sowie QUICK, R., Risiken der Jahresabschlußprüfung, S. 38. Letzterer beschreibt das Kontrollrisiko anschaulich als „Komplement zum Wirkungsgrad der internen Kontrollen" sowie als „Funktion der Wirksamkeit der internen Kontrollen" des zu prüfenden Unternehmens.

125 Vgl. STIBI, E.-M., Risikoorientierte Abschlußprüfung, S. 76.

wandfreie Funktionsfähigkeit des internen Kontrollsystems).[126] Die Höhe des Kontrollrisikos kann dabei nie gleich Null sein. Denn selbst wirksame Kontrollstrukturen können aufgrund technischer Mängel, menschlichen Versagens oder fraudulenter Handlungen zeitweise unwirksam sein. Das Kontrollrisiko ist ebenso wie das inhärente Risiko unabhängig vom Prüfungsprozess des Abschlussprüfers.[127] Demnach kann der Abschlussprüfer das Kontrollrisiko zwar einschätzen,[128] nicht aber direkt beeinflussen.[129] Da der Abschlussprüfer somit weder das inhärente Risiko noch das Kontrollrisiko beeinflussen kann, ist das sich aus diesen Risiken ergebende **Fehlerrisiko** für den Abschlussprüfer im Prüfungsrisikomodell eine **gegebene Variable**.[130]

Das Prüfungsrisiko besteht – wie oben erwähnt – neben dem Fehlerrisiko aus dem Entdeckungsrisiko. Unter **Entdeckungsrisiko** ist die Wahrscheinlichkeit zu verstehen, dass der Abschlussprüfer in einem Prüffeld vorhandene **wesentliche Fehler**, die durch das interne Kontrollsystem des zu prüfenden Unternehmens weder vermieden noch aufgedeckt und korrigiert wurden, durch aussagebezogene Prüfungshandlungen[131] **nicht entdeckt**.[132] Das Entdeckungsrisiko lässt sich in die Risikokomponenten Risiko aus analytischen Prüfungshandlungen (*analytical review risk*, ARR) und Risiko aus Einzelfallprüfungen (*test of details risk*, TDR) gliedern. Nach dieser Aufspaltung ergibt sich nunmehr die folgende Risikogleichung:

---

126 Vgl. BAETGE, J., Risikoorientierter Prüfungsansatz, S. 442, und LINK, R., Abschlussprüfung und Geschäftsrisiko, S. 113.

127 Vgl. dazu QUICK, R., Risiken der Jahresabschlußprüfung, S. 43 m. w. N.

128 Vgl. DÖRNER, D., Risikoorientierter Prüfungsansatz, Sp. 1747; MUNTER, P./MCCASLIN, T., Risk and Materiality, S. 42.

129 Vgl. dazu DIEHL, C.-U., Risikoorientierte Abschlussprüfung, S. 195. Der Abschlussprüfer kann das Kontrollrisiko allerdings indirekt beeinflussen, indem er dem zu prüfenden Unternehmen Vorschläge unterbreitet, wie dieses sein internes Kontrollsystem verbessern könnte. Setzt das zu prüfende Unternehmen diese Verbesserungsvorschläge um, verringert sich das Kontrollrisiko. Vgl. dazu BAETGE, J./MELCHER, T./STÖPPEL, D., Risikoorientierter Prüfungsansatz, S. 126; WIEDMANN, H., Risikoorientierter Prüfungsansatz, S. 17.

130 Das Fehlerrisiko liegt vielmehr allein in der Verantwortung der gesetzlichen Vertreter des zu prüfenden Unternehmens. Vgl. statt vieler QUICK, R., Risiken der Jahresabschlußprüfung, S. 37 und S. 43.

131 Unter den Begriff „aussagebezogene Prüfungshandlungen" werden analytische Prüfungshandlungen und Einzelfallprüfungen subsumiert. Vgl. SCHMIDT, S., Handbuch risikoorientierte Abschlussprüfung, Rn. 86, sowie die allgemeinen Ausführungen zu den unterschiedlichen Prüfungshandlungen des Abschlussprüfers in Abschnitt 333.

132 Vgl. DÖRNER, D., Risikoorientierter Prüfungsansatz, Sp. 1746; MIELKE, F., Geschäftsrisikoorientierte Abschlussprüfung, S. 20; ZAEH, P., Entdeckungsrisiko, S. 245.

$$(3.3)\ AR = (IR \times CR) \times (ARR \times TDR)$$

Das **Risiko aus analytischen Prüfungshandlungen** stellt die Wahrscheinlichkeit dar, dass der Abschlussprüfer in einem Prüffeld vorhandene und durch das interne Kontrollsystem nicht beseitigte wesentliche Fehler durch seine analytischen Prüfungshandlungen nicht entdeckt.[133] Das **Risiko aus Einzelfallprüfungen** beschreibt die Wahrscheinlichkeit, dass der Abschlussprüfer in einem Prüffeld vorhandene wesentliche Fehler, die weder durch das interne Kontrollsystem des zu prüfenden Unternehmens noch durch analytische Prüfungshandlungen des Abschlussprüfers beseitigt wurden, mit Hilfe seiner Einzelfallprüfungen nicht entdeckt.[134] Die Risikokomponenten des Entdeckungsrisikos stellen demnach jeweils eine Funktion der Effektivität der Prüfungshandlungen des Abschlussprüfers dar.[135] Das Entdeckungsrisiko ist somit die einzige Variable des Prüfungsrisikomodells, die der Abschlussprüfer durch Art, Umfang und Zeitpunkt seiner Prüfungshandlungen kontrollieren kann.[136] Die Risikogleichung kann so umgeformt werden, dass sich daraus unmittelbar das für ein hinreichend sicheres und genaues Prüfungsurteil maximal zulässige Entdeckungsrisiko ermitteln lässt:[137]

$$(3.4)\ DR = (ARR \times TDR) = \frac{AR}{(IR \times CR)}$$

Ist der Sicherheitsgrad eines Prüfungsurteils vorgegeben, besteht im Prüfungsrisikomodell eine inverse Beziehung zwischen dem Fehlerrisiko und dem Entdeckungsrisiko. Dementsprechend kann ein erhöhtes Fehlerrisiko durch ein entsprechend niedriges Entdeckungsrisiko kompensiert werden.[138] Dazu hat der Abschlussprüfer den Umfang der

---

133 Vgl. DÖRNER, D., Risikoorientierter Prüfungsansatz, Sp. 1746; WOLZ, M., Wesentlichkeit, S. 55; WIEDMANN, H., Risikoorientierter Prüfungsansatz, S. 18.

134 Vgl. BALLWIESER, W., Risikoorientierter Prüfungsansatz, S. 363; DIEHL, C.-U., Risikoorientierte Abschlussprüfung, S. 1115; DÖRNER, D., Risikoorientierter Prüfungsansatz, Sp. 1747.

135 Vgl. WIEDMANN, H., Risikoorientierter Prüfungsansatz, S. 18.

136 Vgl. BAETGE, J./MELCHER, T./STÖPPEL, D., Risikoorientierter Prüfungsansatz, S. 126; ZAEH, P., Entdeckungsrisiko, S. 245.

137 Vgl. DIEHL, C.-U., Risikoorientierte Abschlussprüfung, S. 195; BAETGE, J., Risikoorientierter Prüfungsansatz, S. 444; QUICK, R., Risiken der Jahresabschlußprüfung, S. 79.

138 Vgl. dazu MIELKE, F., Geschäftsrisikoorientierte Abschlussprüfung, S. 20 f.; ZAEH, P., Entdeckungsrisiko, S. 246.

von ihm geplanten aussagebezogenen Prüfungshandlungen auszuweiten.[139] Besteht dagegen ein niedriges Fehlerrisiko, kann der Abschlussprüfer ein erhöhtes Entdeckungsrisiko akzeptieren und den Umfang seiner aussagebezogenen Prüfungshandlungen entsprechend verringern.

Die vorgestellten Risikokomponenten des Prüfungsrisikomodells stellen jeweils auf **wesentliche Fehler** ab.[140] Ein Fehler ist wesentlich, wenn er für sich oder zusammen mit anderen Fehlern die wirtschaftlichen Entscheidungen der Empfänger des Prüfungsurteils beeinflussen könnte.[141] Danach lässt sich die Wesentlichkeit sowohl qualitativ als auch quantitativ bestimmen. In der Prüfungspraxis bedient sich der Abschlussprüfer in der Regel quantitativer Wesentlichkeitsgrenzen.[142] Diese hat der Abschlussprüfer sowohl für einzelne Prüffelder als auch für den Jahresabschluss als Ganzes zu ermitteln.[143] Wie der Abschlussprüfer diese Wesentlichkeitsgrenzen allerdings konkret festzulegen hat, ist weder in der Prüfungsforschung noch in der Prüfungspraxis eindeutig geregelt.[144] Vielmehr hat der Abschlussprüfer die für die Abschlussprüfung jeweils einschlägigen Wesentlichkeitsgrenzen nach pflichtgemäßem Ermessen zu bestimmen.[145]

139 Vgl. statt vieler BAETGE, J., Risikoorientierter Prüfungsansatz, S. 442.

140 Vgl. KÖDEL, W., Risikoorientierte Abschlußprüfung, S. 125; MIELKE, F., Geschäftsrisikoorientierte Abschlussprüfung, S. 74.

141 Vgl. HÖMBERG, R., Wesentlichkeit bei der Abschlussprüfung, S. 304; LEFFSON, U., Wesentlich, S. 436; WOLZ, M., Wesentlichkeit, S. 15. Die Wesentlichkeit geht dabei vom Informationsbedürfnis eines *average prudent investor* aus. Nach BUCHNER entscheidet ein solcher Investor „mit ausreichender Sachkenntnis ohne besondere Präferenzen und Risikoneigungen allein auf der Grundlage der veröffentlichten Jahresabschlußinformationen über Kauf oder Verkauf von Wertpapieren". Vgl. dazu BUCHNER, R., Wirtschaftliches Prüfungswesen, S. 244.

142 Vgl. QUICK, R., Materiality in der Rechnungslegungsprüfung, S. 874; SCHMIDT, S., Handbuch risikoorientierte Abschlussprüfung, Rn. 162.

143 Für den Jahresabschluss als Ganzes wird in der Regel eine höhere Wesentlichkeit verwendet als für die einzelnen Prüffelder. Vgl. dazu DIEHL, C.-U., Risikoorientierte Abschlussprüfung, S. 202.

144 Vgl. BALLWIESER, W., Rechnungslegungstheorie, S. 63 f.; DIEHL, C.-U., Risikoorientierte Abschlussprüfung, S. 201; LEFFSON, U./BÖNKHOFF, F., Beurteilungsprozeß, Sp. 180. Die Prüfungsmethodologien der großen Wirtschaftsprüfungsgesellschaften enthalten in aller Regel bestimmte Bezugsgrößen und Multiplikatoren, anhand derer Abschlussprüfer die Wesentlichkeit festlegen können. Vgl. DIEHL, C.-U., Risikoorientierte Abschlussprüfung, S. 1118; HÖMBERG, R., Wesentlichkeit bei der Abschlussprüfung, S. 305. Ein Überblick über die grundsätzlich genutzten Bezugsgrößen und Multiplikatoren findet sich bei OSSADNIK, W., Materiality, S. 618; QUICK, R., Risiken der Jahresabschlußprüfung, S. 205; SCHMIDT, S., Handbuch risikoorientierte Abschlussprüfung, Rn. 164. Vgl. dazu ferner die empirische Auswertung von READ, W./MITCHELL, J./AKRESH, A., Planning Materiality, S. 76.

145 Vgl. SCHMIDT, S., Handbuch risikoorientierte Abschlussprüfung, Rn. 161 f., sowie kritisch dazu WOLZ, M., Wesentlichkeit, S. 18 m. w. N.

Die vom Abschlussprüfer nach pflichtgemäßem Ermessen festgelegten Wesentlichkeitsgrenzen hat der Abschlussprüfer bei der Prüfungsplanung, der Prüfungsdurchführung und der Berichterstattung über die Abschlussprüfung zu berücksichtigen.[146] Bei der Prüfungsplanung hat der Abschlussprüfer die festgelegte Wesentlichkeit zu beachten, um Art, Umfang und Zeitpunkt der Prüfungshandlungen so zu bestimmen, dass (möglichst) alle wesentlichen Fehler aufgedeckt werden. Bei der Prüfungsdurchführung und Berichterstattung hat der Abschlussprüfer die festgelegte Wesentlichkeit zu beachten, wenn er z. B. zu würdigen hat, ob der Jahresabschluss oder ein Prüffeld trotz identifizierter Fehler noch als normenkonform bezeichnet werden kann.

Die quantitativen Ausprägungen der vorgestellten **Risikokomponenten** des Prüfungsrisikomodells lassen sich in der Regel weder formal noch logisch begründet ermitteln. Dies hat zur Folge, dass der Abschlussprüfer die einzelnen Risikokomponenten **auf Grundlage seiner Erfahrungen, Kenntnisse und Intuition einzuschätzen** hat. Dies ist für den Abschlussprüfer mit einer bewussten kognitiven Anstrengung verbunden.[147] Der Abschlussprüfer reagiert auf diese Anstrengung, indem er die von ihm vorzunehmenden Einschätzungen systematisch vereinfacht. Dazu greift er unbewusst auf Entscheidungsheuristiken zurück.[148] Bevor detaillierter auf Entscheidungsheuristiken und deren Wirkungsweisen eingegangen werden kann, ist zunächst das konkrete Prüfungsvorgehen des Abschlussprüfers zu beschreiben. Die Abschlussprüfung wird dazu in die Phasen „Prüfungsplanung", „Prüfungsdurchführung" und „Prüfungsüberwachung" gegliedert. Diese Phasen dienen im weiteren Verlauf der Arbeit als Raster, die Erkenntnisse der kognitiven Psychologie über die Urteilsbildung des Menschen auf die Urteilsbildung des Abschlussprüfers bei der Abschlussprüfung zu übertragen.

[146] QUICK, R., Risiken der Jahresabschlußprüfung, S. 182; WOLZ, M., Wesentlichkeit, S. 16.

[147] Vgl. dazu die diesbezüglichen Ausführungen in Abschnitt 432.

[148] Zum Einsatz von Entscheidungsheuristiken im menschlichen Problemlösungsprozess vgl. ausführlich Abschnitt 433.

33 Phasen einer risikoorientierten Abschlussprüfung

331. Vorbemerkung

Die Abschlussprüfung folgt keinem standardisierten Ablauf. Das bedeutet, dass es keinen festen Satz an Prüfungshandlungen gibt, mit denen der Abschlussprüfer verschiedene Jahresabschlüsse stets in gleicher Weise prüfen kann.[149] Die durchzuführenden Prüfungshandlungen sind vielmehr abhängig von den besonderen Charakteristika des zu prüfenden Unternehmens. Nichtsdestotrotz kann das grundsätzliche Prüfungsvorgehen des Abschlussprüfers als eine **Phasenfolge** beschrieben werden,[150] die unabhängig von den besonderen Charakteristika des zu prüfenden Unternehmens einer jeden Abschlussprüfung inhärent ist. Diese Phasenfolge umfasst die Phasen „Prüfungsplanung", „Prüfungsdurchführung" und „Prüfungsüberwachung".[151]

Die Phasen „**Prüfungsplanung**", „**Prüfungsdurchführung**" und „**Prüfungsüberwachung**" repräsentieren in dieser Reihenfolge den gedanklich systematischen, nicht aber den zeitlichen Ablauf des Prüfungsprozesses.[152] Denn die drei Phasen der Phasenfolge laufen – mit zahlreichen Feedback-Schleifen – teils **zeitlich nacheinander** und teils **zeitlich parallel** zueinander ab.[153] Beispielsweise hat der Abschlussprüfer die Phase der Prüfungsplanung vor der Phase der Prüfungsdurchführung zu durchlaufen. Die Phase der Prüfungsplanung besteht allerdings so lange fort, bis der Abschlussprüfer in der Phase der Prüfungsdurchführung keine weiteren Erkenntnisse zur Verbesserung der Prüfungsplanung mehr gewinnt, die eine Revision der ursprünglichen Prüfungsplanung

---

149 Vgl. SOLOMON, I./SHIELDS, M., Decision-Making in Auditing, S. 144.

150 Vgl. WYSOCKI, K., Wirtschaftliches Prüfungswesen, S. 1.

151 Die genannten Phasen werden im Schrifttum unterschiedlich bezeichnet bzw. abgegrenzt. Vgl. dazu etwa BUCHNER, R., Wirtschaftliches Prüfungswesen, S. 158, der das Prüfungsvorgehen in die Phasen „Prüfungsplanung", „Prüfungsdurchführung", „Prüfungskontrolle" und „Dokumentation" gliedert. Vgl. auch EGNER, H., Betriebswirtschaftliche Prüfungslehre, S. 42, der die Phasen „Auftragsannahme", „Prüfungsplanung", „Prüfungsdurchführung" und „Berichterstattung" unterscheidet und seine Phasenfolge damit zeitlich früher beginnen lässt. Da die Phase der Auftragsannahme oft durch strategische Überlegungen des Abschlussprüfers beeinflusst ist, wird sie im Folgenden nicht mehr aufgegriffen.

152 Vgl. FREIDANK, C.-C., Prüfungswesen unter risikoorientierten und internationalen Reformeinflüssen, S. 254; ZÜND, A., Revisionslehre, S. 261.

153 Vgl. RUHNKE, K., Geschäftsrisikoorientierte Abschlussprüfung, S. 438.

notwendig machen.[154] Außerdem ist auch nur ein kleiner Teil der in der Phase der Prüfungsüberwachung durchzuführenden Prüfungshandlungen tatsächlich erst nach Abschluss der Phase der Prüfungsdurchführung vorzunehmen. Die Prüfungsüberwachung findet vielmehr größtenteils prüfungsbegleitend statt.

Ungeachtet der teilweisen zeitlichen Parallelität der drei Phasen der Phasenfolge und der Feedback-Schleifen ist es aus didaktischen Gründen, vor allem aber aus Gründen der Darstellungssystematik sinnvoll, diese **Phasen jeweils getrennt zu untersuchen**. Denn in jeder dieser drei Phasen haben die an der Abschlussprüfung beteiligten Personen eine Vielzahl unterschiedlicher Urteile zu bilden. Welche Urteile dies im Einzelnen sind, wird im Folgenden erläutert.

332. Phase I: Prüfungsplanung

Unter dem Begriff „Prüfungsplanung" ist die **gedankliche Vorwegnahme künftiger Prüfungshandlungen** unter Berücksichtigung unsicherer, künftiger Datenkonstellationen zu verstehen.[155] Ziel der Prüfungsplanung ist es, unter Beachtung des Grundsatzes der Wirtschaftlichkeit einen in sachlicher, personeller und zeitlicher Hinsicht adäquaten Prüfungsablauf sicherzustellen.[156] Dazu hat der Abschlussprüfer ein konkretes Prüfungsprogramm zu erstellen, in dem Art, Umfang und Zeitpunkt seiner Prüfungshandlungen festgelegt werden.[157]

---

[154] Vgl. BAETGE, J./MEYER ZU LÖSEBECK, H., Prüfungsplanung, S. 126; LÜCK, W., Jahresabschlußprüfung, S. 42. Die zur Prüfungsplanung herangezogenen Informationen können zudem bereits das Ergebnis vorangegangener Abschlussprüfungen oder Zwischenprüfungen sein und wären in diesem Fall überhaupt nicht Teil der vorgestellten Phasenfolge.

[155] Vgl. LEFFSON, U./LIPPMANN, K./BAETGE, J., Sicherheit und Wirtschaftlichkeit der Urteilsbildung, S. 154, sowie BAETGE, J./MEYER ZU LÖSEBECK, H., Prüfungsplanung, S. 122; SCHADE, G., Gebot sorgfältiger Abschlußprüfung, S. 98; SCHMIDT, S., Handbuch risikoorientierte Abschlussprüfung, Rn. 156; SPERL, A., Prüfungsplanung, S. 19. Daneben hat der Abschlussprüfer auch die Gesamtheit der von ihm angenommenen Aufträge angemessen zu planen. Vgl. dazu LEFFSON, U./LIPPMANN, K./BAETGE, J., Sicherheit und Wirtschaftlichkeit der Urteilsbildung, S. 104; MARTEN, K.-U./QUICK, R./RUHNKE, K., Wirtschaftsprüfung, S. 245-247. Im Fokus der vorliegenden Untersuchung steht allerdings die Durchführung eines Auftrags. Daher wird die Gesamtplanung aller Aufträge im Folgenden nicht weiter berücksichtigt.

[156] Vgl. DREXL, A., Unternehmensprüfungen, S. 68; LÜCK, W., Jahresabschlußprüfung, S. 41. Zum Grundsatz der Wirtschaftlichkeit vgl. BOHR, K., Wirtschaftlichkeit, Sp. 2181 f.

[157] Vgl. SPERL, A., Prüfungsplanung, S. 19; SCHMIDT, S., Handbuch risikoorientierte Abschlussprüfung, Rn. 156, sowie LINK, R., Abschlussprüfung und Geschäftsrisiko, S. 123, und WYSOCKI, K., Wirtschaftliches Prüfungswesen, S. 143, welche die Prüfungsplanung als zweistufiges Konzept beschreiben.

Ein **Prüfungsprogramm** umfasst grundsätzlich die angestrebte prüferische Vorgehensweise des Abschlussprüfers, Prüfungsanweisungen für die Mitarbeiter des Abschlussprüfers sowie Anweisungen zur Überwachung und Dokumentation der Prüfungsdurchführung.[158] Die Planung des Prüfungsprogramms kann weiter in eine sachliche, personelle und zeitliche Planungsphase zerlegt werden.[159] In der **sachlichen Planungsphase** hat der Abschlussprüfer das Prüfungsobjekt zunächst in unterschiedliche, einheitlich zu prüfende Teilbereiche zu systematisieren, die sog. Prüffelder.[160] Für jedes dieser Prüffelder hat der Abschlussprüfer ein Prüfungsziel zu formulieren und abhängig vom erwarteten Fehlerrisiko und dem tolerierbaren Entdeckungsrisiko Art und Umfang der von ihm durchzuführenden Prüfungshandlungen festzulegen. In Frage kommen dabei grundsätzlich Prüfungshandlungen zur Risikoanalyse sowie systemorientierte und aussagebezogene Prüfungshandlungen. Neben der Festlegung der Prüfungshandlungen hat der Abschlussprüfer in der sachlichen Planungsphase die laufende Überwachung und Durchsicht der Prüfungsergebnisse zu planen. Ebenso hat er zu beurteilen, ob und wieweit er Prüfungsergebnisse anderer Prüfer verwenden und externe Sachverständige hinzuziehen wird. In der sachlichen Planungsphase hat der Abschlussprüfer zudem die Prüfungsbereitschaft des Mandanten, d. h. die Fertigstellung der zu prüfenden Unterlagen durch das zu prüfende Unternehmen und die vom zu prüfenden Unternehmen zu erwartende Unterstützung, einzuschätzen.

---

158 Vgl. MIELKE, F., Geschäftsrisikoorientierte Abschlussprüfung, S. 85; SPERL, A., Prüfungsplanung, S. 20; WYSOCKI, K., Wirtschaftliches Prüfungswesen, S. 146. LEFFSON bezeichnet das Prüfungsprogramm als „Kernstück der Prüfungsplanung". Vgl. LEFFSON, U., Wirtschaftsprüfung, S. 154.

159 Vgl. EGNER, H., Betriebswirtschaftliche Prüfungslehre, S. 43; LEFFSON, U., Wirtschaftsprüfung, S. 157; SCHADE, G., Gebot sorgfältiger Abschlußprüfung, S. 98; ZAEH, P., Entwicklung von Prüfungsstrategien, S. 234. Im Schrifttum wird die Prüfungsprogrammplanung teilweise unterschiedlich systematisiert. Für BUCHNER ist die Prüfungsprogrammplanung z. B. ein Obergriff für die Festlegung der Prüfungsstrategie und die sachliche Planung. Vgl. dazu BUCHNER, R., Wirtschaftliches Prüfungswesen, S. 160 sowie S. 164. Personal- und Zeitplanung sind in diesem Fall kein Bestandteil der Prüfungsprogrammplanung, sondern separate Planungskomponenten.

160 Vgl. BUCHNER, R., Wirtschaftliches Prüfungswesen, S. 167; EGNER, H., Betriebswirtschaftliche Prüfungslehre, S. 105; LÜCK, W., Jahresabschlußprüfung, S. 44. Die Abgrenzung von Prüffeldern kann anhand unterschiedlicher Kriterien erfolgen. Für eine Übersicht geeigneter Kriterien vgl. LÜCK, W., Prüffelder, S. 584; SPERL, A., Prüfungsplanung, S. 102. Prüffelder können nach unterschiedlichen sachlogischen Kriterien zusammengefasst werden. Derart zusammengefasste Prüffelder werden als Prüffeldgruppe bezeichnet.

Auf Grundlage der in der sachlichen Planungsphase getroffenen Urteile hat der Abschlussprüfer über den Personaleinsatz zu entscheiden.[161] In der **personellen Planungsphase** hat der Abschlussprüfer den in der sachlichen Planungsphase abgegrenzten Prüffeldern einzelne Mitarbeiter zuzuordnen,[162] die für die konkrete Prüfungsdurchführung verantwortlich sind.[163] Der Abschlussprüfer hat dabei zu gewährleisten, dass die von ihm eingesetzten Mitarbeiter über die notwendigen Qualifikationen verfügen,[164] ein Urteil über die ihnen jeweils zugeordneten Prüffelder abgeben zu können. Zudem hat er sicherzustellen, dass die entsprechenden Mitarbeiter für den geplanten Prüfungszeitraum disponiert werden können.[165] Innerhalb der personellen Planungsphase hat der Abschlussprüfer ferner sicherzustellen, dass die von ihm eingesetzten Mitarbeiter unabhängig gegenüber dem zu prüfenden Unternehmen sind und die Vorschriften zur internen wie externen Prüferrotation eingehalten werden.

In der **zeitlichen Planungsphase** hat der Abschlussprüfer zu entscheiden, wann mit der Abschlussprüfung zu beginnen ist, zu welchen Zeitpunkten die einzelnen Prüffelder geprüft werden sollen und wie viel Bearbeitungszeit für jedes einzelne Prüffeld vorgesehen ist.[166] Dazu hat der Abschlussprüfer die Leistungsfähigkeit und Verfügbarkeit der von ihm eingesetzten Mitarbeiter ebenso einzuschätzen wie die Unterstützung des zu prüfenden Unternehmens. Zu beachten ist dabei, dass einige Prüffelder nur in einer bestimmten Reihenfolge sinnvoll geprüft werden können (sog. Stufengesetz der

161 Vgl. KÖDEL, W., Risikoorientierte Abschlußprüfung, S. 116.

162 Vgl. LOITLSBERGER, E., Treuhand- und Revisionswesen, S. 89.

163 Trotz dieser Aufgabendelegation bleiben die für die Abschlussprüfung verantwortlichen Personen für alle Einzelurteile und das abschließende Gesamturteil über den zu prüfenden Jahresabschluss voll verantwortlich. Vgl. SCHADE, G., Gebot sorgfältiger Abschlußprüfung, S. 28.

164 Der Abschlussprüfer hat neben der fachlichen Qualifikation auch die persönliche bzw. soziale Qualifikation der Mitarbeiter zu berücksichtigen. Vgl. KNOBLAUCH, P./STANGNER, K.-H., Prüfungsbetrieb, S. 293. Der Ausbildungsfunktion der Abschlussprüfung gerecht werdend, ist denkbar, dass ein Mitarbeiter zwar zu Beginn der Abschlussprüfung nicht über die notwendigen Qualifikationen verfügt, von erfahreneren Mitarbeitern im Verlauf der Abschlussprüfung allerdings dazu in die Lage versetzt wird. Zur Ausbildungsfunktion der Abschlussprüfung vgl. EGNER, H., Betriebswirtschaftliche Prüfungslehre, S. 116; KROMMES, W., Jahresabschlussprüfung, S. 18.

165 Vgl. MARTEN, K.-U./QUICK, R./RUHNKE, K., Wirtschaftsprüfung, S. 241; MIELKE, F., Geschäftsrisikoorientierte Abschlussprüfung, S. 88.

166 Vgl. EGNER, H., Betriebswirtschaftliche Prüfungslehre, S. 44; SPERL, A., Prüfungsplanung, S. 19. Wurde dem Abschlussprüfer der Prüfungsauftrag für mehrere aufeinanderfolgende Jahre erteilt, kann der Abschlussprüfer in einem mehrjährigen Prüfungsplan zudem jährliche Prüfungsschwerpunkte bestimmen. Vgl. bereits PETZEL, O., Mehrjähriger Prüfungsplan, S. 3, sowie LÜCK, W., Jahresabschlußprüfung, S. 35 f.

Prüfung[167]).[168] In der zeitlichen Planungsphase hat der Abschlussprüfer ferner zu entscheiden, welche Prüfungshandlungen er in der Zwischen- bzw. Vorprüfung, also vor der eigentlichen Hauptprüfung, durchführt.[169]

Die Prüfungsprogrammplanung, bestehend aus einer sachlichen, personellen und zeitlichen Planungsphase, ist insgesamt als ein „kontinuierlicher und rückgekoppelter, bis zur Beendigung der Abschlussprüfung anhaltender Prozess"[170] zu verstehen. Denn bei der erstmaligen Durchführung der Prüfungsprogrammplanung liegen dem Abschlussprüfer noch nicht alle zur Prüfungsdurchführung notwendigen Informationen vor. Vielmehr erlangt der Abschlussprüfer viele dieser Informationen erst während der Prüfungsdurchführung. Das ursprüngliche Prüfungsprogramm ist dann entsprechend an diese Erkenntnisse anzupassen,[171] wodurch der Detaillierungsgrad des Prüfungsprogramms kontinuierlich zunimmt.[172]

Die Prüfungsstrategie und das sachliche, personelle und zeitliche Prüfungsprogramm sowie alle bei der Prüfungsplanung erlangten Erkenntnisse über die Prüffelder hat der Abschlussprüfer in seinen **Arbeitspapieren**[173] schriftlich zu dokumentieren. Dies soll den Abschlussprüfer in die Lage versetzen, die Durchsicht und Beurteilung der vorge-

---

167 Stufengesetz der Prüfung bedeutet, dass die Beurteilung von Prüffeld A die Beurteilung von Prüffeld B voraussetzt. Entsprechend hat der Abschlussprüfer zunächst Prüffeld B zu beurteilen, bevor er ein Urteil über Prüffeld A abgeben kann. Das Stufengesetz der Prüfung wird im Schrifttum teilweise auch als Reihenfolgeproblematik bezeichnet. Vgl. dazu MARTEN, K.-U./QUICK, R./RUHNKE, K., Wirtschaftsprüfung, S. 242.

168 Vgl. dazu bereits ZIMMERMANN, E., Theorie und Praxis der Prüfungen, S. 40-42, sowie HÖVERMANN, K., Prüffelder- und Reihenfolgeplanung, S. 63-67.

169 Für eine zeitliche Vorverlegung eignen sich vor allem solche Prüffelder, von denen nicht erwartet wird, dass sie sich bis zum Abschlussstichtag wesentlich verändern. Vgl. ZÜND, A., Revisionslehre, S. 267. In der Prüfungspraxis wird in der Regel die Systemprüfung vorgezogen. Denn die bei der Systemprüfung erlangten Prüfungsergebnisse versetzen den Abschlussprüfer in die Lage, das Kontrollrisiko einzuschätzen und so frühzeitig aussagebezogene Prüfungshandlungen zu planen. Zur Systemprüfung vgl. Abschnitt 333.

170 MIELKE, F., Geschäftsrisikoorientierte Abschlussprüfung, S. 82. Nach SPERL ist die „Prüfungsprogrammplanung erst dann beendet, wenn auch die zu planenden Prüfungsprozesse abgeschlossen sind". Vgl. SPERL, A., Prüfungsplanung, S. 95.

171 Vgl. dazu HÖMBERG, R., Prüfungsplanung, Sp. 1853 f., der Faktoren aufzählt, die im Regelfall zu einer Modifikation des ursprünglichen Prüfungsprogramms führen (sollten).

172 Vgl. BÖNKHOFF, F., Prüfungsplanung, Sp. 1525; LEFFSON, U., Wirtschaftsprüfung, S. 155; LÜCK, W., Jahresabschlußprüfung, S. 42.

173 Arbeitspapiere sind alle Schriftstücke, die zur Planung der Abschlussprüfung oder während der Prüfungsdurchführung vom Abschlussprüfer selbst angefertigt oder von Dritten übernommen werden. Vgl. dazu LEFFSON, U., Wirtschaftsprüfung, S. 290.

nommenen Einschätzungen und erlangten Prüfungsnachweise zu erleichtern. Die Arbeitspapiere der Prüfungsplanung dienen dem Abschlussprüfer ferner als Basis für die Erstellung des Prüfungsberichts und als Planungshilfe für eventuelle Folgeprüfungen.

333. Phase II: Prüfungsdurchführung

Der Abschlussprüfer hat auf Basis der in der Phase der Prüfungsplanung durchgeführten vorläufigen Risikoeinschätzung und unter Beachtung der fachlichen Regeln nach pflichtgemäßem Ermessen Art, Umfang und Zeitpunkt der Prüfungshandlungen so festzulegen,[174] dass er ein hinreichend sicheres und genaues Prüfungsurteil über den Jahresabschluss des zu prüfenden Unternehmens abgeben kann. Für ein solches Prüfungsurteil hat sich der Abschlussprüfer mit geringstmöglichem Mitteleinsatz ausreichende und angemessene **Prüfungsnachweise** zu beschaffen. Um an diese zu gelangen, hat er Prüfungshandlungen vorzunehmen. Die vom Abschlussprüfer grundsätzlich durchführbaren **Prüfungshandlungen** unterscheiden sich jeweils hinsichtlich ihres Wirkungsgrads,[175] d. h. sie weisen einen unterschiedlichen Gewinn an Prüfungssicherheit pro Prüfungszeiteinheit auf.[176] Dieser Sicherheitsgewinn pro Prüfungszeiteinheit wird im Schrifttum als Sicherheitsintensität bezeichnet.[177] Der Beitrag einzelner Prüfungshandlungen zur Prüfungssicherheit – der Sicherheitsbeitrag genannt wird – ist allerdings begrenzt.[178] Der mit den Prüfungshandlungen kumuliert erreichbare absolute Sicherheitsbeitrag nimmt in der Reihenfolge Risikoanalyse, analytische Prüfungshandlungen, Systemprüfung und Einzelfallprüfungen zwar insgesamt zu, der inkrementelle Sicherheitsgewinn, also die Sicherheitsintensität, nimmt dabei allerdings in gleicher Reihenfolge ab.[179]

174 Vgl. SCHMIDT, S., Risikobeurteilungen und Prüfungshandlungen, S. 876.

175 Vgl. WOLZ, M., Wesentlichkeit, S. 79.

176 Vgl. DIEHL, C.-U., Risikoorientierte Abschlussprüfung, S. 1116; DÖRNER, D., Risikoorientierter Prüfungsansatz, Sp. 1758; ZAEH, P., Entdeckungsrisiko, S. 246.

177 Vgl. LUBITZSCH, K., Prüfungssicherheit, S. 85.

178 Vgl. DÖRNER, D., Risikoorientierter Prüfungsansatz, Sp. 1758.

179 Vgl. dazu DÖRNER, D., Risikoorientierter Prüfungsansatz, Sp. 1758 f.; MÜLLER, C./KROPP, M., Überprüfung der Plausibilität von Jahresabschlüssen, S. 150; WIEDMANN, H., Risikoorientierter Prüfungsansatz, S. 18, sowie mit kleineren inhaltlichen Modifikationen DIEHL, C.-U., Risikoorientierte Abschlussprüfung, S. 1116; STIBI, E.-M., Risikoorientierte Abschlußprüfung, S. 180 f. Kritisch zu diesem Ansatz vgl. LUBITZSCH, K., Prüfungssicherheit, S. 85-87. Wesentlicher Kritikpunkt von LUBITZSCH ist die Nichtberücksichtigung von Nicht-Stichprobenrisiken, also von Risiken, die in der

Die risikoorientierten Prüfungshandlungen des Abschlussprüfers beginnen in der Regel mit einer **Risikoanalyse.**[180] Der Abschlussprüfer versucht dabei zu ermitteln, wie hoch die Wahrscheinlichkeit eines wesentlichen Fehlers in einem Prüffeld ist. Die Risikoanalyse dient demnach vor allem dazu, das inhärente Risiko eines Prüffeldes einzuschätzen.[181] Dazu hat der Abschlussprüfer ein ausreichendes Verständnis über das zu prüfende Unternehmen, dessen Geschäftstätigkeit sowie dessen wirtschaftliches und rechtliches Umfeld zu erlangen.[182] Zudem hat er diejenigen Sachverhalte und Geschäftsvorfälle zu identifizieren, die sich wesentlich auf den Jahresabschluss, die Abschlussprüfung oder den Bestätigungsvermerk auswirken können.[183] An diesen Sachverhalten und Geschäftsvorfällen hat der Abschlussprüfer dann Art, Umfang und Zeitpunkt weiterer Prüfungshandlungen auszurichten.

Das Ziel von **analytischen Prüfungshandlungen** ist es, Aussagen über die Konsistenz und Plausibilität prüfungsrelevanter Daten machen zu können.[184] Analytische Prüfungshandlungen sind nicht dazu geeignet, einzelne Geschäftsvorfälle oder Bestandselemente zu prüfen, sondern werden in Bezug auf aggregierte Größen durchgeführt.[185] Danach werden analytische Prüfungshandlungen in der Regel nicht dazu eingesetzt, einzelne Fehler in der Rechnungslegung aufzudecken. Vielmehr sollen sie den Abschlussprüfer in die Lage versetzen, diejenigen Prüffelder zu identifizieren, die wesentliche Fehler enthalten und in der Folge intensiver zu prüfen sind.[186] Der Abschlussprüfer bedient sich bei den analytischen Prüfungshandlungen unter anderem **Plausibilitätstests, Kennzahlenanalysen, Trend- und Regressionsanalysen.**[187] Mit Hilfe dieser Verfah-

Person des Abschlussprüfers selbst begründet sind. Darunter kann z. B. die Auswahl unwirksamer Prüfungshandlungen, die nicht sachgemäße Durchführung von Prüfungshandlungen sowie die unzutreffende Interpretation von Prüfungsnachweisen subsumiert werden.

180 Vgl. ZAEH, P., Entwicklung von Prüfungsstrategien, S. 234.

181 Vgl. MIELKE, F., Geschäftsrisikoorientierte Abschlussprüfung, S. 21.

182 Vgl. ISA 315.4(d) sowie SCHMIDT, S., Handbuch risikoorientierte Abschlussprüfung, Rn. 23.

183 Vgl. dazu MIELKE, F., Geschäftsrisikoorientierte Abschlussprüfung, S. 21.

184 Vgl. GÄRTNER, M., Analytische Prüfungshandlungen, S. 13, sowie ZAEH, P., Risikoorientierte Abschlußprüfung, S. 95-100.

185 Vgl. HÖMBERG, R., Grundsätze ordnungmäßiger Durchführung von Abschlußprüfungen, S. 1783.

186 Vgl. ZAEH, P., Planung der Prüfungsmethoden, S. 377 f.

187 Vgl. AMEEN, E./STRAWSER, J., Analytical Procedures, S. 70 m. w. N.

ren kann der Abschlussprüfer die Finanz- und Betriebsdaten hinsichtlich ungewöhnlicher Posten und unerwarteter Bewegungen untersuchen.[188]

Die **Systemprüfung** dient dazu, das Kontrollrisiko des zu prüfenden Unternehmens einzuschätzen.[189] Dazu hat der Abschlussprüfer zu beurteilen, wieweit das rechnungslegungsbezogene interne Kontrollsystem des Unternehmens geeignet ist, wesentliche Fehler zu vermeiden bzw. aufzudecken und zu korrigieren.[190] Eine Systemprüfung wird in der Regel nicht durchgeführt, um wesentliche Fehler zu beseitigen, sondern dient dazu, die Ursachen für systematische Fehler zu identifizieren.[191] Innerhalb der Systemprüfung werden eine Aufbau- und Funktionsprüfung unterschieden.[192] Bei der **Aufbauprüfung** hat der Prüfer zu beurteilen, ob und wieweit das rechnungslegungsbezogene interne Kontrollsystem des zu prüfenden Unternehmens grundsätzlich geeignet erscheint, wesentliche Fehler zu verhindern bzw. aufzudecken und zu korrigieren, sowie ob und wieweit es in die betrieblichen Prozesse tatsächlich implementiert wurde (*test of design and implementation*). Bei der **Funktionsprüfung** hat der Abschlussprüfer auf Basis einer Stichprobenauswahl zu prüfen, ob die vom zu prüfenden Unternehmen implementierten Kontrollstrukturen zuverlässig sind (*test of controls*).[193] Dazu hat der Abschlussprüfer eine Transformations- und eine Funktionsfähigkeitsprüfung durchzuführen. Bei der **Transformationsprüfung** hat der Abschlussprüfer zu testen, ob und wieweit die vom zu prüfenden Unternehmen eingerichteten Kontrollen von den Mitar-

---

188 Da die für analytische Prüfungshandlungen herangezogenen Zahlen häufig ungeprüft sind, ist der insgesamt erreichbare Beitrag zur Prüfungssicherheit indes begrenzt. Vgl. BIGGS, S./MOCK, T./QUICK, R., Prüfungsurteil bei analytischen Prüfungshandlungen, S. 174 f. Zudem sind analytische Prüfungshandlungen nicht dazu geeignet, unabhängig von Einzelfallprüfungen einzelne Aussagen in der Rechnungslegung zu stützen. Daher werden analytische Prüfungshandlungen häufig mit Einzelfallprüfungen kombiniert. Vgl. CHEN, Y./LEITCH, R., Characteristics of Analytical Procedures, S. 37 m. w. N.

189 Vgl. WIEDMANN, H., Prüfung des internen Kontrollsystems, S. 705 f., sowie MIELKE, F., Geschäftsrisikoorientierte Abschlussprüfung, S. 22.

190 Vgl. dazu ISA 315.12, wonach Kontrollstrukturen, die für die Abschlussprüfung relevant sind, in aller Regel die Rechnungslegung des zu prüfenden Unternehmens betreffen. Dies bedeutet im Umkehrschluss allerdings nicht, dass alle Kontrollen, welche die Rechnungslegung betreffen, auch für die Abschlussprüfung relevant sind.

191 Vgl. QUICK, R., Risiken der Jahresabschlußprüfung, S. 39.

192 Vgl. dazu ausführlich ADENAUER, P., Internes Kontrollsystem, S. 125-196, sowie LEFFSON, U., Wirtschaftsprüfung, S. 231.

193 Vgl. dazu ISA 330.8-17, ISA 330.A20-41 sowie LEFFSON, U., Wirtschaftsprüfung, S. 234 f.

beitern des Unternehmens in geplanter Form ausgeführt werden.[194] Bei der **Funktionsfähigkeitsprüfung** hat er zu prüfen, ob und wieweit die vom zu prüfenden Unternehmen eingerichteten Kontrollen effektiv funktionieren.[195] Abhängig davon, als wie zuverlässig der Abschlussprüfer den Aufbau und die Funktionsweise des rechnungslegungsbezogenen internen Kontrollsystems des zu prüfenden Unternehmens einschätzt, hat er seine aussagenbezogenen Prüfungshandlungen festzulegen.[196]

Bei **Einzelfallprüfungen** versucht der Abschlussprüfer durch direkte Soll-Ist-Vergleiche einzelner Geschäftsvorfälle und Kontosalden ausreichende und angemessene Prüfungsnachweise für einzelne Aussagen in der Rechnungslegung zu gewinnen (*test of details*).[197] Einzelfallprüfungen werden vor allem für besonders risikoreich eingeschätzte Prüffelder durchgeführt bzw. sind dann vorzunehmen, wenn durch systemorientierte und analytische Prüfungshandlungen keine ausreichenden und angemessenen Prüfungsnachweise erlangt werden können. Da Einzelfallprüfungen in der Regel mit einem hohen Zeit- und somit Kostenaufwand verbunden sind und auch eine lückenlose Einzelfallprüfung keine absolute Prüfungssicherheit garantieren würde, wird vom Abschlussprüfer **keine Vollprüfung** gefordert.[198] Vielmehr kann er sein Prüfungsurteil auf der Basis von Auswahlprüfungen bilden.[199] Die für eine **Auswahlprüfung** nutzba-

194 Vgl. MARTEN, K.-U./QUICK, R./RUHNKE, K., Wirtschaftsprüfung, S. 277.

195 Vgl. MARTEN, K.-U./QUICK, R./RUHNKE, K., Wirtschaftsprüfung, S. 277 f.

196 Vgl. NAGEL, T., Risikoorientierte Jahresabschlußprüfung, S. 103.

197 Unter Einzelfallprüfungen können nach ISA 500.10 i. V. m. ISA 500.A52-A56 vor allem die folgenden Prüfungshandlungen subsumiert werden: Einsichtnahmen, Vergleiche, rechnerische Prüfungen, externe Bestätigungen, Befragungen, Beobachtungen und Inaugenscheinnahmen.

198 Vgl. ZAEH, P., Risikoorientierte Abschlußprüfung, S. 21; ZAEH, P., Planung der Prüfungsmethoden, S. 383. Eine Vollprüfung ist nach ISA 500.A53 nur dann durchzuführen, wenn ein Prüffeld nur wenige zu prüfende Aussagen umfasst, andernfalls keine Prüfungsnachweise erlangt werden können oder das Prüffeld mit Hilfe einer IT-gestützten Prüfungstechnik ohne großen zeitlichen Aufwand vollständig geprüft werden kann.

199 Das mit Einzelfallprüfungen verbundene Risiko wird im Schrifttum als Testrisiko bzw. Stichprobenrisiko bezeichnet. Vgl. etwa QUICK, R., Risiken der Jahresabschlußprüfung, S. 46. Dieses umfasst alle Fehler, die aufgrund einer falschen Stichprobenmethode, falschen Definition der Grundgesamtheit, mangelhaften Durchführung der Stichprobenauswahl oder fehlerhaften Schlussfolgerung über die Grundgesamtheit nicht entdeckt wurden. Vgl. DIEHL, C.-U., Risikoorientierte Abschlussprüfung, S. 1115. Stichprobenrisiko und Stichprobenumfang stehen in einer inversen Beziehung zueinander, d. h. ceteris paribus sinkt das Stichprobenrisiko mit zunehmendem Stichprobenumfang.

ren Auswahlverfahren lassen sich in Auswahl aufs Geratewohl, bewusste Auswahl und Zufallsauswahl unterscheiden:[200]

- Bei einer **Auswahl aufs Geratewohl** wählt der Abschlussprüfer rein willkürlich die in die Auswahl einzubeziehenden Elemente aus, d. h. ohne Rückgriff auf vergangene Erfahrungen und erworbene Kenntnisse.
- Bei einer **bewussten Auswahl** werden die in die Auswahl einzubeziehenden Elemente vom Abschlussprüfer aufgrund vergangener Erfahrungen und erworbener Kenntnisse nach pflichtgemäßem Ermessen subjektiv ausgewählt.
- Bei einer **Zufallsauswahl** haben alle Prüfungsobjekte eines Prüffeldes eine bestimmte berechenbare Wahrscheinlichkeit von größer Null, in die Stichprobe einbezogen zu werden.[201]

Der Abschlussprüfer hat Art, Umfang und Zeitpunkt der von ihm durchgeführten Prüfungshandlungen sowie die Ergebnisse dieser Prüfungshandlungen in seinen **Arbeitspapieren** schriftlich zu dokumentieren.[202] Die Dokumentation hat so zu erfolgen, dass ein sachverständiger Dritte jederzeit den Stand der Prüfungsdurchführung, die einzelnen Feststellungen des Abschlussprüfers und die diesen Feststellungen jeweils zugrunde liegenden Sachverhalte und Geschäftsvorfälle nachvollziehen kann.[203] Die vom Prüfungsteam während der Prüfungsdurchführung erstellten Arbeitspapiere dienen dem Abschlussprüfer als Grundlage dafür, den Prüfungsbericht zu erstellen und allfällige Folgeprüfungen zu planen.

334. Phase III: Prüfungsüberwachung

Ziel der **Prüfungsüberwachung**[204] ist es, die Qualität der Abschlussprüfung sicherzustellen.[205] Dazu hat eine Wirtschaftsprüfungsgesellschaft[206] ein Qualitäts-

200 Zu den grundsätzlich möglichen Auswahlverfahren vgl. bereits LOITLSBERGER, E., Treuhand- und Revisionswesen, S. 91 f., sowie ferner KLINKENBERG, D., Stichprobenverfahren, S. 18 f.

201 Vgl. ISA 530.A12.

202 Vgl. EGNER, H., Betriebswirtschaftliche Prüfungslehre, S. 194 f.

203 Vgl. LÜCK, W., Jahresabschlußprüfung, S. 101; MARTEN, K.-U./QUICK, R./RUHNKE, K., Wirtschaftsprüfung, S. 538; SCHMIDT, S., Risikomanagement und Qualitätssicherung, S. 266.

204 Zum Begriff „Prüfungsüberwachung" vgl. die Diskussion von EGNER, H., Programm der betriebswirtschaftlichen Prüfungslehre, S. 772-774.

sicherungssystem einzurichten. Mit diesem soll die Einhaltung der Berufspflichten im gesamten Tätigkeitsbereich der Wirtschaftsprüfungsgesellschaft gewährleistet werden. Ein Qualitätssicherungssystem lässt sich in interne und externe Qualitätssicherungsmaßnahmen zerlegen.[207] Als **interne Qualitätssicherungsmaßnahmen** gelten die von einer Wirtschaftsprüfungsgesellschaft eingerichteten Maßnahmen, die sicherstellen sollen, dass bei der Prüfung eines Unternehmens alle gesetzlichen und berufsständischen Pflichten und Verantwortlichkeiten befolgt werden.[208] Dies umfasst Regelungen zur allgemeinen Organisation der Wirtschaftsprüfungsgesellschaft, zur Abwicklung einzelner Prüfungsaufträge und zur sog. internen Nachschau.[209] Die **Regelungen zur allgemeinen Organisation** der Wirtschaftsprüfungsgesellschaft betreffen vor allem die Einhaltung der allgemeinen Berufspflichten,[210] die Annahme, Fortführung und vorzeiti-

---

205 Vgl. BUCHNER, R., Wirtschaftliches Prüfungswesen, S. 248; MACCARI-PEUKERT, D., Externe Qualitätssicherung, S. 12; SCHMIDT, A./PFITZER, N./LINDGENS, U., Qualitätssicherung in der Wirtschaftsprüferpraxis, S. 327. Der Begriff „Qualität der Abschlussprüfung“ ist weder gesetzlich noch in der Berufssatzung des Abschlussprüfers definiert. Im Schrifttum wird darunter die Einhaltung der für die Abschlussprüfung festgelegten Anforderungen verstanden. Vgl. PFITZER, N., Qualitätssicherung und Qualitätskontrolle, S. 88 f.; SCHMIDT, S., Risikomanagement und Qualitätssicherung, S. 266.

206 Die Prüfungsüberwachung soll am Beispiel großer Wirtschaftsprüfungsgesellschaften beschrieben werden. Kleine Wirtschaftsprüfungspraxen sowie Wirtschaftsprüfer in eigener Praxis sind aufgrund nicht vergleichbarer Strukturen dagegen nicht Gegenstand der Untersuchung. Vgl. dazu exemplarisch SCHMIDT, A./PFITZER, N./LINDGENS, U., Qualitätssicherung in der Wirtschaftsprüferpraxis, S. 325.

207 Vgl. GÖHNER, F., Qualitätskontrolle im Berufsstand des Wirtschaftsprüfers, S. 1405. Normengrundlage für interne wie externe Qualitätssicherungsmaßnahmen bildet der von der *International Federation of Accountants* (IFAC) veröffentlichte *International Standard on Quality Control* (ISQC) 1 mit dem Titel „*Quality Controls for Firms that Perform Audits and Reviews of Financial Statements, and Other Assurance and Related Services Engagements*". Darüber hinaus umfasst auch ISA 220 „*Quality Control for an Audit of Financial Statements*“ weitere Qualitätssicherungsmaßnahmen. Die WPK und das IDW haben die in ISQC 1 und ISA 220 enthaltenen Anforderungen in der gemeinsamen Stellungnahme „Anforderungen an die Qualitätssicherung in der Wirtschaftsprüferpraxis“ (VO 1/2006) umgesetzt. Mit wenigen Ausnahmen entspricht die VO 1/2006 den internationalen Normen. Die bestehenden Ausnahmen sind durch nationale Besonderheiten begründet.

208 Vgl. ISQC 1.3 i. V. m. ISQC 1.11. Im deutschen Schrifttum wird der Begriff „interne Qualitätssicherung“ häufig synonym mit „*quality control*“ verwandt.

209 Vgl. LÜCK, W., Prüfung der Rechnungslegung, S. 204; MEYER, S./PAULITSCHEK, P., Interne Qualitätssicherung, S. 668.

210 Die allgemeinen Berufspflichten des Abschlussprüfers sind Unabhängigkeit, Unparteilichkeit, Gewissenhaftigkeit, Verschwiegenheit, Eigenverantwortlichkeit und berufswürdiges Verhalten. Vgl. dazu ISQC 1.21-25 sowie PAULITSCHEK, P., Berufsstand der Wirtschaftsprüfer, S. 108-111; SCHMIDT, A./PFITZER, N./LINDGENS, U., Qualitätssicherung in der Wirtschaftsprüferpraxis, S. 327-331.

ge Beendigung von Prüfungsaufträgen[211] sowie die Gesamtplanung aller Aufträge.[212] Die **Regelungen zur Abwicklung einzelner Prüfungsaufträge**[213] betreffen vor allem die Einhaltung gesetzlicher Vorschriften und fachlicher Regeln für die Auftragsabwicklung,[214] die Ausarbeitung und Erteilung von Prüfungsanweisungen an das Prüfungsteam,[215] die Einholung von fachlichem Rat bei bedeutenden Zweifelsfragen,[216] die laufende Überwachung der Auftragsabwicklung[217] und die abschließende Durchsicht der Prüfungsergebnisse durch den mandatsverantwortlichen Abschlussprüfer.[218] Darüber hinaus betreffen die Regelungen zur Abwicklung einzelner Prüfungsaufträge die Berichtskritik und – bei Abschlussprüfungen von Unternehmen des öffentlichen Interesses – die auftragsbegleitende Qualitätssicherung durch weder an der Prüfungsdurchführung noch der Prüfungsberichterstellung beteiligte Personen.[219] Den dritten Bereich der internen Qualitätssicherung bilden die **Regelungen zur internen Nachschau**. Ziel der internen Nachschau ist es, die Angemessenheit und Wirksamkeit der

---

211 Eine Wirtschaftsprüfungsgesellschaft darf einen Prüfungsauftrag nur dann annehmen bzw. fortführen, wenn keine sachlichen, personellen oder zeitlichen Restriktionen bestehen, welche eine ordnungsmäßige Auftragsabwicklung gefährden. Werden solche Restriktionen erst nach Annahme des Prüfungsauftrags bekannt, sind diese der Praxisleitung mitzuteilen. Diese hat daraufhin über die weitere Vorgehensweise, vor allem über die Beseitigung der Störungen oder die vorzeitige Niederlegung des Mandats, zu entscheiden. Vgl. ISQC 1.26-28 sowie FARR, W.-M./NIEMANN, W., Qualitätssicherung in der WP-/vBP-Praxis (Teil I), S. 1243.

212 Ferner betreffen die Regelungen zur allgemeinen Organisation die Mitarbeiterentwicklung und den Umgang mit Beschwerden und Vorwürfen. Zu Ersterem vgl. ISQC 1.29-31 sowie ausführlich MEYER, S./PAULITSCHEK, P., Interne Qualitätssicherung, S. 669. Zu Letzterem vgl. ISQC 1.55 f. i. V. m. ISQC 1.A70-A72 sowie ausführlich LEHWALD, K.-J., Qualitätssicherungssystem, S. 515.

213 Vgl. LINDGENS, U., Qualitätskontrolle, S. 43 f.

214 Vgl. ISQC 1.32 f.

215 Vgl. ISQC 1.32(a) i. V. m. ISQC 1.A32 f.

216 Die Einholung von internem und/oder externem fachlichen Rat wird auch als Konsultation bezeichnet. Vgl. ISQC 1.34 i. V. m. ISQC 1.A36 f. sowie ferner PAULITSCHEK, P., Berufsstand der Wirtschaftsprüfer, S. 116.

217 Der mandatsverantwortliche Abschlussprüfer hat durch eine angemessene Beaufsichtigung der Mitglieder des Prüfungsteams dafür zu sorgen, dass seine Prüfungsanweisungen eingehalten werden. Vgl. ISQC 1.32(b) i. V. m. ISQC 1.A34.

218 Vgl. ISQC 1.32(c) i. V. m. ISQC 1.A35 sowie ergänzend SCHMIDT, A./PFITZER, N./LINDGENS, U., Qualitätssicherung in der Wirtschaftsprüferpraxis, S. 340.

219 Aufgabe des Berichtskritikers ist es, zu überprüfen, ob sämtliche bei der Erstellung von Prüfungsberichten einzuhaltenden Normen beachtet wurden. Zur Berichtskritik vgl. NIEHUS, R., Qualitätssicherung in der Wirtschaftsprüfung, S. 387. Zur Person des Berichtskritikers vgl. FARR, W.-M./NIEMANN, W., Qualitätssicherung in der WP-/vBP-Praxis (Teil I), S. 1241 f. Bei Abschlussprüfungen von Unternehmen des öffentlichen Interesses hat der Berichtskritiker zusätzlich zur reinen Berichtskritik auch Gespräche mit dem mandatsverantwortlichen Abschlussprüfer zu führen und stichprobenartig dessen Arbeitspapiere durchzusehen. Vgl. dazu ISQC 1.35 i. V. m. ISQC 1.A45 sowie MEYER, S./PAULITSCHEK, P., Interne Qualitätssicherung, S. 671 f.

Regelungen zur allgemeinen Organisation und zur Abwicklung einzelner Prüfungsaufträge zu prüfen.[220]

Externe Qualitätssicherungsmaßnahmen sind alle von außenstehenden Dritten durchgeführten Maßnahmen, die sicherstellen sollen, dass das interne Qualitätssicherungssystem einer Wirtschaftsprüfungsgesellschaft angemessen und wirksam ist.[221] Die externen Qualitätssicherungsmaßnahmen lassen sich in eine sog. **externe Qualitätskontrolle** und eine sog. anlassunabhängige Sonderuntersuchung unterscheiden. Bei der externen Qualitätskontrolle, auch *peer review* genannt, wird das interne Qualitätssicherungssystem einer Wirtschaftsprüfungsgesellschaft von einer dem Berufsstand angehörigen, praxisfremden Person bzw. einer anderen Wirtschaftsprüfungsgesellschaft geprüft.[222] Ziel dieser externen Qualitätskontrolle ist es, zu beurteilen, ob das interne Qualitätssicherungssystem der zu prüfenden Wirtschaftsprüfungsgesellschaft den gesetzlichen und berufsständischen Vorgaben entspricht und die angenommenen Prüfungsaufträge von der Wirtschaftsprüfungsgesellschaft ordnungsgemäß abgewickelt wurden.[223] Eine **anlassunabhängige Sonderuntersuchung** ist eine berufsaufsichtliche

220 Vgl. POLL, J., Interne Nachschau, S. 164. Für Fragen, die in einer internen Nachschau beantwortet werden sollten, vgl. ISQC 1.A65 sowie FARR, W.-M./NIEMANN, W., Qualitätssicherung in der WP-/vBP-Praxis (Teil II), S. 1295. Verantwortlich für die Durchführung einer internen Nachschau ist die Praxisleitung. Vgl. GÖHNER, F., Qualitätskontrolle im Berufsstand des Wirtschaftsprüfers, S. 1405. Diese kann die Organisation und Durchführung der internen Nachschau allerdings auf qualifizierte und erfahrene Mitarbeiter ihrer Gesellschaft übertragen, die weder an der Auftragsabwicklung der von der internen Nachschau betroffenen Prüfungsaufträge selbst noch an den auftragsbegleitenden Qualitätssicherungsmaßnahmen beteiligt gewesen sind. Vgl. ISQC 1.48 i. V. m. ISQC 1.A64 sowie MARTEN, K.-U./QUICK, R./RUHNKE, K., Wirtschaftsprüfung, S. 551, sowie MEYER, S./PAULITSCHEK, P., Interne Qualitätssicherung, S. 672.

221 Vgl. FARR, W.-M., Externe Qualitätskontrolle, S. 130-132; MACCARI-PEUKERT, D., Externe Qualitätssicherung, S. 15; MEYER, S./PAULITSCHEK, P., Externe Qualitätssicherung, S. 660; PFITZER, N./SCHNEIß, U., Sicherung und Überwachung der Qualität in der Wirtschaftsprüferpraxis, S. 1113.

222 Die zu prüfende Wirtschaftsprüfungsgesellschaft darf sich dabei die prüfende Wirtschaftsprüfungsgesellschaft selbst aussuchen. Vgl. PAULITSCHEK, P., Berufsstand der Wirtschaftsprüfer, S. 100. Kritisch dazu vgl. BAETGE, J./MATENA, S., Ausgestaltung der Abschlussprüfung, S. 200 m. w. N. Wirtschaftsprüfungsgesellschaften, die gesetzlich vorgeschriebene Abschlussprüfungen durchführen, müssen sich alle sechs Jahre einer externen Qualitätskontrolle unterziehen. Bei Abschlussprüfungen von Unternehmen des öffentlichen Interesses verkürzt sich diese Frist auf drei Jahre.

223 Vgl. BAETGE, J./LIENAU, A., Berufsaufsicht der Wirtschaftsprüfer, S. 2280; SCHMIDT, A./PFITZER, N./LINDGENS, U., Qualitätssicherung in der Wirtschaftsprüferpraxis, S. 327. Die externe Qualitätskontrolle hat demnach nicht zum Ziel, ein Urteil darüber abzugeben, ob der von dem *peer review* betroffene Jahresabschluss fehlerfrei ist. Vielmehr handelt es sich um eine Prüfung der Prüfungsmethodik des Abschlussprüfers. Vgl. GÖHNER, F., Qualitätskontrolle im Berufsstand des Wirtschaftsprüfers, S. 1406. Werden im Zuge des *peer review* allerdings wesentliche Fehler aufge-

Ermittlung der Wirtschaftsprüferkammer, für die in Stichproben und ohne besonderen Anlass Wirtschaftsprüfungsgesellschaften ausgewählt werden,[224] die Abschlussprüfungen von Unternehmen des öffentlichen Interesses durchführen.[225] Ziel einer solchen Untersuchung ist es, risikoorientiert ausgewählte Aspekte der Abwicklung einzelner Abschlussprüfungen sowie Teilbereiche des internen Qualitätssicherungssystems zu prüfen.[226]

In den vorherigen Abschnitten wurde gezeigt, dass die an der Abschlussprüfung beteiligten Personen bei ihrer Prüfungsplanung. Prüfungsdurchführung und Prüfungsüberwachung eine Vielzahl unterschiedlicher Urteile zu bilden haben. Wie die an der Abschlussprüfung beteiligten Personen zu diesen Urteilen gelangen sollen, wird indes weder in den bei der Abschlussprüfung zu beachtenden Prüfungsstandards noch im Schrifttum konkretisiert. Dies hat zur Folge, dass ein Großteil dieser Urteile – unter Berücksichtigung vergangener Erfahrungen und erworbener Kenntnisse – intuitiv gebildet wird. In diesen Fällen läuft der eigentliche Urteilsbildungsprozess größtenteils unbewusst ab. Wieweit dies dazu führen kann, dass die an der Abschlussprüfung beteiligten Personen zu durch Entscheidungsheuristiken verzerrten Urteilen gelangen, wird im Folgenden erläutert. Dazu ist zunächst zu klären, wie Menschen im Allgemeinen ihre Urteile bilden.

deckt, ist die Wirtschaftsprüfungsgesellschaft, welche die Abschlussprüfung durchgeführt hat, unverzüglich darüber zu informieren.

224 Ausführlich zur anlassunabhängigen Sonderuntersuchung vgl. MACCARI-PEUKERT, D., Externe Qualitätssicherung, S. 29-38, sowie ferner PFITZER, N./SCHNEIß, U., Sicherung und Überwachung der Qualität in der Wirtschaftsprüferpraxis, S. 1116.

225 Vgl. POLL, J., Qualitätskontrolle und zur Qualitätssicherung, S. 495.

226 Vgl. dazu ULRICH, D., Anlassunabhängige Sonderuntersuchungen, S. 51 f.

4 Urteilsbildung des Menschen nach den Erkenntnissen der kognitiven Psychologie

41 Vorbemerkung

In den folgenden Abschnitten werden die Grundlagen der Urteilsbildung des Menschen erläutert. Dazu wird auf die empirisch gesicherten Erkenntnisse der kognitiven Psychologie zurückgegriffen. In der kognitiven Psychologie wird die menschliche Urteilsbildung als innermenschlicher Informationsverarbeitungsprozess aufgefasst. Dieser wird mit dem sog. Informationsverarbeitungsansatz erklärt, welcher im folgenden Abschnitt vorgestellt wird. Daran anschließend wird das Mehr-Speicher-Modell des menschlichen Gedächtnisses beschrieben. Anhand dieses Modells wird dann erläutert, warum die **kognitive Leistungsfähigkeit des Menschen** in der Realität begrenzt ist. Da die menschliche Urteilsbildung einem Problemlösungsprozess gleicht, wird danach auf Basis der sog. Problemraumtheorie allgemein erörtert, wie der Mensch in der Realität Probleme löst. Als Folge seiner begrenzten Rationalität greift der Mensch bei seiner Urteilsbildung häufig auf **Entscheidungsheuristiken** zurück. Nachdem erläutert wurde, was konkret unter Entscheidungsheuristiken zu verstehen ist, wird diskutiert, wie diese grundsätzlich kategorisiert werden können und welche Kategorisierung der vorliegenden Untersuchung zugrunde gelegt wird. Daran anschließend werden ausgewählte Entscheidungsheuristiken detailliert vorgestellt. Für jede dieser Entscheidungsheuristiken wird gesondert erläutert, wie der Mensch damit zu einem Urteil gelangt, wieweit dieses Urteil verzerrt sein kann und worauf sich Urteilsverzerrungen konkret zurückführen lassen.

42 Urteilsbildung als innermenschlicher Informationsverarbeitungsprozess

421. Informationsverarbeitungsansatz als Grundmodell des innermenschlichen Informationsverarbeitungsprozesses

Die psychologische Forschung zur Urteilsbildung des Menschen wurde in der ersten Hälfte des 20. Jahrhunderts von sog. **behavioristischen Modellen** dominiert.[227] Dabei handelt es sich um reine Input-Output-Modelle,[228] die sich ausschließlich mit dem äußeren, beobachtbaren Entscheidungsverhalten des Menschen befassen.[229] Auf Basis dieser Beobachtungen wurde versucht, das Entscheidungsverhalten des Menschen mit extern gegebenen Reizen zu verbinden und damit zu erklären.[230] Die dem Entscheidungsverhalten jeweils zugrunde liegenden kognitiven Prozesse[231] wurden dabei als eine *„black box"* behandelt.[232] In der Mitte des 20. Jahrhunderts kam es in der psychologischen Forschung zur sog. **kognitiven Wende.**[233] Die zuvor weitgehend unbeachtet gebliebenen kognitiven Prozesse der Menschen sind seitdem ausdrücklich Gegenstand der psychologischen Forschung.[234]

Aus der Annahme, dass die menschliche Urteilsbildung maßgeblich von den innerhalb eines Menschen ablaufenden kognitiven Prozessen bestimmt wird, entwickelte sich die

227 Ausführlich zum sog. Behaviorismus in der psychologischen Forschung vgl. FETCHENHAUER, D., Psychologie, S. 76-92. Vgl. dazu ferner ANDERSON, J., Kognitive Psychologie, S. 9 f.; FUNKE, J., Denken, S. 26 f.

228 Reine Input-Output-Modelle sind z. B. Regressions- und Attributionsmodelle wie das *lens model* von BRUNSWIK. Zum *lens model* vgl. BRUNSWIK, E., Functional Psychology, S. 193-217.

229 Vgl. dazu ROBINSON-RIEGLER, G./ROBINSON-RIEGLER, B., Cognitive Psychology, S. 10 f. und S. 15.

230 Vgl. BRAISBY, N./GELLATLY, A., Foundations of Cognitive Psychology, S. 10 f.; BOURNE, L./EKSTRAND, B., Psychologie, S. 20. Die behavioristisch geprägte psychologische Forschung wird daher auch als Reiz-Reaktionspsychologie bezeichnet. Vgl. dazu statt vieler ENGELKAMP, J./ZIMMER, H., Kognitive Psychologie, S. 2.

231 Kognitive Prozesse des Menschen sind z. B. Wahrnehmung, Erinnerung, Denken und Problemlösen. Vgl. dazu WIMMER, H./PERNER, J., Kognitionspsychologie, S. 11; WINKEL, S./PETERMANN, F./PETERMANN, U., Lernpsychologie, S. 145.

232 Zur Vorstellung der kognitiven Prozesse des Menschen als *black box* vgl. HELLER, J., Psychologie, S. 34 f., und WALACH, H., Grundlagen und Geschichte der Psychologie, S. 241.

233 Die kognitive Wende wird im Schrifttum häufig auch als kognitive Revolution bezeichnet. Vgl. exemplarisch GOBET, F./CHASSY, P./BILALIC, M., Cognitive Psychology. S. 15-18. Ausführlich zur kognitiven Revolution vgl. GARDNER, H., A History of the Cognitive Revolution.

234 Vgl. ANDERSON, J., Kognitive Psychologie, S. 11-13, sowie BRAISBY, N./GELLATLY, A., Foundations of Cognitive Psychology, S. 12-16; ROBINSON-RIEGLER, G./ROBINSON-RIEGLER, B., Cognitive Psychology, S. 15 und S. 23 f.

kognitive Psychologie.[235] Vorherrschendes Forschungsparadigma der kognitiven Psychologie ist der sog. Informationsverarbeitungsansatz.[236] Dieser beschäftigt sich damit, wie gegebene Reize vom Menschen aufgenommen, verarbeitet und in Reaktionen, z. B. Urteile, umgesetzt werden.[237] Ziel des **Informationsverarbeitungsansatzes** ist es, das in der Realität zu beobachtende Entscheidungsverhalten des Menschen mit Hilfe der innerhalb eines Menschen ablaufenden kognitiven Prozesse zu beschreiben, zu erläutern und zu prognostizieren.[238]

Nach dem Informationsverarbeitungsansatz gleicht die menschliche Urteilsbildung einem innermenschlichen **Informationsverarbeitungsprozess.**[239] Die kognitiven Prozesse des Menschen sind ein Resultat dieser Informationsverarbeitung. Der innermenschliche Informationsverarbeitungsprozess kann in verschiedene Phasen zerlegt werden. In jeder dieser nacheinander ablaufenden Phasen verarbeitet der Mensch einzelne Informationen auf eine bestimmte Weise.[240] Bevor diese **Informationsverarbeitungsphasen** anhand der sog. Problemraumtheorie näher erläu-

[235] Vgl. dazu ENGELKAMP, J./ZIMMER, H., Kognitive Psychologie, S. 1; GERRIG, R./ZIMBARDO, P./GRAF, R., Psychologie, S. 276; GOBET, F./CHASSY, P./BILALIC, M., Cognitive Psychology, S. 4. Zur geschichtlichen Entwicklung der kognitiven Psychologie vgl. HELLER, J., Psychologie, S. 34-36; SOLSO, R./MACLIN, M. K./MACLIN, O., Cognitive Psychology, S. 12-31. Kritisch zur Entwicklung der kognitiven Psychologie FRIMAN, P. U. A., Changes in Modern Psychology, S. 658 ff.

[236] Zum Informationsverarbeitungsansatz als vorherrschendes Forschungsparadigma der kognitiven Psychologie vgl. BRANDER, S./KOMPA, A./PELTZER, U., Denken und Problemlösen, S. 7; BETSCH, T./FUNKE, J./PLESSNER, H., Denken, S. 179; HECHT, H./DESNIZZA, W., Psychologie als Wissenschaft, S. 136; LÜCK, H., Geschichte der Psychologie, S. 37 f.; ROBINSON-RIEGLER, G./ROBINSON-RIEGLER, B., Cognitive Psychology, S. 24; WALACH, H., Grundlagen und Geschichte der Psychologie, S. 233-238. Grundlegend zum Informationsverarbeitungsansatz vgl. NEWELL, A./SHAW, J./SIMON, H., Theory of Human Problem Solving, S. 152 f., und NEWELL, A./SIMON, H., Human Problem Solving, S. 787 ff. Vgl. dazu ferner GEMÜNDEN, H., Informationsverhalten, S. 844; GOBET, F./CHASSY, P./BILALIC, M., Cognitive Psychology, S. 216-220; HOGARTH, R., Judgement and Choice, S. 206-209. Kritisch zum Informationsverarbeitungsansatz vgl. ABEL, B., Informationsverhalten, S. 54 f.; PFOHL, H.-C./BRAUN, G., Grundlagen des Entscheidens, S. 360 f.; WESSLING, E., Handlungstheorien, S. 118 f.

[237] Vgl. dazu NEWELL, A./SHAW, J./SIMON, H., Theory of Human Problem Solving, S. 152 f., und NEWELL, A./SIMON, H., Human Problem Solving, S. 787 ff.

[238] Zur Annahme abgrenzbarer kognitiver Prozesse vgl. EYSENCK, M./KEANE, M., Cognitive Psychology, S. 14.

[239] Vgl. dazu bereits NEWELL, A./SHAW, J./SIMON, H., Theory of Human Problem Solving, S. 151-153, die auf die Informationsverarbeitung des Menschen erstmals Begriffe aus der Computerwissenschaft angewandt haben. Vgl. dazu ARBINGER, R., Psychologie des Problemlösens, S. 31; ENGELKAMP, J./ZIMMER, H., Kognitive Psychologie, S. 2-6; GOBET, F./CHASSY, P./BILALIC, M., Cognitive Psychology, S. 7-9.

[240] Vgl. dazu auch BRANDER, S./KOMPA, A./PELTZER, U., Denken und Problemlösen, S. 14, welche den Menschen in diesem Zusammenhang als „informationsverarbeitendes System“ bezeichnen.

tert werden, wird zunächst das Mehr-Speicher-Modell des menschlichen Gedächtnisses vorgestellt. Denn der innermenschliche Informationsverarbeitungsprozess ist maßgeblich von den Merkmalen und der Struktur des menschlichen Gedächtnisses abhängig.

422. Mehr-Speicher-Modell als Grundmodell des menschlichen Gedächtnisses

Der **Informationsverarbeitungsprozess** vollzieht sich in den unterschiedlichen Einheiten des Gedächtnisses des Menschen.[241] Nach dem in der Forschung weit verbreiteten sog. **Mehr-Speicher-Modell**[242] besteht das menschliche Gedächtnis aus drei voneinander getrennten, aber miteinander interagierenden Einheiten. Diese weisen jeweils unterschiedliche Eigenschaften und Funktionen auf.[243] Unterschieden werden das sensorische Gedächtnis, das Kurzzeitgedächtnis und das Langzeitgedächtnis.[244] Im **sensorischen Gedächtnis** werden die von den Sinnesorganen des Menschen z. B. visuell, auditiv oder haptisch wahrgenommenen Informationen (sog. externe Stimuli oder Reize) gespeichert.[245] Das sensorische Gedächtnis weist zwar eine unbegrenzte Speicherkapazität auf,[246] die Dauer der Informationsspeicherung ist allerdings nur sehr kurz.[247] Die menschliche Aufmerksamkeit bestimmt, welche Informationen aus dem

241 Vgl. BRANDER, S./KOMPA, A./PELTZER, U., Denken und Problemlösen, S. 22; DÖRNER, D., Problemlösen als Informationsverarbeitung, S. 28; ENGELKAMP, J./ZIMMER, H., Kognitive Psychologie, S. 4 f.; Das menschliche Gedächtnis kann als aktiv wahrnehmbares kognitives System beschrieben werden, mit welchem Informationen aufgenommen, verarbeitet und wieder abgerufen werden. Vgl. ausführlich GERRIG, R./ZIMBARDO, P./GRAF, R., Psychologie, S. 232-236.

242 Das Mehr-Speicher-Modell geht zurück auf ATKINSON/SHIFFRIN. Vgl. ATKINSON, R./SHIFFRIN, R., Human Memory, S. 93 und S. 113, sowie GOBET, F./CHASSY, P./BILALIC, M., Cognitive Psychology, S. 97 f.; GRUBER, T., Gedächtnis, S. 13 f. Kritisch zu diesem Modell vgl. ENGELKAMP, J./ZIMMER, H., Kognitive Psychologie, S. 221-226. Das Mehr-Speicher-Modell von ATKINSON/SHIFFRIN wurde im Laufe der Zeit durch zahlreiche Untersuchungen präzisiert. Siehe dazu etwa das Mehrkomponentenmodell des Arbeitsgedächtnisses von BADDELEY/HITCH. Vgl. BADDELEY, A./HITCH, G., Working Memory, S. 47-89.

243 Vgl. TARPY, R./MAYER, R., Foundations of Learning and Memory, S. 272; GOBET, F./CHASSY, P./BILALIC, M., Cognitive Psychology, S. 97 f.

244 Zu dieser Einteilung vgl. ANDERSON, J., Kognitive Psychologie, S. 210 f.; BOURNE, L./EKSTRAND, B., Psychologie, S. 175-180.

245 Vgl. TARPY, R./MAYER, R., Foundations of Learning and Memory, S. 272; YAN, S., Gedächtnis, S. 11 f. Es wird angenommen, dass im sensorischen Gedächtnis für jeden Wahrnehmungssinn ein separater Speicher vorhanden ist. SCHERMER, F., Lernen und Gedächtnis, S. 118.

246 Vgl. DÖRNER, D., Problemlösen als Informationsverarbeitung, S. 28.

247 Vgl. BRANDER, S./KOMPA, A./PELTZER, U., Denken und Problemlösen, S. 22; BUCHNER, A./BRANDT, M., Gedächtniskonzeptionen und Wissensrepräsentation, S. 430. Daher wird das sensorische Gedächtnis des Menschen auch Ultrakurzzeitgedächtnis genannt. Vgl. dazu BÖSEL, R., Denken, S. 93.

sensorischen Gedächtnis in das Kurzzeitgedächtnis übertragen werden.[248] Die Aufmerksamkeit des Menschen gilt dabei als eine begrenzte Ressource, die sich reiz- oder willensgesteuert auf bestimmte Wahrnehmungen richtet.[249] Das **Kurzzeitgedächtnis** weist nur eine sehr geringe Speicherkapazität auf.[250] Nach MILLER umfasst die Speicherkapazität des Kurzzeitgedächtnisses nur 7 ± 2 sog. *chunks*. Als *chunk* wird die elementare Einheit der Informationsverarbeitung bezeichnet.[251] Dies können z. B. Zahlen, Buchstaben oder Begriffe sein. Auch die Dauer der Informationsspeicherung ist im Kurzzeitgedächtnis nur kurz.[252] Im Kurzzeitgedächtnis findet die bewusste Informationsverarbeitung des Menschen statt.[253] Diese lässt sich in zwei grundlegende Prozesse einteilen. Zum einen kann der Mensch die lediglich im Kurzzeitgedächtnis gespeicherten Informationen innerlich wiederholen und damit präsent halten (Wiederholung).[254] Zum anderen kann der Mensch die im Kurzzeitgedächtnis gespeicherten Informationen mit Hilfe der im Langzeitgedächtnis gespeicherten Informationen interpretieren oder

248 Vgl. ATKINSON, R./SHIFFRIN, R., Human Memory, S. 92; GERRIG, R./ZIMBARDO, P./GRAF, R., Psychologie, S. 238. Im Schrifttum wird die menschliche Aufmerksamkeit daher auch als Kontrollinstanz oder Kontrollprozess bezeichnet. Vgl. etwa BOURNE, L./EKSTRAND, B., Psychologie, S. 174 f. Ausführlich zur Aufmerksamkeit des Menschen vgl. ENGELKAMP, J./ZIMMER, H., Kognitive Psychologie, S. 339-386; MÜLLER, H./KRUMMENACHER, J., Aufmerksamkeit, S. 103-152; NAISH, P., Attention, S. 37-70.

249 Vgl. dazu FUNKE, J., Denken, S. 35.

250 Vgl. ANDERSON, J., Kognitive Psychologie, S. 210; BRANDER, S./KOMPA, A./PELTZER, U., Denken und Problemlösen, S. 22; DÖRNER, D., Problemlösen als Informationsverarbeitung, S. 28; GERRIG, R./ZIMBARDO, P./GRAF, R., Psychologie, S. 239; SIMON, H., Information-Processing Theory, S. 274.

251 Vgl. dazu grundlegend MILLER, G., Capacity for Processing Information, S. 93. Von jedem dieser *chunks* geht die gleiche quantitative Belastung für das Kurzzeitgedächtnis aus. Vgl. dazu GOBET, F./CHASSY, P./BILALIC, M., Cognitive Psychology, S. 95-97. Kritisch zur Theorie des *chunking* vgl. BADDELEY, A., Number Seven Still Magic After All These Years?, S. 353-355, sowie BROADBENT, D., The Magic Number Seven, S. 5-7. Letzterer geht unter anderem von einer (noch) geringeren Informationskapazität des Kurzzeitgedächtnisses aus.

252 Vgl. BRANDER, S./KOMPA, A./PELTZER, U., Denken und Problemlösen, S. 22 und S. 31 f.; BUCHNER, A./BRANDT, M., Gedächtniskonzeptionen und Wissensrepräsentation, S. 430; ROBINSON-RIEGLER, G./ROBINSON-RIEGLER, B., Cognitive Psychology, S. 139.

253 Vgl. SOLSO, R./MACLIN, M. K./MACLIN, O., Cognitive Psychology, S. 167. Das Kurzzeitgedächtnis wird im Schrifttum häufig auch als Arbeitsspeicher des menschlichen Gehirns bezeichnet. Vgl. statt vieler ABEL, B., Informationsverhalten, S. 57.

254 Die im Kurzzeitgedächtnis gespeicherten Informationen können durch inneres Sprechen oder visuelle Vorstellungen wiederholt werden. Vgl. etwa LING, J./CATLING, J., Cognitive Psychology, S. 54 f. Dies ist allerdings nur für einen begrenzten Zeitraum und eine begrenzte Zahl von Informationseinheiten möglich. Vgl. ANDERSON, J., Kognitive Psychologie, S. 211 f.; DÖRNER, D., Problemlösen als Informationsverarbeitung, S. 28.

diese Informationen verinnerlichen (sog. Enkodierung).[255] Enkodierung bedeutet, dass der Mensch ein inneres Abbild von diesen Informationen erzeugt (sog. mentale Repräsentation[256]) und in die bestehenden Strukturen des Langzeitgedächtnisses integriert.[257] Das **Langzeitgedächtnis** stellt den langfristigen Informationsspeicher des Menschen dar. Es umfasst die kumulierten Ergebnisse der im Kurzzeitgedächtnis durchgeführten Informationsverarbeitungsprozesse,[258] die assoziativ miteinander verknüpft sind.[259] Es wird angenommen, dass die Speicherkapazität des Langzeitgedächtnisses unbegrenzt ist.[260] Auch die Dauer der Informationsspeicherung unterliegt grundsätzlich keiner zeitlichen Restriktion.[261] Die „Einspeicherungsgeschwindigkeit"[262] des Langzeitgedächtnisses, also die Zahl der Informationseinheiten, die pro Zeiteinheit in das Langzeitgedächtnis aufgenommen werden können, ist allerdings sehr gering.[263] Der Mensch kann die im Langzeitgedächtnis gespeicherten Inhalte jederzeit wieder in sein

255 Zum Enkodierungsprozess vgl. BOURNE, L./EKSTRAND, B., Psychologie, S. 180; GERRIG, R./ZIMBARDO, P./GRAF, R., Psychologie, S. 235; ROBINSON-RIEGLER, G./ROBINSON-RIEGLER, B., Cognitive Psychology, S. 209-212.

256 Ausführlich zur mentalen Repräsentation vgl. BRAISBY, N./GELLATLY, A., Foundations of Cognitive Psychology, S. 22-24; HOFFMANN, M., Repräsentation, S. 47; STAUDACHER, A., Phänomenales Bewußtsein, S. 259.

257 Vgl. ENGELKAMP, J./ZIMMER, H., Kognitive Psychologie, S. 5, und RUTHERFORD, A., Long-Term Memory: Encoding and Retrieval, S. 270. Es wird angenommen, dass auf bestimmte Weise vorgenommenes häufiges Wiederholen einer Information im Kurzzeitgedächtnis die Wahrscheinlichkeit erhöht, dass die entsprechenden Informationen in das Langzeitgedächtnis übertragen werden. Vgl. GOBET, F./CHASSY, P./BILALIC, M., Cognitive Psychology, S. 97 und S. 106 f.

258 Vgl. DÖRNER, D., Problemlösen als Informationsverarbeitung, S. 29; GERRIG, R./ZIMBARDO, P./GRAF, R., Psychologie, S. 243; WENTURA, D./FRINGS, C., Kognitive Psychologie, S. 22. Werden durch die im Kurzzeitgedächtnis durchgeführten Informationsprozesse der Umfang oder die Qualität der im Langzeitgedächtnis gespeicherten Informationen erhöht, wird dies als Lernen bezeichnet. Vgl. dazu SCHÄFFER, U., Lernprozess, S. 39 f.

259 Vgl. BOURNE, L./EKSTRAND, B., Psychologie, S. 178 f., und PFOHL, H.-C./BRAUN, G., Grundlagen des Entscheidens, S. 365. Die im Langzeitgedächtnis gespeicherten Informationen können z. B. netzwerk- oder diagrammartig, hierarchisch oder szenisch strukturiert sein. Ausführlich zur Wissensrepräsentation im Langzeitgedächtnis vgl. ROBINSON-RIEGLER, G./ROBINSON-RIEGLER, B., Cognitive Psychology, S. 332-379, sowie SOLSO, R./MACLIN, M. K./MACLIN, O., Cognitive Psychology, S. 261-287.

260 Vgl. ABEL, B., Informationsverhalten, S. 58; SIMON, H., Information-Processing Theory, S. 273; SOLSO, R./MACLIN, M. K./MACLIN, O., Cognitive Psychology, S. 189-198.

261 Vgl. FUNKE, J., Denken, S. 35, sowie NEUMANN, J. V., Gehirn, S. 63. Letzter geht davon aus, dass nichts, was im Langzeitgedächtnis des geistig gesunden Menschen gespeichert wurde, jemals wieder verloren ginge. Im Laufe der Zeit vermindere sich nur die Fähigkeit des Menschen, vorhandene Informationen wiederzufinden.

262 DÖRNER, D., Problemlösen als Informationsverarbeitung, S. 29.

263 Vgl. SIMON, H., Information-Processing Theory, S. 273.

Kurzzeitgedächtnis zurückrufen und damit nutzbar machen.[264] Diese Inhalte können allerdings durch unbewusste „(re-)konstruktive Prozesse"[265] im Zeitablauf verformt worden sein, wodurch deren mentale Repräsentation verändert wurde.

Die folgende Übersicht 4–1 fasst das Mehr-Speicher-Modell grafisch zusammen:

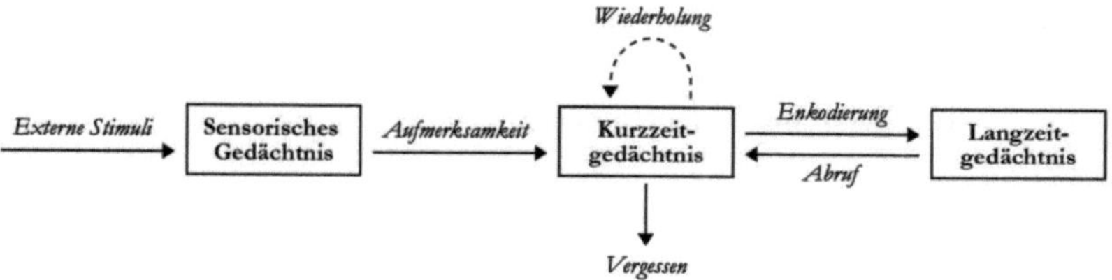

Übersicht 4–1: *Mehr-Speicher-Modell des menschlichen Gedächtnisses*[266]

Entscheidend für die weiteren Ausführungen der vorliegenden Untersuchung ist vor allem die **sehr geringe Speicherkapazität des Kurzzeitgedächtnisses.** Diese Tatsache steht der der traditionellen betriebswirtschaftlichen Entscheidungstheorie implizit zugrunde liegenden Annahme einer unbegrenzten Informationsverarbeitungskapazität des Menschen entgegen.[267] Wie sich die kapazitativen Begrenzungen des menschlichen Gedächtnisses auf das Entscheidungsverhalten des Menschen auswirken, wird im folgenden Abschnitt erläutert.

264 Vgl. BOURNE, L./EKSTRAND, B., Psychologie, S. 175; ROBINSON-RIEGLER, G./ROBINSON-RIEGLER, B., Cognitive Psychology, S. 209.

265 FUNKE, J., Denken, S. 35.

266 Übersicht angelehnt an ATKINSON, R./SHIFFRIN, R., Human Memory, S. 113, und TARPY, R./MAYER, R., Foundations of Learning and Memory, S. 272.

267 Vgl. dazu auch BRANDER, S./KOMPA, A./PELTZER, U., Denken und Problemlösen, S. 149 f., sowie KIRSCH, W., Theorie der Entscheidungsprozesse, Band 1, S. 83. Vgl. ferner JONES, B., Bounded Rationality, S. 301, der das Kurzzeitgedächtnis daher als „Flaschenhals" der menschlichen Informationsverarbeitung bezeichnet. Zur Flaschenhalsanalogie vgl. ferner SOLSO, R./MACLIN, M. K./MACLIN, O., Cognitive Psychology, S. 86.

423. Begrenzte Rationalität als Folge der begrenzten kognitiven Leistungsfähigkeit des menschlichen Gedächtnisses

Dem Informationsverarbeitungsansatz und dem Mehr-Speicher-Modell liegt eine gemeinsame Annahme zugrunde: Die **begrenzte Rationalität des Menschen.**[268] In dem auf SIMON zurückgehenden Modell der begrenzten Rationalität wird die neoklassische Annahme unbegrenzter Rationalität aufgegeben.[269] Dazu wird ausdrücklich anerkannt, dass die kognitive Leistungsfähigkeit des Menschen in der Realität begrenzt ist.[270] Dies wird auf die **begrenzte Informationsaufnahme- und Informationsverarbeitungskapazität** des menschlichen Gedächtnisses zurückgeführt.[271]

Für zahlreiche Entscheidungsprobleme des Menschen ist diese Kapazität nicht ausreichend.[272] Dies führt zu einer Informationsüberladung des menschlichen Kurzzeitgedächtnisses.[273] Der Mensch nimmt diese als kognitiven Stress wahr und reagiert darauf, indem er das von ihm zu lösende Entscheidungsproblem unbewusst an seine begrenzte kognitive Leistungsfähigkeit anpasst.[274] Anpassung bedeutet, dass der Mensch die von ihm zu lösenden Entscheidungsprobleme in „*all but very trivial cases*"[275] systematisch vereinfacht.[276]

---

268 Zur begrenzten Rationalität des Menschen (*bounded rationality*) vgl. grundlegend SIMON, H., Behavioral Model of Rational Choice, S. 99 und S. 104; SIMON, H., Administrative Behaviour, S. 81; SIMON, H., Models of Man, S. 198. Vgl. ferner HOGARTH, R., Judgement and Choice, S. 63-66, sowie SELTEN, R., Bounded Rationality, S. 649 und S. 651. Im Schrifttum besteht keine Einigkeit darüber, wie die begrenzte Rationalität des Menschen formal modelliert werden kann. Vgl. AGNEW, N./BROWN, J., Bounded Rationality, S. 152-154; LIPMAN, B., Bounded Rationality, S. 43; PASCHE, M., Beschränkt rationales Verhalten, S. 10 m. w. N.

269 Vgl. SIMON, H., Behavioral Model of Rational Choice, S. 100. Zu den neoklassischen Annahmen der Ökonomie vgl. BRETZKE, W.-R., Homo Oeconomicus, S. 21 f.; KIRCHGÄSSNER, G., Homo Oeconomicus, S. 66-98; GÖTZELMANN, F., Rationalität in betriebswirtschaftlichen Ansätzen, S. 574.

270 Vgl. SIMON, H., Behavioral Model of Rational Choice, S. 99. Diese Erkenntnis konnte mittlerweile durch zahlreiche Untersuchungen in der kognitiven Psychologie und Verhaltensökonomik, welche sich als Teildisziplin der Wirtschaftswissenschaften mit dem Verhalten von Menschen und Märkten in der Realität beschäftigt, bestätigt werden. Vgl. AAKEN, A. V., Begrenzte Rationalität und Paternalismusgefahr, S. 1; CAMERER, C./LOEWENSTEIN, G., Behavioral Economics, S. 3.

271 Vgl. dazu die diesbezüglichen Ausführungen in Abschnitt 422.

272 Vgl. BRANDER, S./KOMPA, A./PELTZER, U., Denken und Problemlösen, S. 155 f.

273 Vgl. KIRSCH, W., Theorie der Entscheidungsprozesse, Band 1, S. 95.

274 Vgl. KIRSCH, W., Theorie der Entscheidungsprozesse, Band 1, S. 67.

275 ETZIONI, A., Bounded Rationality, S. 378.

276 Vgl. SIMON, H., Models of Man, S. 198, sowie ARBINGER, R., Psychologie des Problemlösens, S. 31; CONLISK, J., Bounded Rationality, S. 670; KAPTEYN, A./WANSBEEK, T./BUYZE, J., Maximizing or Satisficing, S. 550; KIRSCH, W., Theorie der Entscheidungsprozesse, Band 1, S. 67.

Nach SIMON vereinfacht der Mensch seine Entscheidungsprobleme auf zwei Arten.[277] Zum einen verschafft sich der Mensch in der Regel nur ein unvollkommenes **„(subjektives) Abbild der (objektiven) Realität“**[278]. Dies führt dazu, dass der Mensch bei seiner Urteilsbildung von einer „Vielzahl von Kausalbeziehungen und Interdependenzen zwischen den Elementen der Realität“[279] abstrahiert und dadurch die Komplexität des Entscheidungsproblems reduziert wird.[280] Zum anderen vereinfacht der Mensch die von ihm zu lösenden Entscheidungsprobleme, indem er nur begrenzt nach einer Optimierung des Entscheidungsergebnisses strebt.[281] Stattdessen wählt der Mensch die erstbeste Entscheidungsalternative aus, mit der ein zuvor definiertes Anspruchsniveau[282] erreicht bzw. übersprungen wird.[283] Unter einem Anspruchsniveau wird eine Leistungshöhe verstanden, die sich ein Mensch setzt, wenn er ein bestimmtes Entscheidungsproblem lösen will.[284] Ein derartiges Entscheidungsverhalten wird im Schrifttum als *satisficing*[285] bezeichnet. ***Satisficing*** ist für den Menschen mit einem geringeren kognitiven Aufwand verbunden als ein Optimierungsverhalten.[286] Denn anders als bei einem Opti-

277 Vgl. dazu SIMON, H., Models of Man, S. 199.

278 WESSLING, E., Handlungstheorien, S. 115. Zum inneren Abbild eines Entscheidungsproblems vgl. die Ausführungen zur Funktionsweise des menschlichen Gedächtnisses in Abschnitt 422.

279 KIRSCH, W., Theorie der Entscheidungsprozesse, Band 1, S. 88.

280 Je detaillierter der Mensch die Realität abbildet, desto mehr Informationsaufnahme- und Informationsverarbeitungskapazität wird beansprucht.

281 Vgl. dazu KAHNEMAN, D., Bounded Rationality, S. 1449; KAPTEYN, A./WANSBEEK, T./BUYZE, J., Maximizing or Satisficing, S. 550; MARCH, J./SIMON, H., Organizations, S. 140 f. Vgl. dazu HEINER, R., Imperfect Decisions, S. 29, der daraus folgert, dass dadurch in der Realität in der Regel imperfekte Entscheidungen getroffen werden.

282 Der Begriff „Anspruchsniveau“ geht zurück auf LEWIN, K. U. A., Level of Aspiration, S. 333-378.

283 Vgl. CONLISK, J., Bounded Rationality, S. 675; SAUERMANN, H./SELTEN, R., Anspruchsanpassungstheorie, S. 579. Dies impliziert, dass der Mensch die bestehenden Entscheidungsalternativen nacheinander bewertet. Vgl. CYERT, R./MARCH, J., Behavioral Theory, S. 123 f. Ferner bedeutet das, dass der Mensch das Entscheidungsproblem im engeren Sinne nicht löst, sondern es vielmehr nur handhabt. Vgl. MARCH, J./SIMON, H., Organizations, S. 140.

284 Vgl. dazu SAUERMANN, H./SELTEN, R., Anspruchsanpassungstheorie, S. 577.

285 Der Begriff „*satisficing*“ geht auf SIMON zurück. Vgl. dazu SIMON, H., Rational Choice, S. 129 und S. 136; SIMON, H., Models of Man, S. 204 f. und S. 270 f., sowie MARCH, J./SIMON, H., Organizations, S. 140 f. und MARCH, J., Bounded Rationality, S. 590. SIMON hat den Begriff „*satisfice*“ aus dem Nordhumbrischen übernommen, einem altenglischen Dialekt. Im Nordhumbrischen wurde „*satisfice*“ synonym mit „*satisfy*“ (befriedigen) verwandt. Vgl. SIMON, H., Models of Bounded Rationality, S. 295. Gleichzeitig kann der Begriff „*satisfice*“ allerdings auch als Kofferwort der englischen Begriffe „*satisfy*“ (befriedigen) und „*suffice*“ (genügen) interpretiert werden. Vgl. MANKTELOW, K., Thinking and Reasoning, S. 185 und S. 220.

286 Ausführlich zu den Unterschieden zwischen *satisficing* und Optimierung vgl. JANIS, I./MANN, L., Decision Making, S. 29 f.

mierungsverhalten müssen die bestehenden Entscheidungsalternativen beim *satisficing* weder simultan bewertet noch miteinander verglichen werden.[287]

Das **Anspruchsniveau** des Menschen ist keine starre Größe.[288] Vielmehr ist der Mensch in der Lage, sein Anspruchsniveau laufend an veränderte Umweltbedingungen anzupassen.[289] Der Mensch passt das Anspruchsniveau nach oben an, wenn er ohne großen kognitiven Aufwand eine Lösung für sein Entscheidungsproblem finden konnte, mit der das zuvor definierte Anspruchsniveau übersprungen wurde.[290] Der Mensch senkt das Anspruchsniveau, wenn er trotz großen kognitiven Aufwands keine Lösung finden kann, mit welcher das Anspruchsniveau übersprungen werden kann.[291]

Mit dem Konzept des *satisficing* hat SIMON erstmals explizit **Entscheidungskosten** in die Modellierung des Entscheidungsverhaltens des Menschen mit einbezogen.[292] Er geht davon aus, dass die Bildung eines Urteils aus zwei Gründen mit Entscheidungskosten verbunden ist:[293] Zum einen ergäben sich Entscheidungskosten daraus, dass in der Realität keine vollständige Informationsverteilung vorliege.[294] Vielmehr müsse der Mensch die zur Lösung eines Entscheidungsproblems benötigten Informationen erst

---

287 Vgl. dazu BRANDER, S./KOMPA, A./PELTZER, U., Denken und Problemlösen, S. 169 f.; KIRSCH, W., Theorie der Entscheidungsprozesse, Band 1, S. 88. Ein weiterer Vorteil des *satisficing* im Vergleich zur Optimierung besteht darin, dass die Menge an Entscheidungsalternativen a priori nicht vollständig definiert sein muss. Vgl. dazu KIRSCH, W., Theorie der Entscheidungsprozesse, Band 1, S. 107-116.

288 Vgl. CYERT, R./MARCH, J., Behavioral Theory, S. 34 f.; SAUERMANN, H./SELTEN, R., Anspruchsanpassungstheorie, S. 579.

289 Vgl. dazu bereits SIMON, H., Behavioral Model of Rational Choice, S. 11, sowie BETSCH, T./FUNKE, J./PLESSNER, H., Denken, S. 96; SAUERMANN, H./SELTEN, R., Anspruchsanpassungstheorie, S. 579.

290 Vgl. SAUERMANN, H./SELTEN, R., Anspruchsanpassungstheorie, S. 580; SIMON, H., Behavioral Model of Rational Choice, S. 111; TIETZ, R., Adaptation of Aspiration Levels, S. 346. Passt der Mensch das Anspruchsniveau nach oben an, werden bestimmte Entscheidungsalternativen eliminiert.

291 Vgl. KIRCHGÄSSNER, G., Weak Rationality, S. 9; SIMON, H., Behavioral Model of Rational Choice, S. 111; SELTEN, R., What is Bounded Rationality?, S. 18 f. Wie schnell der Mensch das Anspruchsniveau senkt, hängt vor allem davon ab, unter welchem Zeitdruck er bei der Entscheidungsfindung steht. Vgl. WESSLING, E., Handlungstheorien, S. 116.

292 Vgl. SIMON, H., Behavioral Model of Rational Choice, S. 106 und S. 112. Vgl. ferner LANGLOIS, R., Bounded Rationality and Behavioralism, S. 691. Die Berücksichtigung von Entscheidungskosten macht deutlich, dass im Modell begrenzter Rationalität das Optimierungsverhalten per se nicht aufgegeben wird. Vgl. dazu BETSCH, T./FUNKE, J./PLESSNER, H., Denken, S. 96. Vielmehr wird die Annahme aufgegeben, der Mensch sei allwissend. Vgl. dazu PLÜMPER, T., Quasi-rationale Akteure, S. 60.

293 Vgl. dazu CONLISK, J., Optimization Cost, S. 213.

294 Grundlegend zu einer nicht vollständigen (asymmetrischen) Informationsverteilung vgl. AKERLOF, G., Quality Uncertainty and the Market Mechanisms, S. 490 f.

sammeln. Abhängig von der Menge und dem Differenzierungsgrad der benötigten Informationen fielen dabei Suchkosten an.[295] Diese Suchkosten werden im Schrifttum auch als **Informationskosten** (*information cost*) bezeichnet.[296] Zum anderen nimmt SIMON an, dass Entscheidungskosten daraus resultieren, dass die Informationsaufnahme- und Informationsverarbeitungskapazität des menschlichen Gedächtnisses begrenzt ist.[297] Denn in Anspruch genommene Kapazitäten stünden anderen Verwendungszwecken nicht mehr zur Verfügung. Bei jedem Urteilsprozess entstünden daher auch Opportunitätskosten.[298] Diese Opportunitätskosten entsprächen den **Denkkosten** (*deliberation cost*) des Menschen.[299] Menschen suchen nach dem Konzept des *satisficing* so lange nach Entscheidungsalternativen, bis die anfallenden Informations- und Denkkosten (Grenzkosten der Entscheidungsfindung) den zusätzlichen Nutzen für die Entscheidungsfindung übersteigen (Grenznutzen der Entscheidungsfindung).[300]

Nach dem Modell begrenzter Rationalität entscheidet der Mensch also nicht unbegrenzt rational. Daraus darf allerdings nicht gefolgert werden, dass die vom Menschen getroffenen Urteile irrational sind.[301] **Irrationalität** liegt nämlich nur dann vor, wenn der Mensch seine Urteile ausschließlich auf Basis von affektiven Mechanismen, d. h. Emotionen, Trieben, Instinkten und Impulsen, bildet.[302] Gerade dies ist im Modell begrenzter Rationalität nicht der Fall. Denn bei begrenzter Rationalität bildet der Mensch seine Urteile nicht auf Basis affektiver Mechanismen, sondern aufgrund seiner begrenzten kognitiven Leistungsfähigkeit im Wege des *satisficing*. *Satisficing* beschreibt einen bewusst abwägenden Urteilsprozess,[303] bei welchem der Mensch die Entscheidungskosten, die bei der Suche nach Informationen und der Auswahl von Ent-

---

295 Vgl. MACLEOD, W., Complexity, Bounded Rationality and Heuristic Search, S. 1.

296 Vgl. CONLISK, J., Optimization Cost, S. 213.

297 Vgl. dazu die diesbezüglichen Ausführungen in Abschnitt 422.

298 Vgl. CONLISK, J., Optimization Cost, S. 213.

299 Vgl. CONLISK, J., Bounded Rationality, S. 671.

300 Vgl. BRANDER, S./KOMPA, A./PELTZER, U., Denken und Problemlösen, S. 161; PITZ, G./SACHS, N., Judgment and Decision, S. 152.

301 Vgl. SIMON, H., Human Nature, S. 297. Vgl. ferner GIGERENZER, G./SELTEN, R., Rethinking Rationality, S. 5 f.; JONES, B., Bounded Rationality, S. 298; LAGUEUX, M., Rationality Principle in Economics, S. 31.

302 Vgl. statt vieler SIMON, H., Rationality, S. 574.

303 Vgl. KIRSCH, W., Theorie der Entscheidungsprozesse, Band 1, S. 67.

scheidungsalternativen anfallen, explizit bei seiner Urteilsbildung berücksichtigt.[304] Vor diesem Hintergrund stellt ein begrenzt rationales Urteil also kein irrationales Urteil dar.[305]

In den vorherigen Abschnitten wurde gezeigt, dass die menschliche Urteilsbildung als ein Informationsverarbeitungsprozess aufgefasst werden kann. Dazu wurde zunächst der Informationsverarbeitungsansatz als das Grundmodell innermenschlicher Informationsverarbeitungsprozesse vorgestellt. Daran anschließend wurde das Mehr-Speicher-Modell des menschlichen Gedächtnisses beschrieben. Dabei wurde gezeigt, dass die Informationsaufnahme- und Informationsverarbeitungskapazität des menschlichen Gedächtnisses limitiert ist. Aufbauend auf dieser Erkenntnis wurde dann allgemein erläutert, wieweit sich die begrenzte kognitive Leistungsfähigkeit des menschlichen Gedächtnisses auf die Urteilsbildung des Menschen auswirkt. Es wurde allgemein gezeigt, dass der Mensch auf die begrenzte kognitive Leistungsfähigkeit seines Gedächtnisses reagiert, indem er die von ihm zu lösenden Entscheidungsprobleme unbewusst vereinfacht. In den folgenden Abschnitten wird detailliert erläutert, wie eine solche Vereinfachung in der Realität konkret abläuft. Dazu wird auf die sog. Problemraumtheorie zurückgegriffen, die von NEWELL/SIMON auf Basis des Informationsverarbeitungsansatzes und des Mehr-Speicher-Modells des menschlichen Gedächtnisses entwickelt wurde. Die Problemraumtheorie wird im folgenden Abschnitt vorgestellt.

43 Urteilsbildung als Problemlösungsprozess des Menschen

431. Problemraumtheorie als Grundmodell des menschlichen Problemlösungsprozesses

Auf Basis des Informationsverarbeitungsansatzes und des Mehr-Speicher-Modells des menschlichen Gedächtnisses haben NEWELL/SIMON die sog. Problemraumtheorie ent-

304 Vgl. CONLISK, J., Bounded Rationality, S. 687.

305 Vgl. SIMON, H., Models of Man, S. 199; SIMON, H., Rationality as Process and as Product of Thought, S. 2; SIMON, H., Rationality, S. S210, sowie ETZIONI, A., Bounded Rationality, S. 379 f.; LAGUEUX, M., Rationality Principle in Economics, S. 38; LANGLOIS, R., Bounded Rationality and Behavioralism, S. 692.

wickelt.[306] Mit dieser lässt sich der Problemlösungsprozess des Menschen beschreiben. Ein **Problem** liegt vor, wenn ein unerwünschter Anfangszustand in einen erwünschten Zielzustand überführt werden soll, allerdings kein Handlungsprogramm vorliegt, um eine solche Überführung vorzunehmen.[307]

Kernelemente der Problemraumtheorie sind der sog. **Aufgabenrahmen**[308] und der sog. Problemabbildungsraum[309].[310] Der Aufgabenrahmen enthält die objektiv gegebenen Merkmale eines zu lösenden Problems.[311] Der Mensch ist aufgrund seiner begrenzten Rationalität allerdings nicht dazu in der Lage, den Aufgabenrahmen vollständig zu erfassen.[312] Vielmehr kann er nur eine unvollständige und höchst subjektive mentale Repräsentation des Aufgabenrahmens erzeugen.[313] Diese mentale Repräsentation kon-

---

306 Grundlegend dazu vgl. NEWELL, A./SIMON, H., Human Problem Solving sowie ferner KNOBLICH, G./ÖLLINGER, M., Problemlösen, S. 560. Da die Problemraumtheorie „breit und nachhaltig rezipiert wurde und bis heute die Grundlage vieler Ansätze" der kognitiven Psychologie darstellt, wird im Folgenden von anderen Theorien des menschlichen Problemlösens abstrahiert. Vgl. dazu BETSCH, T./FUNKE, J./PLESSNER, H., Denken, S. 180.

307 Vgl. dazu grundlegend DUNCKER, K., Psychologie des Denkens, S. 1, sowie inhaltlich weitgehend übereinstimmend BRANDER, S./KOMPA, A./PELTZER, U., Denken und Problemlösen, S. 8; BROMME, R./HÖMBERG, E., Psychologie und Heuristik, S. 76; DÖRNER, D., Kognitive Organisation beim Problemlösen, S. 20; FUNKE, J., Denken, S. 25; KLIX, F., Information und Verhalten, S. 639; NEWELL, A./SIMON, H., Human Problem Solving, S. 72.

308 Der Aufgabenrahmen (*task environment*) wird im Schrifttum auch als Aufgabenumgebung bezeichnet. Vgl. FUNKE, J., Denken, S. 65. Teilweise wird der Begriff „*task environment*" auch mit Problemraum übersetzt. Vgl. dazu BÖSEL, R., Denken, S. 294 und S. 300.

309 Vgl. NEWELL, A./SIMON, H., Human Problem Solving, S. 59 und S. 809 f. Der Problemabbildungsraum (*problem space*) wird teilweise auch Suchraum genannt. Vgl. BRANDER, S./KOMPA, A./PELTZER, U., Denken und Problemlösen, S. 120.

310 Vgl. ANDERSON, J., Kognitive Psychologie, S. 292 f.; ENGELKAMP, J./ZIMMER, H., Kognitive Psychologie, S. 636 f.; GOBET, F./CHASSY, P./BILALIC, M., Cognitive Psychology, S. 218; KLIX, F., Information und Verhalten, S. 644; ROBERTSON, S. I., Problem Solving, S. 32.

311 Vgl. dazu grundlegend NEWELL, A./SIMON, H., Human Problem Solving, S. 56 und S. 823 f., sowie ARBINGER, R., Psychologie des Problemlösens, S. 34; ROBERTSON, S. I., Problem Solving, S. 35. Der Aufgabenrahmen entspricht dem bereits von KANT beschriebenen „Ding an sich". Vgl. KANT, I., Metaphysik, S. 59 und S. 104.

312 Vgl. NEWELL, A./SIMON, H., Human Problem Solving, S. 56 und S. 823 f., sowie BETSCH, T./FUNKE, J./PLESSNER, H., Denken, S. 181; KIRSCH, W., Theorie der Entscheidungsprozesse, Band 1, S. 77.

313 Vgl. NEWELL, A./SIMON, H., Human Problem Solving, S. 59 und S. 823, sowie ferner BETSCH, T./FUNKE, J./PLESSNER, H., Denken, S. 180; FUNKE, J., Denken, S. 63 f.; KIRSCH, W., Theorie der Entscheidungsprozesse, Band 1, S. 77. Zur Bildung einer mentalen Repräsentation vgl. die diesbezüglichen Ausführungen in Abschnitt 422.

stituiert den Problemabbildungsraum.[314] Der **Problemabbildungsraum** umfasst die folgenden Elemente:[315]

- den gegebenen Anfangszustand des Problems,
- den gesuchten Zielzustand des Problems sowie
- die Gesamtheit an Operatoren[316], die Informationsverarbeitungsprozesse darstellen und einen Problemzustand[317] in einen anderen Problemzustand überführen können.[318]

Der Problemabbildungsraum bildet den Ausgangspunkt des menschlichen Problemlösungsprozesses.[319] Er enthält zum einen die Gesamtheit aller möglichen Problemzustände, die der Mensch als Problemlösungen erzeugen kann, unabhängig davon, ob sie das Problem lösen oder nicht.[320] Zum anderen umfasst er alle Operatoren, die im menschlichen Problemlösungsprozess zur Anwendung kommen können.[321] Der originäre Problemlösungsprozess vollzieht sich dann als ein **Suchprozess im Problemabbildungsraum.**[322] Gesucht wird nach Unterschieden zwischen dem gegebenen

---

314 Vgl. NEWELL, A./SIMON, H., Human Problem Solving, S. 59 und S. 809 f.; SIMON, H., Information-Processing Theory, S. 275, sowie ferner BOURNE, L./EKSTRAND, B., Psychologie, S. 219. Ausführlich zu den Faktoren, welche den Menschen bei der Bildung einzelner Problemabbildungsräume beeinflussen vgl. NEWELL, A./SIMON, H., Human Problem Solving, S. 847-860, sowie ROBERTSON, S. I., Problem Solving, S. 33 f.

315 Vgl. BOURNE, L./EKSTRAND, B., Psychologie, S. 219 f.

316 Ein Operator ist ein allgemeines Handlungsprogramm. Die konkrete Anwendung eines Operators wird Operation genannt. Vgl. exemplarisch DÖRNER, D., Problemlösen als Informationsverarbeitung, S. 15. Operatoren kann der Mensch selbst entdecken, von anderen mitgeteilt bekommen oder sich aneignen, indem er beobachtet, wie ein anderer Mensch einen Operator (erfolgreich) auf ein Problem anwendet. Vgl. ANDERSON, J., Kognitive Psychologie, S. 296 f.; KLIX, F., Information und Verhalten, S. 654.

317 Ein Problemzustand stellt die mentale Repräsentation eines Problems zu einem gegebenen Bearbeitungsstand dar. Vgl. ANDERSON, J., Kognitive Psychologie, S. 292.

318 Vgl. BRANDER, S./KOMPA, A./PELTZER, U., Denken und Problemlösen, S. 136; DÖRNER, D., Kognitive Organisation beim Problemlösen, S. 25; SIMON, H., Information-Processing Theory, S. 276.

319 NEWELL, A./SIMON, H., Human Problem Solving, S. 59.

320 Vgl. KNOBLICH, G./ÖLLINGER, M., Problemlösen, S. 560. Danach kann der Problemabbildungsraum auch als Möglichkeitsraum bezeichnet werden. Vgl. dazu MACKOWIAK, K. U. A., Lernprozesse, S. 64.

321 Vgl. NEWELL, A./SIMON, H., Human Problem Solving, S. 810, sowie KNOBLICH, G./ÖLLINGER, M., Problemlösen, S. 560.

322 Vgl. dazu grundlegend NEWELL, A./SIMON, H., Human Problem Solving, S. 809, sowie ANDERSON, J., Kognitive Psychologie, S. 292; DÖRNER, D., Problemlösen als Informationsverarbeitung, S. 16 f.;

Anfangszustand und dem Zielzustand sowie nach Operatoren, mit denen der Anfangszustand in den Zielzustand überführt werden kann.[323]

Der konkrete Problemlösungsprozess – auch **mikroprozessualer Problemlösungsprozess** genannt – lässt sich in die folgenden vier nacheinander ablaufenden Phasen einteilen:[324] Problemrepräsentation, Hypothesenbildung, Informationsbeschaffung und Urteilsbildung.[325] Die Phase der **Problemrepräsentation** beginnt damit, dass der Mensch das Problem sowie sachliche und situative Problemmerkmale wahrnimmt.[326] Auf Grundlage dieser Wahrnehmung und abhängig von bereits bekanntem Wissen erlangt der Mensch ein Verständnis vom zu lösenden Problem.[327] Als Teil dieser Verständnisbildung ermittelt der Mensch die Komplexität und die Struktur des zu lösenden Problems und ruft vorhandenes Wissen über vergleichbare Probleme in der Vergangenheit aus seinem Langzeitgedächtnis ab. Die Phase der Problemrepräsentation endet damit, dass der Mensch für die gesuchte Problemlösung ein Anspruchsniveau festlegt.[328] Überspringt einer der mit Hilfe unterschiedlicher Operatoren generierten Zielzustände dieses Anspruchsniveau, bricht der Problemlösungsprozess ab.[329]

An die Problemrepräsentation schließt sich die Phase der **Hypothesenbildung** an.[330] Auf Basis des zuvor erlangten Verständnisses vom zu lösenden Problem formuliert der

BETSCH, T./FUNKE, J./PLESSNER, H., Denken, S. 180; GREEN, A./GILHOOLY, K., Problem Solving, S. 358.

323 Vgl. ARBINGER, R., Psychologie des Problemlösens, S. 36; FUNKE, J., Denken, S. 64.

324 Zum sequenziellen Charakter des menschliches Problemlösungsprozesses vgl. NEWELL, A./SIMON, H., Human Problem Solving, S. 796; SIMON, H., Information-Processing Theory, S. 273 und S. 277, sowie ferner GIBBINS, M./JAMAL, K., Research in the Accounting Setting, S. 455; HOGARTH, R., Judgement and Choice, S. 4 f.; ROBERTSON, S. I., Problem Solving, S. 27.

325 Vgl. NEWELL, A./SIMON, H., Human Problem Solving, S. 88 f. Die Darstellung des menschlichen Problemlösungsprozesses ist im Schrifttum formal nicht einheitlich, z. B. variieren die Zahl der Problemlösungsphasen und die dafür jeweils verwendeten Termini. Materiell unterscheiden sich die jeweiligen Ausführungen indes kaum. Vgl. PFOHL, H.-C./BRAUN, G., Grundlagen des Entscheidens, S. 102 f.

326 Vgl. ROBINSON-RIEGLER, G./ROBINSON-RIEGLER, B., Cognitive Psychology, S. 449 f.; RUSSO, J., Problem-Solving Behavior, S. 77 f.

327 Vgl. ABEL, B., Informationsverhalten, S. 80 f.; BETSCH, T./FUNKE, J./PLESSNER, H., Denken, S. 180; SIMON, H., Information-Processing Theory, S. 285.

328 Vgl. dazu SAUERMANN, H./SELTEN, R., Anspruchsanpassungstheorie, S. 579.

329 Vgl. BRANDER, S./KOMPA, A./PELTZER, U., Denken und Problemlösen, S. 117.

330 Vgl. BROMME, R./HÖMBERG, E., Psychologie und Heuristik, S. 16-20; KIRSCH, W., Theorie der Entscheidungsprozesse, Band 1, S. 86; SOLSO, R./MACLIN, M. K./MACLIN, O., Cognitive Psychology, S. 420 f.

Mensch eine initiale Urteilshypothese.[331] Diese drückt aus, welche Erwartungen der Mensch hinsichtlich der Merkmale des Problems hat.[332] Falls der Mensch kein ausreichendes Problemverständnis entwickelt hat, ist er nicht dazu in der Lage, eine geeignete Urteilshypothese aufzustellen.[333] In diesem Fall würde er die Phase der Hypothesenbildung zunächst überspringen und direkt zur Phase der Informationsbeschaffung übergehen.

In der Phase der **Informationsbeschaffung** sucht der Mensch gezielt nach zusätzlichen urteilsrelevanten Informationen, um entweder die Problemrepräsentation und Hypothesenbildung zu verbessern oder die in der vorherigen Phase gebildete Urteilshypothese testen zu können.[334] Die dazu benötigten Informationen können unmittelbar aus dem Langzeitgedächtnis des Menschen stammen oder einer externen Informationsquelle entnommen werden.[335] Da regelmäßig mehrere externe Informationsquellen dazu geeignet sind, den subjektiven Informationsbedarf des Menschen zu befriedigen, beurteilt er die ihm zur Verfügung stehenden Informationsquellen zunächst danach, wie vertrauenswürdig diese jeweils sind. Danach ermittelt er die Kosten, die bei einer Inanspruchnahme dieser Informationsquellen jeweils anfallen würden.[336] Auf Basis dieser Vorüberlegungen entscheidet er dann, aus welchen Informationsquellen er sich zusätzliche urteilsrelevante Informationen beschafft.

Die Phase der **Urteilsbildung** stellt die letzte Phase des mikroprozessualen Problemlösungsprozesses des Menschen dar. In dieser Phase testet der Mensch die Gültigkeit der

331 Vgl. KIRSCH, W., Theorie der Entscheidungsprozesse, Band 1, S. 86; GANS, C., Prüfungen als heuristische Suchprozesse, S. 378 f.

332 Vgl. KIRSCH, W., Theorie der Entscheidungsprozesse, Band 2, S. 137; MARCHANT, G., Hypothesis Generation, S. 501.

333 Vgl. PASSER, M./SMITH, R., Science of Mind, S. 315.

334 Vgl. BENDIXEN, P./KEMMLER, H., Entscheidungsprozesse, S. 118; KLIX, F., Information und Verhalten, S. 647 f.; SIMON, H., Ill-Structured Problems, S. 197-199. Ausführlich zur Verbesserung der Problemrepräsentation im Verlauf des Problemlösungsprozesses und der damit einhergehenden Änderung des Problemabbildungsraums vgl. NEWELL, A./SIMON, H., Human Problem Solving, S. 809, sowie KNOBLICH, G./ÖLLINGER, M., Problemlösen, S. 564-566.

335 Im Schrifttum wird davon ausgegangen, dass auch diejenigen Informationen, die bereits im Langzeitgedächtnis des Menschen vorhanden sind, erst systematisch gesucht werden müssen, bevor sie in einem Problemlösungsprozess verwendet werden können. Vgl. ABEL, B., Informationsverhalten, S. 133.

336 Vgl. hierzu ausführlich ABEL, B., Informationsverhalten, S. 106-111.

zuvor formulierten Urteilshypothese.[337] Dazu zieht er alle im Verlauf des Problemlösungsprozesses erlangten Informationen heran. Kann mit diesem Hypothesentest das in der Phase der Problemrepräsentation für die Problemlösung definierte Anspruchsniveau erreicht bzw. übersprungen werden,[338] ist eine Problemlösung gefunden und der Problemlösungsprozess wird abgebrochen.[339] Kann indes das zuvor definierte Anspruchsniveau nicht erreicht bzw. übersprungen werden, wird der gesamte Problemlösungsprozess erneut durchlaufen und mit einer jeweils angepassten Problemrepräsentation und zu testenden Urteilshypothese so lange wiederholt, bis die Problemlösung das zuvor definierte Anspruchsniveau erreicht bzw. überspringt.[340]

432. Begrenzte Rationalität im menschlichen Problemlösungsprozess

Im Modell begrenzter Rationalität wird davon ausgegangen, dass der Mensch die von ihm zu lösenden Entscheidungsprobleme in *„all but very trivial cases"*[341] unbewusst vereinfacht.[342] Dies ist unmittelbar auf die begrenzte Informationsaufnahme- und Informationsverarbeitungskapazität des menschlichen Kurzzeitgedächtnisses zurückzuführen. In der Problemraumtheorie wird diese Annahme an zwei wesentlichen Stellen aufgegriffen.

Erstens liegt dem menschlichen Problemlösungsprozess nicht der objektiv gegebene Aufgabenrahmen zugrunde, der die Gesamtheit aller urteilsrelevanten Operatoren und Problemzustände enthält, sondern der vom Menschen **subjektiv erzeugte Problemab-**

337 Vgl. dazu PASSER, M./SMITH, R., Science of Mind, S. 316; PYSZCZYNSKI, T./GREENBERG, J., A Biased Hypothesis-Testing Model, S. 307 f. und S. 313 f.

338 Vgl. CONLISK, J., Bounded Rationality, S. 675, und SAUERMANN, H./SELTEN, R., Anspruchsanpassungstheorie, S. 579.

339 Vgl. ENGELKAMP, J./ZIMMER, H., Kognitive Psychologie, S. 6, die hervorheben, dass der menschliche Problemlösungsprozess endet, wenn ein zufriedenstellendes Urteil erreicht wurde. Dass der Mensch dieses Urteil dann in seinem Verhalten berücksichtigt, „[...] gilt als selbstverständlich. Verhalten als theoretischer Gegenstand existiert nicht". Vgl. dazu auch HOGARTH, R., Judgement and Choice, S. 207.

340 Der menschliche Problemlösungsprozess weist danach einen iterativen Charakter auf. Vgl. statt vieler BONNER, S./PENNINGTON, N., Cognitive Processes, S. 2-12, und SIMON, H., Information-Processing Theory, S. 273.

341 ETZIONI, A., Bounded Rationality, S. 378.

342 Vgl. CONLISK, J., Bounded Rationality, S. 670; KIRSCH, W., Theorie der Entscheidungsprozesse, Band 1, S. 67.

bildungsraum. Dieser bildet den Aufgabenrahmen allerdings nur unvollständig ab.[343] Zahlreiche im Aufgabenrahmen enthaltene Operatoren und Problemzustände werden dadurch nicht Teil des Problemabbildungsraums. Da sich der originäre Problemlösungsprozess als Suchprozess im Problemabbildungsraum vollzieht, kann der Mensch die nicht mit in den Problemabbildungsraum übernommenen Operatoren und Problemzustände nicht mehr in seinen Problemlösungsprozess einbeziehen. Jeder dieser **nicht berücksichtigten Operatoren** entspricht dabei einem Informationsverarbeitungsprozess, den der Mensch als Teil seines Problemlösungsprozess durchführen könnte, um einen Problemzustand in einen anderen Problemzustand zu überführen. Jeder dieser **nicht berücksichtigten Problemzustände** stellt für den Menschen eine grundsätzlich mögliche Problemlösung dar, mit welcher der Problemlösungsprozess beendet werden könnte.[344] Durch die unvollständige Übernahme urteilsrelevanter Operatoren und Problemzustände in den Problemabbildungsraum gelingt es dem Menschen, das zugrunde liegende Entscheidungsproblem wesentlich zu vereinfachen.

Zweitens vereinfacht der Mensch seine Entscheidungsprobleme dadurch, dass er den originären Problemlösungsprozess, der sich als Suchprozess im Problemabbildungsraum vollzieht, durch den Einsatz bestimmter Problemlösungsverfahren wesentlich abkürzt. Dies gilt vor allem für solche Entscheidungsprobleme, die für den Menschen keine Routineprobleme darstellen.[345] Ein Entscheidungsproblem gilt als **Routineproblem**, wenn der Mensch den gegebenen Anfangszustand des Problems unmittelbar, d. h. ohne eine bewusste kognitive Anstrengung, in den für das Problem gesuchten Zielzustand überführen kann.[346] Ein Beispiel für ein Problem, das der Mensch unmittelbar lösen kann, ist „Treppensteigen“. Zur Lösung des Problems „Treppensteigen“ sucht der Mensch nämlich weder nach alternativen Problemlösungen noch nach Informationen über deren mögliche Konsequenzen.[347] Vielmehr löst er das Problem, indem er ohne eine bewusste kognitive Anstrengung auf ein in der Vergangenheit entwickeltes bzw.

343 Vgl. NEWELL, A./SIMON, H., Human Problem Solving, S. 56 und S. 823 f., sowie HOGARTH, R., Judgement and Choice, S. 208 f.; KIRSCH, W., Theorie der Entscheidungsprozesse, Band 1, S. 77.

344 Vgl. KNOBLICH, G./ÖLLINGER, M., Problemlösen, S. 560.

345 Vgl. dazu JUNGERMANN, H./PFISTER, H.-R./FISCHER, K., Psychologie der Entscheidung, S. 31 f.

346 Vgl. BÖSEL, R., Denken, S. 292; KLIX, F., Information und Verhalten, S. 640; KNOBLICH, G./ÖLLINGER, M., Problemlösen, S. 555.

347 Vgl. dazu KIRSCH, W., Theorie der Entscheidungsprozesse, Band 1, S. 66.

erlerntes Handlungsprogramm zurückgreift.[348] Kann er dies nicht, liegt ein **Nicht-Routineproblem** vor. Ein Nicht-Routineproblem kann der Mensch nur lösen, indem er einen im individuell erzeugten Problemabbildungsraum ablaufenden Suchprozess initiiert, der mit bewusster kognitiver Anstrengung verbunden ist. Je komplexer das Nicht-Routineproblem für den Menschen wird, desto größer wird der zu durchsuchende Problemabbildungsraum.[349] Der Problemabbildungsraum wächst dabei in der Regel exponentiell.[350] Bereits bei einfachen Nicht-Routineproblemen ist der Mensch aufgrund seiner begrenzten kognitiven Leistungsfähigkeit allerdings nicht mehr dazu in der Lage, sämtliche Operatoren und Problemzustände eines Problemabbildungsraums vollständig zu überblicken.[351] Der Mensch reagiert auf diese Beschränkung, indem er die Größe des Problemabbildungsraums und damit die Zahl der zu berücksichtigenden Operatoren und Problemzustände verringert.[352] Dazu bedient er sich sog. **Entscheidungsheuristiken**.[353] Entscheidungsheuristiken sind kognitive Problemlösungsverfahren,[354] bei denen nur ausgewählte Operatoren und Problemzustände des Problemabbildungsraums für die

348 Vgl. KIRSCH, W., Theorie der Entscheidungsprozesse, Band 1, S. 66. Streng genommen erfüllen danach Routineprobleme nicht die Problemdefinition in Abschnitt 431. Vgl. ROBINSON-RIEGLER, G./ROBINSON-RIEGLER, B., Cognitive Psychology, S. 440, und GREEN, A./GILHOOLY, K., Problem Solving, S. 350. Denn nach dieser liegt nur dann ein Problem vor, wenn ein unerwünschter Anfangszustand in einen gewünschten Zielzustand überführt werden soll, der Mensch aber über kein Handlungsprogramm verfügt, um eine solche Überführung vorzunehmen. Um die Gültigkeit der Problemdefinition weiter zu gewährleisten, könnten Routineprobleme auch Aufgaben genannt werden. So vgl. FUNKE, J., Denken, S. 25. In der vorliegenden Arbeit wird allerdings aus Gründen der Einfachheit darauf verzichtet.

349 Vgl. KOTOVSKY, K./SIMON, H., Problem Space, S. 144.

350 Vgl. KNOBLICH, G./ÖLLINGER, M., Problemlösen, S. 560.

351 Vgl. bereits NEWELL, A./SIMON, H., Human Problem Solving, S. 98, sowie BÖSEL, R., Denken, S. 300; GOBET, F./CHASSY, P./BILALIC, M., Cognitive Psychology, S. 218; KNOBLICH, G./ÖLLINGER, M., Problemlösen, S. 560. Vgl. dazu ferner ENGELKAMP, J./ZIMMER, H., Kognitive Psychologie, S. 637, die hinzufügen, dass der menschliche Problemlösungsprozess zeitlichen Beschränkungen unterliegt. Daher wäre es dem Menschen auch bei unbegrenzter kognitiver Leistungsfähigkeit nicht möglich, sämtliche im Problemabbildungsraum enthaltenen Operatoren und Problemzustände bei der Problemlösung zu berücksichtigen. Vgl. dazu auch LING, J./CATLING, J., Cognitive Psychology, S. 165.

352 Vgl. BÖSEL, R., Denken, S. 300; ENGELKAMP, J./ZIMMER, H., Kognitive Psychologie, S. 637; GOBET, F./CHASSY, P./BILALIC, M., Cognitive Psychology, S. 218.

353 Vgl. NEWELL, A./SHAW, J./SIMON, H., Theory of Human Problem Solving, S. 162, und NEWELL, A./SIMON, H., Human Problem Solving, S. 91 und S. 101-103. Vgl. ferner KLEIN, H., Heuristische Entscheidungsmodelle, S. 57; ROBERTSON, S. I., Problem Solving, S. 38.

354 Vgl. BRANDER, S./KOMPA, A./PELTZER, U., Denken und Problemlösen, S. 124 f.; DÖRNER, D., Problemlösen als Informationsverarbeitung, S. 38.

Problemlösung herangezogen werden.[355] Operatoren und Problemzustände, die wahrscheinlich nicht zu einer Problemlösung führen, werden übergangen.[356] Dadurch kann die Suche des Menschen nach einer Problemlösung verkürzt und der Problemlösungsprozess insgesamt beschleunigt werden.[357]

Im vorgestellten Modell reagiert der Mensch in seinem Problemlösungsprozess also an zwei Stellen auf seine begrenzte kognitive Leistungsfähigkeit. Zum einen bildet er den Aufgabenrahmen und damit die objektiv gegebenen Merkmale des zu lösenden Problems in seinem Problemabbildungsraum, welcher Ausgangspunkt des originären Problemlösungsprozesses ist, nur unvollständig ab. Zum anderen kürzt er den originären Problemabbildungsprozess ab, indem er für die Suche nach der Problemlösung im Problemabbildungsraum auf Entscheidungsheuristiken zurückgreift. Was unter Entscheidungsheuristiken zu verstehen ist und wie diese kategorisiert werden, wird im folgenden Abschnitt erläutert. Zudem werden ausgewählte Entscheidungsheuristiken detailliert vorgestellt. Für jede dieser Entscheidungsheuristiken wird dann separat erläutert, wie der Mensch auf deren Basis zu einem Urteil gelangt, wieweit dieses Urteil verzerrt sein könnte und worauf sich diese Urteilsverzerrung jeweils zurückführen lässt.

433. Einsatz von Entscheidungsheuristiken im menschlichen Problemlösungsprozess als Folge der begrenzten Rationalität des Menschen

433.1 Theoretische Grundlagen von Entscheidungsheuristiken

Im vorherigen Abschnitt wurde anhand des Modells der begrenzten Rationalität hergeleitet, dass der Mensch aufgrund seiner begrenzten kognitiven Leistungsfähigkeit bei Nicht-Routineproblemen unbewusst auf Entscheidungsheuristiken[358] zurückgreift.[359]

---

[355] Vgl. KNOBLICH, G./ÖLLINGER, M., Problemlösen, S. 560; LING, J./CATLING, J., Cognitive Psychology, S. 165.

[356] Vgl. KNOBLICH, G./ÖLLINGER, M., Problemlösen, S. 560.

[357] Vgl. KLEIN, H., Heuristische Entscheidungsmodelle, S. 36; LING, J./CATLING, J., Cognitive Psychology, S. 165; STRACK, F., Urteilsheuristiken, S. 242.

[358] Zur Geschichte des Begriffes „Heuristik“ vgl. BROMME, R./HÖMBERG, E., Psychologie und Heuristik, S. 1-6; HERTWIG, R., Strategien und Heuristiken, S. 261, sowie ausführlich MATUSCHKA, M. G. v., Heuristik, S. 25-82. Zum Einsatz von Heuristiken bei der Urteilsbildung vgl. GIGERENZER, G./GAISSMAIER, W., Heuristic Decision Making, S. 454 f.; KLEIN, H., Heuristische Entscheidungsmodelle, S. 35 f.

[359] Vgl. bereits NEWELL, A./SHAW, J./SIMON, H., Theory of Human Problem Solving, S. 162, und NEWELL, A./SIMON, H., Human Problem Solving, S. 91 und S. 101-103. Vgl. ferner ALBERT, M.,

Entscheidungsheuristiken sind spezielle **kognitive Problemlösungsverfahren** des Menschen,[360] d. h. „Programme für die geistigen Abläufe, durch welche Probleme bestimmter Form […] gelöst werden können“[361].[362] Diese Programme zeichnen sich dadurch aus, dass sie zunächst die Komplexität des zu lösenden Problems reduzieren.[363] Dies geschieht, indem bei der Suche nach der Problemlösung im Problemabbildungsraum nur bestimmte Operatoren und Problemzustände „abgesucht“ werden.[364] Abgesucht werden lediglich solche Operatoren und Problemzustände, von denen erwartet wird, dass sie zu einer Problemlösung beitragen können.[365] Durch diese Vereinfachung können die Suche des Menschen nach einer Problemlösung verkürzt und der für die Problemlösung benötigte kognitive Aufwand des Menschen – die sog. Denkkosten – verringert werden, wodurch der Problemlösungsprozess insgesamt beschleunigt wird.[366]

Entscheidungsheuristiken werden aufgrund der mit ihnen einhergehenden Vereinfachung des Problemlösungsprozesses häufig auch als **kognitive Faustregeln** bezeichnet.[367] Mit Hilfe dieser kognitiven Faustregeln kann der Mensch bei seiner Ur-

---

Ökonomische Rationalitätsauffassungen, S. 20; BETSCH, T./FUNKE, J./PLESSNER, H., Denken, S. 186; BOURNE, L./EKSTRAND, B., Psychologie, S. 221; BRANDER, S./KOMPA, A./PELTZER, U., Denken und Problemlösen, S. 125 f.; DÖRNER, D., Problemlösen als Informationsverarbeitung, S. 27; FEIGENBAUM, E./FELDMAN, J., Thoughts, S. 6; GERRIG, R./ZIMBARDO, P./GRAF, R., Psychologie, S. 304; GOBET, F./CHASSY, P./BILALIC, M., Cognitive Psychology, S. 218; KATZ, D./KAHN, R., Social Psychology, S. 283; KNOBLICH, G./ÖLLINGER, M., Problemlösen, S. 560; ROBERTSON, S. I., Problem Solving, S. 38.

360 Vgl. ARBINGER, R., Psychologie des Problemlösens, S. 27; BRANDER, S./KOMPA, A./PELTZER, U., Denken und Problemlösen, S. 124 f.; HERTWIG, R., Strategien und Heuristiken, S. 461.

361 DÖRNER, D., Problemlösen als Informationsverarbeitung, S. 38.

362 Vgl. WIEST, J., Heuristic Programs for Decision Making, S. 130, sowie STREIM, H., Heuristische Lösungsverfahren, S. 143-145, der die Definition des Begriffs „Heuristik“ ausführlich diskutiert.

363 Vgl. dazu AYTON, P., Judgement and Decision Making, S. 404; HERTWIG, R., Strategien und Heuristiken, S. 463; IMBODEN, C./LEIBUNDGUT, A./SIEGENTHALER, P., Klassifikation heuristischer Prinzipien, S. 307 f., sowie ausführlich SHAH, A./OPPENHEIMER, D., Heuristics, S. 209-212.

364 Vgl. BÖSEL, R., Denken, S. 300; KIRSCH, W., Theorie der Entscheidungsprozesse, Band 1, S. 93. Der Problemlösungsprozess des Menschen wird im Schrifttum daher häufig auch als heuristische Suche im Problemabbildungsraum beschrieben. Vgl. KNOBLICH, G./ÖLLINGER, M., Problemlösen, S. 560.

365 Vgl. KIRSCH, W., Theorie der Entscheidungsprozesse, Band 1, S. 94; KNOBLICH, G./ÖLLINGER, M., Problemlösen, S. 560.

366 Vgl. KLEIN, H., Heuristische Entscheidungsmodelle, S. 36; LING, J./CATLING, J., Cognitive Psychology, S. 165; STRACK, F., Urteilsheuristiken, S. 242.

367 Vgl. FUNKE, J., Denken, S. 100; GERRIG, R./ZIMBARDO, P./GRAF, R., Psychologie, S. 304. Als Lehnübersetzung des englischen Begriffs „*rule of thumb*“ werden Entscheidungsheuristiken von einigen Autoren auch als Daumenregeln bezeichnet. Vgl. zum Begriff „*rule of thumb*“ etwa AYTON, P., Jud-

teilsbildung zwar Denkkosten einsparen und damit seinen Problemlösungsprozess beschleunigen, allerdings können Entscheidungsheuristiken bei bestimmten Problemstellungen nicht garantieren, dass überhaupt eine Problemlösung gefunden wird. Außerdem gilt regelmäßig, dass eine gefundene Problemlösung nicht die optimale Problemlösung darstellt.[368] Gänzlich ungelöst bleibt das Problem, wenn der Mensch für seine Suche im Problemabbildungsraum auf eine Entscheidungsheuristik zurückgreift, auf deren Basis sich keine Problemlösung finden lässt, mit der das zuvor festgelegte Anspruchsniveau erreicht bzw. übersprungen werden kann.[369] Nicht optimal gelöst ist das Problem, wenn der Mensch auf Basis einer Entscheidungsheuristik zu einer Problemlösung gelangt, die systematisch von der optimalen Problemlösung abweicht.[370] Systematisch bedeutet in diesem Zusammenhang, dass

- die Abweichung von der optimalen Problemlösung **regelmäßig** auftritt und
- der Mensch in seinem Problemlösungsprozess die für die Problemlösung relevanten Faktoren **einseitig zu stark oder zu schwach** berücksichtigt.[371]

Eine solche Problemlösung wird im Schrifttum als verzerrt bezeichnet.[372] Eine **verzerrte Problemlösung** ist für den Menschen problematisch, da er sich **nicht bewusst** ist,

gement and Decision Making, S. 404; GOBET, F./CHASSY, P./BILALIC, M., Cognitive Psychology, S. 200; SOLSO, R./MACLIN, M. K./MACLIN, O., Cognitive Psychology, S. 518; ROBINSON-RIEGLER, G./ROBINSON-RIEGLER, B., Cognitive Psychology, S. 457 und S. 502. Zur Lehnübersetzung als Daumenregel vgl. ENGELKAMP, J./ZIMMER, H., Kognitive Psychologie, S. 638; JUNGERMANN, H./PFISTER, H.-R./FISCHER, K., Psychologie der Entscheidung, S. 170; KNOBLICH, G./ÖLLINGER, M., Problemlösen, S. 560.

368 Vgl. dazu DÖRNER, D., Problemlösen als Informationsverarbeitung, S. 38; HERTWIG, R., Strategien und Heuristiken, S. 461 und S. 463; ZEHNDER, C., Prinzip der heuristischen Methoden, S. 21. Vgl. ferner GIGERENZER, G./GAISSMAIER, W., Heuristic Decision Making, S. 456, welche diesbezüglich von einem *accuracy-effort trade-off* sprechen.

369 Ungelöst bleibt das Problem ebenfalls, wenn die zur Problemlösung notwendigen Operatoren und Problemzustände des objektiv gegebenen Aufgabenrahmens vom Menschen nicht mit in den subjektiv erzeugten Problemabbildungsrahmen übernommen werden. In der vorliegenden Untersuchung wird allerdings davon ausgegangen, dass der Mensch den Problemabbildungsraum in diesem Fall so lange anpasst, bis er eine Problemlösung findet, mit der das zuvor festgelegte Anspruchsniveau erreicht bzw. übersprungen werden kann.

370 Vgl. exemplarisch KAHNEMAN, D./TVERSKY, A., Psychology of Prediction, S. 237, sowie TVERSKY, A./KAHNEMAN, D., Heuristics and Biases, S. 1124.

371 Vgl. KOROBKIN, R./ULEN, T., Removing the Rationality Assumption, S. 1085. Die unbewussten Über- bzw. Unterbewertungen der in den Problemlösungsprozess einbezogenen Informationen könnten sich im Aggregat herauskürzen. In diesem Fall wäre die gefundene Problemlösung lediglich zufällig korrekt. Dies kann indes als Spezialfall angesehen werden und wird in der vorliegenden Untersuchung daher nicht weiter behandelt.

dass er auf Basis einer Entscheidungsheuristik zu einer verzerrten Problemlösung gelangt ist.[373] Vielmehr hält er die gefundene Lösung in der Regel sogar für die optimale Problemlösung.[374]

Die vom Menschen zur Problemlösung unbewusst herangezogenen Entscheidungsheuristiken können unterschiedlich kategorisiert werden. Welche Kategorisierungen im Schrifttum diskutiert werden und welcher Kategorisierung in der vorliegenden Untersuchung gefolgt wird, wird im folgenden Abschnitt erörtert.

433.2 Kategorisierung von Entscheidungsheuristiken

Die im Unterbewusstsein ablaufenden Entscheidungsheuristiken lassen sich anhand unterschiedlicher Faktoren kategorisieren.[375] Die sich aus den zu kategorisierenden Entscheidungsheuristiken ergebenden Urteilsverzerrungen bilden im kognitionspsychologischen Schrifttum mehrheitlich den **Ausgangspunkt der Kategorienbildung**. ARKES und KENNEDY stellen bei der Kategorienbildung beispielsweise auf die Entstehungsursache der Urteilsverzerrungen ab.[376] POHL dagegen nimmt die Kategorienbildung anhand des Entstehungsbereichs der Urteilsverzerrungen vor.[377]

---

372 Im kognitionspsychologischen Schrifttum werden diese Verzerrungen (*biases*) auch Anomalien, kognitive Illusionen oder kognitive Täuschungen genannt. Vgl. dazu exemplarisch KLOSE, W., Entscheidungsanomalien, S. 42 f., sowie POHL, R., Cognitive Illusions, S. 2.

373 Vgl. dazu TVERSKY, A./KAHNEMAN, D., Heuristics and Biases, S. 1130, sowie WILSON, T./BREKKE, N., Unwanted Influences on Judgments, S. 122 und S. 126-128 m. w. N.

374 Vgl. POHL, R., Cognitive Illusions, S. 3.

375 Vgl. ANDERSON, J., Adaptive Nature of Human Categorization, S. 410 f. Im kognitionspsychologischen Schrifttum wird der Begriff „Klassifizierung" häufig synonym mit dem Begriff „Kategorisierung" verwandt. Vgl. ESTES, W., Classification and Cognition, S. 4. Nach ESTES sind diese Begriffe zu unterscheiden. Klassifizierung bedeutet, dass eine Menge von Objekten unterschiedlichen Gruppen zugeordnet wird. Kategorisierung impliziert aber „[...] *that knowledge of the category to which an object belongs tells us something about its properties*". Vgl. ESTES, W., Classification and Cognition, S. 4.

376 ARKES teilt Entscheidungsheuristiken in die Kategorien *strategy-based errors*, *association-based errors* und *psychophysically-based errors* ein. Vgl. dazu ARKES, H., Costs and Benefits of Judgment Errors, S. 486 f. Vgl. zu dieser Kategorienbildung auch KOCH, C., Behavioral Economics and Auditing, S. 15, und LARRICK, R., Debiasing, S. 319 m. w. N. KENNEDY unterscheidet die Kategorien *effort-related biases* und *data-related biases*. Vgl. KENNEDY, J., Debiasing Audit Judgment with Accountability, S. 233, und KENNEDY, J., Curse of Knowledge in Audit Judgment, S. 250.

377 Vgl. dazu POHL, R., Cognitive Illusions, S. 3-7. POHL ordnet Entscheidungsheuristiken den Kategorien *illusions of thinking*, *illusions of judgement* und *illusions of memory* zu. Gleichzeitig hebt er die Schwierigkeit der Kategorienbildung hervor und betont, dass die von ihm gebildeten Kategorien nur als „*pragmatic proposal*" zu verstehen seien. Vgl. POHL, R., Cognitive Illusions, S. 4.

HOGARTH wiederum rekurriert für die Kategorienbildung auf die Entstehungsphase der Urteilsverzerrung.[378]

Im Unterschied zu den anderen aufgeführten Kategorisierungen greift HOGARTH bei der Kategorienbildung ausdrücklich auf den in der kognitiven Psychologie entwickelten Informationsverarbeitungsansatz zurück. Denn die von HOGARTH zur Kategorienbildung herangezogenen Entstehungsphasen der Urteilsverzerrungen entsprechen im Wesentlichen den in Abschnitt 421 erläuterten Phasen des innermenschlichen Informationsverarbeitungsprozesses. Aus diesem Grund wird der vorliegenden Untersuchung die leicht modifizierte **Kategorisierung von HOGARTH** zugrunde gelegt. HOGARTH unterscheidet die Kategorien „*information aquisition*" (Informationsaufnahme), „*information processing*" (Informationsverarbeitung), „*information output*" (Informationsausgabe) und „*feedback*" (Informationsbewertung).[379] Da die von HOGARTH der Kategorie „Informationsausgabe" zugeordneten Urteilsverzerrungen indes nicht Gegenstand der vorliegenden Untersuchung sind, wird diese Kategorie im Folgenden nicht weiter berücksichtigt. Die Kategorien „Informationsaufnahme", „Informationsverarbeitung" und „Informationsbewertung" werden dagegen unverändert in die vorliegende Untersuchung übernommen.

Der Kategorie „**Informationsaufnahme**" sind diejenigen Urteilsverzerrungen zuzuordnen, die darauf zurückzuführen sind, dass bestimmte interne und externe Stimuli (oder Teile dieser Stimuli) im menschlichen Urteilsprozess stärker bzw. zusammengehöriger wahrgenommen werden als andere und infolgedessen bei der Urteilsbildung des Menschen systematisch überbewertet werden.[380] Wie stark bzw. wie zusammengehörig der Mensch interne und externe Stimuli (oder Teile dieser Stimuli) wahrnimmt, ist von den

378 Vgl. HOGARTH, R., Judgement and Choice, S. 209. HOGARTH unterscheidet die Entstehungsphasen *information aquisition*, *information processing*, *information output* und *feedback*. Vgl. dazu HOGARTH, R., Judgement and Choice, S. 209-215. Auch HOGARTH hebt hervor, dass die Zuordnung der Entscheidungsheuristiken zu den Entstehungsphasen oft nicht eindeutig ist. Urteilsverzerrungen können nach HOGARTH nämlich das Resultat einer Interaktion unterschiedlicher Phasen des menschlichen Informationsverarbeitungsprozesses sein. Vgl. dazu HOGARTH, R., Judgement and Choice, S. 208.

379 Vgl. HOGARTH, R., Judgement and Choice, S. 209-215.

380 Vgl. HOGARTH, R., Judgement and Choice, S. 209-212.

informativen Merkmalen der Stimuli[381] sowie von personellen und kontextuellen Faktoren abhängig.[382]

Die Kategorie „**Informationsverarbeitung**" umfasst diejenigen Urteilsverzerrungen, die sich daraus ergeben, dass die vom Menschen wahrgenommenen Informationen im menschlichen Gedächtnis weiterverarbeitet werden.[383] Die weitere Verarbeitung wahrgenommener Informationen ist zum einen davon abhängig, wie die zu verarbeitenden Informationen vom Menschen interpretiert werden, und wird zum anderen davon bestimmt, auf welche kognitiven Prozesse der Mensch für die eigentliche Verarbeitung der Informationen zurückgreift.

Der Kategorie „**Informationsbewertung**" sind solche Urteilsverzerrungen zuzuordnen, die sich ergeben, wenn in der Vergangenheit abgegebene Urteile vom Menschen zu bewerten sind.[384] Bei den zu bewertenden Urteilen kann es sich zum einen um Urteile handeln, die der Bewertende selbst in der Vergangenheit abgegeben hat. Zum anderen können es Urteile sein, die von anderen Menschen in der Vergangenheit gefällt worden und nun zu bewerten sind.

In der folgenden Übersicht werden den drei zuvor definierten Kategorien „Informationsaufnahme", „Informationsverarbeitung" und „Informationsbewertung" diejenigen in der kognitiven Psychologie „entdeckten", unbewusst vom Menschen herangezogenen Entscheidungsheuristiken zugeordnet, die für die vorliegende Untersuchung relevant sind:

381 Informative Merkmale von Stimuli sind z. B. der Charakter, die Darstellungsform und die Übermittlungsart.

382 Personelle Faktoren sind z. B. Aufmerksamkeit, Müdigkeit und Motivation des Menschen. Kontextuelle Faktoren sind z. B. Gruppen- und Teameffekte sowie Zeitdruck. Obwohl personelle und kontextuelle Faktoren die menschliche Urteilsbildung beeinflussen, wird im Folgenden von ihnen abstrahiert, da sie häufig implizites Produkt kognitiver Prozesse sind.

383 Vgl. HOGARTH, R., Judgement and Choice, S. 212 f.

384 Vgl. HOGARTH, R., Judgement and Choice, S. 213-215.

Kategorien	Innermenschliche Entscheidungsheuristiken[385]
Informationsaufnahme	• *Availability Heuristic* (Verfügbarkeitsheuristik) • *Confirmation Bias* (Bestätigungseffekt) • *Order Effects* (Reihenfolgeeffekte) • *Overconfidence Bias* (Selbstüberschätzungseffekt)
Informationsverarbeitung	• *Anchoring Heuristic* (Ankerheuristik) • *Representativeness Bias* (Repräsentativitätsheuristik) • *Status Quo Bias* (Status-quo-Verzerrung)
Informationsbewertung	• *Hindsight Bias* (Rückschaufehler) • *Outcome Bias* (Ergebnisverzerrung) • *Sunk Cost Effect* (Sunk-Cost-Effekt)

Übersicht 4–2: *Kategorisierung untersuchungsrelevanter innermenschlicher Entscheidungsheuristiken*

Die in Übersicht 4–2 aufgeführten Kategorien identifizieren jene vom Menschen unbewusst herangezogene Entscheidungsheuristiken, die auch für die Urteilsbildung des Abschlussprüfers relevant sein können. Diese untersuchungsrelevanten Entscheidungsheuristiken wurden hier auf Basis ihres jeweiligen Hauptcharakterzugs den drei zuvor definierten Kategorien zugeordnet. Indes ist die Zuordnung nicht immer eindeutig.[386] So könnten einige der in Übersicht 4–2 genannten innermenschlichen Entscheidungsheuristiken auch einer oder mehreren anderen Kategorien zugeordnet werden.[387] Ungeachtet dieser Tatsache soll die Kategorisierung zwei wesentlichen Zielen dienen: Erstens einer systematischen Darstellung entsprechend den Entstehungsphasen im Unterbewusst-

---

385 An dieser Stelle wird deutlich, dass Entscheidungsheuristiken im Schrifttum teilweise auch nach der Urteilsverzerrung benannt werden, die sie hervorrufen. Aus Gründen der Einfachheit sollen indes auch die als *bias* (Verzerrung) oder *effect* (Effekt) bezeichneten Phänomene weiterhin als Entscheidungsheuristiken bezeichnet werden.

386 Vgl. dazu ARKES, H., Costs and Benefits of Judgment Errors, S. 492; HOGARTH, R., Judgement and Choice, S. 208; POHL, R., Cognitive Illusions, S. 4. Vgl. ferner auch KOCH, C., Behavioral Economics and Auditing, S. 15, der die Kategorisierung von Entscheidungsheuristiken als *„somewhat arbitrary“* bezeichnet.

387 Vgl. ARKES, H., Costs and Benefits of Judgment Errors, S. 492.

sein,[388] zweitens als Ausgangspunkt der Überlegungen, wie diese Urteilsverzerrungen in ihrer Intensität verringert bzw. ganz vermieden werden können.[389]

Die in Übersicht 4–2 aufgeführten innermenschlichen Entscheidungsheuristiken werden in den folgenden Abschnitten ausführlich vorgestellt. Zunächst wird jede dieser Entscheidungsheuristiken definiert. Daraufhin wird beschrieben, wieweit diese Entscheidungsheuristiken jeweils dazu führen (können), dass der Mensch zu einem verzerrten Urteil gelangt. Abschließend wird erläutert, worauf diese verzerrten Urteile zurückzuführen sind.

433.3 Darstellung ausgewählter Entscheidungsheuristiken

433.31 Vorbemerkung

Die kognitive Leistungsfähigkeit des Menschen ist begrenzt.[390] Als Folge dessen greift der Mensch bei Nicht-Routineproblemen unbewusst auf Entscheidungsheuristiken zurück.[391] Diejenigen unbewussten Entscheidungsheuristiken, die für die Urteilsbildung des Menschen besonders relevant sind, werden in den folgenden Abschnitten ausführlich vorgestellt. Um das Verständnis der vorgestellten Entscheidungsheuristiken zu erleichtern, sind die einzelnen Abschnitte jeweils einheitlich gegliedert. Zunächst wird die jeweilige Entscheidungsheuristik definiert bzw. erläutert. Anschließend wird beschrieben, wieweit die menschliche Urteilsbildung durch diese Entscheidungsheuristik jeweils verzerrt werden könnte. Daraufhin werden die Ansätze dargestellt, die im Schrifttum jeweils dazu herangezogen werden, die Wirkungsweise der Entscheidungsheuristik zu erklären.

---

388 Vgl. IMBODEN, C./LEIBUNDGUT, A./SIEGENTHALER, P., Klassifikation heuristischer Prinzipien, S. 309; POHL, R., Cognitive Illusions, S. 15 f.

389 Vgl. ARKES, H., Costs and Benefits of Judgment Errors, S. 486. Die Verringerung der Intensität einer Urteilsverzerrung bzw. die vollständige Vermeidung einer solchen wird im Schrifttum als *debiasing* bezeichnet. Vgl. FISCHHOFF, B., Debiasing, S. 422 f., und LARRICK, R., Debiasing, S. 316.

390 Vgl. dazu die diesbezüglichen Ausführungen in Abschnitt 422.

391 Vgl. dazu die diesbezüglichen Ausführungen in Abschnitt 432.

433.32 Entscheidungsheuristiken bei der Informationsaufnahme

433.321. Verfügbarkeitsheuristik

Die Verfügbarkeitsheuristik (*availability heuristic*) führt dazu, dass der Mensch die Häufigkeit und Eintrittswahrscheinlichkeit eines Ereignisses umso höher einschätzt, je verfügbarer (*available*) das Ereignis für ihn ist.[392] Ein Ereignis ist für den Menschen umso verfügbarer, je leichter er Beispiele für dieses Ereignis in seinem Kurzzeitgedächtnis generieren oder aus seinem Langzeitgedächtnis abrufen kann.[393] Dies ist für den Menschen in beiden Fällen jeweils umso leichter, je häufiger der Mensch in der Vergangenheit mit diesem oder einem ähnlichen Ereignis konfrontiert wurde (sog. Auftretenshäufigkeit).[394] Denn wenn sich der Mensch in der Vergangenheit häufiger mit diesem Ereignis beschäftigt hat, erhöht sich die Wahrscheinlichkeit, dass er wesentliche Informationen zu diesem Ereignis so häufig in seinem Kurzzeitgedächtnis wiederholt hat, dass diese in sein Langzeitgedächtnis übertragen worden sind.[395] Dadurch steigt die Wahrscheinlichkeit, dass der Mensch diese Informationen für seine Urteilsbildung heranzieht.

Die Verfügbarkeitsheuristik ergibt sich daraus, dass die kognitive Verfügbarkeit eines Ereignisses nicht nur von der **Auftretenshäufigkeit des Ereignisses** in der Vergangenheit, sondern auch von verschiedenen **häufigkeitsirrelevanten Gedächtnisfaktoren** abhängt.[396] Darunter lassen sich zahlreiche Faktoren subsumieren, die zwar die kognitive Verfügbarkeit eines Ereignisses erhöhen, die aber nicht von der tatsächlichen Auftretenshäufigkeit dieses Ereignisses beeinflusst sind. Häufigkeitsirrelevante, aber sehr bedeutsame Gedächtnisfaktoren sind z. B.:

---

[392] Vgl. grundlegend TVERSKY, A./KAHNEMAN, D., Availability, S. 207 f., sowie ferner HOCH, S., Availability and Interference in Predictive Judgment, S. 656; MACLEOD, C./CAMPBELL, L., Memory Accessibility and Probability Judgments, S. 891; SCHWARZ, N. U. A., Availability Heuristic, S. 195; TVERSKY, A./KAHNEMAN, D., Heuristics and Biases, S. 1127.

[393] Vgl. SCHWARZ, N./VAUGHN, L., Availability Heuristic Revisited, S. 103; STRACK, F., Urteilsheuristiken, S. 243. Die absolute Zahl generierbarer oder aus dem Gedächtnis abrufbarer Beispiele ist dabei unerheblich. Vgl. TAYLOR, S., Availability Bias, S. 192.

[394] Vgl. dazu GABRIELCIK, A./FAZIO, R. H., Priming and Frequency Estimation, S. 85.

[395] Vgl. SOLSO, R./MACLIN, M. K./MACLIN, O., Cognitive Psychology, S. 211, sowie die Ausführungen zum menschlichen Gedächtnis in Abschnitt 422.

[396] Vgl. STRACK, F., Urteilsheuristiken, S. 243.

- Die **Lebhaftigkeit**, mit der sich der Mensch ein Ereignis vorstellen kann: Je lebhafter sich der Mensch ein Ereignis vorstellen kann, umso höher ist die kognitive Verfügbarkeit dieses Ereignisses.[397]

- Die „**Frische**" der Erinnerung, die der Mensch an ein Ereignis in der Vergangenheit hat: Je frischer die Erinnerungen des Menschen an ein identisches oder ähnliches Ereignis in der Vergangenheit sind, desto höher ist die kognitive Verfügbarkeit dieses Ereignisses.[398]

- Die **Vernetztheit** der in der Erinnerung des Menschen gespeicherten Ereignisse: Je stärker zwei oder mehrere Ereignisse in der Erinnerung des Menschen miteinander verknüpft erscheinen (sog. illusorische Korrelation), desto höher ist die kognitive Verfügbarkeit dieser Ereignisse.[399]

- Die **Emotionalität** der Beziehung, die der Mensch zu einem Ereignis hat: Je emotionaler der Menschen mit einem Ereignis verbunden ist, desto höher ist die kognitive Verfügbarkeit dieses Ereignisses.[400]

- Die **Medienpräsenz** eines Ereignisses, die vom Menschen wahrgenommen wird. Je ausführlicher in den vom Menschen beachteten Medien über ein Ereignis berichtet wird, desto höher ist die kognitive Verfügbarkeit dieses Ereignisses.[401]

In den Fällen, in denen die vorgenannten häufigkeitsirrelevanten, aber sehr bedeutsamen Gedächtnisfaktoren die kognitive Verfügbarkeit eines Ereignisses erhöhen und diese dadurch höher ist als sie es auf Basis der tatsächlichen Auftretenshäufigkeit des Ereignisses in der Vergangenheit wäre, überschätzt der Mensch systematisch die Häufigkeit

[397] Vgl. REBER, R., Availability, S. 154; TAYLOR, S., Availability Bias, S. 192 f.; WÄNKE, M./SCHWARZ, N./BLESS, H., Availability Heuristic, S. 89.

[398] Vgl. TAYLOR, S., Availability Bias, S. 192 f.; WÄNKE, M./SCHWARZ, N./BLESS, H., Availability Heuristic, S. 89.

[399] Vgl. grundlegend CHAPMAN, L., Illusory Correlation, S. 151, sowie CHAPMAN, L./CHAPMAN, J., Illusory Correlation, S. 271.

[400] Vgl. DUBÉ-RIOUX, L./RUSSO, J. E., Availability Bias in Professional Judgment, S. 223; TVERSKY, A./KAHNEMAN, D., Heuristics and Biases, S. 1127 f.; WÄNKE, M./SCHWARZ, N./BLESS, H., Availability Heuristic, S. 88 f.

[401] Vgl. dazu anschaulich LICHTENSTEIN, S. U. A., Judged Frequency, S. 575.

und Eintrittswahrscheinlichkeit dieses Ereignisses.[402] Da der Mensch bei seiner Urteilsbildung regelmäßig von diesen häufigkeitsirrelevanten Gedächtnisfaktoren beeinflusst wird, führt die Verfügbarkeitsheuristik in zahlreichen Fällen zu einer **verzerrten Urteilsbildung** des Menschen.[403]

433.322. Bestätigungseffekt

Der Bestätigungseffekt[404] (*confirmation bias*) besagt, dass der Mensch bei einer von ihm **selbst aufgestellten Urteilshypothese** unbewusst danach strebt, diese eigene Urteilshypothese **zu bestätigen.**[405] Danach ist der Mensch nicht gewillt, die von ihm aufgestellte Urteilshypothese zugunsten einer anderen Urteilshypothese zu verwerfen, selbst wenn Letztere ihm angemessener erscheint.[406] Dies hat zur Folge, dass Menschen aufgrund des Bestätigungseffekts zu lange an ihren selbst aufgestellten Urteilshypothesen festhalten, was zu einer in dieser Hinsicht verzerrten menschlichen Urteilsbildung führt.

Die Wirkungsweise des Bestätigungseffekts kann allgemein mit der **Theorie der kognitiven Dissonanz** erläutert werden.[407] Nach dieser erzeugen zwei widersprüchliche

---

402 Vgl. REBER, R., Availability, S. 147; STRACK, F., Urteilsheuristiken, S. 245; TVERSKY, A./KAHNEMAN, D., Availability, S. 212.

403 Vgl. AARTS, H./DIJKSTERHUIS, A., Ease of Retrieval and Frequency Estimates, S. 86; DUBÉ-RIOUX, L./RUSSO, J. E., Availability Bias in Professional Judgment, S. 223; TVERSKY, A./KAHNEMAN, D., Availability, S. 209.

404 Der Bestätigungseffekt wird im Schrifttum auch Bestätigungsfehler oder Bestätigungstendenz genannt. Vgl. dazu FIEDLER, K., Bestätigungsfehler, S. 280, und HAGER, W./WEIẞMANN, S., Bestätigungstendenzen, S. 6. Teilweise wird der Bestätigungseffekt auch mit dem Begriff „*positive test strategy*" beschrieben. Vgl. dazu KLAYMAN, J./HA, Y.-W., Confirmation and Disconfirmation, S. 212.

405 Vgl. grundlegend WASON, P., Failure to Eliminate Hypotheses, S. 138 f., sowie JONAS, E. U. A., Confirmation Bias in Sequential Information Search, S. 557; OSWALD, M./GROSJEAN, S., Confirmation Bias, S. 79. Kritisch zu dieser Definition vgl. KLAYMAN, J., Varieties of Confirmation Bias, S. 389. Der Bestätigungseffekt führt dazu, dass die Urteilsbildung des Menschen in der Realität nicht in Einklang mit dem kritischen Rationalismus steht. Denn nach diesem sollte der Mensch nicht versuchen, eine Urteilshypothese zu bestätigen, sondern diese zu falsifizieren. Vgl. WASON, P., Failure to Eliminate Hypotheses, S. 138 f.; WASON, P./JOHNSON-LAIRD, P., Psychology of Reasoning, S. 210; HAGER, W./WEIẞMANN, S., Bestätigungstendenzen, S. 27 f.

406 Vgl. JOHNSTON, L., Resisting Change, S. 820 f.; JONAS, E. U. A., Confirmation Bias in Sequential Information Search, S. 557; LORD, C./ROSS, L./LEPPER, M., Subsequently Considered Evidence, S. 2108; NICKERSON, R., Confirmation Bias, S. 177; ROSS, L./LEPPER, M./HUBBARD, M., Perseverance in Self-Perception and Social Perception, S. 888.

407 Vgl. JONAS, E. U. A. Confirmation Bias in Sequential Information Search, S. 557. Grundlegend zur Theorie der kognitiven Dissonanz vgl. die Monografie von FESTINGER, L., Cognitive Dissonance. Vgl. dazu ferner FREY, D., Informationssuche und Informationsbewertung, S. 17-20.

Kognitionen,[408] z. B. Erinnerungen, Überzeugungen oder Wahrnehmungen, einen Zustand innermenschlicher Anspannung,[409] der als kognitive Dissonanz bezeichnet wird.[410] Eine solche kognitive Dissonanz empfindet der Mensch als unangenehm.[411] Er verspürt daher einen inneren Druck, diese kognitive Dissonanz zu beseitigen. Dies gelingt, indem der Mensch die beiden widersprüchlichen Kognitionen miteinander in Einklang bringt.[412] Dies erreicht er zum einen durch eine unbewusst einseitige Informationsauswahl und zum anderen durch eine unbewusst einseitige Informationsinterpretation.[413] Bei der **Informationsauswahl** führt dies dazu, dass der Mensch aus der Gesamtheit der ihm zur Verfügung stehenden Informationen unbewusst diejenigen Informationen in sein Entscheidungskalkül einbezieht, von denen er erwartet, dass sie seine eigene Urteilshypothese stützen.[414] Nicht in sein Entscheidungskalkül bezieht er dagegen unbewusst solche Informationen ein, von denen er erwartet, dass sie die eigene Urteilshypothese widerlegen könnten.[415] Bei der **Informationsinterpretation** hat dies zur Folge, dass der Mensch diejenigen Informationen, die seine eigene Urteilshypothese bestätigen, unbewusst systematisch zu stark und diejenigen Informationen, die seine eigene Urteilshypothese widerlegen könnten, unbewusst systematisch zu schwach in sein Entscheidungskalkül einbezieht.[416] Gelangt der Mensch zu einer Infor-

---

[408] Zwei widersprüchliche Kognitionen liegen z. B. dann vor, wenn der Mensch eine neue Information wahrnimmt (Kognition 1), die nicht mit seiner inneren Überzeugung (Kognition 2) vereinbar ist. Vgl. FESTINGER, L., Cognitive Dissonance, S. 4.

[409] Vgl. FESTINGER, L., Cognitive Dissonance, S. 3; FREY, D., Informationssuche und Informationsbewertung, S. 17.

[410] Vgl. FESTINGER, L., Cognitive Dissonance, S. 3; FREY, D., Informationssuche und Informationsbewertung, S. 17.

[411] Vgl. AKERLOF, G./DICKENS, W., Economic Consequences of Cognitive Dissonance, S. 308; KUNDA, Z., Motivated Reasoning, S. 484.

[412] Vgl. FESTINGER, L., Cognitive Dissonance, S. 18; FREY, D., Informationssuche und Informationsbewertung, S. 18; HAGER, W./WEIßMANN, S., Bestätigungstendenzen, S. 102 f.; KUNDA, Z., Motivated Reasoning, S. 483 f.

[413] Vgl. KLAYMAN, J./HA, Y.-W., Confirmation and Disconfirmation, S. 212; NICKERSON, R., Confirmation Bias, S. 175.

[414] Vgl. DOHERTY, M. U. A., Pseudodiagnosticity, S. 113; GADENNE, V., Bestätigungsfehler und die Rationalität kognitiver Prozesse, S. 13; JONAS, E. U. A., Confirmation Bias in Sequential Information Search, S. 557; KLAYMAN, J., Varieties of Confirmation Bias, S. 385 f.; NICKERSON, R., Confirmation Bias, S. 177.

[415] Vgl. DOHERTY, M. U. A., Pseudodiagnosticity, S. 120; KLAYMAN, J., Varieties of Confirmation Bias, S. 387.

[416] Vgl. GADENNE, V., Bestätigungsfehler und die Rationalität kognitiver Prozesse, S. 13; NICKERSON, R., Confirmation Bias, S. 180; NISBETT, R./ROSS, L., Human Inference, S. 181 f. Je eindeutiger eine

mation, die seine eigene Urteilshypothese bestätigt, sucht er nach weiteren Gründen, warum diese Information zutreffend ist.[417] Gelangt er allerdings zu Informationen, die seine eigene Urteilshypothese widerlegen könnten, sucht er nach Gründen, die diese Informationen desavouieren.[418] Bei ambivalenten Informationen, die nicht eindeutig für oder gegen seine Urteilshypothese sprechen, neigt der Mensch unbewusst dazu, diese so zu interpretieren, als würden diese seine eigene Urteilshypothese eindeutig bestätigen.[419]

Die **Intensität der Urteilsverzerrung**, die durch den Bestätigungseffekt hervorgerufen wird, ist bei einer sequenziellen Informationsverarbeitung höher als bei einer simultanen Informationsverarbeitung des Menschen.[420] Während der Mensch bei Erfordernis einer simultanen Informationsverarbeitung unbewusst dazu neigt, die Gesamtheit der vorliegenden Informationen zu bewerten und zu vergleichen, konzentriert er sich bei einer sequenziellen Informationsverarbeitung unbewusst auf die ursprünglich zugrunde gelegte Urteilshypothese.[421] Dieser Fokus verstärkt die Überzeugung, dass die eigene, ursprünglich zugrunde gelegte Urteilshypothese zutreffend ist, wodurch wiederum die Intensität der Urteilsverzerrung erhöht wird. Darüber hinaus ist die Intensität der Urteilsverzerrung dann besonders hoch, wenn der Mensch die für seine Urteilsbildung benötigten Informationen aus einer Vielzahl verfügbarer Informationen auszuwählen hat und diese Auswahl für den Menschen mit Aufwand verbunden ist.[422] Die Neuheit einer Information wirkt sich nur dann erhöhend auf die Intensität der Urteilsverzerrung aus, wenn es sich beim von Menschen zu bildenden Urteil um ein irreversibles, also nicht rückgängig zu machendes Urteil handelt.[423] Hat der Mensch dagegen ein reversibles

Information die Urteilshypothese des Menschen bestätigt, desto stärker bezieht er diese in sein Entscheidungskalkül ein. Vgl. dazu KOEHLER, J., Influence of Prior Beliefs, S. 39.

417 Vgl. BÖRDLEIN, C., Bestätigungstendenz, S. 132 f.

418 Vgl. KOEHLER, J., Influence of Prior Beliefs, S. 39; LORD, C./ROSS, L./LEPPER, M., Subsequently Considered Evidence, S. 2099.

419 Vgl. DOHERTY, M. U. A., Pseudodiagnosticity, S. 113; KLAYMAN, J., Varieties of Confirmation Bias, S. 394; LORD, C./ROSS, L./LEPPER, M., Subsequently Considered Evidence, S. 2099.

420 Vgl. JONAS, E./SCHULZ-HARDT, S./FREY, D., Konfirmatorische Informationssuche, S. 244; JONAS, E. U. A., Confirmation Bias in Sequential Information Search, S. 560 f. und S. 568.

421 Vgl. JONAS, E. U. A., Confirmation Bias in Sequential Information Search, S. 561.

422 Vgl. dazu ausführlich die Ausführungen von FREY, D., Informationssuche und Informationsbewertung, S. 273-279.

423 Vgl. FREY, D., Informationssuche und Informationsbewertung, S. 278.

Urteil zu bilden, beeinflusst die Neuheit einer Information die Intensität der Urteilsverzerrung nicht.[424]

Der Bestätigungseffekt ist eng mit dem sog. *primacy effect* verwandt,[425] der als Teil der Reihenfolgeeffekte im folgenden Abschnitt erläutert wird.

433.323. Reihenfolgeeffekte

Reihenfolgeeffekte (*order effects*) führen dazu, dass die menschliche Urteilsbildung unbewusst davon beeinflusst wird, in welcher **zeitlichen Reihenfolge** der Mensch urteilsrelevante Informationen erhält bzw. präsentiert bekommt.[426] Der Mensch bezieht die ihm zuerst oder zuletzt bekannt gewordenen bzw. präsentierten Informationen systematisch zu stark in sein Entscheidungskalkül ein.[427] Werden die **zuerst präsentierten Informationen** vom Menschen zu stark in sein Entscheidungskalkül einbezogen, wird dies als Primäreffekt (*primacy effect*) bezeichnet.[428] Bezieht der Mensch die **zuletzt präsentierten Informationen** zu stark in sein Entscheidungskalkül ein, wird von einem Rezenzeffekt (*recency effect*) gesprochen.[429]

Beim **Primäreffekt** bezieht der Mensch unbewusst jene Informationen, die ihm zuerst bekannt bzw. präsentiert wurden, systematisch stärker in sein Entscheidungskalkül ein als die Informationen, die ihm danach oder kurz vor der Entscheidung bekannt werden.[430] Der Primäreffekt ergibt sich daraus, dass das Kurzzeitgedächtnis des Menschen zu Beginn einer Urteilsbildung in der Regel noch nicht gefüllt ist.[431] Die zuerst bekannt

---

424 Vgl. dazu FREY, D., Informationssuche und Informationsbewertung, S. 278.

425 Vgl. dazu BÖRDLEIN, C., Bestätigungstendenz, S. 134.

426 Vgl. dazu grundlegend LUND, F., Psychology of Belief, S. 174-195, sowie ferner HOGARTH, R./EINHORN, H., Order Effects in Belief Updating, S. 2; MURDOCK, B., Serial Position Effect, S. 482 und S. 485; WILSON, W./MILLER, H., Order of Presentation, S. 184.

427 Vgl. dazu MILLER, N./CAMPBELL, D., Recency and Primacy, S. 1-3.

428 Vgl. statt vieler etwa ENGELKAMP, J./ZIMMER, H., Kognitive Psychologie, S. 226 f., und ROBINSON-RIEGLER, G./ROBINSON-RIEGLER, B., Cognitive Psychology, S. 206.

429 Vgl. statt vieler etwa BRANDER, S./KOMPA, A./PELTZER, U., Denken und Problemlösen, S. 29 f., und BETSCH, T./FUNKE, J./PLESSNER, H., Denken, S. 49 f.

430 Die klassische Untersuchung zum Primäreffekt stammt vom ASCH. Vgl. dazu ASCH, S., Forming Impressions, S. 258 sowie S. 285-290. Vgl. dazu ferner ROSNOW, R., Law of Primacy, S. 10 f. m. w. N. Unter bestimmten Voraussetzungen lässt sich der Primäreffekt in die Ankerheuristik überführen. Vgl. dazu die Ausführungen zur Ankerheuristik in Abschnitt 433.331.

431 Vgl. BRANDER, S./KOMPA, A./PELTZER, U., Denken und Problemlösen, S. 29; GOBET, F./CHASSY, P./BILALIC, M., Cognitive Psychology, S. 93 f.

gewordenen bzw. präsentierten Informationen können daher häufiger als später bekannt gewordene bzw. präsentierte Informationen im Kurzzeitgedächtnis wiederholt werden,[432] wodurch sich die Wahrscheinlichkeit erhöht, dass die zuerst bekannt gewordenen bzw. präsentierten Informationen in das Langzeitgedächtnis des Menschen übertragen werden.[433] Dies wiederum erhöht die Wahrscheinlichkeit, dass der Mensch die zuerst bekannt gewordenen bzw. präsentierten Informationen für seine Urteilsbildung heranzieht. Denn die im Langzeitgedächtnis gespeicherten Informationen werden vom Menschen wieder in sein Kurzzeitgedächtnis übertragen, wenn diese für die Urteilsbildung relevant sind. Später bekannt gewordene bzw. präsentierte Informationen können dagegen im Kurzzeitgedächtnis des Menschen nicht so häufig wiederholt werden wie die zuerst bekannt gewordenen bzw. präsentierten Informationen. Dadurch verringert sich die Wahrscheinlichkeit, dass die später bekannt gewordenen bzw. präsentierten Informationen in das Langzeitgedächtnis des Menschen übertragen werden, womit es unwahrscheinlich wird, dass der Mensch diese Informationen für seine Urteilsbildung noch verfügbar hat.

Beim **Rezenzeffekt** bezieht der Mensch die ihm zuletzt bekannt gewordenen bzw. präsentierten Information unbewusst systematisch stärker in sein Entscheidungskalkül ein als die Informationen, die ihm zuerst oder danach bekannt bzw. präsentiert werden.[434] Dies ergibt sich daraus, dass der Mensch die ihm zuletzt bekannt gewordenen bzw. präsentierten Informationen regelmäßig durch Wiederholung in seinem Kurzzeitgedächtnis präsent hält.[435] Dadurch sind diese Informationen mit hoher Wahrscheinlichkeit noch im Kurzzeitgedächtnis des Menschen vorhanden, wenn dieser seine Urteilsbildung beginnt.[436] Die zuerst oder danach bekannt gewordenen bzw. präsentierten Informationen sind dagegen nicht mehr im Kurzzeitgedächtnis des Menschen verfügbar und müssen aus seinem Langzeitgedächtnis abgerufen werden. Allerdings besteht die Wahrschein-

432 Vgl. dazu MULHOLLAND, P./WATT, S., Cognitive Modelling and Cognitive Architectures, S. 593.

433 Vgl. BOURNE, L./EKSTRAND, B., Psychologie, S. 179; GLANZER, M./CUNITZ, A., Two Storage Mechanisms, S. 351; SOLSO, R./MACLIN, M. K./MACLIN, O., Cognitive Psychology, S. 211.

434 Vgl. zum Rezenzeffekt erstmals CROMWELL, H., First versus the Second Argument, S. 12. Vgl. dazu ferner FURNHAM, A., Robustness of the Recency Effect, S. 355. Für eine ausführliche Diskussion der Kritik am Rezenzeffekt vgl. ENGELKAMP, J./ZIMMER, H., Kognitive Psychologie, S. 229 f. m. w. N.

435 Vgl. SOLSO, R./MACLIN, M. K./MACLIN, O., Cognitive Psychology, S. 211.

436 Vgl. GLANZER, M./CUNITZ, A., Two Storage Mechanisms, S. 351; MULHOLLAND, P./WATT, S., Cognitive Modelling and Cognitive Architectures, S. 593.

lichkeit, dass die zuerst oder danach bekannt gewordenen bzw. präsentierten Informationen vom Menschen nicht in sein Langzeitgedächtnis übertragen wurden. In diesem Fall sind die Informationen vergessen und können nicht mehr für die Urteilsbildung herangezogen werden.[437]

Die **Intensität der Urteilsverzerrung**, die sich jeweils durch den Primär- oder Rezenzeffekt ergibt, ist von den Charakteristika der vom Menschen jeweils zu beurteilenden Sachverhalte abhängig. Hat der Mensch über Sachverhalte zu urteilen, die für ihn interessant sind, mit denen er bereits vertraut ist oder die als kontrovers gelten, ist die Intensität der durch den Primäreffekt hervorgerufenen Urteilsverzerrung besonders hoch.[438] Handelt es sich dagegen um für den Menschen uninteressante, ihm nicht vertraute oder unstrittige Themen, ist der Rezenzeffekt bei der menschlichen Urteilsbildung besonders ausgeprägt.[439]

433.324. Selbstüberschätzungseffekt

Der Selbstüberschätzungseffekt[440] (*overconfidence bias*) hat zur Folge, dass der Mensch bei seiner Urteilsbildung dazu neigt, **die Qualität bestimmter Entscheidungsparameter systematisch zu überschätzen.**[441] Dazu gehören seine eigenen Fähigkeiten,[442] sein eigenes Wissen,[443] die Qualität der seiner Urteilsbildung zugrunde liegenden Informationen[444] sowie die Erfolgswahrscheinlichkeit der von ihm gebildeten Urteile.[445] Der

437 Vgl. BRANDER, S./KOMPA, A./PELTZER, U., Denken und Problemlösen, S. 29; GOBET, F./CHASSY, P./BILALIC, M., Cognitive Psychology, S. 93 f.

438 Vgl. ROSNOW, R./ROBINSON, E., Experiments in Persuasion, S. 89, sowie ROSNOW, R., Law of Primacy, S. 14 m. w. N.

439 Vgl. FURNHAM, A., Robustness of the Recency Effect, S. 355; ROSNOW, R./ROBINSON, E., Experiments in Persuasion, S. 89; ROSNOW, R., Law of Primacy, S. 14 m. w. N.

440 Der Selbstüberschätzungseffekt wird im Schrifttum teilweise auch als *optimism* bezeichnet. Vgl. dazu exemplarisch WEINSTEIN, N., Unrealistic Optimism, S. 806.

441 Vgl. GRIFFIN, D./TVERSKY, A., Determinants of Confidence, S. 411; LASCHKE, A./WEBER, M., Overconfidence Bias, S. 1.

442 Vgl. SVENSON, O., Less Risky and More Skillful, S. 146, sowie CAMERER, C./LOVALLO, D., Overconfidence and Excess Entry, S. 306 m. w. N.

443 Vgl. KLAYMAN, J. U. A., Overconfidence, S. 217. Der Mensch überschätzt sein eigenes Wissen systematisch hinsichtlich des Umfangs und der Exaktheit.

444 Vgl. KLAYMAN, J. U. A., Overconfidence, S. 219.

445 Vgl. MOORE, D./HEALY, P., Overconfidence, S. 502. Die Erfolgswahrscheinlichkeit eines Urteils beschreibt die Wahrscheinlichkeit, dass sich das abgegebene Urteil als zutreffend herausstellt. Vgl. FISCHHOFF, B./SLOVIC, P./LICHTENSTEIN, S., Knowing with Certainty, S. 552.

Mensch überschätzt diese Entscheidungsparameter unbewusst nicht nur absolut, d. h. ohne Berücksichtigung einer Referenzgruppe, sondern auch relativ, d. h. mit Berücksichtigung einer Referenzgruppe.[446] Ferner überschätzt er sich insofern, als er davon ausgeht, die genannten Entscheidungsparameter besser einschätzen zu können als andere Menschen dazu in der Lage sind.[447]

Der Selbstüberschätzungseffekt lässt sich auf den sog. **Attributionsfehler** zurückführen.[448] Danach neigt der Mensch unbewusst dazu, die von ihm gebildeten Urteile, die sich ex post als zutreffend herausgestellt haben, seinen persönlichen Eigenschaften, z. B. seinen Fähigkeiten und seinem Wissen, zuzuschreiben.[449] Urteile, die sich ex post nicht als zutreffend erwiesen haben, führt der Mensch dagegen unbewusst auf externe Faktoren, z. B. situative Einflüsse, zurück, die außerhalb seiner Einflusssphäre liegen.[450] Als Folge dieses Attributionsfehlers verarbeitet der Mensch in seinem Kurzzeitgedächtnis wiederholt die Wahrnehmung, dass seine persönlichen Fähigkeiten zu einem zutreffenden Urteil geführt haben.[451] Dies erhöht die Wahrscheinlichkeit, dass diese Wahrnehmung im Langzeitgedächtnis des Menschen gespeichert wird.[452] Dadurch steigt wiederum die Wahrscheinlichkeit, dass sich der Mensch für seine Urteilsbildung unbewusst dieser Wahrnehmung bedient.[453] Denn der Mensch greift für seine Urteilsbildung unbewusst vor allem auf diejenigen Informationen zurück, die er leicht in seinem Kurzzeitgedächtnis generieren oder aus seinem Langzeitgedächtnis abrufen

---

446 Vgl. CAMERER, C./LOVALLO, D., Overconfidence and Excess Entry, S. 306. Dies impliziert, dass der Mensch die Fähigkeiten, das Wissen, die Qualität der Informationen und die Erfolgswahrscheinlichkeiten der Urteile der jeweiligen Referenzgruppe systematisch unterschätzt.

447 Vgl. LUDWIG, S./NAFZIGER, J., Beliefs about Overconfidence, S. 477. Ob andere Menschen bei ihrer Urteilsbildung (auch) vom Selbstüberschätzungseffekt beeinflusst werden, ist für den Menschen in der Regel nicht erkennbar. Vgl. LUDWIG, S./NAFZIGER, J., Beliefs about Overconfidence, S. 476.

448 Vgl. LASCHKE, A./WEBER, M., Overconfidence Bias, S. 15.

449 Vgl. LASCHKE, A./WEBER, M., Overconfidence Bias, S. 15.

450 Vgl. ROSS, L., Distortions in the Attribution Process, S. 184. Die Wirkungsweise des Attributionsfehlers wird durch den sog. Rückschaufehler (*hindsight bias*) verstärkt. Dieser beschreibt das Phänomen, dass selbst gebildete Urteile ex post grundsätzlich besser erscheinen als diese es in der Vergangenheit tatsächlich waren. Vgl. dazu FISCHHOFF, B., Hindsight, S. 288 und S. 297; HAWKINS, S./HASTIE, R., Hindsight: Biased Judgments, S. 311, sowie die Ausführungen zum Rückschaufehler in Abschnitt 433.341.

451 Vgl. MOORE, D./HEALY, P., Overconfidence, S. 504.

452 Vgl. SOLSO, R./MACLIN, M. K./MACLIN, O., Cognitive Psychology, S. 211, sowie die Ausführungen zum menschlichen Gedächtnis in Abschnitt 422.

453 Vgl. WEINSTEIN, N., Unrealistic Optimism, S. 807 f.

kann. Letztere basieren aber gerade auf der vom Attributionsfehler beeinflussten Wahrnehmung, dass der Mensch in der Vergangenheit nur deswegen zu zutreffenden Urteilen gelangt ist, weil seine persönlichen Eigenschaften ihn dazu befähigt haben. Die kognitive Verfügbarkeit dieser Wahrnehmung führt dann aber dazu, dass er seine persönlichen Eigenschaften systematisch überschätzt.[454]

Die **Intensität der Urteilsverzerrungen**, die sich aus dem Selbstüberschätzungseffekt unbewusst ergeben, ist abhängig von der Komplexität des zu lösenden Entscheidungsproblems.[455] Je komplexer ein Entscheidungsproblem für den Menschen ist, desto ausgeprägter ist in der Regel dessen Selbstüberschätzung.[456] Dies bedeutet im Umkehrschluss: Je leichter lösbar sich ein Entscheidungsproblem für den Menschen darstellt, desto geringer ist dessen Selbstüberschätzung. Dies führt soweit, dass der Mensch bei Entscheidungsproblemen, die er für besonders einfach hält, seine persönlichen Eigenschaften, z. B. seine Fähigkeiten und sein Wissen, sogar unterschätzt.[457] Dies suggeriert, dass mit der aufgabenspezifischen Erfahrung des Menschen auch dessen Neigung zunimmt, sich selbst zu unterschätzen.[458] Denn je erfahrener ein Mensch hinsichtlich eines Entscheidungsproblems ist, desto einfacher erscheint dies für ihn.[459]

454 Vgl. FISCHHOFF, B./SLOVIC, P./LICHTENSTEIN, S., Knowing with Certainty, S. 563; GRIFFIN, D./TVERSKY, A., Determinants of Confidence, S. 413; GRIFFIN, D./VAREY, C., Consensus on Overconfidence, S. 230; RUSSO, E./SCHOEMAKER, P., Managing Overconfidence, S. 11; SVENSON, O., Less Risky and More Skillful, S. 146. Vgl. dazu auch die Ausführungen zur Verfügbarkeitsheuristik in Abschnitt 433.321.

455 Die Intensität der durch den Selbstüberschätzungseffekt hervorgerufenen Urteilsverzerrungen ist ferner vom Geschlecht des Menschen abhängig. Denn bei Männern ist die Selbstüberschätzung in nahezu allen Fällen ausgeprägter als bei Frauen. Vgl. BARBER, B./ODEAN, T., Gender and Overconfidence, S. 264 f. m. w. N. Da geschlechtsspezifische Unterschiede allerdings nicht Gegenstand der vorliegenden Untersuchung sind, wird im Folgenden von dieser Erkenntnis abstrahiert.

456 Vgl. KLAYMAN, J. U. A., Overconfidence, S. 217 f.

457 Vgl. HOFFRAGE, U., Overconfidence, S. 242; LICHTENSTEIN, S./FISCHHOFF, B., Those Who Know More, S. 180; MOORE, D./HEALY, P., Overconfidence, S. 503 m. w. N.

458 Vgl. BURSON, K./LARRICK, R./KLAYMAN, J., Skilled or Unskilled, but Still Unaware of It, S. 75; HOFFRAGE, U., Overconfidence, S. 243.

459 Vgl. MOORE, D./HEALY, P., Overconfidence, S. 503 m. w. N.

433.33 Entscheidungsheuristiken bei der Informationsverarbeitung

433.331. Ankerheuristik

Bei der Ankerheuristik (*anchoring heuristic*) richtet der Mensch seine Urteilsbildung an **bewusst oder unbewusst wahrgenommenen Reizen** aus.[460] Derartige Reize werden im Schrifttum als **Anker** (*anchor*) bezeichnet.[461] Anker können sowohl einen numerischen als auch einen semantischen Charakter aufweisen.[462] Der Mensch kann Anker von Dritten vorgegeben bekommen oder diese selbst generieren.[463] Abhängig davon, ob Anker von Dritten vorgegeben oder vom Menschen selbst generiert wurden, beeinflussen sie die Urteilsbildung des Menschen auf unterschiedliche Weise:[464]

Bei von **Dritten vorgegebenen Ankern** prüft der Mensch zunächst, ob der jeweilige Anker ein plausibles Urteil darstellt.[465] Um dies prüfen zu können, aktiviert der Mensch das in seinem Gedächtnis bereits vorhandene urteilsrelevante Wissen.[466] Diese Aktivierung verläuft indes nur selektiv, d. h. es wird lediglich ein Teil des im Gedächtnis gespeicherten urteilsrelevanten Wissens aktiviert, nämlich genau jener Teil, der mit dem jeweils vorgegebenen Anker in Einklang steht (sog. *selective accessibility*)[467].[468] Da der

---

460 Vgl. grundlegend TVERSKY, A./KAHNEMAN, D., Heuristics and Biases, S. 1128. Vgl. ferner JACOWITZ, K./KAHNEMAN, D., Measures of Anchoring in Estimation Tasks, S. 1161; MUSSWEILER, T./STRACK, F., Role of Knowledge in Anchoring, S. 495; NORTHCRAFT, G./NEALE, M., Anchoring and Adjustment, S. 94. Zur Ankerheuristik im Kontext unbewusst wahrgenommener Reize vgl. MUSSWEILER, T./ENGLICH, B., Subliminal Anchoring, S. 141. Für eine neuropsychologische Betrachtung der Ankerheuristik vgl. etwa JASPER, J./CHRISTMAN, S., Neuropsychological Dimension for Anchoring Effects, S. 354 f.

461 Vgl. FURNHAM, A./BOO, H., Literature Review of the Anchoring Effect, S. 35 f. m. w. N.

462 Vgl. JACOWITZ, K./KAHNEMAN, D., Measures of Anchoring in Estimation Tasks, S. 1164.

463 Vgl. TVERSKY, A./KAHNEMAN, D., Heuristics and Biases, S. 1128; CHAPMAN, G./JOHNSON, E., Anchors in Judgments of Belief and Value, S. 126. Anker können auch lediglich zufällig in einer Entscheidungssituation des Menschen vorhanden sein. Indes richtet der Mensch seine Urteilsbildung selbst dann an diesen Ankern aus. Vgl. dazu STRACK, F., Urteilsheuristiken, S. 261 f.

464 Vgl. SLOVIC, P./LICHTENSTEIN, S., Information Processing in Judgment, S. 712 f.; TVERSKY, A./KAHNEMAN, D., Heuristics and Biases, S. 1128.

465 Vgl. JACOWITZ, K./KAHNEMAN, D., Measures of Anchoring in Estimation Tasks, S. 1162; MUSSWEILER, T./ENGLICH, B./STRACK, F., Anchoring Effect, S. 191 f.; MUSSWEILER, T./STRACK, F., Solution of Anchoring Tasks, S. 149 f.

466 Vgl. EPLEY, N./GILOVICH, T., Judgmental Anchoring, S. 202; MUSSWEILER, T./STRACK, F., Solution of Anchoring Tasks, S. 1049 f.

467 Vgl. STRACK, F./MUSSWEILER, T., Explaining the Enigmatic Anchoring Effect, S. 444. *Selective accessibility* wird im Schrifttum zur Ankerheuristik häufig auch als *priming* bezeichnet. Vgl. CARROLL, S./PETRUSIC, W./LETH-STEENSEN, C., Semantic or Numeric Priming, S. 297; CHAPMAN, G./JOHNSON, E., Anchoring and Activation, S. 118; MUSSWEILER, T./STRACK, F., Priming in the Anchoring Paradigm, S. 156.

Mensch seine Urteilsbildung allerdings primär auf Basis von zuvor aktiviertem Wissen vornimmt,[469] führt eine derart **selektive Wissensaktivierung** dazu, dass die vom Menschen gebildeten Urteile systematisch in Richtung des extern vorgegebenen Ankers verzerrt sind.[470] Wurden dem Menschen gleich mehrere Anker extern vorgegeben, sind die von ihm gebildeten Urteile in Richtung des von ihm zuletzt wahrgenommenen Ankers verzerrt.[471] Eine Urteilsverzerrung durch extern vorgegebene Anker ist beim Menschen selbst dann zu beobachten, wenn die extern vorgegebenen Anker für das zu bildende Urteil nicht relevant sind.[472]

Für die Urteilsbildung greifen Menschen regelmäßig auf **selbst generierte Anker** zurück. Diese stellen dann den Ausgangswert eines mit kognitivem Aufwand verbundenen Adjustierungsprozesses dar.[473] Dieser Adjustierungsprozess beginnt damit, dass der Mensch prüft, ob der ermittelte Ausgangswert bereits ein plausibles Urteil darstellt.[474] Falls ja, endet der Adjustierungsprozess vorzeitig und der Ausgangswert konstituiert das abzugebende Urteil. Falls nein, passt der Mensch den Ausgangswert an. Er adjustiert den Ausgangswert so lange nach oben bzw. unten (sog. *adjustment*), bis ein Wert erreicht wird, der Teil einer Bandbreite für ihn plausibler Werte ist.[475] Dieser Wert konstituiert dann das abzugebende Urteil.[476] Die **Adjustierung des Ausgangswertes**

468 Vgl. CHAPMAN, G./JOHNSON, E., Anchoring and Activation, S. 119-121; MUSSWEILER, T./ENGLICH, B./STRACK, F., Anchoring Effect, S. 191; MUSSWEILER, T./ENGLICH, B., Subliminal Anchoring, S. 138.

469 Vgl. dazu allgemein HIGGINS, E., Knowledge Accessibility and Activation, S. 78, sowie speziell zur Ankerheuristik EPLEY, N./GILOVICH, T., Judgmental Anchoring, S. 201; EPLEY, N./GILOVICH, T., Anchoring-and-Adjustment Heuristic, S. 312.

470 Vgl. MUSSWEILER, T./STRACK, F., Solution of Anchoring Tasks, S. 1050.

471 Vgl. WHYTE, G./SEBENIUS, J., Anchoring in Individual and Group Judgment, S. 82. Vgl. dazu die Ausführungen zu Reihenfolgeeffekten in Abschnitt 433.323.

472 Vgl. MUSSWEILER, T./STRACK, F., Role of Knowledge in Anchoring, S. 514; TVERSKY, A./KAHNEMAN, D., Heuristics and Biases, S. 1128; WHYTE, G./SEBENIUS, J., Anchoring in Individual and Group Judgment, S. 82.

473 Vgl. TVERSKY, A./KAHNEMAN, D., Heuristics and Biases, S. 1129, sowie ferner EPLEY, N./GILOVICH, T., Anchoring and Adjustment Heuristic, S. 392; EPLEY, N./GILOVICH, T., Judgmental Anchoring, S. 201 f.; MUSSWEILER, T./ENGLICH, B./STRACK, F., Anchoring Effect, S. 189 m. w. N.

474 Vgl. CHAPMAN, G./JOHNSON, E., Anchors in Judgments of Belief and Value, S. 127.

475 Dieser Adjustierungsprozess spiegelt das in Abschnitt 423 beschriebene *satisficing*-Verhalten des Menschen wider. Gleicher Ansicht statt vieler EPLEY, N./GILOVICH, T., Insufficient Adjustments, S. 457.

476 Vgl. EPLEY, N./GILOVICH, T., Judgmental Anchoring, S. 200; JACOWITZ, K./KAHNEMAN, D., Measures of Anchoring in Estimation Tasks, S. 1164.

verläuft zwar in der Regel in die richtige Richtung (also entweder nach oben oder unten), ist in ihrer Intensität indes regelmäßig nicht ausreichend.[477] Dies ergibt sich daraus, dass Menschen selbst generierte Werte grundsätzlich für überzeugend halten.[478] Hat der Mensch diese Werte dann zu prüfen, versucht er diese unbewusst zu bestätigen.[479] Daraus folgt, dass die vom Menschen auf Basis selbst generierter Anker gebildeten Urteile in der Regel in Richtung des Ankerwertes verzerrt sind.

Die Ankerheuristik führt demnach in beiden zuvor dargestellten Ausprägungen zu einer verzerrten Urteilsbildung des Menschen.[480] Die beiden Ausprägungen unterscheiden sich allerdings hinsichtlich der Intensität der durch sie jeweils hervorgerufenen Urteilsverzerrung.[481] Stellen für den Menschen extern vorgegebene Anker die Basis der Urteilsbildung dar, ist die **Intensität der Urteilsverzerrung** höher als wenn vom Menschen selbst generierte Anker die Grundlage der Urteilsbildung sind.[482]

Die Ankerheuristik lässt sich in die **Status-quo-Verzerrung** überführen.[483] Dies ist dann möglich, wenn es sich beim Anker nicht um eine metrisch oder ordinal skalierte Variable, sondern allgemein um einen Zustand handelt.

433.332. Repräsentativitätsheuristik

Nach der Repräsentativitätsheuristik (*representativeness bias*) neigt der Mensch dazu, die **Wahrscheinlichkeit eines Ereignisses** unbewusst danach zu beurteilen, wieweit er die Merkmale des Ereignisses als repräsentativ für die Merkmale der Grundgesamtheit

---

477 Vgl. CHAPMAN, G./JOHNSON, E., Anchors in Judgments of Belief and Value, S. 127; EPLEY, N./GILOVICH, T., Insufficient Adjustments, S. 457; EPLEY, N./GILOVICH, T., Anchoring-and-Adjustment Heuristic, S. 311; LEBOEUF, R./SHAFIR, E., Anchoring, S. 81; STRACK, F./MUSSWEILER, T., Explaining the Enigmatic Anchoring Effect, S. 437 f.

478 Vgl. GILBERT, D., How Mental Systems Believe, S. 116.

479 Vgl. KLAYMAN, J./HA, Y.-W., Confirmation and Disconfirmation, S. 213. Ein solches Vorgehen wird im Schrifttum *confirmatory search* genannt. Vgl. dazu EPLEY, N./GILOVICH, T., Anchoring and Adjustment Heuristic, S. 391 m. w. N.

480 Vgl. JACOWITZ, K./KAHNEMAN, D., Measures of Anchoring in Estimation Tasks, S. 1161 f.; TVERSKY, A./KAHNEMAN, D., Heuristics and Biases, S. 1128.

481 Ausführlich zur Intensität der durch die Ankerheuristik hervorgerufenen Urteilsverzerrungen vgl. FURNHAM, A./BOO, H., Literature Review of the Anchoring Effect, S. 37; VAN EXEL, J. U. A., Discussion and Evidence of Anchoring Effects, S. 849.

482 Vgl. BLOCK, R./HARPER, D., Anchoring-and-Adjustment Hypothesis, S. 204 f.; KOEHLER, D., Hypothesis Generation, S. 465 f.

483 Vgl. dazu WÖMPENER, A., Behavioral Budgeting, S. 152. Zur Status-quo-Verzerrung vgl. die diesbezüglichen Ausführungen in Abschnitt 433.333.

hält, aus der es stammt.[484] Je repräsentativer die Merkmale eines Ereignisses für dessen Grundgesamtheit erscheinen, desto höher schätzt der Mensch die Wahrscheinlichkeit dieses Ereignisses ein.[485] In der Realität korreliert die Repräsentativität eines Ereignisses häufig indes nicht mit der tatsächlichen Eintrittswahrscheinlichkeit des Ereignisses.[486] In diesen Fällen führt die Repräsentativitätsheuristik zu einer verzerrten Urteilsbildung.[487] Diese lässt sich auf den sog. Basisratenfehler (*base rate fallacy*), den sog. Konjunktionsfehler (*conjunction fallacy*) oder den sog. Stichprobengrößenfehler (*sample size neglect*) zurückführen.

Der **Basisratenfehler** ist zu beobachten, wenn der Mensch die (bedingte) Wahrscheinlichkeit für ein Ereignis A unter der Bedingung einzuschätzen hat, dass ein Ereignis B bereits eingetreten ist. Wahrscheinlichkeitstheoretisch müsste der Mensch dazu von der A-priori-Wahrscheinlichkeit des Ereignisses A (der sog. Basisrate[488]) auf dessen A-posteriori-Wahrscheinlichkeit übergehen.[489] Nach dem BAYES-Theorem ist dies wie folgt vorzunehmen:[490]

Es sei p(A) die A-priori-Wahrscheinlichkeit, dass das Ereignis A eintritt, p(B) die Wahrscheinlichkeit, dass das Ereignis B eintritt, p(B|A) die bedingte Wahrscheinlichkeit des Ereignisses B unter der Annahme, dass Ereignis A bereits eingetreten ist, und

484 Vgl. KAHNEMAN, D./TVERSKY, A., Representativeness, S. 341; KAHNEMAN, D./TVERSKY, A., Psychology of Prediction, S. 237-239; TVERSKY, A./KAHNEMAN, D., Judgments of and by Representativeness, S. 84 f. Kritisch zur Definition der Repräsentativitätsheuristik vgl. OSWALD, M., Repräsentativitätsheurismus, S. 114-116.

485 Vgl. KAHNEMAN, D./TVERSKY, A., Representativeness, S. 431; STRACK, F., Urteilsheuristiken, S. 254 f.

486 Vgl. KAHNEMAN, D./TVERSKY, A., Psychology of Prediction, S. 238; TEIGEN, K., Representativeness, S. 166; TVERSKY, A./KAHNEMAN, D., Conjunction Fallacy in Probability Judgment, S. 296; TVERSKY, A./KAHNEMAN, D., Judgments of and by Representativeness, S. 89.

487 Vgl. KAHNEMAN, D./TVERSKY, A., Representativeness, S. 431 und S. 433; TEIGEN, K., Representativeness, S. 174; TVERSKY, A./KAHNEMAN, D., Belief in the Law of Small Numbers, S. 105 und S. 108; TVERSKY, A./KAHNEMAN, D., Judgments of and by Representativeness, S. 89.

488 Die Basisrate beschreibt, wie das Ereignis A innerhalb seiner Grundgesamtheit verteilt ist.

489 Ist der Eintritt von Ereignis A stochastisch unabhängig vom Eintritt des Ereignisses B, dann stimmt die A-priori-Wahrscheinlichkeit des Ereignisses A mit dessen A-posteriori-Wahrscheinlichkeit überein. In diesem Fall sind Informationen zur Wahrscheinlichkeit des Eintritts von Ereignis B irrelevant dafür, die Eintrittswahrscheinlichkeit von Ereignis A einzuschätzen. Vgl. etwa LAUX, H./GILLENKIRCH, R./SCHENK-MATHES, H., Entscheidungstheorie, S. 297.

490 Grundlegend zum BAYES-Theorem vgl. BAYES, T., Doctrine of Chances, S. 370-418. Zu dessen praktischer Anwendung vgl. EISENFÜHR, F./WEBER, M./LANGER, T., Rationales Entscheiden, S. 194-199; SLOVIC, P./LICHTENSTEIN, S., Information Processing in Judgment, S. 666-671.

p(A|B) die A-posteriori-Wahrscheinlichkeit, dass Ereignis A eintritt, wenn Ereignis B bereits eingetreten ist. Dann gilt:

$$(4.1)\ \mathrm{p}(\mathrm{A}|\mathrm{B}) = \frac{\mathrm{p}(\mathrm{B}|\mathrm{A}) \times \mathrm{p}(\mathrm{A})}{\mathrm{p}(\mathrm{B})}$$

Die A-posteriori-Wahrscheinlichkeit des Eintritts des Ereignisses A, wenn Ereignis B bereits eingetreten ist, wird also durch die A-priori-Wahrscheinlichkeit des Ereignisses A und der Wahrscheinlichkeit des Eintritts des Ereignisses B unter der Annahme, dass Ereignis A bereits eingetreten ist, bestimmt. Dies soll mit folgendem Beispiel verdeutlicht werden:

Beispiel 4.1

Person X hat einzuschätzen, wie wahrscheinlich es ist, dass Person Y die Marathonstrecke in New York in weniger als drei Stunden absolviert, wenn dieser bis zum Start des Marathons täglich mindestens zwei Stunden an seiner Physis arbeitet. A beschreibe das Ereignis, dass Y den Marathon in New York in unter drei Stunden absolviert. Die A-priori-Wahrscheinlichkeit dieses Ereignisses, $p(A_1)$*, sei 0,6. Die Gegenwahrscheinlichkeit* $p(A_2)$*, also dass Y es nicht schafft, den Marathon in New York in unter drei Stunden zu absolvieren, ist folglich 0,4. Die bedingte Wahrscheinlichkeit* $p(B_1/A_1)$*, also die Wahrscheinlichkeit, dass er täglich zwei Stunden trainiert und den Marathon in New York in unter drei Stunden absolvieren wird, sei 0,8. Die Wahrscheinlichkeit, dass Y bis zum Start des Marathons in New York mindestens zwei Stunden täglich trainiert, den Marathon indes nicht in unter drei Stunden absolvieren wird,* $p(B_1/A_2)$*, sei 0,3.*[491] *Bevor* $p(A_1/B_1)$ *berechnet werden kann, ist die Wahrscheinlichkeit* $p(B_1)$ *gesucht, also dass Y täglich mindestens zwei Stunden trainiert, unabhängig davon, ob er den New York Marathon in unter drei Stunden absolviert. Diese lässt sich ermitteln als:*

$$(4.2)\ p(B_1/A_1) \times p(A_1) + p(B_1/A_2) \times p(A_2) = p(B_1)$$

In unserem Beispiel bedeutet das konkret:

[491] Die (bedingten) Wahrscheinlichkeiten (*likelihoods*) müssen sich nicht zu 1 addieren. Vgl. dazu JUNGERMANN, H./PFISTER, H.-R./FISCHER, K., Psychologie der Entscheidung, S. 168.

$$(4.3)\ 0{,}8 \times 0{,}6 + 0{,}3 \times 0{,}4 = 0{,}6$$

Die A-posteriori-Wahrscheinlichkeit ermittelt sich dann als:

$$(4.4)\ p(A_1/B_1) = \frac{0{,}8 \times\ 0{,}6}{0{,}8 \times 0{,}6 + 0{,}3\ \times 0{,}4} = 0{,}8$$

Die Wahrscheinlichkeit, dass Y den Marathon in New York in weniger als drei Stunden absolviert, wenn er bis zum Start des Marathons täglich mindestens zwei Stunden trainiert, liegt also bei ungefähr 80 %. Die A-posteriori-Wahrscheinlichkeit ist in diesem Beispiel somit höher als die A-priori-Wahrscheinlichkeit.

In zahlreichen Studien konnte gezeigt werden, dass sich der Mensch in der Realität nicht entsprechend den wahrscheinlichkeitstheoretischen Vorgaben des BAYES-Theorems verhält. Vielmehr neigt er unbewusst dazu, bei der Einschätzung bedingter Wahrscheinlichkeiten die jeweilige **A-priori-Wahrscheinlichkeit zu vernachlässigen.**[492] Dies hat zur Folge, dass der Mensch in bestimmten Entscheidungssituationen, in denen er neue Informationen zu einem Ereignis erhält, diese Informationen systematisch zu stark in seinem Entscheidungskalkül berücksichtigt. Bezogen auf das vorherige Beispiel könnte dies zu Folgendem führen:

Beispiel 4.2

Person X hat die Wahrscheinlichkeit einzuschätzen, dass Person Y den Marathon in New York in unter drei Stunden absolviert, wenn dieser bis zum Start des Marathons täglich mindestens zwei Stunden trainiert. Beobachtet X beispielsweise, wie intensiv Y trainiert, könnte ihn das so beeindrucken, dass er (fast) vergisst, wie schwer es ist, den Marathon in New York in unter drei Stunden zu absolvieren. Seine (subjektive) A-posteriori-Wahrscheinlichkeit wäre in diesem Fall höher als es aufgrund der A-priori-Wahrscheinlichkeit gerechtfertigt wäre.

Die **Intensität der Urteilsverzerrungen**, die vom Basisratenfehler hervorgerufen werden, ist umso höher, je geringer die A-priori-Wahrscheinlichkeit des Ereignisses ist,

492 Vgl. KAHNEMAN, D./TVERSKY, A., Psychology of Prediction, S. 241 und S. 243, sowie AJZEN, I., Effects of Base-Rate Information on Prediction, S. 312; BAR-HILLEL, M., Representativeness, S. 94 f.; STRACK, F., Urteilsheuristiken, S. 257 m. w. N.

dessen A-posteriori-Wahrscheinlichkeit gesucht ist. Die Urteilsverzerrung ist ferner umso ausgeprägter, je größer die sog. Salienz, also die kognitive und emotionale Bedeutung, der neu hinzugekommenen Informationen für den Menschen ist.

Der **Konjunktionsfehler** zeigt sich bei der menschlichen Urteilsbildung, wenn der Mensch einzuschätzen hat, wie hoch die Wahrscheinlichkeit dafür ist, dass ein Ereignis A zeitgleich mit einem Ereignis B eintreten wird. Wahrscheinlichkeitstheoretisch kann der zeitgleiche Eintritt zweier Ereignisse (**Szenariowahrscheinlichkeit**) nicht wahrscheinlicher sein als die jeweiligen Eintrittswahrscheinlichkeiten der einzelnen Ereignisse (**Einzelwahrscheinlichkeiten**).[493] Denn es gilt:[494]

$$(4.5)\ p(A \cap B) = p(A) \times p(B|A)$$

Da Wahrscheinlichkeiten nicht größer als 1 sein können, gilt ferner:

$$(4.6)\ p(B|A) \leq 1$$

Aus (4.5) und (4.6) ergeben sich (4.7) und (4.8):[495]

$$(4.7)\ p(A) \times p(B|A) \leq p(A)$$

$$(4.8)\ p(A \cap B) \leq p(A)$$

Ungeachtet dieser **Konjunktionsregel** neigt der Mensch in bestimmten Entscheidungssituationen allerdings unbewusst dazu, den zeitgleichen Eintritt von einem Ereignis A und einem Ereignis B für wahrscheinlicher einzuschätzen als die jeweiligen Eintrittswahrscheinlichkeiten der Einzelereignisse A und B für sich genommen.[496] Der Mensch orientiert sich bei seiner Urteilsbildung nämlich regelmäßig nicht ausschließlich an der Struktur des einzuschätzenden Szenarios, sondern stellt auch auf dessen Inhalt bzw. dessen Bedeutung ab. Repräsentieren die Einzelereignisse eines Szenarios in Kombina-

[493] Mit anderen Worten: Ein Ereignis A kann nicht wahrscheinlicher sein als ein anderes Ereignis B, wenn Ereignis B das Ereignis A umfasst (sog. Extensionalitätsprinzip). Vgl. TVERSKY, A./KAHNEMAN, D., Conjunction Fallacy in Probability Judgment, S. 294; BAR-HILLEL, M./NETER, E., Disjunction Fallacy in Probability Judgments, S. 1119.

[494] Vgl. dazu etwa FISK, J., Conjunction Fallacy, S. 40.

[495] Das Gleiche gilt für p(B). Vgl. FISK, J., Conjunction Fallacy, S. 40.

[496] Vgl. grundlegend TVERSKY, A./KAHNEMAN, D., Conjunction Fallacy in Probability Judgment, S. 294; TVERSKY, A./KAHNEMAN, D., Judgments of and by Representativeness, S. 97 f., sowie ferner FISK, J., Conjunction Fallacy, S. 23 f. m. w. N.

tion ein idealtypisches Ereignis oder lässt sich zwischen den Einzelereignissen ein kausaler Zusammenhang konstruierten, schätzt der Mensch das Szenario für wahrscheinlicher ein als eines der beiden Einzelereignisse für sich genommen.[497] Der Konjunktionsfehler wird anhand des folgenden Beispiels verdeutlicht:[498]

Beispiel 4.3

Klaus ist 30 Jahre alt. Er ist ein zurückhaltender, intelligenter und analytisch denkender Mensch. In seiner Schulzeit hatte er ein Faible für das Fach Mathematik und eine Abneigung gegenüber dem Sportunterricht.

In welcher Reihenfolge erscheinen die folgenden drei Aussagen in Bezug auf Klaus am wahrscheinlichsten?

1. *Klaus ist Buchhalter.*
2. *Klaus spielt in seiner Freizeit in einer Rockband.*
3. *Klaus ist Buchhalter und spielt in seiner Freizeit in einer Rockband.*

Aufgrund der zuvor beschriebenen Persönlichkeit von Klaus werden viele Menschen dazu tendieren, die Aussagen in der Reihenfolge 1. > 3. > 2. als am wahrscheinlichsten einzuschätzen.[499] Denn die beschriebene Persönlichkeit von Klaus ist repräsentativ bzw. ähnelt der eines Buchhalters. Da diese repräsentative Beschreibung auch Teil der dritten Aussage ist, wird diese vom Menschen intuitiv als wahrscheinlicher eingeschätzt als die zweite Aussage.[500] Gleichwohl kann die dritte Aussage – wie oben erläutert – wahrscheinlichkeitstheoretisch niemals wahrscheinlicher sein als die zweite Aussage. Demnach gelangt der Mensch regelmäßig zu einem verzerrten Urteil, wenn er die Wahrscheinlichkeit für den zeitgleichen Eintritt zweier Ereignisse einzuschätzen hat.

---

497 Vgl. KAHNEMAN, D./FREDERICK, S., Representativeness Revisited, S. 66; LICHTENSTEIN, S./FISCHHOFF, B., Those Who Know More, S. 160; STRACK, F., Urteilsheuristiken, S. 254.

498 Beispiel in Anlehnung an die Beispiele in KAHNEMAN, D./TVERSKY, A., Psychology of Prediction, S. 238 f., und TVERSKY, A./KAHNEMAN, D., Conjunction Fallacy in Probability Judgment, S. 297.

499 Vgl. TVERSKY, A./KAHNEMAN, D., Conjunction Fallacy in Probability Judgment, S. 297, die in ihren zwei klassischen Experimenten zum Konjunktionsfehler zeigen konnten, dass 87 % bzw. 85 % der jeweils Befragten eine Reihenfolge angaben, in der das zeitgleiche Eintreten zweier Ereignisse als wahrscheinlicher angesehen wurde als der Eintritt eines der beiden Einzelereignisse.

500 Vgl. dazu auch BAR-HILLEL, M./NETER, E., Disjunction Fallacy in Probability Judgments, S. 1130.

Die **Intensität der Urteilsverzerrungen**, die sich aus dem Konjunktionsfehler ergeben, ist umso höher, je repräsentativer die Kombination der Einzelereignisse eines Szenarios für ein idealtypisches Ereignis ist und je eindeutiger ein kausaler Zusammenhang zwischen den Einzelereignissen eines Szenarios wahrgenommen werden kann.

Der **Stichprobengrößenfehler** lässt sich beobachten, wenn der Mensch von einer Stichprobe auf deren Grundgesamtheit zu schließen hat. Der Mensch neigt dabei unbewusst dazu, eine gezogene Stichprobe in allen wesentlichen Merkmalen als repräsentativ für deren Grundgesamtheit wahrzunehmen.[501] Dies führt dazu, dass er sich bei seiner Urteilsbildung vor allem darauf konzentriert, welche Ausprägungen die einzelnen Elemente der Stichprobe aufweisen, ohne dabei die Größe der Stichprobe und damit ihre Repräsentativität zu berücksichtigen. Dies hat zur Folge, dass der Mensch die Größe einer Stichprobe systematisch zu schwach in sein Entscheidungskalkül einbezieht,[502] wodurch er die Aussagefähigkeit vor allem relativ kleiner Stichproben systematisch überschätzt.[503] Gleichzeitig vertraut er zu stark auf erste Aussagetrends, die sich aus den zuerst betrachteten Elementen einer Stichprobe ergeben.[504] Der Stichprobengrößenfehler wird mit dem folgenden Beispiel verdeutlicht:[505]

Beispiel 4.4

In einer Stadt gibt es ein großes und ein kleines Krankenhaus. Im großen Krankenhaus werden täglich ca. 45 Babys geboren. Im kleinen Krankenhaus kommen dagegen täglich nur 15 Babys zur Welt. Die Wahrscheinlichkeit, dass ein Baby ein Junge wird, liegt naturgemäß bei ca. 50 %, wobei die genaue Prozentzahl von Tag zu Tag schwanken kann. An einem Tag kann diese Prozentzahl über 50 % liegen, an einem anderen Tag unter 50 %.

---

501 Vgl. KAHNEMAN, D./TVERSKY, A., Representativeness, S. 435; TVERSKY, A./KAHNEMAN, D., Belief in the Law of Small Numbers, S. 105.

502 Vgl. BAR-HILLEL, M., Representativeness, S. 92 f.; BAR-HILLEL, M., Studies of Representativeness, S. 81; TVERSKY, A./KAHNEMAN, D., Judgments of and by Representativeness, S. 84.

503 Vgl. TVERSKY, A./KAHNEMAN, D., Belief in the Law of Small Numbers, S. 106 und S. 109; TVERSKY, A./KAHNEMAN, D., Heuristics and Biases, S. 1126.

504 Vgl. TVERSKY, A./KAHNEMAN, D., Belief in the Law of Small Numbers, S. 109; TVERSKY, A./KAHNEMAN, D., Heuristics and Biases, S. 1126.

505 Beispiel leicht modifiziert übernommen aus KAHNEMAN, D./TVERSKY, A., Representativeness, S. 443, und TVERSKY, A./KAHNEMAN, D., Heuristics and Biases, S. 1125.

Für einen Zeitraum von einem Jahr haben das große und das kleine Krankenhaus die Tage zu erfassen, an denen mehr als 60 % der geborenen Babys Jungen sind. Welches der beiden Krankenhäuser hat mehr solcher Tage erfasst?

1. *Das größere Krankenhaus hat mehr solcher Tage erfasst.*
2. *Das kleinere Krankenhaus hat mehr solcher Tage erfasst.*
3. *Beide Krankenhäuser haben ungefähr gleich viele solcher Tage erfasst (bei maximal 5 % Abweichung voneinander).*

Viele Menschen neigen dazu, die dritte Aussage als korrekt anzusehen.[506] *Dies ergibt sich daraus, dass die dritte Aussage für den Menschen repräsentativ für die Grundgesamtheit erscheint. Wahrscheinlichkeitstheoretisch ist es indes viel wahrscheinlicher, dass das kleine Krankenhaus mehr Tage als das große Krankenhaus erfasst hat, an denen mehr als 60 % der geborenen Babys Jungen waren.*[507] *Denn nach dem Gesetz der großen Zahlen gilt hier: Je größer die Stichproben werden, desto repräsentativer werden die Stichproben für die Verteilung der Elemente in der Grundgesamtheit, d. h. desto unwahrscheinlicher ist es, dass die Stichproben von 50 % abweichen. Diese Regel ignoriert der Mensch indes häufig bei seiner Urteilsbildung, was regelmäßig zur Folge hat, dass er zu einem verzerrten Urteil gelangt.*

Die **Intensität der Urteilsverzerrungen**, die durch den Stichprobengrößenfehler hervorgerufen wird, ist umso höher, je repräsentativer die Merkmale einer Teilmenge für die Grundgesamtheit sind. Denn dann schätzt der Mensch es als umso wahrscheinlicher ein, dass eine Stichprobe zu dieser Teilmenge gehört.

433.333. Status-quo-Verzerrung

Nach der Status-quo-Verzerrung neigt der Mensch unbewusst dazu, **einen gegenwärtig bestehenden Zustand** gegenüber dessen Alternativzuständen **zu bevorzugen**, auch wenn die Konsequenzen einer Veränderung des gegenwärtig bestehenden Zustands seinen eigenen Präferenzen besser gerecht würden als die Konsequenzen einer

[506] Vgl. KAHNEMAN, D./TVERSKY, A., Representativeness, S. 443 f.

[507] Vgl. dazu TEIGEN, K., Representativeness, S. 169 f.

Beibehaltung des Status quo.[508] Dies gilt unabhängig davon, ob der Mensch den gegenwärtigen Zustand selbst herbeigeführt hat oder er diesen von einem Dritten vorgegeben bekommt.

Die Status-quo-Verzerrung wird im Schrifttum vor allem mit der sog. ***prospect theory*** erläutert.[509] Nach dieser fällt die Wertfunktion des Menschen im Verlustbereich steiler ab als diese im Gewinnbereich steigt, d. h. der negative Nutzen eines Verlustes ist für den Menschen größer als der positive Nutzen eines entsprechenden Gewinns.[510] Danach schmerzen Verluste den Menschen stärker als ihn Gewinne in gleicher Höhe erfreuen (Verlustaversion).[511] Gewinne und Verluste werden nach der *prospect theory* referenzpunktabhängig definiert.[512] Werte, die oberhalb eines vom Menschen zuvor individuell gesetzten Referenzpunktes liegen, werden vom Menschen als Gewinne wahrgenommen, Werte, die sich unterhalb des Referenzpunktes befinden, als Verluste.[513] Danach verwendet der Mensch nicht Entscheidungsergebnisse als Argument seiner Wertfunktion, sondern beurteilt Abweichungen von einem als neutral wahrgenommenen Referenzpunkt.[514]

Bei der Status-quo-Verzerrung ist der Referenzpunkt des Menschen der gegenwärtig bestehende Zustand.[515] Will der Mensch den bestehenden Zustand ändern, hat er eine

---

508 Vgl. grundlegend SAMUELSON, W./ZECKHAUSER, R., Status Quo Bias in Decision Making, S. 8 f., sowie HARTMAN, R./DOANE, M./WOO, C.-K., Status Quo, S. 141; KAHNEMAN, D./KNETSCH, J./THALER, R., Status Quo Bias, S. 198 f.; RITOV, I./BARON, J., Status-Quo and Omission Biases, S. 49.

509 Vgl. SAMUELSON, W./ZECKHAUSER, R., Status Quo Bias in Decision Making, S. 35 f., sowie RITOV, I./BARON, J., Status-Quo and Omission Biases, S. 60; TETLOCK, P./BOETTGER, R., Status Quo Effect, S. 2. Grundlegend zur *prospect theory* vgl. KAHNEMAN, D./TVERSKY, A., Prospect Theory, S. 263 ff., und TVERSKY, A./KAHNEMAN, D., Advances in Prospect Theory, S. 297 ff. Die Wirkungsweise der Status-quo-Verzerrung lässt sich mit zahlreichen weiteren Theorien erläutern. Vgl. dazu SAMUELSON, W./ZECKHAUSER, R., Status Quo Bias in Decision Making, S. 33-41, sowie WÖMPENER, A., Behavioral Budgeting, S. 132-134.

510 Vgl. KAHNEMAN, D./TVERSKY, A., Prospect Theory, S. 279; TVERSKY, A./KAHNEMAN, D., Advances in Prospect Theory, S. 316.

511 Vgl. THALER, R., Positive Theory of Consumer Choice, S. 48 f.

512 Vgl. KAHNEMAN, D./TVERSKY, A., Prospect Theory, S. 274. Die gleiche Konsequenz kann danach – je nach für die Urteilsbildung relevanten Referenzpunkt des Menschen – verschiedene (subjektive) Werte besitzen.

513 Vgl. TVERSKY, A./KAHNEMAN, D., Advances in Prospect Theory, S. 316.

514 Vgl. KAHNEMAN, D./TVERSKY, A., Prospect Theory, S. 274.

515 Vgl. SAMUELSON, W./ZECKHAUSER, R., Status Quo Bias in Decision Making, S. 35, sowie RITOV, I./BARON, J., Status-Quo and Omission Biases, S. 49.

Handlung auszuführen.[516] Negative Konsequenzen, die sich aus dieser Handlung ergeben, werden vom Menschen als von ihm bewusst verursachte Schäden, d. h. als Verluste, wahrgenommen. Damit liegen diese unterhalb des zuvor vom ihm bestimmten Referenzpunktes. Negative Konsequenzen, die sich daraus ergeben, dass der Mensch keine Handlung vornimmt, fasst er dagegen als entgangene Gewinne auf. Damit liegen sie oberhalb seines vom ihm bestimmten Referenzpunktes. Aufgrund der asymmetrisch verlaufenden Wertfunktionen unterhalb und oberhalb des Referenzpunktes zieht der Mensch es vor, keine Handlung durchzuführen, wodurch der gegenwärtig bestehende Zustand erhalten bleibt.[517]

Die **Intensität der Urteilsverzerrung**, die durch die Status-quo-Verzerrung hervorgerufen wird, ist umso höher, je stärker der Mensch den gegenwärtig bestehenden Zustand präferiert,[518] je mehr Alternativzustände für ihn wählbar sind und je stärker er sich für mögliche Konsequenzen seiner Handlung verantwortlich fühlt.[519] Die Urteilsverzerrung ist ferner dann stärker ausgeprägt, wenn der Mensch den gegenwärtig bestehenden Zustand, z. B. durch ein Urteil in der Vergangenheit, selbst herbeigeführt hat. Dementsprechend ist die Urteilsverzerrung beim Menschen weniger stark ausgeprägt, wenn ihm der gegenwärtige Zustand von einem Dritten diktiert wurde.

433.34 Entscheidungsheuristiken bei der Informationsbewertung

433.341. Rückschaufehler

Der Rückschaufehler[520] (*hindsight bias*) besagt, dass der Eintritt eines bestimmten Ereignisses die vom Menschen **wahrgenommene Eintrittswahrscheinlichkeit** dieses

516 Vgl. RITOV, I./BARON, J., Status-Quo and Omission Biases, S. 50.

517 Vgl. HARTMAN, R./DOANE, M./WOO, C.-K., Status Quo, S. 141; KAHNEMAN, D./KNETSCH, J./THALER, R., Status Quo Bias, S. 199; RITOV, I./BARON, J., Status-Quo and Omission Biases, S. 49; TETLOCK, P./BOETTGER, R., Status Quo Effect, S. 2.

518 Vgl. SAMUELSON, W./ZECKHAUSER, R., Status Quo Bias in Decision Making, S. 8.

519 Vgl. KORDES-DE VAAL, J., Intention and the Omission Bias, S. 169 f.; TETLOCK, P./BOETTGER, R., Status Quo Effect, S. 18 f.; RITOV, I./BARON, J., Status-Quo and Omission Biases, S. 60; SAMUELSON, W./ZECKHAUSER, R., Status Quo Bias in Decision Making, S. 8.

520 Der Begriff „*hindsight bias*" wurde von FISCHHOFF geprägt. Vgl. dazu FISCHHOFF, B., Hindsight, S. 288 und S. 297. Im Schrifttum wird *hindsight bias* häufig auch als *knewing it all along effect* bezeichnet. Vgl. STAHLBERG, D. U. A., We Knew It All Along, S. 46; HOFFRAGE, U./POHL, R., Research on Hindsight Bias, S. 329.

Ereignisses **systematisch erhöht**.[521] Dies hat zum einen zur Folge, dass der Mensch nach Eintritt der jeweiligen Ereignisse die Qualität selbst geschätzter A-priori-Wahrscheinlichkeiten systematisch überschätzt.[522] Zum anderen überschätzt er sein Wissen, dass er zu dem Zeitpunkt besaß, als er die A-priori-Wahrscheinlichkeit einzuschätzen hatte.[523] Denn der Mensch ist nicht dazu in der Lage, seinen Wissensstand zu einem beliebigen Zeitpunkt in der Vergangenheit zu replizieren.[524] Das führt dazu, dass er Informationen über ein Ereignis, die er nachträglich erhalten hat, nicht eindeutig von seinem Wissen abgrenzen kann, das er zuvor besaß.

Der Rückschaufehler ergibt sich zum einen daraus, dass der Mensch nicht dazu in der Lage ist, das Wissen über den Eintritt eines Ereignisses zu ignorieren, wenn er die (von ihm geschätzte) Eintrittswahrscheinlichkeit dieses Ereignisses ex post zu beurteilen hat.[525] Vielmehr verschmilzt das Wissen über den aktuellen Eintritt eines Ereignisses mit dem im Langzeitgedächtnis des Menschen bereits gespeichertem Wissen über ein solches Ereignis und kann folglich nicht mehr von diesem getrennt werden.[526] Daraus folgt, dass die Urteilsbildung des Menschen systematisch in Richtung des Wissens verzerrt ist, das mit dem Eintritt eines Ereignisses erlangt wurde.[527] Zum anderen wird der Rückschaufehler dadurch verursacht, dass, wenn der Mensch um den Eintritt eines Ereignisses weiß und er ex post die Eintrittswahrscheinlichkeit dieses Ereignisses zu beurteilen hat, er für seine Urteilsbildung nur solches Wissen aus seinem Langzeitgedächtnis abruft, das mit dem Wissen über den Eintritt dieses Ereignisses in Einklang

[521] Vgl. FISCHHOFF, B., Hindsight, S. 288 und S. 292, sowie BLANK, H./MUSCH, J./POHL, R., Hindsight Bias, S. 2; HAWKINS, S./HASTIE, R., Hindsight: Biased Judgments, S. 311.

[522] Vgl. FISCHHOFF, B., Hindsight, S. 288 und S. 292, sowie CHRISTENSEN-SZALANSKI, J./FOBIAN-WILLHAM, C., Hindsight Bias, S. 147 f.

[523] Vgl. MUSCH, J., Personality Differences in Hindsight Bias, S. 484; POHL, R., Hindsight Bias, S. 366.

[524] Vgl. FISCHHOFF, B., Hindsight, S. 295; HOFFRAGE, U./POHL, R., Research on Hindsight Bias, S. 329; POHL, R., Hindsight Bias, S. 363.

[525] Vgl. FISCHHOFF, B., Hindsight, S. 295; POHL, R., Hindsight Bias, S. 371.

[526] Vgl. FISCHHOFF, B., Hindsight, S. 297; HAWKINS, S./HASTIE, R., Hindsight: Biased Judgments, S. 322; SCHWARZ, S./STAHLBERG, D., Strength of Hindsight Bias, S. 396; POHL, R., Hindsight Bias, S. 372 f.

[527] Vgl. HOCH, S./LOEWENSTEIN, G., Hindsight and Information, S. 609.

steht.[528] Dadurch wird die menschliche Urteilsbildung weiter in Richtung des Wissens über den Eintritt des Ereignisses verzerrt.

Die **Intensität der Urteilsverzerrung**, die durch den Rückschaufehler hervorgerufen wird, ist umso höher, je überzeugter der Mensch ist, dass seine Wahrscheinlichkeitseinschätzung zutreffend ist. Bei einer komplexen Wahrscheinlichkeitseinschätzung ist der Mensch in der Regel weniger von der Richtigkeit seiner Einschätzung überzeugt. Das hat zur Folge, dass die aus dem Rückschaufehler resultierende Urteilsverzerrung bei solchen Wahrscheinlichkeitseinschätzungen weniger stark ausgeprägt ist als bei einfachen Wahrscheinlichkeitseinschätzungen. Dies führt soweit, dass der Rückschaufehler bei besonders komplexen Entscheidungsproblemen nicht mehr auftritt. In diesem Fall wird aus dem vom Menschen wahrgenommenen *„I knew it all along“*[529] ein *„I would have never known that“*[530].

Die **Intensität der Entscheidungsverzerrung** ist ferner umso höher, je größer der Abstand ist, der zwischen dem Zeitpunkt der Schätzung der Eintrittswahrscheinlichkeit und dem Zeitpunkt des tatsächlichen Eintritts des Ereignisses liegt.[531] Die Urteilsverzerrung durch den Rückschaufehler ist zudem umso ausgeprägter, je größer das Interesse des Menschen ist, ein positives Selbstbild zu wahren.[532] Darüber hinaus ist die Urteilsverzerrung umso ausgeprägter, je älter der Mensch ist. Denn ältere Menschen neigen eher als jüngere Menschen dazu, eigene Urteile in der Vergangenheit ex post als positiv zu bewerten.[533]

---

528 Vgl. POHL, R., Hindsight Bias, S. 372; SCHWARZ, S./STAHLBERG, D., Strength of Hindsight Bias, S. 396 f. Zu dieser *selective accessibility* von Wissen vgl. STRACK, F./MUSSWEILER, T., Explaining the Enigmatic Anchoring Effect, S. 444, sowie die diesbezüglichen Ausführungen in Abschnitt 433.331.

529 HOCH, S./LOEWENSTEIN, G., Hindsight and Information, S. 608. Vgl. dazu ferner HAWKINS, S./HASTIE, R., Hindsight: Biased Judgments, S. 315.

530 HOCH, S./LOEWENSTEIN, G., Hindsight and Information, S. 608. Vgl. dazu ferner HAWKINS, S./HASTIE, R., Hindsight: Biased Judgments, S. 315.

531 Vgl. HELL, W. U. A., Hindsight Bias, S. 537.

532 Vgl. MUSCH, J., Personality Differences in Hindsight Bias, S. 474; CAMPBELL, J./TESSER, A., Interpretations of Hindsight Bias, S. 607 f.; HELL, W. U. A., Hindsight Bias, S. 533.

533 Vgl. dazu MATHER, M./JOHNSON, M., Do Our Decisions Seem Better to Us as We Age?, S. 596.

433.342. Ergebnisverzerrung

Die Ergebnisverzerrung (*outcome bias*) besagt, dass der Mensch unbewusst vom **Wissen über den Erfolg bzw. Misserfolg eines Urteils** beeinflusst wird, wenn er ex post die Richtigkeit dieses Urteils einzuschätzen hat.[534] War das Urteil zutreffend, werden die zum Zeitpunkt der Urteilsbildung verfügbaren Informationen, die das abgegebene Urteil stützten, stärker in das Entscheidungskalkül einbezogen als jene Informationen, die zum Zeitpunkt der Urteilsbildung gegen das abgegebene Urteil sprachen.[535] Das hat zur Folge, dass der Mensch die Qualität von Urteilen, die sich als zutreffend erwiesen haben, unbewusst systematisch überschätzt.[536] Hat sich das Urteil dagegen als nicht zutreffend herausgestellt, zieht der Mensch die zum Zeitpunkt der Urteilsbildung verfügbaren Informationen, die gegen das Urteil sprachen, stärker in sein Entscheidungskalkül ein als jene Informationen, die das abgegebene Urteil zum Zeitpunkt der Urteilsbildung stützten.[537] Dies führt dazu, dass der Mensch die Qualität von Urteilen, die nicht zutreffend waren, unbewusst systematisch unterschätzt.[538]

Die Ergebnisverzerrung ergibt sich draus, dass der Mensch in der Regel nicht dazu in der Lage ist, ein Entscheidungsproblem, dessen Urteilsqualität er einzuschätzen hat, ex post so zu rekonstruieren, wie es sich für den Urteilenden zum Zeitpunkt seines Urteils dargestellt hat.[539] Die Informationen, die der Mensch über den Urteilsprozess besitzt, sind demnach grundsätzlich nur von geringer Qualität. Informationen über das Entscheidungsergebnis nimmt der Mensch dagegen als Informationen höherer Qualität

---

[534] Vgl. AGRAWAL, N./MAHESWARAN, D., Outcome-Bias Effects, S. 804; BARON, J./HERSHEY, J., Outcome Bias in Decision Evaluation, S. 569; SCHKADE, D./KILBOURNE, L., Expectation-Outcome Consistency, S. 120; MITCHELL, T./KALB, L., Effects of Outcome Knowledge, S. 604 f. Die Ergebnisverzerrung ähnelt somit dem Rückschaufehler. Vgl. dazu Abschnitt 433.341. Im Gegensatz zum Rückschaufehler resultiert die Ergebnisverzerrung allerdings nicht aus einer verzerrten Erinnerung an selbst geschätzte A-priori-Wahrscheinlichkeiten, sondern daraus, dass der Mensch den Erfolg bzw. Misserfolg eines Urteils in seinem Entscheidungskalkül zu stark gewichtet. Vgl. BROWN, C./SOLOMON, I., Explanations for Outcome Effects, S. 88 f.; WÖMPENER, A., Behavioral Budgeting, S. 144.

[535] Vgl. BARON, J./HERSHEY, J., Outcome Bias in Decision Evaluation, S. 574.

[536] Vgl. BROWN, C./SOLOMON, I., Explanations for Outcome Effects, S. 92.

[537] Vgl. BARON, J./HERSHEY, J., Outcome Bias in Decision Evaluation, S. 574.

[538] Vgl. BROWN, C./SOLOMON, I., Explanations for Outcome Effects, S. 93.

[539] Vgl. BROWN, C./SOLOMON, I., Explanations for Outcome Effects, S. 91.

wahr. Denn in der Regel kann er ex post selbst beobachten, ob ein in der Vergangenheit abgegebenes Urteil erfolgreich oder nicht erfolgreich war.

Darüber hinaus wird der Erfolg bzw. Misserfolg eines Urteils vom Menschen intuitiv als ein wesentlicher Indikator der Urteilsqualität wahrgenommen.[540] Indes ist der Erfolg bzw. Misserfolg eines Urteils nur dann ein angemessener Indikator für die Urteilsqualität des Menschen, wenn das Urteil nicht unter Unsicherheit gebildet wurde.[541] Diese Voraussetzung ist indes in der Realität regelmäßig nicht gegeben. Denn bei der überwiegenden Zahl der Urteile des Menschen handelt es sich um Entscheidungen unter Unsicherheit, also um Entscheidungen bei unsicheren Erwartungen.[542]

Die **Intensität der Urteilsverzerrung**, welche sich aus der Ergebnisverzerrung ergibt, ist tendenziell umso höher, je mehr der Mensch vom Erfolg oder Misserfolg des von ihm einzuschätzenden Urteils überrascht war.[543] Gleichwohl hat ein besonders überraschender, also für den Menschen unvorhersehbarer Erfolg bzw. Misserfolg eines Urteils zur Folge, dass Urteilsverzerrungen durch die Ergebnisverzerrung nicht mehr beobachtet werden können.[544] Außerdem ist die Urteilsverzerrung dann ausgeprägter, wenn sich herausgestellt hat, dass das einzuschätzende Urteil nicht erfolgreich war. Denn je negativer der Misserfolg eines Urteils vom Menschen wahrgenommen wird, desto eher wird dieser Misserfolg dem Urteilenden zugeschrieben, der das Urteil gebildet hat.[545]

433.343. Sunk-Cost-Effekt

Der Sunk-Cost-Effekt[546] (*sunk cost effect*) besagt, dass der Mensch bei seiner Urteilsbildung von **in der Vergangenheit getätigten Aufwendungen** beeinflusst wird.[547] In

540 Vgl. WÖMPENER, A., Behavioral Budgeting, S. 137 f.

541 Vgl. SCHKADE, D./KILBOURNE, L., Expectation-Outcome Consistency, S. 114 f.

542 Vgl. BROWN, R./KAHR, A./PETERSON, C., Decision Analysis, S. 4; EDWARDS, W. U. A., Good Decisions, S. 7.

543 Vgl. CHARRON, K./LOWE, D. J., Influence of Surprise on Outcome Effects, S. 1023 m. w. N.

544 Vgl. CHARRON, K./LOWE, D. J., Influence of Surprise on Outcome Effects, S. 1030.

545 Vgl. MITCHELL, T./KALB, L., Effects of Outcome Knowledge, S. 605 m. w. N. und S. 610.

546 Der Sunk-Cost-Effekt wird im Schrifttum auch unter dem Begriff „*throwing good money after bad*" diskutiert. Vgl. DE BONDT, W./MAKHIJA, A., Throwing Good Money After Bad, S. 173; GARLAND, H., Throwing Good Money After Bad, S. 728.

547 Vgl. ARKES, H./BLUMER, C., Psychology of Sunk Cost, S. 124 f.; FISCHHOFF, B. U. A., Acceptable Risk, S. 13; NORTHCRAFT, G./WOLF, G., Sunk Costs, S. 225; THALER, R., Positive Theory of Consumer Choice, S. 47.

der Vergangenheit getätigte Aufwendungen dürfen nicht dazu herangezogen werden, um zu beurteilen, ob ein Investitionsobjekt vorteilhaft bzw. ein Projekt fortzuführen ist.[548] Denn die Entscheidung über die **Vorteilhaftigkeit eines Investitionsobjektes** bzw. die **Fortführung eines Projekts** ist auf Basis der aus dem Investitionsobjekt bzw. dem Projekt erwarteten künftigen Zahlungsmittelüberschüssen vorzunehmen. Letztere werden allerdings durch in der Vergangenheit getätigte Aufwendungen nicht mehr beeinflusst, wodurch diese für die Entscheidung über die Vorteilhaftigkeit eines Investitionsobjektes bzw. die Fortführung eines Projekts irrelevant sind.[549]

Der Sunk-Cost-Effekt wird im Schrifttum vor allem mit der ***prospect theory*** erläutert.[550] Danach beurteilen Menschen ihre Urteile von einem bestimmten individuell festgelegten Referenzpunkt aus.[551] Werte, die oberhalb des Referenzpunkts liegen, werden vom Menschen als Gewinne wahrgenommen, Werte, die sich dagegen unterhalb des Referenzpunktes befinden, als Verluste.[552] Nach der *prospect theory* fällt die Wertfunktion des Menschen im Verlustbereich steiler ab als diese im Gewinnbereich steigt.[553] Dies bedeutet, dass der positive Nutzen eines Gewinns für den Menschen geringer ist als der negative Nutzen eines entsprechenden Verlustes.[554] Beim Sunk-Cost-Effekt nimmt der Mensch die in der Vergangenheit getätigten Aufwendungen als Verluste wahr, die bei Projektabbruch realisiert werden würden.[555] Diese bilden den Referenzpunkt für die

---

548 Vgl. KOSIOL, E., Kosten- und Leistungsrechnung, S. 24; SCHNEIDER, D., Investition, Finanzierung und Besteuerung, S. 116.

549 Vgl. ARKES, H./BLUMER, C., Psychology of Sunk Cost, S. 126; DE BONDT, W./MAKHIJA, A., Throwing Good Money After Bad, S. 175.

550 Vgl. ARKES, H./BLUMER, C., Psychology of Sunk Cost, S. 130; DE BONDT, W./MAKHIJA, A., Throwing Good Money After Bad, S. 175; THALER, R., Positive Theory of Consumer Choice, S. 48. Zur *prospect theory* vgl. KAHNEMAN, D./TVERSKY, A., Prospect Theory, S. 263 ff.; TVERSKY, A./KAHNEMAN, D., Advances in Prospect Theory, S. 297 ff., sowie die diesbezüglichen Ausführungen in Abschnitt 433.333. Die Wirkungsweise des Sunk-Cost-Effekts wird im Schrifttum vereinzelt auch mit anderen Theorien erläutert. Vgl. ARKES, H./BLUMER, C., Psychology of Sunk Cost, S. 137-139; NORTHCRAFT, G./WOLF, G., Sunk Costs, S. 226; KANODIA, C./BUSHMAN, R./DICKHAUT, J., Sunk Cost Effect, S. 60.

551 Vgl. KAHNEMAN, D./TVERSKY, A., Prospect Theory, S. 274.

552 Vgl. TVERSKY, A./KAHNEMAN, D., Advances in Prospect Theory, S. 316.

553 Vgl. KAHNEMAN, D./TVERSKY, A., Prospect Theory, S. 279; TVERSKY, A./KAHNEMAN, D., Advances in Prospect Theory, S. 316.

554 Vgl. KAHNEMAN, D./TVERSKY, A., Prospect Theory, S. 279; TVERSKY, A./KAHNEMAN, D., Advances in Prospect Theory, S. 316.

555 Vgl. GARLAND, H./NEWPORT, S., Effects of Absolute and Relative Sunk Costs, S. 57 f.

Urteilsbildung.[556] Zusätzliche Verluste, also weitere Investitionen in das zu beurteilende Projekt, sind für den Menschen aufgrund der Konvexität der Wertfunktion im Verlustbereich mit abnehmenden Nutzenverlusten verbunden.[557] Dies führt dazu, dass sich der Mensch in einer Verlustsituation bei der Wahl zwischen einem sicheren Verlust und einem weniger sicheren Verlust mit gleichzeitiger Chance auf einen Gewinn in der Realität häufig für Letzteres entscheidet.[558] Folglich neigt der Mensch dazu, verlustbringende Projekte, in die er vor seinem Beurteilungszeitpunkt bereits investiert hat, zu lange fortzuführen.[559]

Die **Intensität der Urteilsverzerrung**, die vom Sunk-Cost-Effekt hervorgerufen wird, ist umso höher, je größer die Aufwendungen sind, die in der Vergangenheit für ein Projekt investiert wurden.[560] Die Urteilsverzerrung ist ferner umso ausgeprägter, je näher der Mensch das Projekt kurz vor seiner Fertigstellung wähnt.[561] Der Sunk-Cost-Effekt ist dagegen grundsätzlich unabhängig davon, ob der Mensch, der die Vorteilhaftigkeit eines Investitionsobjektes bzw. die Fortführung eines Projekts zu beurteilen hat, eine ökonomische Ausbildung hat oder nicht.[562]

---

556 Vgl. GARLAND, H./NEWPORT, S., Effects of Absolute and Relative Sunk Costs, S. 58.

557 Vgl. allgemein KAHNEMAN, D./TVERSKY, A., Prospect Theory, S. 278; TVERSKY, A./KAHNEMAN, D., Advances in Prospect Theory, S. 301, sowie konkret mit Bezug auf den Sunk-Cost-Effekt ARKES, H./BLUMER, C., Psychology of Sunk Cost, S. 131.

558 Vgl. KAHNEMAN, D./TVERSKY, A., Prospect Theory, S. 268 f.; TVERSKY, A./KAHNEMAN, D., Advances in Prospect Theory, S. 298, sowie konkret mit Bezug auf den Sunk-Cost-Effekt ARKES, H./BLUMER, C., Psychology of Sunk Cost, S. 132; DE BONDT, W./MAKHIJA, A., Throwing Good Money After Bad, S. 179; GARLAND, H./NEWPORT, S., Effects of Absolute and Relative Sunk Costs, S. 58.

559 Vgl. GARLAND, H./NEWPORT, S., Effects of Absolute and Relative Sunk Costs, S. 58; NORTHCRAFT, G./WOLF, G., Sunk Costs, S. 227; ZAYER, E., Verspätete Projektabbrüche, S. 135 f.

560 Vgl. MOON, H., Completion and Sunk-Cost Effects, S. 110 f.; THALER, R., Positive Theory of Consumer Choice, S. 49 f.

561 Vgl. MOON, H., Completion and Sunk-Cost Effects, S. 110 f.

562 Vgl. GREITEMEYER, T. U. A., Sunk-Cost-Effekt und Experten, S. 41 m. w. N.

5 Untersuchung der Urteilsbildung des Abschlussprüfers bei der Abschlussprüfung unter besonderer Berücksichtigung der Erkenntnisse der kognitiven Psychologie

51 Vorbemerkung

In den vorherigen Abschnitten wurde nach einigen methodischen Vorüberlegungen zunächst erläutert, wie der Abschlussprüfer bei einer Abschlussprüfung vorzugehen hat, um ein Urteil über die Normenkonformität des Jahresabschlusses eines Unternehmens abgeben zu können. Dazu wurden zunächst der **risikoorientierte Prüfungsansatz** und das **Prüfungsrisikomodell** vorgestellt.[563] Aufbauend auf diesen Ausführungen wurde das Prüfungsvorgehen des Abschlussprüfers dann als eine Phasenfolge beschrieben, die unabhängig von den besonderen Charakteristika des zu prüfenden Unternehmens einer jeden Abschlussprüfung inhärent ist. Diese **Phasenfolge** umfasst die Phasen „Prüfungsplanung", „Prüfungsdurchführung" und „Prüfungsüberwachung".[564] Im Anschluss daran wurde die **Urteilsbildung des Menschen** ausführlich erläutert. Dazu wurde auf empirisch gesicherte Erkenntnisse der kognitiven Psychologie zurückgegriffen. Danach kann die Urteilsbildung des Menschen als ein zu großen Teilen **unbewusster innermenschlicher Informationsverarbeitungsprozess** interpretiert werden.[565] Dieser Informationsverarbeitungsprozess läuft entgegen der neoklassischen Annahme der Ökonomie aufgrund der begrenzten Leistungsfähigkeit des menschlichen Gedächtnisses indes nur begrenzt rational ab.[566] Dies wird deutlich, wenn die menschliche Urteilsbildung als **Problemlösungsprozess** dargestellt wird.[567] Denn dann lässt sich zeigen, dass der Mensch die von ihm zu lösenden Entscheidungsprobleme unbewusst an seine **begrenzte kognitive Leistungsfähigkeit** anpasst. Anpassung bedeutet in diesem Fall, dass der Mensch die von ihm zu lösenden Entscheidungsprobleme in *„all but very trivial*

563 Vgl. die Ausführungen zum risikoorientierten Prüfungsansatz und zum Prüfungsrisikomodell in Abschnitt 32.

564 Vgl. die Ausführungen zur Phasenfolge einer Abschlussprüfung in Abschnitt 33.

565 Vgl. dazu die Ausführungen zum Informationsverarbeitungsansatz in Abschnitt 421.

566 Vgl. die Ausführungen zum Mehr-Speicher-Modell des menschlichen Gedächtnisses in Abschnitt 422 sowie die Ausführungen zur begrenzten Rationalität des Menschen in Abschnitt 423.

567 Vgl. dazu die Ausführungen zur Problemraumtheorie in Abschnitt 431.

cases“[568] systematisch vereinfacht. Zum einen bildet der Mensch die objektiv gegebenen Merkmale eines Entscheidungsproblems nur unvollständig in seinem Gedächtnis ab. Zum anderen verkürzt er den originären Problemlösungsprozess, indem er für seine Problemlösung auf **Entscheidungsheuristiken** zurückgreift. Entscheidungsheuristiken sind kognitive Problemlösungsverfahren, welche die Komplexität zu lösender Entscheidungsprobleme reduzieren. Dadurch wird der zur Problemlösung benötigte kognitive Aufwand des Menschen verringert und der Problemlösungsprozess insgesamt verkürzt. Der Einsatz von Entscheidungsheuristiken führt in vielen Entscheidungssituationen allerdings dazu, dass der Mensch **systematisch verzerrte Urteile** abgibt.[569]

In den folgenden Abschnitten werden die Erkenntnisse über den Prüfungsprozess des Abschlussprüfers mit den Erkenntnissen der kognitiven Psychologie über die Urteilsbildung des Menschen zusammengeführt, um die **Urteilsbildung des Abschlussprüfers in der Realität** beschreiben, erläutern und prognostizieren zu können. Dazu wird zunächst die Urteilsbildung des Abschlussprüfers anhand der Problemraumtheorie erläutert. Daran anschließend wird gezeigt, dass die Abschlussprüfung für den Abschlussprüfer kein Routineproblem ist. Auf dieser Grundlage wird dann **erstmals umfassend untersucht**, in welchen Phasen der Abschlussprüfung der Abschlussprüfer unbewusst auf Entscheidungsheuristiken zurückgreift, wie diese dazu führen können, dass er zu einem verzerrten Urteil gelangt, und wie derart verursachte Urteilsverzerrungen in ihrer Intensität verringert bzw. ganz vermieden werden können.

52 Urteilsbildung als Problemlösungsprozess des Abschlussprüfers

Im vorliegenden Abschnitt wird das in Abschnitt 431 vorgestellte Problemlösungsmodell der Problemraumtheorie, welches auf Basis des Informationsverarbeitungsansatzes entwickelt wurde, auf den Prüfungsprozess des Abschlussprüfers übertragen.[570] Die

568 ETZIONI, A., Bounded Rationality, S. 378.

569 Vgl. hierzu die Ausführungen zu Entscheidungsheuristiken in Abschnitt 433.1.

570 Erste Ansätze zu einer solchen Übertragung finden sich im deutschen Schrifttum bei HALLER, A., Empirische Forschung im Prüfungswesen, S. 417 f.; LENZ, H., Verhaltensorientierter Prüfungsansatz, Sp. 1928 f.; MARTEN, K.-U./QUICK, R./RUHNKE, K., Wirtschaftsprüfung, S. 50 f.; RUHNKE, K., Prüfungswerkzeug, S. 128; RUHNKE, K., Prüfungstheorie, S. 655; SCHREIBER, S., Informationsverhalten von Wirtschaftsprüfern, S. 2 f.

Bildung von Prüfungsurteilen wird dabei als **Sonderfall der menschlichen Urteilsbildung** betrachtet.[571]

Das vom Abschlussprüfer bei der Abschlussprüfung zu lösende Problem ist die Bildung eines hinreichend sicheren und genauen Urteils über die Normenkonformität des Jahresabschlusses eines Unternehmens unter der Nebenbedingung geringstmöglicher Kosten der Prüfungsdurchführung. Die objektiv gegebenen Merkmale dieses Problems, z. B. die Merkmale des zu prüfenden Jahresabschlusses, die einschlägigen Rechnungslegungs- und Prüfungsnormen sowie die anzuwendenden Prüfungsmethoden und Prüfungsmittel, konstituieren den **Aufgabenrahmen des Abschlussprüfers**.[572] Da die Abschlussprüfung – wie noch zu zeigen sein wird – für den Abschlussprüfer kein Routineproblem darstellt, ist der Abschlussprüfer aufgrund seiner oben beschriebenen begrenzten kognitiven Leistungsfähigkeit nicht dazu in der Lage, den Aufgabenrahmen vollständig zu erfassen. Vielmehr erzeugt der Abschlussprüfer nur eine unvollständige, höchst subjektive mentale Repräsentation des Aufgabenrahmens.[573] Im Modell der Problemraumtheorie wird diese mentale Repräsentation des Aufgabenrahmens als Problemabbildungsraum bezeichnet. Der **Problemabbildungsraum des Abschlussprüfers** umfasst den ungeprüften Jahresabschluss als gegebenen Anfangszustand des Problems, die Urteilsformulierung als gesuchten Zielzustand des Problems und alle vom Abschlussprüfer grundsätzlich durchführbaren Prüfungshandlungen als Operatoren, um den Anfangszustand in den Zielzustand überführen zu können.

Der vom Abschlussprüfer subjektiv gebildete Problemabbildungsraum stellt den Ausgangspunkt der prüferischen Urteilsbildung dar. Der **originäre Urteilsbildungsprozess** vollzieht sich dann als Suche in diesem Problemabbildungsraum.[574] Startpunkt der Suche ist die vom Abschlussprüfer zu bildende **Problemrepräsentation**.[575] Damit ist gemeint, dass der Abschlussprüfer die sachlichen und situativen Merkmale des zu lö-

---

571 Vgl. SCHWIND, J., Informationsverarbeitung von Wirtschaftsprüfern, S. 25.

572 Vgl. GANS, C., Prüfungen als heuristische Suchprozesse, S. 370.

573 Vgl. GIBBINS, M./WOLF, F., Auditors' Subjective Decision Environment, S. 109, welche zahlreiche Faktoren aufführen, die den Abschlussprüfer bei seiner Erzeugung des Problemabbildungsraums beeinflussen.

574 Vgl. GANS, C., Prüfungen als heuristische Suchprozesse, S. 377.

575 Vgl. GIBBINS, M./JAMAL, K., Research in the Accounting Setting, S. 454.

senden Problems wahrnimmt, also ein Verständnis über die Charakteristika des zu prüfenden Unternehmens, dessen internes Kontrollsystem und Umwelt entwickelt. Auf Basis dieses Verständnisses hat der Abschlussprüfer dann zu überlegen, wie der gesuchte Zielzustand, die Urteilsformulierung, erreicht werden kann, d. h. er muss eine **(initiale) Urteilshypothese zur Problemlösung** aufstellen,[576] die seine Erwartungen über die Merkmale des jeweiligen Prüfungsobjekts reflektiert.[577] Auf Aussagenebene könnte z. B. „Das Inventar ist richtig bewertet" die Urteilshypothese sein. Auf Abschlussebene könnte dagegen „Der Jahresabschluss umfasst keine wesentlichen Fehler" die Urteilshypothese darstellen.[578] Anhaltspunkte zur Aufstellung einer (initialen) Urteilshypothese bieten ihm bestimmte in seinem Problemabbildungsraum verfügbare Vorabinformationen, z. B. Branchenkenntnisse, Kenntnisse aus Vorjahresprüfungen und Zwischenprüfungen hinsichtlich bekannter Fehlerhäufigkeiten, aufgedeckter Fehler und Geschäftsvorfällen mit hohem Fehlerpotential,[579] oder die anzuwendenden Prüfungsnormen, hier ISA, die teilweise unmittelbar als zu testende Urteilshypothesen formuliert sind.[580] Danach führt der Abschlussprüfer von ihm selbst gewählte oder aus Prüfungsnormen hervorgehende Prüfungshandlungen durch, um **Prüfungsnachweise zu generieren**, die seine (initiale) Urteilshypothese bestätigen oder widerlegen.[581] Die durch seine Prüfungshandlungen erlangten Prüfungsnachweise hat der Abschlussprüfer dann zu würdigen und zu gewichten. Lässt sich auf Basis der erlangten Prüfungsnachweise seine (initiale) Urteilshypothese mit hinreichender Sicherheit bestätigen oder widerlegen, bricht der Abschlussprüfer seinen Prüfungsprozess ab und hat ein **Prüfungsurteil** gefunden.[582] Kann er auf Basis der von ihm generierten Prüfungsnachweise seine (initiale) Urteilshypothese weder mit hinreichender Sicherheit bestätigen noch widerlegen, wird der gesamte Problemlösungsprozess mit einem jeweils angepassten

---

576 Vgl. SCHREIBER, S., Effektivität und Effizienz des Informationsverhaltens von Wirtschaftsprüfern, S. 336.

577 Vgl. LIBBY, R., Accounting and Human Information Processing, S. 102 f. Ausführlich zur Aufstellung von Urteilshypothesen vgl. SCHREIBER, S., Informationsverhalten von Wirtschaftsprüfern, S. 125-137.

578 Vgl. SCHWIND, J., Informationsverarbeitung von Wirtschaftsprüfern, S. 32.

579 Vgl. RUHNKE, K., Abschlußprüfung, S. 293 f.

580 Vgl. RUHNKE, K., Abschlußprüfung, S. 293.

581 Vgl. SCHWIND, J., Informationsverarbeitung von Wirtschaftsprüfern, S. 33.

582 Vgl. SCHREIBER, S., Informationsverhalten von Wirtschaftsprüfern, S. 158.

Problemverständnis und einer zu testenden Urteilshypothese so lange wiederholt, bis der Abschlussprüfer mit hinreichender Sicherheit seine Urteilshypothese bestätigen oder widerlegen kann und damit zu einem Prüfungsurteil gelangt ist.

Im folgenden Abschnitt ist zu klären, ob die Bildung eines hinreichend sicheren und genauen Urteils über die Normenkonformität des Jahresabschlusses eines Unternehmens unter der Nebenbedingung geringstmöglicher Kosten der Prüfungsdurchführung für den Abschlussprüfer ein Nicht-Routineproblem darstellt. Denn wenn es sich um ein solches handelt, greift der Abschlussprüfer in jeder Phase des zuvor erläuterten Problemlösungsprozesses auf Entscheidungsheuristiken zurück, um die Komplexität seiner Urteilsbildung zu verringern und damit an seine begrenzte kognitive Leistungsfähigkeit anzupassen.[583]

53 Abschlussprüfung als Nicht-Routineproblem des Abschlussprüfers

Ein Problem stellt für den Menschen ein **Routineproblem** dar, wenn er den gegebenen Anfangszustand des Problems unmittelbar, d. h. ohne eine bewusste kognitive Anstrengung, in den für das Problem gesuchten Zielzustand überführen kann.[584] Der Mensch ist dazu in der Lage, wenn er auf ein in der Vergangenheit entwickeltes bzw. erlerntes Handlungsprogramm zurückgreifen kann.[585] Ist dies nicht möglich, liegt ein **Nicht-Routineproblem** vor. Bei einem Nicht-Routineproblem hat der Mensch sowohl nach alternativen Problemlösungen als auch nach Informationen über deren mögliche Konsequenzen zu suchen.[586] Beides ist für den Menschen mit bewusster kognitiver Anstrengung verbunden.

Das vom Abschlussprüfer bei der Abschlussprüfung zu lösende **Gesamtproblem** ist die Bildung eines hinreichend sicheren und genauen Urteils über die Normenkonformität des Jahresabschlusses eines Unternehmens unter der Nebenbedingung geringstmöglicher Kosten der Prüfungsdurchführung. Bevor der Abschlussprüfer allerdings ein solches Gesamturteil über den Jahresabschluss abgeben kann, hat er vor und während

[583] Vgl. SCHWIND, J., Informationsverarbeitung von Wirtschaftsprüfern, S. 34 m. w. N.

[584] Vgl. BÖSEL, R., Denken, S. 292; KNOBLICH, G./ÖLLINGER, M., Problemlösen, S. 555 sowie die diesbezüglichen Ausführungen in Abschnitt 432.

[585] Vgl. KIRSCH, W., Theorie der Entscheidungsprozesse, Band 1, S. 66.

[586] Vgl. KIRSCH, W., Theorie der Entscheidungsprozesse, Band 1, S. 66.

der Durchführung der Abschlussprüfung zahlreiche Einzelurteile zu bilden.[587] Diese Einzelurteile können als **Teilprobleme** aufgefasst werden, die der Abschlussprüfer zu bewältigen hat, bevor er das Gesamtproblem der Abschlussprüfung lösen kann. Fraglich ist, ob es sich beim Gesamtproblem und den Teilproblemen der Abschlussprüfung um Nicht-Routineprobleme des Abschlussprüfers handelt.

Die Durchführung einer Abschlussprüfung ist eine Dienstleistung, die aufgrund der „Vielfältigkeit der zu beurteilenden Sachverhalte **sehr schwer standardisierbar** ist“[588]. Gleichwohl zeichnet sich eine jede Abschlussprüfung durch die folgenden vier wesentlichen Merkmale aus:[589]

- **Komplexität**: Die Zahl der vom Abschlussprüfer bei einer Abschlussprüfung zu berücksichtigenden Faktoren ist hoch,[590] z. B. die Charakteristika des zu prüfenden Unternehmens und dessen Umwelt, die jeweils einschlägigen Rechnungslegungsnormen und Prüfungsnormen sowie die bestehenden Zeit- und Budgetrestriktionen. Diese exemplarisch genannten Faktoren sind vielfach miteinander verknüpft, wodurch die Komplexität der Abschlussprüfung weiter steigt.[591]
- **Intransparenz**: Die Beschaffenheit der bei der Abschlussprüfung zu lösenden Probleme ist für den Abschlussprüfer nicht immer klar.[592] Denn vor allem die Ist-Zustände und die Soll-Zustände der Prüfungsobjekte können nicht immer eindeutig beschrieben werden.[593] Dies lässt sich z. B. auf die Ambiguität der Rechnungslegungsnormen und Prüfungsnormen[594] sowie auf die mangelnde Aussagefähigkeit der zu erhaltenden Prüfungsnachweise zurückführen.[595]

---

587 Vgl. SOLOMON, I./SHIELDS, M., Decision-Making in Auditing, S. 139.

588 EGNER, H., Verhaltensorientierte Prüfungstheorie, Sp. 1567. Hervorhebungen durch den Verfasser.

589 Merkmale in Anlehnung an FUNKE, J., Denken, S. 128-134.

590 Vgl. BARTKE, G., Treuhandwesen, S. 324; GIBBINS, M./JAMAL, K., Research in the Accounting Setting, S. 457.

591 Vgl. GANS, C., Prüfungen als heuristische Suchprozesse, S. 362.

592 Dazu ausführlich RICHTER, M., Theorie betriebswirtschaftlicher Prüfungen, S. 270 f. m. w. N.

593 Vgl. SCHWIND, J., Informationsverarbeitung von Wirtschaftsprüfern, S. 21.

594 Unter Ambiguität der Rechnungslegungs- und Prüfungsnormen ist zu verstehen, dass Rechnungslegungs- und Prüfungsstandards in der Regel nicht eindeutig formuliert sind und daher unterschiedlich interpretiert werden können. Daraus ergeben sich sowohl für den Abschlussprüfer als auch für das zu prüfende Unternehmen zahlreiche Ermessensspielräume. Vgl. BAZERMAN, M./LOEWENSTEIN,

- **Unsicherheit**: Der Abschlussprüfer kann die Anfangszustände der bei der Abschlussprüfung zu lösenden Probleme nur eingeschränkt kontrollieren. Denn er kann die Zielvariablen der Abschlussprüfung, z. B. die Qualität der Rechnungslegung und Dokumentation der Sachverhalte und Geschäftsvorfälle des zu prüfenden Unternehmens, nicht direkt beeinflussen.[596]

- **Zielkonflikte**: Der Abschlussprüfer und das zu prüfende Unternehmen weisen zueinander im Widerspruch stehende Ziele auf. Denn während der Abschlussprüfer danach strebt, sein vom zu prüfenden Unternehmen für die Abschlussprüfung gezahltes Honorar zu maximieren, versucht das zu prüfende Unternehmen dieses Honorar und damit seine Aufwendungen für die Abschlussprüfung zu minimieren.

Aus den vorstehenden Merkmalen einer jeden Abschlussprüfung lässt sich folgern, dass der Abschlussprüfer **kein vollständig definiertes Handlungsprogramm** dafür besitzen kann, ein hinreichend sicheres und genaues Urteil über die Normenkonformität des Jahresabschlusses eines Unternehmens zu geringstmöglichen Kosten abzugeben.[597] Dementsprechend kann er das **Gesamtproblem** der Abschlussprüfung nicht ohne eine bewusste kognitive Anstrengung lösen. Dies hat zur Folge, dass das Gesamtproblem der Abschlussprüfung für den Abschlussprüfer ein **Nicht-Routineproblem** ist.[598]

Bei den vom Abschlussprüfer zu lösenden **Teilproblemen** ist differenziert vorzugehen. Im Schrifttum wird anerkannt, dass eine Abschlussprüfung in bestimmten Teilbereichen einen „Routinecharakter"[599] annehmen kann. In diesen Teilbereichen wird der Abschlussprüfer mit **einigen sich wiederholenden Routineproblemen** konfrontiert, die er ohne eine bewusste kognitive Anstrengung mit einem in der Vergangenheit entwickelten bzw. bei vorherigen Abschlussprüfungen erlernten Handlungsprogramm lösen kann. Ein Routineproblem ist z. B. der Vergleich des auf einer erhaltenen Rechnung abgebildeten Rechnungsbetrags mit dem Rechnungsbetrag, den das zu prüfende Unternehmen

G./MOORE, D., Why Good Accountants Do Bad Audits, S. 98; DERMER, J., Cognitive Characteristics, S. 512.

595 Vgl. GRONEWOLD, U., Beweiskraft von Beweisen, S. 43 f.

596 Vgl. HAVERMANN, H., Risiko und Risikomanagement, S. 387.

597 Gleicher Ansicht GANS, C., Prüfungen als heuristische Suchprozesse, S. 362.

598 Vgl. GIBBINS, M., Psychology of Professional Judgment in Public Accounting, S. 118.

599 RICHTER, M., Theorie betriebswirtschaftlicher Prüfungen, S. 270.

in seinem Buchhaltungssystem erfasst hat.[600] Dass es sich bei den vom Abschlussprüfer zu lösenden Teilproblemen um Routineprobleme handelt, wird im Schrifttum indes eher als Ausnahme denn als Regel gesehen.[601] Die **Mehrheit der Teilprobleme**, die der Abschlussprüfer bei der Abschlussprüfung zu lösen hat, sind für ihn **Nicht-Routineprobleme**.[602]

Menschen greifen aufgrund ihrer begrenzten Rationalität bei Nicht-Routineproblemen regelmäßig unbewusst auf **Entscheidungsheuristiken** zurück.[603] Durch diese kann der Mensch die Komplexität der zu lösenden Nicht-Routineprobleme reduzieren und in Einklang mit seiner begrenzten kognitiven Leistungsfähigkeit bringen.[604] Da für den Abschlussprüfer sowohl das Gesamtproblem als auch die Mehrheit der von ihm zu bewältigenden Teilprobleme der Abschlussprüfung als Nicht-Routineprobleme zu klassifizieren sind, lässt sich folgern, dass der **Abschlussprüfer bei seiner Abschlussprüfung unbewusst auf zahlreiche Entscheidungsheuristiken zurückgreift**.[605]

54 Entscheidungsheuristiken im Problemlösungsprozess des Abschlussprüfers

541. Vorbemerkung

In den folgenden Abschnitten wird für jede der drei in Abschnitt 33 vorgestellten Phasen der Abschlussprüfung („Prüfungsplanung", „Prüfungsdurchführung" und „Prüfungsüberwachung") separat untersucht, mit welchen Nicht-Routineproblemen der Abschlussprüfer jeweils konfrontiert wird, welche Entscheidungsheuristiken er dazu unbewusst heranzieht, diese Nicht-Routineprobleme zu lösen, und wieweit er durch den Einsatz dieser Entscheidungsheuristiken zu verzerrten Urteilen gelangt. Ferner wird analysiert, welche Entscheidungs- und Organisationshilfen (theoretisch) dazu beitragen könnten, die durch die Entscheidungsheuristiken hervorgerufenen Urteilsverzerrungen

600 Solche Routineprobleme sind für die folgenden Ausführungen irrelevant und werden daher nicht weiter betrachtet.

601 Vgl. RICHTER, M., Theorie betriebswirtschaftlicher Prüfungen, S. 270 f.

602 Vgl. BARTKE, G., Treuhandwesen, S. 324; EINHORN, H., Accounting and Behavioral Science, S. 200; GANS, C., Prüfungen als heuristische Suchprozesse, S. 362; RUHNKE, K., Abschlußprüfung, S. 290.

603 Vgl. die diesbezüglichen Ausführungen in Abschnitt 432.

604 Vgl. SCHWIND, J., Informationsverarbeitung von Wirtschaftsprüfern, S. 34 m. w. N.

605 Gleicher Ansicht GANS, C., Prüfungen als heuristische Suchprozesse, S. 363, sowie SHANTEAU, J., Cognitive Heuristics and Biases in Behavioral Auditing, S. 168 m. w. N.

in ihrer Intensität zu verringern bzw. ganz zu vermeiden. Ob diese Entscheidungshilfen auch von praktischer Relevanz sind, wird anhand ihrer Effektivität und Effizienz kritisch gewürdigt.

542. Phase I: Prüfungsplanung

542.1 Nicht-Routineprobleme des Abschlussprüfers in der Phase der Prüfungsplanung

Die Prüfungsplanung ist die **gedankliche Vorwegnahme künftiger Prüfungshandlungen.**[606] Ziel der Prüfungsplanung ist es, unter der Nebenbedingung geringstmöglicher Kosten einen in sachlicher, personeller und zeitlicher Hinsicht adäquaten Prüfungsablauf und damit die **Prüfungsqualität sicherzustellen.**[607] Um dieses Ziel zu erreichen, hat der Abschlussprüfer zahlreiche zukunftsbezogene Einzelurteile zu bilden.[608] Da der Abschlussprüfer in der Regel **kein vollständig definiertes Handlungsprogramm** besitzt, um ohne eine bewusste kognitive Anstrengung zu diesen Einzelurteilen zu gelangen, lässt sich folgern, dass der Abschlussprüfer bei der Prüfungsplanung mit einer **Vielzahl von Nicht-Routineproblemen** konfrontiert wird.[609]

Die folgenden vom Abschlussprüfer zu bildenden Einzelurteile stellen die **wesentlichen Nicht-Routineprobleme des Abschlussprüfers** in der Phase der Prüfungsplanung dar:[610]

- Die vom Abschlussprüfer durchzuführende Risikoanalyse: Ziel dieser Risikoanalyse ist es, die **inhärenten Risiken** und die **Kontrollrisiken** des zu prüfenden Unternehmens zu ermitteln und zum Fehlerrisiko zu aggregieren,[611] um weitere Prüfungshandlungen an diesem Fehlerrisiko auszurichten.[612]

---

606 Vgl. BAETGE, J./MEYER ZU LÖSEBECK, H., Prüfungsplanung, S. 122, sowie die Ausführungen zur Prüfungsplanung in Abschnitt 332.

607 Vgl. DREXL, A., Unternehmensprüfungen, S. 68; LÜCK, W., Jahresabschlußprüfung, S. 41.

608 Vgl. BUCHNER, R., Wirtschaftliches Prüfungswesen, S. 158; KOCH, H., Unternehmensplanung, S. 13.

609 Vgl. die allgemeinen Ausführungen zu Nicht-Routineproblemen in Abschnitt 432.

610 Vgl. BAMBER, M. U. A., Audit Judgment, S. 57 f.; SOLOMON, I./SHIELDS, M., Decision-Making in Auditing, S. 139, sowie die allgemeinen Ausführungen zur Prüfungsplanung in Abschnitt 332.

611 Vgl. ARMSTRONG, S./DENNISTON, W./GORDON, M., Making Judgments, S. 257. Aus Praktikabilitätsgründen wird in der Prüfungspraxis häufig unmittelbar das zusammengefasste Fehlerrisiko beurteilt. Aufgrund der unterstellten Abhängigkeit zwischen dem inhärenten Risiko und dem Kontrollrisiko scheint dies modelltheoretisch auch sachgerecht. Vgl. SCHMIDT, S., Risikobeurteilungen

- Die vom Abschlussprüfer vorzunehmende **Prüfungsprogrammplanung**, also die grundsätzliche Planung der prüferischen Vorgehensweise des Abschlussprüfers, der Prüfungsanweisungen an die Mitarbeiter des Abschlussprüfers sowie der Überwachung, Durchsicht und Dokumentation der Prüfungsergebnisse:[613]
  (a) **Sachliche Planungsphase**: Der Abschlussprüfer hat darin vor allem Art und Umfang der von ihm durchzuführenden Prüfungshandlungen sowie die Überwachung, Durchsicht und Dokumentation der Prüfungsergebnisse zu planen. Dabei hat er einzuschätzen, ob und wieweit er Prüfungsergebnisse anderer Prüfer verwenden und interne wie externe Sachverständige heranziehen wird.
  (b) **Personelle Planungsphase**: Der Abschlussprüfer hat sich und seinen Mitarbeitern einzelne Prüffelder zuzuordnen und dabei zu gewährleisten, dass die von ihm eingesetzten Mitarbeiter über die für das jeweilige Prüffeld notwendigen Qualifikationen verfügen.
  (c) **Zeitliche Planungsphase**: Der Abschlussprüfer hat darin vor allem zu beurteilen, in welcher zeitlichen Reihenfolge die einzelnen Prüffelder geprüft werden sollen und wie viel Bearbeitungszeit dafür jeweils vorgesehen ist.[614] Zudem hat er zu eruieren, welche Prüfungshandlungen er in der Zwischen- bzw. Vorprüfung und damit vor der eigentlichen Hauptprüfung durchführt.[615] Für die zeitliche Planung ist bedeutend, dass der Abschlussprüfer die Leistungsfähigkeit der von ihm eingesetzten Mitarbeiter ebenso einzuschätzen hat wie die Prüfungsbereitschaft des zu prüfenden Unternehmens.

---

und Prüfungshandlungen, S. 874 f. Gleichwohl wird auch eine getrennte Einschätzung von inhärentem Risiko und Kontrollrisiko in den Prüfungsstandards weiter als zulässig gesehen, falls dies für die Prüftechnik und Prüfmethodik des Abschlussprüfers vorteilhaft erscheint oder praktische Überlegungen für eine getrennte Einschätzung der beiden Größen sprechen. Vgl. ISA 200.A40 sowie allgemein RAVINDER, H./KLEINMUNTZ, D./DYER, J., Decomposition, S. 187. Lediglich bedeutsame inhärente Risiken bilden eine konzeptionelle Ausnahme. Diese sind nämlich in jedem Fall ohne Berücksichtigung des Kontrollrisikos zu identifizieren. Vgl. ISA 315.27.

612 Aufgrund der Vielzahl der zu betrachtenden Einflussfaktoren gilt vor allem die Einschätzung des inhärenten Risikos als „eine vergleichsweise unstrukturierte, komplexe Aufgabe und verlangt die Integration einer großen Bandbreite qualitativer und quantitativer Daten“. Vgl. QUICK, R., Risiken der Jahresabschlußprüfung, S. 34.

613 Vgl. LEFFSON, U., Wirtschaftsprüfung, S. 154; SPERL, A., Prüfungsplanung, S. 20, sowie die allgemeinen Ausführungen zur Prüfungsprogrammplanung in Abschnitt 332.

614 Vgl. EGNER, H., Betriebswirtschaftliche Prüfungslehre, S. 44.

615 Vgl. ZÜND, A., Revisionslehre, S. 267.

- Dem Abschlussprüfer obliegt die **laufende Anpassung der Prüfungsplanung** an die vom Prüfungsteam während der Prüfungsdurchführung erlangten Erkenntnisse.

Um diese Nicht-Routineprobleme der Prüfungsplanung zu bewältigen, greift der Abschlussprüfer unbewusst auf eine Vielzahl von **Entscheidungsheuristiken** zurück.[616] Diese werden im Folgenden untersucht.

542.2 Einsatz von Entscheidungsheuristiken zur Lösung der Nicht-Routineprobleme des Abschlussprüfers in der Phase der Prüfungsplanung und mögliche Ansätze zur Verringerung der Intensität der daraus resultierenden Urteilsverzerrungen

542.21 Vorbemerkung

Der Abschlussprüfer hat in der Phase der Prüfungsplanung eine Vielzahl von Nicht-Routineproblemen zu lösen. Um diese bewältigen zu können, hat er die Nicht-Routineprobleme an seine begrenzte kognitive Leistungsfähigkeit anzupassen. Dazu bedient er sich unbewusst zahlreicher unterschiedlicher Entscheidungsheuristiken. Welche Entscheidungsheuristiken der Abschlussprüfer in der Phase der Prüfungsplanung unbewusst am häufigsten heranzieht und wie diese sich auf seine Urteilsbildung auswirken, wird in den folgenden Abschnitten untersucht. Darüber hinaus wird kritisch gewürdigt, welche Entscheidungs- und Organisationshilfen dazu beitragen könnten, die aus der unbewussten Verwendung von Entscheidungsheuristiken resultierenden Urteilsverzerrungen des Abschlussprüfers in der Phase der Prüfungsplanung in ihrer Intensität zu verringern bzw. ganz zu vermeiden.

542.22 Verfügbarkeitsheuristik

542.221. Wirkungsweise der Verfügbarkeitsheuristik

Die Urteilsbildung des Abschlussprüfers wird an unterschiedlichen Stellen der Prüfungsplanung unbewusst von der Verfügbarkeitsheuristik beeinflusst. Diese führt dazu, dass der Abschlussprüfer die **Häufigkeit und die Eintrittswahrscheinlichkeit eines Ereignisses** umso höher einschätzt, je verfügbarer dieses Ereignis für ihn ist.[617] Ein Er-

---

[616] Vgl. dazu allgemein Abschnitt 432 sowie speziell in Bezug auf den Abschlussprüfer Abschnitt 53.

[617] Zur Verfügbarkeitsheuristik allgemein vgl. die Ausführungen in Abschnitt 433.321. Zur Verfügbarkeitsheuristik im Kontext der Urteilsbildung des Abschlussprüfers vgl. ANDERSON, J./KAPLAN,

eignis ist für den Abschlussprüfer umso verfügbarer, je leichter er Beispiele für dieses Ereignis in seinem Kurzzeitgedächtnis entwickeln oder aus seinem Langzeitgedächtnis abrufen kann. Dies ist für den Abschlussprüfer umso leichter, je häufiger er in der Vergangenheit mit diesem oder einem ähnlichen Ereignis konfrontiert wurde.[618] Fraglich ist, an welchen Stellen der Prüfungsplanung die Urteilsbildung des Abschlussprüfers von der Verfügbarkeitsheuristik beeinflusst wird.

Zu Beginn der Prüfungsplanung hat der Abschlussprüfer eine Risikoanalyse durchzuführen, um das **Fehlerrisiko** des zu prüfenden Unternehmens zu ermitteln.[619] Dazu hat er einzuschätzen, wie wahrscheinlich es ist, dass in den von ihm gebildeten Prüffeldern wesentliche Fehler vorhanden sind.[620] Die Einschätzung dieser Fehlerwahrscheinlichkeiten nimmt der Abschlussprüfer auf Basis des für ihn **kognitiv verfügbaren Wissens** über die Häufigkeit von Fehlern in den einzelnen Prüffeldern vor. Dieses Wissen ist für den Abschlussprüfer umso verfügbarer, je leichter er Beispiele für solche Fehler aus seinem Kurzzeitgedächtnis oder aus seinem Langzeitgedächtnis abrufen kann. Dies fällt dem Abschlussprüfer umso leichter, je häufiger er in der Vergangenheit mit Fehlern in den einzelnen Prüffeldern konfrontiert wurde, z. B. bei Vorjahresprüfungen, Vor- und Zwischenprüfungen des zu prüfenden Unternehmens oder bei Abschlussprüfungen von mit dem zu prüfenden Unternehmen vergleichbaren Unternehmen.[621] Je häufiger er sich in der Vergangenheit mit Fehlern in bestimmten Prüffeldern beschäftigt hat, desto höher schätzt er die Wahrscheinlichkeit ein, dass auch bei der aktuellen Prüfung in diesen Prüffeldern wesentliche Fehler enthalten sind. Dies ist für die **Effektivität und Effizienz der Abschlussprüfung** unproblematisch, solange das für den Abschlussprüfer kognitiv verfügbare Wissen über die Häufigkeit von Fehlern in den einzelnen Prüffel-

S./RECKERS, P., Effects of Interference and Availability, S. 4; BEDARD, J./WRIGHT, A., Availability in Evidential Planning, S. 63 f.; LIBBY, R., Availability and the Generation of Hypotheses, S. 650 und S. 663 f.; SCHWIND, J., Informationsverarbeitung von Wirtschaftsprüfern, S. 81 f., sowie ferner KOCH, C., Behavioral Economics and Auditing, S. 25 m. w. N.

618 Vgl. WALLER, W./FELIX, W., The Auditor and Learning from Experience, S. 386.

619 Vgl. dazu die allgemeinen Ausführungen zur Prüfungsplanung in Abschnitt 332.

620 Vgl. DIEHL, C.-U., Risikoorientierte Abschlussprüfung, S. 1114; NAGEL, T., Risikoorientierte Jahresabschlußprüfung, S. 26, sowie die Ausführungen zum Fehlerrisiko in Abschnitt 322.

621 Vgl. BEDARD, J./WRIGHT, A., Availability in Evidential Planning, S. 62 f.; KREUTZFELDT, R./WALLACE, W., Error Characteristics in Audit Populations, S. 30-32; LIBBY, R., Availability and the Generation of Hypotheses, S. 663 f.

dern repräsentativ für die tatsächliche Häufigkeit von Fehlern in diesen Prüffeldern ist. Ist dies nicht der Fall, kann sich die Verfügbarkeitsheuristik negativ auf die Effektivität und Effizienz der Abschlussprüfung auswirken.[622]

In der Realität ist das für den Abschlussprüfer kognitiv verfügbare Wissen über die Häufigkeit bestimmter Fehler in den einzelnen Prüffeldern regelmäßig nicht repräsentativ für die tatsächliche Fehlerhäufigkeit der Prüffelder.[623] Denn die kognitive Verfügbarkeit dieses Wissens wird von verschiedenen **häufigkeitsirrelevanten Gedächtnisfaktoren** beeinflusst.[624] Darunter lassen sich alle Faktoren subsumieren, die zwar die kognitive Verfügbarkeit von Wissen über die Häufigkeit von bestimmten Fehlern in den einzelnen Prüffeldern erhöhen, indes keine Auswirkungen auf die tatsächliche Häufigkeit dieser Fehler in den Prüffeldern haben. Bei seiner Einschätzung des Risikos bestimmter Fehler in den einzelnen Prüffeldern wird der Abschlussprüfer von den folgenden häufigkeitsirrelevanten Gedächtnisfaktoren beeinflusst:

- Die **Lebhaftigkeit**, mit der sich der Abschlussprüfer vorstellen kann, dass in einem Prüffeld wesentliche Fehler enthalten sind. Lebhaft vorstellen kann sich der Abschlussprüfer vor allem solche Fehler, deren Ursprünge er besonders leicht nachvollziehen kann, z. B. erstmalige Anwendung neuer Rechnungslegungsstandards, Buchung von Geschäftsvorfällen durch die Urlaubsvertretung, Diebstahl wertvoller Vermögenswerte hoher Fungibilität.[625] Je lebhafter sich der Abschlussprüfer wesentliche Fehler in einem Prüffeld vorstellen kann, desto höher schätzt er die Fehlerwahrscheinlichkeit dieses Prüffeldes ein.[626]

- Die „**Frische**", mit der sich der Abschlussprüfer daran erinnern kann, dass er in der Vergangenheit mit wesentlichen Fehlern in einem Prüffeld konfrontiert wurde. Als „frisch" gelten z. B. die Erinnerungen des Abschlussprüfers an wesentliche Fehler, die er bei Vorjahresprüfungen und Zwischenprüfungen des zu prüfenden Unter-

622 Vgl. BEDARD, J./WRIGHT, A., Availability in Evidential Planning, S. 68; LIBBY, R., Availability and the Generation of Hypotheses, S. 664.

623 Vgl. ANDERSON, J./KAPLAN, S./RECKERS, P., Effects of Output Interference on Analytical Procedures Judgments, S. 5; KOCH, C., Entscheidungsverhalten des Wirtschaftsprüfers, S. 14.

624 Zu den häufigkeitsirrelevanten Gedächtnisfaktoren vgl. die Ausführungen in Abschnitt 433.321.

625 Zur Fungibilität von Vermögenswerten vgl. QUICK, R., Risiken der Jahresabschlußprüfung, S. 278 f.

626 Vgl. WÄNKE, M./SCHWARZ, N./BLESS, H., Availability Heuristic, S. 89.

nehmens sowie bei Abschlussprüfungen vergleichbarer Unternehmen aufdecken konnte.[627] Besonders frisch sind für den Abschlussprüfer vor allem die von ihm selbst aufgedeckten Fehler, die der Mandant in der Folge auf Anweisung des Abschlussprüfers nachgebucht hat.[628] Je frischer die Erinnerungen an diese Fehler sind, desto höher schätzt er die Wahrscheinlichkeit ein, dass auch bei der aktuellen Prüfung des entsprechenden Prüffeldes wesentliche Fehler vorhanden sind.

- Die **Emotionalität** der Beziehung, die der Abschlussprüfer zu einem in der Vergangenheit in einem Prüffeld aufgedeckten wesentlichen Fehler hat. Besonders emotional berührt ist der Abschlussprüfer z. B. dann von wesentlichen Fehlern, wenn diese in einem Prüffeld aufgedeckt wurden, das vom Abschlussprüfer zuvor als ordnungsmäßig klassifiziert worden war. Der Abschlussprüfer ist ferner dann emotional berührt, wenn von ihm wesentliche Fehler in einem Prüffeld aufgedeckt wurden, das von einem Vertreter des zu prüfenden Unternehmens betreut wird, gegenüber dem der Abschlussprüfer eine persönliche Abneigung verspürt. Je emotionaler der Abschlussprüfer von aufgedeckten wesentlichen Fehlern bzw. von einem Prüffeld berührt ist, desto höher schätzt er die Wahrscheinlichkeit ein, dass auch bei der aktuellen Prüfung des entsprechenden Prüffeldes wesentliche Fehler vorhanden sind.[629]

- Die **Medienpräsenz** eines Ereignisses: Für den Abschlussprüfer relevante Ereignisse von hoher Medienpräsenz sind z. B. Bilanzskandale der jüngsten Vergangenheit und anstehende Gesetzesnovellierungen.[630] Ebenfalls medial präsent sind die in jedem Jahr von der Deutschen Prüfstelle für Rechnungslegung (DPR) und der Abschlussprüferaufsichtskommission (APAK) angekündigten Prüfungsschwerpunkte des Folgejahres.[631] Auch die jeweiligen Tätigkeitsberichte der DPR und der APAK, in denen die einzelnen Prüfungsfeststellungen präsentiert werden, haben ei-

627 Vgl. LIBBY, R., Availability and the Generation of Hypotheses, S. 663 f.

628 Vgl. BEDARD, J./WRIGHT, A., Availability in Evidential Planning, S. 63.

629 Vgl. DUBÉ-RIOUX, L./RUSSO, J. E., Availability Bias in Professional Judgment, S. 223.

630 Zur medialen Präsenz aufgetretener Bilanzskandale vgl. KOCH, C., Entscheidungsverhalten des Wirtschaftsprüfers, S. 14, sowie PEEMÖLLER, V./HOFMANN, S., Bilanzskandale, S. 23.

631 Vgl. dazu BEYHS, O./LINK, R., DPR-Prüfungsschwerpunkte, S. 2871; BISCHOF, S./STAß, A., Prüfungsschwerpunkte der DPR, S. 2753.

ne hohe Medienpräsenz. Je ausführlicher in den vom Abschlussprüfer beachteten Medien über diese Ereignisse berichtet wird, desto höher schätzt der Abschlussprüfer die Wahrscheinlichkeit ein, dass auch das aktuell zu prüfende Unternehmen in den von dieser Berichterstattung betroffenen Prüffeldern wesentliche Fehler gemacht hat.

Alle diese häufigkeitsirrelevanten Gedächtnisfaktoren führen dazu, dass sich die kognitive Verfügbarkeit von Fehlerhäufigkeiten einzelner Prüffelder erhöht, obwohl die tatsächliche Fehlerhäufigkeit sich nicht verändert hat. Dies hat zur Folge, dass der Abschlussprüfer das **Fehlerrisiko** dieser Prüffelder **systematisch überschätzt.**[632]

Der Abschlussprüfer richtet seine **Prüfungsprogrammplanung** an dem von ihm geschätzten Fehlerrisiko einzelner Prüffelder aus.[633] Führen häufigkeitsirrelevante Gedächtnisfaktoren dazu, dass der Abschlussprüfer das Fehlerrisiko der einzelnen Prüffelder überschätzt, hat dies zur Folge, dass er Prüfungshandlungen durchführt, die in diesem Umfang nicht erforderlich gewesen wären, um das tatsächliche Fehlerrisiko des Prüffeldes zu kompensieren.[634] Folglich kommt es in diesem Prüffeld zu einem *over-auditing*,[635] wodurch sich die **Effizienz der Abschlussprüfung** verringert.

Eine **besonders starke Überschätzung des Fehlerrisikos** einzelner Prüffelder kann dazu führen, dass sich der Abschlussprüfer so sehr auf diese Prüffelder konzentriert, dass er andere Prüffelder vernachlässigt. Wenn aber in den vom Abschlussprüfer vernachlässigten Prüffeldern wesentliche Fehler enthalten sein sollten, erhöht dies die Wahrscheinlichkeit, dass der Abschlussprüfer diese Prüffelder nicht im erforderlichen Maße prüft und die vorhandenen wesentlichen Fehler nicht entdeckt. Ein solches *under-*

632 Vgl. ANDERSON, J./KAPLAN, S./RECKERS, P., Effects of Output Interference on Analytical Procedures Judgments, S. 10; BEDARD, J./WRIGHT, A., Availability in Evidential Planning, S. 79.

633 Vgl. dazu die allgemeinen Ausführungen zur Prüfungsprogrammplanung in Abschnitt 332.

634 Vgl. ANDERSON, J./KAPLAN, S./RECKERS, P., Effects of Interference and Availability, S. 2; BEDARD, J./WRIGHT, A., Availability in Evidential Planning, S. 64.

635 Allgemein zum *over-auditing* vgl. MOCHTY, L., Theoretische Fundierung des risikoorientierten Prüfungsansatzes, S. 733.

auditing hat in diesem Fall also zur Folge,[636] dass sich neben der Effizienz auch die **Effektivität der Abschlussprüfung verringert**.[637]

Zusammengefasst führt die unbewusste Verwendung der Verfügbarkeitsheuristik dazu, dass die Urteilsbildung des Abschlussprüfers in der Phase der Prüfungsplanung regelmäßig verzerrt ist. Dies kann sich **negativ auf die Effektivität und Effizienz der Abschlussprüfung** auswirken. Da der Abschlussprüfer dadurch Gefahr läuft, die Zielvorschrift der Abschlussprüfung zu verletzen,[638] gilt es im Folgenden **Entscheidungshilfen** zu entwickeln, die dazu beitragen können, die aus dem unbewussten Einsatz der Verfügbarkeitsheuristik hervorgerufenen Urteilsverzerrungen des Abschlussprüfers in der Phase der Prüfungsplanung in ihrer Intensität zu verringern bzw. ganz zu vermeiden.

542.222. Mögliche Ansätze zur Verringerung der Intensität der durch die Verfügbarkeitsheuristik hervorgerufenen Urteilsverzerrungen

In der psychologischen Forschung konnte gezeigt werden, dass Menschen in einem geringeren Maße dazu neigen, unbewusst auf die Verfügbarkeitsheuristik zurückzugreifen, wenn ihnen bewusst gemacht wird, dass die Leichtigkeit, mit der sie ein Ereignis in ihrem Kurzzeitgedächtnis entwickeln oder aus ihrem Langzeitgedächtnis abrufen können, nicht von der tatsächlichen Auftretenshäufigkeit des Ereignisses, sondern von unterschiedlichen häufigkeitsirrelevanten Gedächtnisfaktoren bestimmt wird.[639] Im Prüfungskontext kann dies durch ein entsprechendes **Training des Prüfungsteams** erreicht werden. Ziel dieses Trainings sollte sein, die an der Abschlussprüfung beteiligten Personen darin zu schulen, welche häufigkeitsirrelevanten Gedächtnisfaktoren, z. B. die Lebhaftigkeit der Vorstellung, die Frische der Erinnerung, die Emotionalität der Beziehung und die Medienpräsenz des Ereignisses, den Menschen unbewusst beeinflussen

636 Allgemein zum *under-auditing* vgl. ebenfalls MOCHTY, L., Theoretische Fundierung des risikoorientierten Prüfungsansatzes, S. 733.

637 Vgl. ANDERSON, J./KAPLAN, S./RECKERS, P., Effects of Output Interference on Analytical Procedures Judgments, S. 5 und S. 10; BEDARD, J./WRIGHT, A., Availability in Evidential Planning, S. 62 f. und S. 68; KREUTZFELDT, R./WALLACE, W., Error Characteristics in Audit Populations, S. 32.

638 Vgl. dazu die Ausführungen in Abschnitt 321.

639 Vgl. statt vieler etwa SCHWARZ, N. U. A., Availability Heuristic, S. 201. Zu den unterschiedlichen häufigkeitsirrelevanten Gedächtnisfaktoren vgl. allgemein Abschnitt 433.321 und speziell mit Bezug auf die Urteilsbildung des Abschlussprüfers bei der Abschlussprüfung Abschnitt 542.221.

können, wenn er über die Häufigkeit von Ereignissen zu urteilen hat. Durch ein solches Training erhöht sich die Wahrscheinlichkeit, dass sich die Mitglieder des Prüfungsteams der **Wirkung häufigkeitsirrelevanter Gedächtnisfaktoren** bewusst sind und diese ansonsten unbewusst wirkenden Faktoren durch bewusstes Entscheiden weniger stark in ihr Entscheidungskalkül einbeziehen als zuvor. Dies hat zur Folge, dass die Mitglieder des Prüfungsteams bei ihrer Einschätzung von Häufigkeiten, vor allem der Fehlerhäufigkeiten einzelner Prüffelder, zu weniger stark verzerrten Urteilen gelangen als zuvor. Da ein solches Training des Prüfungsteams für den Abschlussprüfer bzw. die Wirtschaftsprüfungsgesellschaft, für die er tätig ist, mit Kosten verbunden ist, kann dadurch zwar die **Effektivität der Abschlussprüfung leicht erhöht** werden, dies indes nur **zulasten ihrer Effizienz**.

Fraglich ist, wie lange die leicht positive Wirkung eines Trainings auf die Effektivität der Abschlussprüfung anhält. Zwar könnte der Abschlussprüfer ohne einen wesentlichen Mehraufwand an die Wirkung häufigkeitsirrelevanter Gedächtnisfaktoren erinnert werden, indem entsprechende **Hinweise in seine Prüfungssoftware bzw. in seinen Arbeitspapieren** aufgenommen werden, indes ist anzunehmen, dass diese vom Abschlussprüfer umso weniger beachtet werden, je länger sein Training zu häufigkeitsirrelevanten Gedächtnisfaktoren zurückliegt. Die **leicht positive Wirkung eines solchen Trainings** auf die Effektivität der Abschlussprüfung lässt sich demnach nicht dauerhaft erhalten, sondern **nimmt sukzessive ab**. Der Prüfungspraxis ist zu empfehlen, sich nicht ausschließlich auf ein Training zu häufigkeitsirrelevanten Gedächtnisfaktoren zu verlassen, sondern weitere Entscheidungshilfen heranzuziehen, um zu verhindern, dass der Abschlussprüfer auf Basis der Verfügbarkeitsheuristik zu verzerrten Urteilen gelangt.

Eine solche weitere Entscheidungshilfe könnte die Strategie der sog. ***counter explanation*** darstellen.[640] *Counter explanation* bedeutet, dass der Abschlussprüfer durch spezielle

[640] Vgl. dazu erstmals ausführlich LORD, C./LEPPER, M./PRESTON, E., Considering the Opposite, S. 1239, sowie ferner ROESE, N., Counterfactual Thinking, S. 133. Im Schrifttum wird *counter explanation* häufig auch als *consider the opposite* oder als *counterfactual thinking* bezeichnet. Vgl. dazu KRAY, L./GALINSKY, A., Effect of Counterfactual Mind-Sets, S. 70. Zur Strategie der *counter explanation* mit konkretem Bezug auf den Einsatz der Verfügbarkeitsheuristik durch den Abschlussprüfer vgl. HEIMAN, V., Auditors' Assessments of the Likelihood, S. 875; KENNEDY, J., Curse of

Dokumentationsanforderungen dazu aufgefordert wird, nicht nur die Gründe zu notieren, die sein Urteil stützen, sondern auch diejenigen Gründe zu dokumentieren, die gegen sein Urteil sprechen.[641] Dadurch wird der Abschlussprüfer dazu gezwungen, bereits zu Beginn seiner Urteilsbildung **alternative Urteilshypothesen zu entwickeln und deren Eintrittswahrscheinlichkeiten einzuschätzen**.[642] Dies führt dazu, dass diese Informationen im Gedächtnis des Abschlussprüfers verfügbarer sind als zuvor.[643] Dadurch erhöht sich die Wahrscheinlichkeit, dass der Abschlussprüfer die gegen seine initiale Urteilshypothese sprechenden Informationen stärker in seinem Entscheidungskalkül berücksichtigt als zuvor. Dies hat zur Folge, dass der Abschlussprüfer die seine initiale Urteilshypothese stützenden Informationen nicht mehr bevorzugt für seine Urteilsbildung heranzieht.[644]

Die *counter explanation* kann in das Prüfungsvorgehen des Abschlussprüfers integriert werden, indem die folgenden **Fragen in die Prüfungssoftware bzw. in die Arbeitspapiere** des Abschlussprüfers implementiert werden:[645]

Knowledge in Audit Judgment, S. 249; KOONCE, L., Explanation and Counterexplanation, S. 59; SCHREIBER, S., Informationsverhalten von Wirtschaftsprüfern, S. 177.

641 Vgl. HEIMAN, V., Auditors' Assessments of the Likelihood, S. 876; KOONCE, L., Explanation and Counterexplanation, S. 60.

642 Vgl. dazu allgemein DUBÉ-RIOUX, L./RUSSO, J. E., Availability Bias in Professional Judgment, S. 229; EVANS, J./VENN, S./FEENEY, A., Processes in a Hypothesis Testing Task, S. 42; MYNATT, C./DOHERTY, M./DRAGAN, W., Consideration of Alternatives, S. 775, sowie mit konkretem Bezug auf den Einsatz der Verfügbarkeitsheuristik durch den Abschlussprüfer KOONCE, L., Explanation and Counterexplanation, S. 68 f. und S. 74.

643 Vgl. SCHREIBER, S., Informationsverhalten von Wirtschaftsprüfern, S. 177. Dies wird im Schrifttum auch als *explanation effect* bezeichnet. Vgl. KOONCE, L., Explanation and Counterexplanation, S. 61.

644 Vgl. KENNEDY, J., Curse of Knowledge in Audit Judgment, S. 250. Mit anderen Worten: Durch diese speziellen Dokumentationsanforderungen soll verhindert werden, dass der Abschlussprüfer sein Urteil unbewusst auf Basis einer zu kleinen Stichprobe an Prüfungsnachweisen abgibt. Vgl. LARRICK, R., Debiasing, S. 323. Die vom Abschlussprüfer verpflichtend durchzuführende *counter explanation* führt nämlich automatisch dazu, dass die Stichprobe an Prüfungsnachweisen vergrößert wird. Vgl. KRAY, L./GALINSKY, A., Effect of Counterfactual Mind-Sets, S. 70 m. w. N.

645 Alternative Formulierung: 1. Was würden Sie denken, wenn Sie durch ihre Prüfungshandlungen zu Prüfungsnachweisen gekommen wären, die auf ein gegenteiliges Urteil schließen lassen würden? 2. Wie hoch schätzen Sie die Wahrscheinlichkeit ein, dass dies möglich gewesen wäre?

Beispiel 5.1

1. *Was könnten die Gründe sein, dass Ihre initiale Urteilshypothese unzutreffend ist?*
2. *Wie hoch schätzen Sie die Wahrscheinlichkeit ein, dass einer der unter 1. genannten Gründe tatsächlich zutreffend ist?*

Wenn der Abschlussprüfer dazu aufgefordert wäre, diese beiden Fragen vor seiner Urteilsbildung zu beantworten, würde die Wahrscheinlichkeit steigen, dass er sich ein **Gesamtbild über die vorliegenden Informationen** verschafft hat und **alle Interpretationsmöglichkeiten** der erlangten Prüfungsnachweise gleichgewichtet in seinem Entscheidungskalkül berücksichtigt. Dies hätte zur Folge, dass die durch die Verfügbarkeitsheuristik hervorgerufenen Urteilsverzerrungen in ihrer Intensität verringert werden könnten,[646] was sich **positiv auf die Effektivität der Abschlussprüfung** auswirken würde.[647] Dazu wäre es allerdings notwendig, die bestehenden Dokumentationsanforderungen des Abschlussprüfers entsprechend zu erhöhen. Dadurch würde sich die **Effizienz der Abschlussprüfung leicht verringern**. Aufgrund der positiven Wirkung der *counter explanation* auf die Effektivität der Abschlussprüfung ist der Prüfungspraxis gleichwohl zu empfehlen, dass sich der Abschlussprüfer bei Urteilen, die sich wesentlich auf die Prüfungsplanung auswirken, z. B. Urteile über die Fehlerrisiken der einzelnen Prüffelder, dieser Methodik zu bedienen hat.

Die zuvor erläuterten Entscheidungshilfen und ihre jeweilige Wirkung auf die Effektivität und Effizienz der Abschlussprüfung lassen sich wie folgt zusammenfassen:

---

[646] Vgl. allgemein ARKES, H., Costs and Benefits of Judgment Errors, S. 497, und SCHWARZ, N./VAUGHN, L., Availability Heuristic Revisited, S. 117 m. w. N., sowie mit konkretem Bezug auf den Einsatz der Verfügbarkeitsheuristik durch den Abschlussprüfer KENNEDY, J., Curse of Knowledge in Audit Judgment, S. 265 f., und KOONCE, L., Explanation and Counterexplanation, S. 60.

[647] Vgl. SCHREIBER, S., Informationsverhalten von Wirtschaftsprüfern, S. 177.

Entscheidungshilfen	Auswirkungen auf die Effektivität der Abschlussprüfung	Auswirkungen auf die Effizienz der Abschlussprüfung
Training des Prüfungsteams	(+)	–
Counter Explanation	+	(–)

Legende:
+ Entscheidungshilfe wirkt sich **positiv** auf die Effektivität bzw. Effizienz der Abschlussprüfung aus.
(+) Entscheidungshilfe wirkt sich lediglich **leicht positiv** auf die Effektivität bzw. Effizienz der Abschlussprüfung aus.
– Entscheidungshilfe wirkt sich **negativ** auf die Effektivität bzw. Effizienz der Abschlussprüfung aus.
(–) Entscheidungshilfe wirkt sich lediglich **leicht negativ** auf die Effektivität bzw. Effizienz der Abschlussprüfung aus.
+/– Positive und negative Auswirkungen auf die Effektivität bzw. Effizienz der Abschlussprüfung **kompensieren** sich jeweils.

Übersicht 5–1: *Auswirkungen von Entscheidungshilfen zur Verringerung der Intensität der sich aus der unbewussten Verwendung der Verfügbarkeitsheuristik ergebenden Urteilsverzerrungen des Abschlussprüfers auf die Effektivität und Effizienz der Abschlussprüfung*

542.23 Selbstüberschätzungseffekt

542.231. Wirkungsweise des Selbstüberschätzungseffekts

Der Abschlussprüfer neigt aufgrund des Selbstüberschätzungseffekts dazu, die **Qualität bestimmter Entscheidungsparameter unbewusst systematisch zu überschätzen.**[648] Zu diesen Entscheidungsparametern zählen seine eigenen Fähigkeiten, sein eigenes Wissen, die Qualität der seiner Urteilsbildung zugrunde liegenden Informationen sowie die Erfolgswahrscheinlichkeit der von ihm gebildeten Urteile.[649] Ferner überschätzt der Abschlussprüfer unbewusst auch die Fähigkeiten und das Wissen der ihm hierarchisch unterstellten Personen.[650] Darüber hinaus geht der Abschlussprüfer davon aus, dass er

648 Vgl. HAN, J./JAMAL, K./TAN, H.-T., Auditors' Overconfidence, S. 101 f.; KENNEDY, J./PEECHER, M., Judging Auditors' Technical Knowledge, S. 280 f. und S. 291; MOECKEL, C./PLUMLEE, R. D., Auditors' Confidence, S. 653 f.; OWHOSO, V./WEICKGENANNT, A., Auditors' Self-perceived Abilities, S. 15, sowie die allgemeinen Ausführungen zum Selbstüberschätzungseffekt in Abschnitt 433.324.

649 Vgl. GRIFFIN, D./TVERSKY, A., Determinants of Confidence, S. 432; KENNEDY, J./PEECHER, M., Judging Auditors' Technical Knowledge, S. 280 f.; OWHOSO, V./WEICKGENANNT, A., Auditors' Self-perceived Abilities, S. 17. A. A. etwa TOMASSINI, L. U. A., Calibration of Auditors' Probabilistic Judgments, S. 398.

650 Vgl. KENNEDY, J./PEECHER, M., Judging Auditors' Technical Knowledge, S. 291; MESSIER JR., W./OWHOSO, V./RAKOVSKI, C., Ability to Detect Errors, S. 1258. Je größer die Wissenslücke zwischen dem Abschlussprüfer und den ihm hierarchisch unterstellten Personen ist, desto stärker überschätzt er das Wissen der ihm hierarchisch unterstellten Personen. Vgl. KENNEDY, J./PEECHER,

die zuvor genannten Entscheidungsparameter besser einschätzen kann als andere Menschen dies können. Fraglich ist, an welchen Stellen der Prüfungsplanung die Urteilsbildung des Abschlussprüfers vom Selbstüberschätzungseffekt beeinflusst wird.

Der Abschlussprüfer hat zu Beginn der Prüfungsplanung eine Risikoanalyse durchzuführen, um das **Fehlerrisiko** des zu prüfenden Unternehmens zu schätzen,[651] d. h. er hat die Wahrscheinlichkeit einzuschätzen, dass in den von ihm gebildeten Prüffeldern wesentliche Fehler vorhanden sind.[652] Aufgrund des Selbstüberschätzungseffekts überschätzt der Abschlussprüfer zwar systematisch die Qualität der von ihm eingeschätzten Fehlerrisiken der einzelnen Prüffelder. Dies hat für die Effektivität und Effizienz der Abschlussprüfung allerdings **keine unmittelbaren (schädlichen) Auswirkungen**.

Schädliche Auswirkungen ergeben sich erst dann, wenn der Abschlussprüfer aufbauend auf den von ihm geschätzten Fehlerrisiken der einzelnen Prüffelder seine **Prüfungsprogrammplanung** vornimmt,[653] also sein prüferisches Vorgehen in sachlicher, personeller und zeitlicher Hinsicht auf dieser Basis plant. In der sachlichen Planungsphase der Prüfungsprogrammplanung hat der Abschlussprüfer vor allem Art und Umfang der von ihm durchzuführenden Prüfungshandlungen zu planen.[654] Aufgrund des Selbstüberschätzungseffekts neigt der Abschlussprüfer unbewusst dazu, die Erfolgswahrscheinlichkeit der von ihm festgelegten Prüfungshandlungen zu überschätzen. Dies hat zur Folge, dass er Prüfungshandlungen vorsieht, welche nicht oder nur bedingt dazu in der Lage sind, die von ihm zuvor ermittelten Fehlerrisiken der einzelnen Prüffelder in dem erforderlichen Maße zu kompensieren.[655] Bei grundsätzlich geeigneten Prüfungshandlungen führt der Selbstüberschätzungseffekt dazu, dass der Abschlussprüfer den für eine wirksame

M., Judging Auditors' Technical Knowledge, S. 290 f.; MESSIER JR., W./OWHOSO, V./RAKOVSKI, C., Ability to Detect Errors, S. 1258 f.

651 Vgl. die allgemeinen Ausführungen zu der vom Abschlussprüfer zu Beginn der Prüfungsplanung durchzuführenden Risikoanalyse in Abschnitt 332.

652 Vgl. DIEHL, C.-U., Risikoorientierte Abschlussprüfung, S. 1114; NAGEL, T., Risikoorientierte Jahresabschlußprüfung, S. 26, sowie die Ausführungen zum Fehlerrisiko in Abschnitt 322.

653 Vgl. dazu die allgemeinen Ausführungen zur Prüfungsprogrammplanung in Abschnitt 332.

654 Vgl. dazu die allgemeinen Ausführungen zur sachlichen Planungsphase der Prüfungsprogrammplanung in Abschnitt 332.

655 Vgl. KENNEDY, J./PEECHER, M., Judging Auditors' Technical Knowledge, S. 279; MESSIER JR., W./OWHOSO, V./RAKOVSKI, C., Ability to Detect Errors, S. 1259.

Reduktion der Fehlerrisiken der einzelnen Prüffelder benötigten Umfang dieser Prüfungshandlungen systematisch unterschätzt. In beiden Fällen hat die Wirkungsweise des Selbstüberschätzungseffekts zur Folge, dass sich die **Effektivität der Abschlussprüfung verringert**.[656]

In der **personellen Planungsphase** der Prüfungsprogrammplanung hat der Abschlussprüfer festzulegen, welche Prüffelder er selber übernimmt und welche Prüffelder er den Mitarbeitern zuweist, die ihm hierarchisch unterstellt sind.[657] Da der Abschlussprüfer aufgrund des Selbstüberschätzungseffekts **seine eigenen Fähigkeiten und sein eigenes Wissen überschätzt**, ordnet er sich regelmäßig solche Prüffelder zu, deren Normenkonformität er auf Basis seiner eigenen Fähigkeiten und seines eigenen Wissens nicht ohne weiteres beurteilen kann. Aufgrund des Selbstüberschätzungseffekts holt sich der Abschlussprüfer für diese Prüffelder **keine Hilfe** von erfahrenen Abschlussprüfern oder internen Spezialisten.[658] In diesem Fall führt der Selbstüberschätzungseffekt dazu, dass sich die **Effektivität der Abschlussprüfung verringert**.

Neben seinen eigenen Fähigkeiten und seinem eigenen Wissen überschätzt der Abschlussprüfer auch die **Fähigkeiten und das Wissen der ihm hierarchisch unterstellten Personen**. In der personellen Planungsphase kann dies dazu führen, dass er einzelne Prüffelder mit Personen besetzt, die nicht über die notwendigen Fähigkeiten und das notwendige Wissen verfügen, die Normenkonformität des jeweiligen Prüffeldes zu beurteilen.[659] Da der Abschlussprüfer dies allerdings nicht erkennt, sieht er deren Arbeitspapiere nicht in dem erforderlichen Maße durch (***under-review***), um mögliche

---

656 Vgl. OWHOSO, V./WEICKGENANNT, A., Auditors' Self-perceived Abilities, S. 17.

657 Vgl. dazu die allgemeinen Ausführungen zur personellen Planungsphase der Prüfungsprogrammplanung in Abschnitt 332.

658 Vgl. KENNEDY, J./PEECHER, M., Judging Auditors' Technical Knowledge, S. 279; OWHOSO, V./WEICKGENANNT, A., Auditors' Self-perceived Abilities, S. 17 f.

659 Vgl. MESSIER JR., W./OWHOSO, V./RAKOVSKI, C., Ability to Detect Errors, S. 1242; OWHOSO, V./WEICKGENANNT, A., Auditors' Self-perceived Abilities, S. 4 und S. 17 f.

Fehler dieser Personen zu korrigieren.[660] Dies hat im besonderen Maße zur Folge, dass sich die **Effektivität der Abschlussprüfung verringert**.[661]

In der **zeitlichen Planungsphase** der Prüfungsprogrammplanung hat der Abschlussprüfer festzulegen, in welcher Reihenfolge die einzelnen Prüffelder geprüft werden sollen und wie viel Bearbeitungszeit dafür jeweils vorgesehen ist.[662] Aufgrund des Selbstüberschätzungseffekts unterschätzt der Abschlussprüfer die Zeit, die er benötigt, um die Normenkonformität eines Prüffeldes zu beurteilen.[663] Dies kann zu ungeplanten Überstunden führen,[664] durch welche die **Effizienz der Abschlussprüfung** verringert wird.

Insgesamt hat der Selbstüberschätzungseffekt für den Abschlussprüfer zur Folge, dass er an unterschiedlichen Stellen der Prüfungsplanung verzerrte Urteile bildet. Diese können zu **Effektivitäts- und Effizienzverlusten bei der Abschlussprüfung** führen. Da sich dadurch die Wahrscheinlichkeit erhöht, dass der Abschlussprüfer der Zielvorschrift der Abschlussprüfung nicht mehr gerecht wird,[665] wird im Folgenden untersucht, welche **Entscheidungshilfen** eingesetzt werden können, um aus dem Selbstüberschätzungseffekt resultierende Urteilsverzerrungen des Abschlussprüfers in der Phase der Prüfungsplanung in ihrer Intensität zu verringern bzw. ganz zu vermeiden.

---

660 Vgl. HAN, J./JAMAL, K./TAN, H.-T., Auditors' Overconfidence, S. 102; OWHOSO, V./WEICKGENANNT, A., Auditors' Self-perceived Abilities, S. 5.

661 Vgl. KENNEDY, J./PEECHER, M., Judging Auditors' Technical Knowledge, S. 280. KENNEDY/PEECHER weisen diesbezüglich auf ein Gerichtsverfahren hin, in dem die Wirtschaftsprüfungsgesellschaft PricewaterhouseCoopers dazu verurteilt wurde, $ 338 Mio. an Entschädigung an die Standard Chartered Bank zu zahlen, da die von PricewaterhouseCoopers in den Jahren 1985 und 1986 durchgeführten Abschlussprüfungen *„negligently performed by insufficiently trained and supervised personnel"* waren. Vgl. KENNEDY, J./PEECHER, M., Judging Auditors' Technical Knowledge, S. 279 f.

662 Vgl. dazu die allgemeinen Ausführungen zur zeitlichen Planungsphase der Prüfungsprogrammplanung in Abschnitt 332.

663 Vgl. CAMERER, C./MALMENDIER, U., Behavioral Economics, S. 247. Nach BUEHLER unterschätzt der Abschlussprüfer nur die von ihm selbst dafür benötigte Zeit, die Normenkonformität eines Prüffeldes einzuschätzen. Die Zeit, die ihm hierarchisch unterstellte Personen für diese Einschätzung benötigen, schätzt er indes in der Regel korrekt ein. Vgl. BUEHLER, R./GRIFFIN, D./ROSS, M., Planning Fallacy, S. 366 und S. 373.

664 Vgl. KENNEDY, J./PEECHER, M., Judging Auditors' Technical Knowledge, S. 279.

665 Vgl. dazu die Ausführungen in Abschnitt 321.

542.232. Mögliche Ansätze zur Verringerung der Intensität der durch den Selbstüberschätzungseffekt hervorgerufenen Urteilsverzerrungen

Die Intensität der sich aus dem Selbstüberschätzungseffekt ergebenden Urteilsverzerrungen lässt sich verringern, indem der Abschlussprüfer veranlasst wird, vor seiner Urteilsbildung eine **Szenarioanalyse** durchzuführen.[666] Der Abschlussprüfer sollte z. B. für seine zeitliche Prüfungsplanung, bei der er festzulegen hat, in welcher Reihenfolge die einzelnen Prüffelder geprüft werden sollen und wie viel Bearbeitungszeit für die einzelnen Prüffelder jeweils vorgesehen ist,[667] alternative Szenarien entwickeln und diese für seine Urteilsbildung miteinander vergleichen. Dadurch würde der Abschlussprüfer gezwungen, sich intensiver mit den unsicheren Entscheidungsparametern der zeitlichen Prüfungsplanung auseinanderzusetzen. Hierzu zählen seine eigenen Fähigkeiten und sein eigenes Wissen in Bezug auf die zeitliche Planung einer Abschlussprüfung, die Qualität der seiner zeitlichen Prüfungsplanung zugrunde liegenden Informationen sowie die Erfolgswahrscheinlichkeit der von ihm gebildeten Szenarien.[668] Dadurch ließe sich die Wahrscheinlichkeit steigern, dass sich der Abschlussprüfer ein **Gesamtbild über die für seine Urteilsbildung relevanten Informationen** verschafft. Dies wiederum würde die Wahrscheinlichkeit erhöhen, dass dem Abschlussprüfer aus dem Selbstüberschätzungseffekt resultierende Fehler bewusst werden und er diese aus seinem Entscheidungskalkül exkludiert. Dies hätte zur Folge, dass sich die Intensität der durch den Selbstüberschätzungseffekt verursachten Urteilsverzerrung verringert,[669] was sich **leicht positiv auf die Effektivität der Abschlussprüfung** auswirken würde.

Um Szenarioanalysen durchführen zu können, ist der Abschlussprüfer auf eine **Vielzahl von Informationen** angewiesen. Um diese zu generieren, hat er zusätzliche Prüfungshandlungen vorzunehmen. Zudem hat der Abschlussprüfer seine Szenarioanalysen zu dokumentieren. Szenarioanalysen sind danach für den Abschlussprüfer mit einem hohen

666 Vgl. BUEHLER, R./GRIFFIN, D./ROSS, M., Planning Fallacy, S. 377; RUSSO, E./SCHOEMAKER, P., Managing Overconfidence, S. 13.

667 Vgl. dazu die allgemeinen Ausführungen zur zeitlichen Planungsphase der Prüfungsprogrammplanung in Abschnitt 332.

668 Vgl. dazu allgemein GRIFFIN, D./TVERSKY, A., Determinants of Confidence, S. 432, sowie mit konkretem Bezug auf den Selbstüberschätzungseffekt im Kontext der Urteilsbildung des Abschlussprüfers KENNEDY, J./PEECHER, M., Judging Auditors' Technical Knowledge, S. 280 f., und OWHOSO, V./WEICKGENANNT, A., Auditors' Self-perceived Abilities, S. 17.

669 Vgl. RUSSO, E./SCHOEMAKER, P., Managing Overconfidence, S. 13.

Zeit- und damit Kostenaufwand verbunden. Durch diesen würde sich die **Effizienz der Abschlussprüfung deutlich verringern**. Der Prüfungspraxis ist daher zu empfehlen, nur dann auf Szenarioanalysen als Entscheidungshilfen zurückzugreifen, wenn keine andere Entscheidungshilfe herangezogen werden kann, die mit weniger Zeit- und damit Kostenaufwand einhergeht.

Eine solche Entscheidungshilfe könnte die Strategie der sog. ***counter explanation*** darstellen.[670] Unter *counter explanation* wird verstanden, dass der Abschlussprüfer durch spezielle Dokumentationsanforderungen dazu angehalten wird, sich nicht nur mit denjenigen Gründen zu beschäftigen, die sein Urteil stützen, sondern sich auch mit **denjenigen Gründen auseinanderzusetzen, die gegen sein Urteil sprechen**.[671] Dazu könnten z. B. die folgenden Fragen in die Prüfungssoftware bzw. in die Arbeitspapiere des Abschlussprüfers integriert werden:[672]

Beispiel 5.2

1. *Welche Gründe sprechen gegen Ihr angestrebtes Urteil?*
2. *Wie hoch schätzen Sie die Wahrscheinlichkeit ein, dass einer der unter 1. genannten Gründe tatsächlich zutreffend ist?*

Wenn der Abschlussprüfer dazu gezwungen wäre, diese beiden Fragen vor seiner Urteilsbildung zu beantworten, würde die Wahrscheinlichkeit steigen, dass sich der Abschlussprüfer ein Gesamtbild über die für seine Urteilsbildung relevanten Informationen verschafft, **aus dem Selbstüberschätzungseffekt resultierende Fehler selbst aufdeckt** und diese aus seinem Entscheidungskalkül ausschließt. Damit würde sich die

---

670 Vgl. dazu erstmals ausführlich LORD, C./LEPPER, M./PRESTON, E., Considering the Opposite, S. 1239, sowie ferner ROESE, N., Counterfactual Thinking, S. 133. Im Schrifttum wird *counter explanation* häufig auch als *consider the opposite* oder als *counterfactual thinking* bezeichnet. Vgl. dazu KRAY, L./GALINSKY, A., Effect of Counterfactual Mind-Sets, S. 70. Zur Wirkung der Strategie der *counter explanation* auf durch den Selbstüberschätzungseffekt hervorgerufene Urteilsverzerrungen vgl. bereits KORIAT, A./LICHTENSTEIN, S./FISCHHOFF, B., Reasons for Confidence, S. 117; RUSSO, E./SCHOEMAKER, P., Managing Overconfidence, S. 12; LARRICK, R., Debiasing, S. 323 m. w. N.

671 Vgl. allgemein FISCHHOFF, B., Debiasing, S. 438, sowie mit konkretem Bezug auf den Selbstüberschätzungseffekt im Kontext der Urteilsbildung des Abschlussprüfers HEIMAN, V., Auditors' Assessments of the Likelihood, S. 876; KOONCE, L., Explanation and Counterexplanation, S. 60.

672 Alternative Formulierung: 1. Was würden Sie denken, wenn Sie durch ihre Prüfungshandlungen zu Prüfungsnachweisen gekommen wären, die auf ein gegenteiliges Urteil schließen lassen würden? 2. Wie hoch schätzen Sie die Wahrscheinlichkeit ein, dass dies möglich gewesen wäre?

Intensität der durch den Selbstüberschätzungseffekt hervorgerufenen Urteilsverzerrungen verringern, was zur Folge hätte, dass sich die **Effektivität der Abschlussprüfung erhöht**. Da dazu allerdings notwendig wäre, die bereits bestehenden Dokumentationsanforderungen des Abschlussprüfers weiter zu erhöhen, hätte eine Implementierung der Strategie der *counter explanation* zur Folge, dass sich die **Effizienz der Abschlussprüfung leicht verringert**. Aufgrund der positiven Wirkung der *counter explanation* auf die Effektivität der Abschlussprüfung ist der Prüfungspraxis allerdings zu empfehlen, dass der Abschlussprüfer bei Urteilen, die sich wesentlich auf die Prüfungsplanung auswirken, z. B. der zeitlichen Prüfungsplanung, auf diese Entscheidungshilfe zurückgreift.

Die Intensität der Urteilsverzerrungen, die sich aus dem Selbstüberschätzungseffekt ergeben, lässt sich ferner verringern, indem die **Rechtfertigungspflichten des Abschlussprüfers** für die von ihm zu fällenden Urteile ausgeweitet werden.[673] Dies hätte zur Folge, dass der Abschlussprüfer dazu motiviert wird, sich mehr Zeit für die zu bildenden Urteile zu nehmen, und dadurch in die Lage versetzt wird, die durch seine Prüfungshandlungen erlangten Prüfungsnachweise aufmerksamer zu beurteilen und sorgfältiger über alternative Urteilshypothesen nachzudenken.[674] Dadurch steigt die Wahrscheinlichkeit, dass sich der Abschlussprüfer aus dem Selbstüberschätzungseffekt resultierender Fehlern bewusst wird und diese aus seinem Entscheidungskalkül ausschließt (sog. „***pre-emptive self-criticism***“[675]).[676] Dies führt dazu, dass sich die Intensität der durch den Selbstüberschätzungseffekt verursachten Urteilsverzerrung verringert, was sich **positiv auf die Effektivität der Abschlussprüfung auswirkt**.

673 Vgl. dazu allgemein RUSSO, E./SCHOEMAKER, P., Managing Overconfidence, S. 11, sowie mit konkretem Bezug auf den Selbstüberschätzungseffekt im Kontext der Urteilsbildung des Abschlussprüfers ASHTON, R., Pressure and Performance in Accounting Decision Settings, S. 173; CHUNG, J./MONROE, G., Confidence Assessments of Auditors, S. 149, sowie ferner KENNEDY, J., Debiasing Audit Judgment with Accountability, S. 233 m. w. N. A. A. KEREN, G., Monitoring Uncertain Knowledge, S. 101.

674 Vgl. GIBBINS, M./NEWTON, J., Accountability in Public Accounting, S. 167 m. w. N. Dass ausgeweitete Rechtfertigungspflichten die Motivation des Abschlussprüfers erhöhen, ergibt sich vor allem daraus, dass sich der Abschlussprüfer in der Regel gegenüber Personen zu rechtfertigen hat, die über seine künftige Vergütung und Karriere (mit-)entscheiden. Vgl. HUBER, O./SEISER, G., Accounting and Convincing, S. 79 f.

675 LARRICK, R., Debiasing, S. 322.

676 Vgl. LERNER, J./TETLOCK, P., Accounting for the Effects of Accountability, S. 257 m. w. N.

Ausgeweitete Rechtfertigungspflichten verringern die Intensität der durch den Selbstüberschätzungseffekt hervorgerufenen Urteilsverzerrung dann besonders stark, wenn sich der Abschlussprüfer gegenüber einer Gruppe ihm hierarchisch übergeordneter Personen zu rechtfertigen hat.[677] Unabhängig davon, ob sich der Abschlussprüfer gegenüber nur einer Person oder einer Gruppe von Personen zu rechtfertigen hat, ist es grundsätzlich ausreichend, dass der Abschlussprüfer zum Zeitpunkt seiner Urteilsbildung davon überzeugt ist, dass er sich für sein Urteil in der Zukunft zu rechtfertigen hat. Demnach ist der **Rechtfertigungsdruck**, nicht indes die tatsächliche Rechtfertigungspflicht entscheidend dafür, die Intensität der durch den Selbstüberschätzungseffekt hervorgerufenen Urteilsverzerrungen zu verringern.[678]

Der Abschlussprüfer muss bei seiner Abschlussprüfung bereits einer Vielzahl von Rechtfertigungspflichten nachkommen.[679] Wenn diese weiter ausgeweitet würden, würde sich die **Effizienz der Abschlussprüfung deutlich verringern**. Daher kann der Prüfungspraxis nicht pauschal empfohlen werden, die Rechtfertigungspflichten des Abschlussprüfers bei der Abschlussprüfung auszuweiten. Der Prüfungspraxis ist vielmehr zu empfehlen, den **Rechtfertigungsdruck des Abschlussprüfers zu erhöhen**. Dem Abschlussprüfer könnte dazu (stärker als dies bislang der Fall ist) bewusst gemacht werden, dass er sich für seine Urteile gegenüber einer ihm hierarchisch übergeordneten Person bzw. einer Gruppe von Personen zu rechtfertigen hat. Dies könnte z. B. durch **Hinweise in seiner Prüfungssoftware bzw. in seinen Arbeitspapieren** erreicht werden, die der Abschlussprüfer vor seiner Urteilsbildung zur Kenntnis zu nehmen und explizit zu bestätigen hat. Für die vom Abschlussprüfer bei seiner Prüfungsplanung zu ermittelnden Fehlerrisiken der einzelnen Prüffelder könnte ein solcher Hinweis beispielsweise wie folgt formuliert werden:

677 Vgl. ARKES, H. U. A., Reducing Overconfidence, S. 141.

678 Vgl. ARKES, H. U. A., Reducing Overconfidence, S. 141, sowie ferner LARRICK, R., Debiasing, S. 322.

679 Vgl. GIBBINS, M./NEWTON, J., Accountability in Public Accounting, S. 168, sowie ausführlich die Ausführungen zur Prüfungsüberwachung in Abschnitt 334.

Beispiel 5.3

Die von Ihnen durchzuführende Risikoanalyse hat zum Ziel, die Fehlerrisiken der einzelnen Prüffelder des zu prüfenden Unternehmens zu ermitteln.[680] *Die von Ihnen für die einzelnen Prüffelder jeweils zu schätzenden Fehlerrisiken werden*

1. *von Abschlussprüfer A, der für das Prüfungsmandat verantwortlich ist,*
2. *von Abschlussprüfer B, der die interne Nachschau vornimmt,*
3. *von Abschlussprüfer C, der den peer review durchführt, und eventuell*
4. *von Abschlussprüfer D, der für die anlassunabhängige Sonderuntersuchung zuständig ist,*

kritisch durchgesehen und beurteilt. Dies bedeutet für Sie, dass Sie sich gegenüber den vorgenannten Personen für die von Ihnen geschätzten Fehlerrisiken für die einzelnen Prüffelder werden rechtfertigen müssen. Bitte bestätigen Sie, dass Sie sich über diese Rechtfertigungspflichten bewusst sind, bevor Sie mit Ihrer Risikoanalyse beginnen.

Nachdem der Abschlussprüfer seine Risikoanalyse vorgenommen hat, könnten weitere Hinweise in seine Prüfungssoftware bzw. in seine Arbeitspapiere implementiert werden, welche ihm abermals die für ihn bestehenden Rechtfertigungspflichten bewusst machen und ihm sogleich die Möglichkeit offerieren, die von ihm ermittelten Fehlerrisiken für die einzelnen Prüffelder noch anzupassen, bevor er seine Prüfungsplanung fortsetzen kann. Da derartige Hinweise ohne einen wesentlichen Mehraufwand in die Prüfungssoftware bzw. in die Arbeitspapiere des Abschlussprüfers integriert werden können, würde sich die **Effektivität der Abschlussprüfung erhöhen, ohne dass sich deren Effizienz verringert**.

Die Wirkung der zuvor erläuterten Entscheidungshilfen auf die Effektivität und Effizienz der Abschlussprüfung lässt sich wie folgt zusammenfassen:

[680] Vgl. dazu und zu den sonstigen Aufgaben des Abschlussprüfers in der sachlichen Planungsphase der Prüfungsprogrammplanung die allgemeinen Ausführungen in Abschnitt 332.

Entscheidungshilfen	Auswirkungen auf die Effektivität der Abschlussprüfung	Auswirkungen auf die Effizienz der Abschlussprüfung
Szenarioanalysen	(+)	–
Counter Explanation	+	(–)
Ausweitung der Rechtfertigungspflichten	+	–
Erhöhung des Rechtfertigungsdrucks	+	+/–

Legende:
- \+ Entscheidungshilfe wirkt sich **positiv** auf die Effektivität bzw. Effizienz der Abschlussprüfung aus.
- (+) Entscheidungshilfe wirkt sich lediglich **leicht positiv** auf die Effektivität bzw. Effizienz der Abschlussprüfung aus.
- – Entscheidungshilfe wirkt sich **negativ** auf die Effektivität bzw. Effizienz der Abschlussprüfung aus.
- (–) Entscheidungshilfe wirkt sich lediglich **leicht negativ** auf die Effektivität bzw. Effizienz der Abschlussprüfung aus.
- +/– Positive und negative Auswirkungen auf die Effektivität bzw. Effizienz der Abschlussprüfung **kompensieren** sich jeweils.

Übersicht 5–2: *Auswirkungen von Entscheidungshilfen zur Verringerung der Intensität der sich aus dem unbewussten Selbstüberschätzungseffekt ergebenden Urteilsverzerrungen des Abschlussprüfers auf die Effektivität und Effizienz der Abschlussprüfung*

542.24 Ankerheuristik

542.241. Wirkungsweise der Ankerheuristik

Die Urteilsbildung des Abschlussprüfers wird an unterschiedlichen Stellen der Prüfungsplanung von der Ankerheuristik beeinflusst.[681] Bei dieser richtet der Abschlussprüfer seine Urteilsbildung an bewusst oder unbewusst **wahrgenommenen Reizen** (sog. Ankern) aus.[682] Diese Reize können von Dritten vorgegeben (externe Anker) oder vom Abschlussprüfer selbst generiert worden sein (interne Anker).[683] **Externe**

---

681 Vgl. BUTLER, S., Anchoring in the Evaluation of Audit Samples, S. 101; JOYCE, E./BIDDLE, G., Anchoring and Adjustment in Auditing, S. 126; KINNEY, W./UECKER, W., Anchoring in Auditor Judgments, S. 66, sowie die allgemeinen Ausführungen zur Ankerheuristik in Abschnitt 433.331. In zahlreichen Studien konnte indes gezeigt werden, dass der Abschlussprüfer weniger häufig auf die Ankerheuristik zurückgreift als der durchschnittliche Mensch. Vgl. KOCH, C., Entscheidungsverhalten des Wirtschaftsprüfers, S. 15 m. w. N.

682 Vgl. JOYCE, E./BIDDLE, G., Anchoring and Adjustment in Auditing, S. 126; KOCH, C., Behavioral Economics and Auditing, S. 16 m. w. N.

683 Vgl. KINNEY, W./UECKER, W., Anchoring in Auditor Judgments, S. 56.

Anker haben zur Folge, dass der Abschlussprüfer in seinem Gedächtnis lediglich den Teil des dort gespeicherten urteilsrelevanten Wissens aktiviert, der mit dem bereitgestellten Anker in Einklang steht. Diese **selektive Wissensaktivierung** führt dazu, dass die Urteile des Abschlussprüfers systematisch in Richtung des externen Ankers verzerrt sind. **Interne Anker** bilden den **Ausgangswert** der Urteilsbildung des Abschlussprüfers. Der Abschlussprüfer adjustiert diesen so lange nach oben bzw. unten, bis er den jeweiligen Wert für plausibel hält. Diese **Adjustierung des Ausgangswertes** verläuft zwar in der Regel in die richtige Richtung, ist in ihrer Intensität indes häufig nicht ausreichend. Als Folge sind die Urteile des Abschlussprüfers systematisch in Richtung selbst generierter interner Anker verzerrt. Fraglich ist, welchen wesentlichen externen und internen Reizen der Abschlussprüfer in der Phase der Prüfungsplanung ausgesetzt ist.

Externe Anker können grundsätzlich in allen Dokumenten enthalten sein, die der Abschlussprüfer für seine Prüfungsplanung heranzieht. Diese Dokumente lassen sich in die folgenden drei Kategorien einteilen:

- Dokumente, die unabhängig von der Abschlussprüfung bestehen. Darunter können z. B. **Analystenempfehlungen, Branchenstudien oder Presseberichte** subsumiert werden.
- Dokumente, die dem Abschlussprüfer im Vorfeld der Abschlussprüfung von dem zu prüfenden Unternehmen mit Bezug auf die Abschlussprüfung übermittelt wurden. Dabei handelt es sich z. B. um den **ungeprüften Jahresabschluss**[684] des zu prüfenden Unternehmens oder um für das zu prüfende Unternehmen von Dritten erstellte Bewertungsgutachten, etwa zu **Kaufpreisallokationen, Werthaltigkeitstests oder Pensionsrückstellungen**.
- Dokumente, die Hinweise auf die Prüfungsplanung der Vergangenheit umfassen. Hier ist zwischen Erstprüfungen und Folgeprüfungen zu differenzieren. Bei Erstprüfungen enthalten vor allem der **Prüfungsbericht und einzelne Arbeitspapiere**

684 Vgl. KINNEY, W./UECKER, W., Anchoring in Auditor Judgments, S. 57.

des Vorjahresprüfers derartige Hinweise.[685] Bei Folgeprüfungen wird der Abschlussprüfer Hinweise auf die Prüfungsplanung der Vergangenheit seinem **eigenen Vorjahresprüfungsbericht** sowie seinen **eigenen Vorjahresarbeitspapieren** entnehmen.[686]

Die **Wirkungsweise der Ankerheuristik** unterscheidet sich bei den vorgenannten externen Ankern nicht.[687] Daher wird im Folgenden darauf verzichtet, eine nach Quellen der einzelnen externen Anker getrennte Untersuchung der Ankerheuristik bei der Prüfungsplanung vorzunehmen. Vielmehr wird die Wirkungsweise der Ankerheuristik exemplarisch anhand derjenigen externen Anker erläutert, mit denen der Abschlussprüfer in den eigenen Vorjahresarbeitspapieren konfrontiert wird.

Die **eigenen Vorjahresarbeitspapiere** stellen regelmäßig die Grundlage der Prüfungsplanung einer Folgeprüfung dar.[688] Die Prüfungsplanung beginnt damit, dass der Abschlussprüfer das Fehlerrisiko der von ihm zuvor bestimmten Prüffelder einzuschätzen hat. Diese Einschätzung nimmt er jeweils auf Basis der in den Vorjahresarbeitspapieren dokumentierten Fehlerrisiken der einzelnen Prüffelder vor. Der Abschlussprüfer prüft dabei, ob das für das vorherige Geschäftsjahr ermittelte Fehlerrisiko des Prüffeldes indikativ für das Fehlerrisiko des abgelaufenen Geschäftsjahres ist. Dazu aktiviert er in seinem Gedächtnis denjenigen Teil seines Wissens, der mit dem für das vorherige Geschäftsjahr geschätzten Fehlerrisiko des Prüffeldes in Einklang steht. Dies hat zur Folge, dass der Abschlussprüfer das für das vorherige

---

685 Gleiches gilt für den Fall, wenn der Abschlussprüfer vor seiner Prüfungsplanung die Arbeitspapiere von anderen Unternehmen durchsieht, die mit dem von ihm zu prüfenden Unternehmen vergleichbar sind.

686 Vgl. BEDARD, J., Investigation of Audit Program Planning, S. 57 f.; TAN, H.-T., Audit Evidence and Judgment, S. 126 f.; WRIGHT, A., Impact of Prior Working Papers, S. 595 f. m. w. N.

687 Die Intensität der Urteilsverzerrung ist indes davon abhängig, welchem der aufgeführten Dokumente der externe Anker entstammt. Aufgrund des Selbstüberschätzungseffekts zieht der Abschlussprüfer nämlich externe Anker aus selbst erstellten Dokumenten, z. B. den eigenen Vorjahresarbeitspapieren, stärker in sein Entscheidungskalkül ein als externe Anker aus von Dritten erstellten Dokumenten, z. B. Presseberichten.

688 Vgl. ZAEH, P., Risikoorientierte Abschlußprüfung, S. 143 m. w. N. Der Abschlussprüfer prüft lediglich, ob die in den Vorjahresarbeitspapieren dokumentierten planungsrelevanten Informationen über das zu prüfende Unternehmen und dessen Umwelt, z. B. aufgrund besonderer Vorkommnisse im abgelaufenen Geschäftsjahr, aktualisiert werden müssen. Zu den Vorteilen eines solchen Vorgehens vgl. DIEHL, C.-U., Risikoorientierte Abschlussprüfung, S. 210 f.; THOENNES, H., Risikoorientierter Prüfungsansatz, S. 50 f.

Geschäftsjahr geschätzte Fehlerrisiko des Prüffeldes unbewusst **systematisch zu stark in sein Entscheidungskalkül** einbezieht. Dies ist für die Effektivität und Effizienz der Abschlussprüfung unproblematisch, solange sich das tatsächliche Fehlerrisiko eines Prüffeldes im Vergleich zum Vorjahr nicht verändert hat. Verändert sich dieses indes, kann sich die Wirkungsweise der Ankerheuristik negativ auf die Effektivität und Effizienz der Abschlussprüfung auswirken.

Erhöht sich nämlich das **tatsächliche Fehlerrisiko** eines Prüffeldes im Vergleich zum Vorjahr, führt eine unbewusst zu starke Berücksichtigung des Vorjahresfehlerrisikos im Entscheidungskalkül des Abschlussprüfers dazu, dass dieser seine Risikoeinschätzung nicht in dem erforderlichen Maße an das gestiegene Fehlerrisiko des Prüffeldes anpasst.[689] Dementsprechend **unterschätzt der Abschlussprüfer systematisch das Ausmaß gestiegener Fehlerrisiken.** Da er seine Prüfungsprogrammplanung an dem von ihm geschätzten Fehlerrisiko eines Prüffeldes ausrichtet, hat die systematische Unterschätzung des Ausmaßes gestiegener Fehlerrisiken zur Folge, dass der Abschlussprüfer seine Prüfungshandlungen nicht in dem erforderlichen Maße ausweitet, um das gestiegene Fehlerrisiko des Prüffeldes zu kompensieren.[690] Dies führt zu **Effektivitätsverlusten bei der Abschlussprüfung.**[691]

Verringert sich dagegen das **tatsächliche Fehlerrisiko** eines Prüffeldes im Vergleich zum Vorjahr, führt eine unbewusst zu starke Berücksichtigung des Vorjahresfehlerrisikos durch den Abschlussprüfer dazu, dass dieser seine Risikoeinschätzung nicht in dem erforderlichen Maße an das gesunkene Fehlerrisiko des Prüffeldes anpasst. Dementsprechend **unterschätzt er systematisch das Ausmaß gesunkener Fehlerrisiken.** Da der Abschlussprüfer seine Prüfungsprogrammplanung auf Basis des von ihm geschätzten Fehlerrisikos eines Prüffeldes vornimmt, hat die systematische Unterschätzung des Ausmaßes gesunkener Fehlerrisiken zur Folge, dass der Abschlussprüfer seine Prüfungshandlungen nicht in dem erforderlichen Maße einschränkt, um auf das gesunkene

---

689 Vgl. MOCK, T./WRIGHT, A., Auditors' Evidential Planning Judgments, S. 58.

690 Vgl. JOYCE, E./BIDDLE, G., Anchoring and Adjustment in Auditing, S. 122.

691 Vgl. MOCK, T./WRIGHT, A., Auditors' Evidential Planning Judgments, S. 58; WRIGHT, A., Impact of Prior Working Papers, S. 602.

Fehlerrisiko des Prüffeldes zu reagieren.[692] In einem solchen Fall kommt es zu **Effizienzverlusten bei der Abschlussprüfung**.[693]

Interne Anker werden vom Abschlussprüfer selbst generiert. Der Abschlussprüfer generiert interne Anker, indem er die Informationen, die er sich bei der Prüfungsplanung beschafft, mit den in seinem Langzeitgedächtnis gespeicherten **planungsrelevanten Erfahrungen** verknüpft.[694] Diese Erfahrungen können aus Vorjahresprüfungen und Zwischenprüfungen des zu prüfenden Unternehmens sowie aus Abschlussprüfungen vergleichbarer Unternehmen stammen. Auch könnten diese Erfahrungen auf Basis von theoretischem Wissen entstanden sein, das sich der Abschlussprüfer in der Vergangenheit angeeignet hat.

Die Prüfungsplanung wird grundsätzlich von einem **erfahrenen Abschlussprüfer** durchgeführt. Dieser hat in der Regel bereits in der Vergangenheit planungsrelevante Erfahrungen gesammelt. Dies hat zur Folge, dass er bei seiner Urteilsbildung im Rahmen der Prüfungsplanung von internen Ankern beeinflusst wird. Zu Beginn der Prüfungsplanung hat der Abschlussprüfer das **Fehlerrisiko** der von ihm zuvor abzugrenzenden Prüffelder einzuschätzen. Dazu greift er auf seine Erfahrungen zurück, die er in der Vergangenheit bzgl. der einzelnen Prüffelder gemacht hat, also auf sein **Wissen über die Risiken**, die entsprechend seinem Ankerwissen mit diesen Prüffeldern verbunden sind. Auf Basis dieses Wissens über die Risiken in den Prüffeldern gelangt der Abschlussprüfer zu einer **vorläufigen Risikoeinschätzung**. Diese bildet den internen Anker seiner Urteilsbildung. Stehen die Informationen, die sich der Abschlussprüfer bei der Prüfungsplanung über die einzelnen Prüffelder beschafft, in Einklang mit seiner vorläufigen Risikoeinschätzung, die er auf Basis vergangener Erfahrungen gebildet hat, richtet er Art, Umfang und Zeitpunkt weiterer

692 Vgl. JOYCE, E./BIDDLE, G., Anchoring and Adjustment in Auditing, S. 122.

693 Vgl. WRIGHT, A., Impact of Prior Working Papers, S. 602 und S. 604.

694 Vgl. BUTLER, S., Anchoring in the Evaluation of Audit Samples, S. 102 und S. 108. Demnach generiert der Abschlussprüfer nur dann interne Anker, wenn er in der Vergangenheit bereits planungsrelevante Erfahrungen mit dem von ihm zu lösenden Nicht-Routineproblem gemacht hat. Daraus lässt sich folgern, dass Abschlussprüfer, die in ihrer Vergangenheit keine planungsrelevanten Erfahrungen mit dem zu lösenden Nicht-Routineproblem gemacht haben, bei ihrer Prüfungsplanung nicht von internen Ankern beeinflusst werden. Zu einer empirischen Bestätigung vgl. BUTLER, S., Anchoring in the Evaluation of Audit Samples, S. 108.

Prüfungshandlungen daran aus. Legen die vom Abschlussprüfer bei der Prüfungsplanung beschafften Informationen indes nahe, dass das Fehlerrisiko eines Prüffeldes von seiner vorläufigen Risikoeinschätzung abweicht, kann die Wirkungsweise der Ankerheuristik Effektivitäts- und Effizienzverluste bei der Abschlussprüfung zur Folge haben.

Ist das **tatsächliche Fehlerrisiko** eines Prüffeldes, das sich aus den für die Prüfungsplanung beschafften Informationen ergibt, **höher** als das Fehlerrisiko, das der Abschlussprüfer auf Basis vergangener Erfahrungen mit dem Prüffeld geschätzt hat, hat der Abschlussprüfer seine Risikoeinschätzung nach oben anzupassen. Da er seine vergangenen Erfahrungen bzgl. des Prüffeldes unbewusst zu stark in seinem Entscheidungskalkül berücksichtigt, ist die Anpassung in ihrer Intensität allerdings nicht ausreichend. Daraus folgt, dass der Abschlussprüfer das **tatsächliche Fehlerrisiko** eines Prüffeldes unbewusst immer dann **unterschätzt**, wenn er auf Basis vergangener Erfahrungen mit diesem Prüffeld zu Beginn der Prüfungsplanung von einem geringeren Fehlerrisiko ausging. Da der Abschlussprüfer seine Prüfungsprogrammplanung an dem von ihm auf diese Weise ermittelten Fehlerrisiko eines Prüffeldes ausrichtet, führt die systematische Unterschätzung des tatsächlichen Fehlerrisikos eines Prüffeldes dazu, dass die vom Abschlussprüfer durchgeführten Prüfungshandlungen nicht ausreichend sind, um das tatsächlich bestehende Fehlerrisiko des Prüffeldes zu kompensieren.[695] Dadurch kommt es zu **Effektivitätsverlusten bei der Abschlussprüfung**.

Ist das **tatsächliche Fehlerrisiko** eines Prüffeldes hingegen **geringer** als das vom Abschlussprüfer auf Basis vergangener Erfahrungen ermittelte Fehlerrisiko, passt der Abschlussprüfer seine Risikoeinschätzung nach unten an. Da er seine Erfahrungen mit dem Prüffeld in der Vergangenheit unbewusst zu stark in sein Entscheidungskalkül einbezieht, verringert er seine Risikoeinschätzung indes nicht in dem erforderlichen Maße.[696] Daraus lässt sich folgern, dass der Abschlussprüfer das **tatsächliche Fehlerrisiko** eines Prüffeldes unbewusst immer dann **überschätzt**, wenn er auf Basis vergangener Erfahrungen mit dem Prüffeld zu Beginn der Prüfungsplanung ein höheres Fehlerrisiko erwartet hatte. Die systematische Überschätzung des tatsächlichen Fehlerri-

[695] Vgl. JOYCE, E./BIDDLE, G., Anchoring and Adjustment in Auditing, S. 122.

[696] Vgl. JOYCE, E./BIDDLE, G., Anchoring and Adjustment in Auditing, S. 122.

sikos eines Prüffeldes hat zur Folge, dass der Abschlussprüfer bestimmte Prüfungshandlungen durchführt, die nicht erforderlich gewesen wären, um das tatsächliche Fehlerrisikos des Prüffeldes zu kompensieren. Dies führt zu **Effizienzverlusten bei der Abschlussprüfung.**

Zusammengefasst führt die Ankerheuristik dazu, dass die Urteilsbildung des Abschlussprüfers in der Phase der Prüfungsplanung regelmäßig verzerrt ist. Unter bestimmten Bedingungen können sich diese verzerrten Urteile des Abschlussprüfers **negativ auf die Effektivität und Effizienz der Abschlussprüfung** auswirken. Da sich dadurch die Wahrscheinlichkeit erhöht, dass der Abschlussprüfer der Zielvorschrift der Abschlussprüfung nicht gerecht wird,[697] gilt es im Folgenden zu untersuchen, welche **Entscheidungshilfen** dazu beitragen können, die durch den Einsatz der Ankerheuristik hervorgerufenen Urteilsverzerrungen des Abschlussprüfers in der Phase der Prüfungsplanung in ihrer Intensität zu verringern bzw. ganz zu vermeiden.

542.242. Mögliche Ansätze zur Verringerung der Intensität der durch die Ankerheuristik hervorgerufenen Urteilsverzerrungen

In zahlreichen Studien konnte gezeigt werden, dass der Abschlussprüfer bei seiner Urteilsbildung **wesentlich stärker von externen Ankern als von internen Ankern beeinflusst** wird.[698] Dies könnte einen Ansatzpunkt darstellen, die von der Ankerheuristik hervorgerufenen Urteilsverzerrungen in ihrer Intensität zu verringern. Die Wirkung externer Anker lässt sich vor allem durch die Strategie der sog. ***counter explanation*** abschwächen.[699] Bei dieser Entscheidungshilfe wird der Abschlussprüfer durch spezielle Dokumentationsanforderungen dazu angehalten, sich nicht nur mit denjenigen Gründen zu beschäftigen, die sein Urteil stützen, sondern auch **diejenigen Gründe zu**

[697] Vgl. dazu die Ausführungen in Abschnitt 321.

[698] Vgl. BUTLER, S., Anchoring in the Evaluation of Audit Samples, S. 103 m. w. N.

[699] Zur Wirkung der Strategie der *counter explanation* auf die sich durch den Einsatz der Ankerheuristik ergebenden Urteilsverzerrungen vgl. EPLEY, N./GILOVICH, T., Judgmental Anchoring, S. 210; KENNEDY, J., Curse of Knowledge in Audit Judgment, S. 269 f. Allgemein zur Strategie der *counter explanation* vgl. bereits LORD, C./LEPPER, M./PRESTON, E., Considering the Opposite, S. 1239, sowie ferner MUSSWEILER, T./STRACK, F./PFEIFFER, T., Considering the Opposite Compensates for Selective Accessibility, S. 1148; ROESE, N., Counterfactual Thinking, S. 133.

berücksichtigen, die gegen sein Urteil sprechen.[700] Dadurch wird sichergestellt, dass sich der Abschlussprüfer auch mit denjenigen Gründen auseinanderzusetzen hat, die gegen seine auf Basis externer Anker gebildete initiale Interpretation der erhaltenen Prüfungsnachweise sprechen.[701] Dies ist für die Urteilsbildung des Abschlussprüfers insoweit von Vorteil, als der Abschlussprüfer dadurch gezwungen wird, sich ein Gesamtbild über die erhaltenen Prüfungsnachweise zu verschaffen. Dadurch erhöht sich die Wahrscheinlichkeit, dass der Abschlussprüfer **externe Anker nicht mehr unbewusst systematisch zu stark bei seiner Urteilsbildung berücksichtigt**, sondern alle Interpretationsmöglichkeiten gleichgewichtet in sein Entscheidungskalkül einbezieht.[702]

Die Dokumentationspflicht, die zur Umsetzung der *counter explanation* in die **Prüfungssoftware bzw. Arbeitspapiere des Abschlussprüfers** zu integrieren wäre, könnte wie folgt aussehen:[703]

Beispiel 5.4

1. *Welche Gründe sprechen gegen Ihre initiale Interpretation der von Ihnen erlangten Prüfungsnachweise?*
2. *Wie hoch schätzen Sie die Wahrscheinlichkeit ein, dass einer der unter 1. genannten Gründe tatsächlich zutreffend ist?*

Beantwortet der Abschlussprüfer vor seiner Urteilsbildung diese beiden Fragen, lässt sich der unbewusste Einfluss externer Anker auf die Urteilsbildung des Abschlussprüfers deutlich verringern.[704] Dadurch würde sich die Intensität der sich aus dem Einsatz der Ankerheuristik ergebenden Urteilsverzerrungen wesentlich verringern. Dies wirkt sich **positiv auf die Effektivität der Abschlussprüfung** aus.[705] Dazu wäre es indes notwendig, die bestehenden Dokumentationsanforderungen des Abschlussprüfers zu

---

[700] Vgl. HEIMAN, V., Auditors' Assessments of the Likelihood, S. 876; KOONCE, L., Explanation and Counterexplanation, S. 60.

[701] Vgl. CHAPMAN, G./JOHNSON, E., Anchoring and Activation, S. 128 und S. 132.

[702] Vgl. KRAY, L./GALINSKY, A., Effect of Counterfactual Mind-Sets, S. 70 m. w. N. sowie S. 77.

[703] Alternative Formulierung: 1. Was würden Sie denken, wenn Sie durch ihre Prüfungshandlungen zu Prüfungsnachweisen gekommen wären, die auf ein gegenteiliges Urteil schließen lassen würden? 2. Wie hoch schätzen Sie die Wahrscheinlichkeit ein, dass dies möglich gewesen wäre?

[704] Vgl. KOONCE, L., Explanation and Counterexplanation, S. 60.

[705] Vgl. MCDANIEL, L./KINNEY, W., Expectation-Formation Guidance, S. 72 f.

erhöhen. Dies hätte zur Folge, dass sich die **Effizienz der Abschlussprüfung leicht verringern** würde. Gleichwohl ist der Prüfungspraxis aufgrund der positiven Wirkung der *counter explanation* auf die Effektivität der Abschlussprüfung zu empfehlen, dass der Abschlussprüfer die *counter explanation* zumindest bei Urteilen, die sich wesentlich auf die Prüfungsplanung auswirken, z. B. Urteile über die Höhe der Fehlerrisiken wesentlicher Prüffelder, als Entscheidungshilfe heranzieht.

Mit der Strategie der *counter explanation* lässt sich vor allem die Intensität der Urteilsverzerrungen des Abschlussprüfers verringern, die durch externe Anker hervorgerufen werden. Urteilsverzerrungen, die dagegen auf **interne Anker** zurückzuführen sind, können dadurch nicht reduziert werden.[706] Der Einfluss interner Anker auf die Urteilsbildung des Abschlussprüfers lässt sich allerdings reduzieren, indem der Abschlussprüfer mit einer **expliziten Vorwarnung** konfrontiert wird,[707] dass er bei selbst generierten Reizen unbewusst dazu neigt, diese zwar so lange nach oben bzw. unten zu adjustieren, bis er einen für ihn plausiblen Wert erreicht,[708] diese Adjustierung indes in ihrer Intensität regelmäßig nicht ausreichend ist.[709] Dieser fehlerhafte Adjustierungsprozess könnte dem Abschlussprüfer z. B. durch **Hinweise in seiner Prüfungssoftware bzw. in seinen Arbeitspapieren** bewusst gemacht werden, die der Abschlussprüfer vor seiner Urteilsbildung erst zur Kenntnis zu nehmen und dann explizit zu bestätigen hat.[710] Bevor der Abschlussprüfer beispielsweise eine Schätzung der Fehlerrisiken der einzelnen von ihm gebildeten Prüffelder abgeben kann, könnte er dazu

---

706 Vgl. BUTLER, S., Anchoring in the Evaluation of Audit Samples, S. 103 m. w. N.

707 Zur Wirkungsweise von Vorwarnungen auf die Berücksichtigung interner Anker bei der Urteilsbildung vgl. EPLEY, N./GILOVICH, T., Judgmental Anchoring, S. 207; EPLEY, N./GILOVICH, T., Anchoring-and-Adjustment Heuristic, S. 317; GEORGE, J./DUFFY, K./AHUJA, M., Countering the Anchoring and Adjustment Bias, S. 203; LEBOEUF, R./SHAFIR, E., Anchoring, S. 87 f.

708 Dieser Adjustierungsprozess spiegelt das in Abschnitt 423 beschriebene *satisficing*-Verhalten des Menschen wider. Gleicher Ansicht statt vieler EPLEY, N./GILOVICH, T., Insufficient Adjustments, S. 457.

709 Vgl. statt vieler CHAPMAN, G./JOHNSON, E., Anchors in Judgments of Belief and Value, S. 127. Zur Wirkungsweise interner Anker vgl. ferner die allgemeinen Ausführungen zur Ankerheuristik in Abschnitt 433.331 und die speziellen Ausführungen zur Ankerheuristik im Kontext der Urteilsbildung des Abschlussprüfers bei der Abschlussprüfung in Abschnitt 542.241.

710 Vgl. dazu auch KAHNEMAN, D., Judgment and Choice, S. 711.

aufgefordert werden, den wie folgt formulierten Hinweis durchzusehen und explizit zu bestätigen:[711]

Beispiel 5.5

Bei der von Ihnen durchzuführenden Risikoanalyse unterliegen Sie selbst generierten Reizen, die Ihre Urteilsbildung verzerren können. Diese Reize werden von Ihnen generiert, indem Sie Informationen, die Sie sich durch ihre Prüfungshandlungen in der Phase der Prüfungsplanung beschafft haben, mit Ihren in Ihrem Langzeitgedächtnis gespeicherten Erfahrungen mit Fehlern in den von Ihnen bestimmten Prüffeldern verknüpfen.[712] Diese Erfahrungen können Sie unter anderem bei

1. *Vorjahresprüfungen und/oder Zwischenprüfungen des zu prüfenden Unternehmens oder*
2. *Abschlussprüfungen von mit dem zu prüfenden Unternehmen vergleichbaren Unternehmen gemacht haben. Ferner könnten diese Erfahrungen*
3. *auf Basis Ihres theoretischen Wissens*

entstanden sein. Diese Erfahrungen werden Sie Ihrer Risikoeinschätzung zugrunde legen. Indes besteht die Gefahr, dass Sie Ihre Erfahrungen mit Fehlern in den einzelnen Prüffeldern nicht in dem erforderlichen Maße an das aktuell zu prüfende Unternehmen X anpassen. Dies könnte sich negativ auf Ihre Risikoeinschätzung auswirken. Bitte bestätigen Sie, dass Sie sich hierüber bewusst sind und die notwendigen Anpassungen vornehmen werden, bevor Sie mit Ihrer Risikoanalyse beginnen.

Durch eine derartige Vorwarnung wird der Abschlussprüfer darauf aufmerksam, dass er bei einer Urteilsbildung auf Basis selbst generierter Anker aufgrund eines nicht ausrei-

---

711 Vgl. dazu auch EPLEY, N./GILOVICH, T., Judgmental Anchoring, S. 207, die in einem vergleichbaren Beispiel den vor der Urteilsbildung gegebenen Hinweis wie folgt formulieren: „*Previous research has demonstrated that people's judgments are often biased by the first pieces of information that come to mind. For example, one study examined real estate agents who were setting prices for houses. Agents tended to be biased in the direction of the price of the last house they visited. This bias seems to occur because people start with the first number that comes to mind, and then they insufficiently adjust away from that value. In the following questions, you will need to generate estimates; some information will probably come to mind immediately. Please try not to be overly influenced by the first thing that comes to mind, and try not to adjust too little*".

712 Vgl. BUTLER, S., Anchoring in the Evaluation of Audit Samples, S. 102 und S. 108.

chenden Adjustierungsprozesses zu verzerrten Urteilen gelangt. Dies motiviert ihn dazu, den bei selbst generierten Ankern vorzunehmenden Adjustierungsprozess mit mehr Aufmerksamkeit durchzuführen als zuvor.[713] Dies hat in der Regel zur Folge, dass der Abschlussprüfer seinen selbst generierten Ausgangswert in einem größeren Maße anpasst als ohne eine solche in seine Prüfungssoftware bzw. in seine Arbeitspapiere integrierte Vorwarnung.[714] Da sich derartige Hinweise ohne einen wesentlichen Mehraufwand in die Prüfungssoftware bzw. in die Arbeitspapiere des Abschlussprüfers integrieren lassen, könnte sich die **Effektivität der Abschlussprüfung leicht erhöhen, ohne dass sich deren Effizienz verringert**. Der Prüfungspraxis sind derartige Hinweise daher uneingeschränkt zu empfehlen.

Den aus dem unbewussten Einsatz der Ankerheuristik resultierenden Urteilsverzerrungen kann ferner mit dem Konzept des sog. **liberalen Paternalismus**[715] begegnet werden.[716] Dahinter verbirgt sich die Idee, dass die Urteilsqualität des Abschlussprüfers verbessert werden kann, indem die Rahmenbedingungen seiner Entscheidungssituation bewusst gestaltet werden.[717] Der Abschlussprüfer soll durch eine solche **bewusst gestaltete Entscheidungssituation** derart in seinem Verhalten gelenkt werden, dass er zu Urteilen gelangt, die treffender sind als solche Urteile, zu denen er ohne diesen paternalistischen Eingriff in die Entscheidungssituation gelangen würde.[718] Gleichwohl sollen dem Abschlussprüfer durch diesen paternalistischen Eingriff keine Vorschriften gemacht werden, wie er zu entscheiden hat.[719] Vielmehr bleibt dem Abschlussprüfer die Freiheit erhalten, **bewusst ein von der Erwartung abweichendes Urteil** zu treffen.[720] Dieses wird ausdrücklich geduldet und hätte **keine Sanktionen** zur Folge.[721]

---

713 Vgl. EPLEY, N./GILOVICH, T., Judgmental Anchoring, S. 207.

714 Vgl. EPLEY, N./GILOVICH, T., Anchoring-and-Adjustment Heuristic, S. 317.

715 Grundlegend zum Konzept des liberalen Paternalismus vgl. THALER, R./SUNSTEIN, C., Libertarian Paternalism, S. 175; SUNSTEIN, C./THALER, R., Libertarian Paternalism, S. 1162, sowie ferner CAMERER, C. U. A., Paternalism, S. 1212.

716 Vgl. SUNSTEIN, C./THALER, R., Libertarian Paternalism, S. 1177 f.

717 Vgl. SCHNELLENBACH, J., Liberaler Paternalismus, S. 445 f.

718 Dies wird auch als *nudge* bezeichnet. Vgl. THALER, R./SUNSTEIN, C., Nudge, S. 6.

719 Vgl. THALER, R./SUNSTEIN, C., Libertarian Paternalism, S. 175.

720 Vgl. SUNSTEIN, C./THALER, R., Libertarian Paternalism, S. 1161.

721 Dies ist der Grund dafür, dass der liberale Paternalismus im Schrifttum häufig auch als weicher Paternalismus bezeichnet wird. Vgl. SCHNELLENBACH, J., Liberaler Paternalismus, S. 446.

Die Intensität der sich aus dem Einsatz der Ankerheuristik ergebenden Urteilsverzerrungen lässt sich mit dem Konzept des liberalen Paternalismus insoweit verringern, als dem Abschlussprüfer für die von ihm zu treffenden wesentlichen Urteile **bestimmte externe Anker bewusst vorgegeben** werden könnten (sog. *default anchor*).[722] Falls der Abschlussprüfer vor seiner Urteilsbildung nämlich mit den „richtigen" externen Ankern konfrontiert werden würde, erhöhte sich die Wahrscheinlichkeit, dass er auf Basis der Ankerheuristik zu einem Urteil gelangt, das näher am optimalen Entscheidungsergebnis liegt als das Urteil, das er ohne diesen paternalistischen Eingriff getroffen hätte. Gleichzeitig aber bliebe der Vorteil der Ankerheuristik, der darin gesehen wird, ohne großen kognitiven Aufwand zu einem nah am optimalen Entscheidungsergebnis liegenden Urteil zu gelangen, für den Abschlussprüfer erhalten. Durch die Vorgabe externer Anker ließe sich folglich die **Effektivität der Abschlussprüfung erhöhen, ohne dass sich dies negativ auf deren Effizienz auswirkt**.

Für seine **Prüfungsplanung** könnte dem Abschlussprüfer beispielsweise eine repräsentative Auswahl an

- **Analystenempfehlungen**, inkl. z. B. quantitativer Angaben zu den von den Analysten erwarteten Kennzahlen des jeweils zu prüfenden Unternehmens und den Chancen und Risiken seiner Geschäftstätigkeit,
- **Branchenstudien**, inkl. z. B. dem von Branchenexperten erwarteten Wachstum der jeweiligen Branche und den für Unternehmen dieser Branche üblicherweise bestehenden Chancen und Risiken, und
- **Presseberichten** zu dem jeweils zu prüfenden Unternehmen

bereitgestellt werden. Darüber hinaus könnten dem Abschlussprüfer für seine **Prüfungsdurchführung** beispielsweise die

- **Abschreibungsdauer ausgewählter Vermögenswerte** für die vom Abschlussprüfer durchzuführende Beurteilung der vom zu prüfenden Unternehmen vorgenommenen planmäßigen Abschreibungen,

[722] Vgl. SUNSTEIN, C./THALER, R., Libertarian Paternalism, S. 1177 f.; CAMERER, C. U. A., Paternalism, S. 1224-1226.

- **risikoadjustierten Diskontierungszinsen** für Unternehmen unterschiedlicher Branchen, Größen und Rechtsformen für die vom Abschlussprüfer durchzuführenden Plausibilitätsprüfungen der vom zu prüfenden Unternehmen vorgenommenen Werthaltigkeitstests sowie
- **versicherungsmathematischen Annahmen** für die Beurteilung der Rückstellungen für Pensionen und ähnlichen Verpflichtungen des zu prüfenden Unternehmens

vorgegeben werden. Durch solche dem Abschlussprüfer einheitlich zur Verfügung gestellte externe Anker lässt sich die Wahrscheinlichkeit erhöhen, dass sich der Abschlussprüfer bei seiner Urteilsbildung an externen Ankern orientiert, die für dessen Urteil tatsächlich relevant sind. Dies setzt indes voraus, dass die ihm vorgegebenen externen Anker „richtig" sind. Um dies zu gewährleisten, sollten derartige externe Anker von **mandatsunabhängigen Unternehmens- bzw. Branchenexperten**[723] ermittelt werden. Diese könnten z. B. einer zentralen Fachabteilung, einer Organisation des Berufsstands oder einer berufsstandsunabhängigen Institution, etwa einem Forschungsinstitut, angehören. Die auf diese Weise ermittelten externen Anker können dem Abschlussprüfer dann ohne einen wesentlichen Mehraufwand an den jeweiligen Stellen seiner **Prüfungssoftware** angezeigt werden.

Im Sinne des Konzepts des liberalen Paternalismus ließe sich die Intensität der sich aus dem Einsatz der Ankerheuristik ergebenden Urteilsverzerrungen auch insoweit verringern, als dem Abschlussprüfer **bestimmte externe Anker bewusst vorenthalten** werden könnten. Denn wenn der Abschlussprüfer nicht mehr dazu in der Lage ist, auf externe Anker zurückzugreifen, ist er dazu gezwungen, selbst einen Anker zu generieren. Da der Abschlussprüfer bei seiner Urteilsbildung **wesentlich stärker von externen Ankern als von internen Ankern beeinflusst** wird, lässt sich dadurch die Intensität der

723 Bei Unternehmens- bzw. Branchenexperten, die weder eine finanzielle noch eine persönliche Beziehung zu dem zu prüfenden Unternehmen haben, ist die Wahrscheinlichkeit, dass diese eine repräsentative Informationsauswahl treffen, wesentlich höher als dies beim Abschlussprüfer der Fall ist. Vgl. RACHLINSKI, J., Uncertain Psychological Case for Paternalism, S. 1216. Kritisch dazu etwa GLAESER, E., Paternalism and Psychology, S. 142 f.

durch den Einsatz der Ankerheuristik hervorgerufenen Urteilsverzerrungen verringern.[724]

Bei Erstprüfungen enthalten vor allem der **Prüfungsbericht und einzelne Arbeitspapiere des Vorjahresprüfers** eine Vielzahl möglicher externer Anker.[725] Bei Folgeprüfungen wird der Abschlussprüfer vor allem in seinem **eigenen Vorjahresprüfungsbericht** sowie seinen **eigenen Vorjahresarbeitspapieren** mit zahlreichen externen Ankern konfrontiert.[726] Im theoretischen Extremfall könnten dem Abschlussprüfer diese Dokumente bei seiner Prüfungsplanung **komplett vorenthalten** werden. Dies würde dazu führen, dass der Abschlussprüfer bei seiner Urteilsbildung nicht mehr von den in diesen Dokumenten enthaltenen externen Ankern beeinflusst werden würde. Allerdings müsste der Abschlussprüfer ohne diese Dokumente und unabhängig davon, ob es sich um eine Erstprüfung oder Folgeprüfung handelt, eine Vielzahl zusätzlicher Prüfungshandlungen durchführen, um sich die in diesen Dokumenten enthaltenen Informationen über das zu prüfende Unternehmen erneut zu beschaffen.[727] Dies würde die **Effizienz der Abschlussprüfung wesentlich verringern**, womit dieser theoretische Extremfall mit Nachdruck abzulehnen ist.

Dem Abschlussprüfer könnten bei seiner Prüfungsplanung auch **nur bestimmte Dokumente** des Vorjahresprüfers bzw. der eigenen Vorjahresprüfung bereitgestellt werden. Beispielsweise könnte der Abschlussprüfer lediglich die **Summen- und Saldenliste** („Roh-Abschluss“) sowie die **Liste der Prüfungsdifferenzen** aus dem Vorjahr zur Verfügung gestellt bekommen. WRIGHT konnte nämlich in einer Studie zeigen, dass Abschlussprüfer, die bei ihrer Prüfungsplanung über alle Vorjahresinformationen verfügten, ungeachtet einer im Vergleich zum Vorjahr wesentlich veränderten Risikostruktur des zu prüfenden Unternehmens eine signifikante Zahl an Prüfungshandlungen des Vorjahres für das aktuell zu prüfende Geschäftsjahr übernahmen.[728]

---

[724] Vgl. BUTLER, S., Anchoring in the Evaluation of Audit Samples, S. 103 m. w. N.

[725] Vgl. dazu die Ausführungen in Abschnitt 542.241.

[726] Vgl. dazu die Ausführungen in Abschnitt 542.241 sowie BEDARD, J., Investigation of Audit Program Planning, S. 57 f.; TAN, H.-T., Audit Evidence and Judgment, S. 126 f.; WRIGHT, A., Impact of Prior Working Papers, S. 595 f. m. w. N.

[727] Vgl. WRIGHT, A., Impact of Prior Working Papers, S. 604.

[728] Vgl. WRIGHT, A., Impact of Prior Working Papers, S. 602 und S. 604.

Zusätzlich planten sie weitere Prüfungshandlungen, die zwar grundsätzlich effektiv waren, für ein hinreichend sicheres und genaues Prüfungsurteil allerdings nicht erforderlich gewesen wären. Abschlussprüfer, die aus dem Vorjahr nur die Summen- und Saldenliste sowie die Liste der Prüfungsdifferenzen erhielten, verzichteten dagegen auf zahlreiche Prüfungshandlungen, die nach Änderung der Risikostruktur des zu prüfenden Unternehmens nicht mehr relevant waren. Gleichzeitig planten sie neue Prüfungshandlungen, um damit auf die veränderten Risiken des zu prüfenden Unternehmens zu reagieren. Die Abschlussprüfer, die bei ihrer Prüfungsplanung nur über die Summen- und Saldenliste sowie die Liste der Prüfungsdifferenzen verfügten, konnten demnach eine **effektivere und effizientere Abschlussprüfung** durchführen als diejenigen Abschlussprüfer, die bei ihrer Prüfungsplanung auf alle Vorjahresinformationen zurückgreifen konnten.[729]

Eine solche punktuelle Bereitstellung von Vorjahresinformationen würde ceteris paribus zwar zu einer effektiveren und effizienteren Abschlussprüfung führen, hätte allerdings zur Folge, dass die dem Abschlussprüfer bei der Abschlussprüfung **hierarchisch unterstellten Personen** nicht mehr vollständig dazu in der Lage wären, auf die Vorjahresarbeitspapiere zurückzugreifen, um sich bei ihrer Prüfungsdurchführung und Prüfungsdokumentation an diesen zu orientieren. Dies würde dazu führen, dass der Abschlussprüfer mehr Zeit dafür verwenden müsste, die ihm hierarchisch unterstellten Personen auszubilden bzw. bei ihrer Prüfungsdurchführung zu überwachen, wodurch sich die **Effizienz der Abschlussprüfung verringern** würde.

Insgesamt ist daher der **Prüfungspraxis zu empfehlen**, dem Vorschlag von WRIGHT zu folgen. Dieser schlägt vor, dass der Abschlussprüfer seine Prüfungsplanung nur **in jedem zweiten oder dritten Jahr** auf Basis der Summen- und Saldenliste sowie der Liste der Prüfungsdifferenzen durchführen könnte.[730] Mit diesem Kompromiss würde gewährleistet werden, dass der Abschlussprüfer zumindest in einem regelmäßigen Turnus

[729] Vgl. WRIGHT, A., Impact of Prior Working Papers, S. 604. Teil der Studie waren auch Abschlussprüfer, denen die Vorjahresinformationen komplett vorenthalten wurden. Diese gelangten bei ihrer Prüfungsplanung zu wenigen effektiven, indes zu zahlreichen redundanten Prüfungshandlungen. Hätten die Abschlussprüfer ihre Abschlussprüfung auf Basis dieser Prüfungsplanung durchgeführt, wäre die Abschlussprüfung weder effektiv noch effizient gewesen. Vgl. WRIGHT, A., Impact of Prior Working Papers, S. 602 und S. 604.

[730] Vgl. WRIGHT, A., Impact of Prior Working Papers, S. 604.

bei seiner Prüfungsplanung nicht mehr von in den Vorjahresarbeitspapieren enthaltenen externen Ankern beeinflusst wird, sondern eine **„frische" Prüfungsplanung** vornehmen kann.[731]

Die zuvor diskutierten Entscheidungshilfen und ihre jeweilige Wirkung auf die Effektivität und Effizienz der Abschlussprüfung lassen sich wie folgt zusammenfassen:

Entscheidungshilfen	**Auswirkungen auf die Effektivität der Abschlussprüfung**	**Auswirkungen auf die Effizienz der Abschlussprüfung**
Counter Explanation	+	(–)
Warnung vor fehlerhaftem Adjustierungsprozess	(+)	+/–
Liberaler Paternalismus	+	(+)

Legende:
- \+ Entscheidungshilfe wirkt sich **positiv** auf die Effektivität bzw. Effizienz der Abschlussprüfung aus.
- (+) Entscheidungshilfe wirkt sich lediglich **leicht positiv** auf die Effektivität bzw. Effizienz der Abschlussprüfung aus.
- – Entscheidungshilfe wirkt sich **negativ** auf die Effektivität bzw. Effizienz der Abschlussprüfung aus.
- (–) Entscheidungshilfe wirkt sich lediglich **leicht negativ** auf die Effektivität bzw. Effizienz der Abschlussprüfung aus.
- +/– Positive und negative Auswirkungen auf die Effektivität bzw. Effizienz der Abschlussprüfung **kompensieren** sich jeweils.

Übersicht 5–3: *Auswirkungen von Entscheidungshilfen zur Verringerung der Intensität der sich aus der unbewussten Verwendung der Ankerheuristik ergebenden Urteilsverzerrungen des Abschlussprüfers auf die Effektivität und Effizienz der Abschlussprüfung*

542.25 Status-quo-Verzerrung

542.251. Wirkungsweise der Status-quo-Verzerrung

Die Status-quo-Verzerrung besagt, dass der Abschlussprüfer einen **gegenwärtig bestehenden Zustand gegenüber allfälligen Alternativzuständen unbewusst bevorzugt,** selbst wenn die Konsequenzen einer Veränderung des gegenwärtig bestehenden Zustands den Präferenzen des Abschlussprüfers besser gerecht werden würden als die

[731] Vgl. WRIGHT, A., Impact of Prior Working Papers, S. 604.

Konsequenzen einer Beibehaltung des Status quo.[732] Dies gilt unabhängig davon, ob der Abschlussprüfer den gegenwärtigen Zustand selbst herbeigeführt oder von einem Dritten diktiert bekommen hat. Fraglich ist, an welchen Stellen der Prüfungsplanung der Abschlussprüfer bei seiner Urteilsbildung von der Status-quo-Verzerrung unbewusst beeinflusst wird.

Zu Beginn der Prüfungsplanung hat der Abschlussprüfer eine Risikoanalyse durchzuführen.[733] Ziel dieser ist es, das Fehlerrisiko des zu prüfenden Unternehmens zu ermitteln.[734] Dazu hat der Abschlussprüfer die Wahrscheinlichkeit für wesentliche Fehler in den von ihm gebildeten Prüffeldern einzuschätzen.[735] Bei Folgeprüfungen neigt der Abschlussprüfer aufgrund der Status-quo-Verzerrung unbewusst dazu, die **im Vorjahr festgelegten Fehlerrisiken** der einzelnen Prüffelder **unverändert beizubehalten.**[736] Dies ist in der Prüfungspraxis besonders dann zu beobachten, wenn der Abschlussprüfer die Fehlerrisiken der einzelnen Prüffelder qualitativ zu ermitteln hat.[737] Qualitativ bedeutet, dass der Abschlussprüfer verschiedene Risikokategorien bildet bzw. diese ihm vorgegeben werden und er die einzelnen Prüffelder jeweils einer dieser Risikokategorien zuzuordnen hat. In der Prüfungspraxis werden in der Regel zwischen zwei und vier Risikokategorien unterschieden.[738] Je geringer die Zahl der vom Abschlussprüfer verwendeten Risikokategorien ist, desto höher ist die Intensität der unbewussten Status-quo-Verzerrung. Bei lediglich zwei Risikokategorien, z. B. *significant risk* und *non-significant risk*, hat der Abschlussprüfer bei seiner Urteilsbildung nur einen einzigen Alternativzustand in seinem Entscheidungskalkül zu berücksichtigen. In diesem Fall fällt es ihm besonders leicht, den gegenwärtig bestehenden Zustand unverändert beizubehalten. Dies ist für Effektivität und Effizienz der Abschlussprüfung

---

[732] Vgl. BEDARD, J., Investigation of Audit Program Planning, S. 57 f., sowie die allgemeinen Ausführungen zur Status-quo-Verzerrung in Abschnitt 433.333.

[733] Vgl. dazu die allgemeinen Ausführungen zur Prüfungsplanung in Abschnitt 332.

[734] Vgl. die allgemeinen Ausführungen zur Risikoanalyse in Abschnitt 332.

[735] Vgl. DIEHL, C.-U., Risikoorientierte Abschlussprüfung, S. 1114; NAGEL, T., Risikoorientierte Jahresabschlußprüfung, S. 26, sowie die Ausführungen zum Fehlerrisiko in Abschnitt 322.

[736] Vgl. BEDARD, J., Investigation of Audit Program Planning, S. 58.

[737] Aufgrund der Vielzahl der zu berücksichtigenden Einflussfaktoren und der sich für den Abschlussprüfer ergebenden Ermessensspielräume, diese Einflussfaktoren jeweils zu interpretieren, wird eine quantitative Einschätzung der inhärenten Risiken und der Kontrollrisiken in der Prüfungspraxis als nicht praktikabel angesehen. Vgl. QUICK, R., Risiken der Jahresabschlußprüfung, S. 35.

[738] Vgl. QUICK, R., Risiken der Jahresabschlußprüfung, S. 34.

unproblematisch, solange sich das tatsächliche Fehlerrisiko eines Prüffeldes im Vergleich zum Vorjahr nicht verändert hat. Verändert sich das Fehlerrisiko indes, kann sich die Wirkungsweise der unbewussten Status-quo-Verzerrung negativ auf die Effektivität und Effizienz der Abschlussprüfung auswirken.

Erhöht sich das **tatsächliche Fehlerrisiko** eines Prüffeldes im Vergleich zum Vorjahr so stark, dass der Abschlussprüfer die Risikokategorie des Prüffeldes ändern müsste, er diese Änderung aufgrund der unbewussten Status-quo-Verzerrung allerdings nicht vornimmt, erhöht sich die Wahrscheinlichkeit, dass der Abschlussprüfer seine Prüfungshandlungen nicht in dem erforderlichen Maße ausweitet, um das gestiegene Fehlerrisiko des Prüffeldes zu kompensieren. Dies hat zur Folge, dass sich die **Effektivität der Abschlussprüfung verringert**.[739]

Verringert sich dagegen das **tatsächliche Fehlerrisiko** eines Prüffeldes im Vergleich zum Vorjahr so stark, dass die Risikokategorie des Prüffeldes angepasst werden müsste, der Abschlussprüfer diese Anpassung aufgrund der unbewussten Status-quo-Verzerrung aber nicht vornimmt, erhöht sich die Wahrscheinlichkeit, dass der Abschlussprüfer seine Prüfungshandlungen nicht in dem erforderlichen Maße einschränkt, um auf das gesunkene Fehlerrisiko des Prüffeldes zu reagieren. In diesem Fall kommt es zu **Effizienzverlusten bei der Abschlussprüfung**.[740]

Die unbewusste Status-quo-Verzerrung kann sich allerdings nicht nur – wie zuvor erläutert – mittelbar auf die **Prüfungsprogrammplanung** des Abschlussprüfers auswirken, sondern diese auch unmittelbar beeinflussen.[741] Dies gilt vor allem für die **sachliche Planungsphase** der Prüfungsprogrammplanung. In dieser hat der Abschlussprüfer vor allem Art und Umfang der von ihm durchzuführenden Prüfungshandlungen zu planen.[742] Aufgrund der unbewussten Status-quo-Verzerrung neigt der Abschlussprüfer dazu, die **bei der Vorjahresprüfung durchgeführten Prüfungshandlungen** – trotz

---

739 Vgl. MOCK, T./WRIGHT, A., Auditors' Evidential Planning Judgments, S. 58.

740 Vgl. MOCK, T./WRIGHT, A., Auditors' Evidential Planning Judgments, S. 58.

741 Vgl. dazu die allgemeinen Ausführungen zur Prüfungsprogrammplanung in Abschnitt 332.

742 Vgl. dazu die allgemeinen Ausführungen zur sachlichen Planungsphase der Prüfungsprogrammplanung in Abschnitt 332.

freier Wahlmöglichkeiten, geringer Wechselkosten[743] und einem möglicherweise bestehendem Einsparpotential – bei der Folgeprüfung **gegenüber alternativen Prüfungshandlungen zu bevorzugen**.[744] Dies kann zum einen zur Folge haben, dass der Abschlussprüfer bestimmte Prüfungshandlungen durchführt, die aufgrund eines gestiegenen Fehlerrisikos des zu prüfenden Unternehmens nicht mehr dazu geeignet sind, die Fehlerrisiken der einzelnen Prüffelder zu kompensieren. Dadurch wird die **Effektivität der Abschlussprüfung verringert**.[745] Die Beibehaltung bereits im Vorjahr durchgeführter Prüfungshandlungen kann zum anderen dazu führen, dass der Abschlussprüfer bestimmte Prüfungshandlungen durchführt, die aufgrund eines gesunkenen Fehlerrisikos des zu prüfenden Unternehmens nicht mehr notwendig gewesen wären, um die Fehlerrisiken der einzelnen Prüffelder zu kompensieren. Daraus ergeben sich **Effizienzverluste bei der Abschlussprüfung**.[746]

In der sachlichen Planungsphase kann die unbewusste Status-quo-Verzerrung ferner dazu führen, dass der Abschlussprüfer ihm bekannte Prüfungshandlungen gegenüber ihm (noch) unbekannten Prüfungshandlungen bevorzugt, auch wenn es sich bei Letzteren um besonders **kreative bzw. innovative Prüfungshandlungen** handelt,[747] z. B. vollständig elektronisch durchgeführte Saldenbestätigungsaktionen, mit welchen er in die Lage versetzt werden würde, die Effizienz der Abschlussprüfung zu erhöhen.

Nachdem der Abschlussprüfer die Prüfungsplanung erstellt hat, hat er zu gewährleisten, dass diese laufend an die vom Prüfungsteam während der Prüfungsdurchführung gewonnenen Erkenntnisse angepasst wird.[748] Gewinnt das Prüfungsteam während der Prüfungsdurchführung bestimmte Erkenntnisse, die eine **Revision der Prüfungsplanung** notwendig machen, kann die unbewusste Status-quo-Verzerrung dazu führen, dass der Abschlussprüfer von dieser Revision absieht und mit der ursprünglichen Prü-

---

743 Vgl. BEDARD, J., Investigation of Audit Program Planning, S. 60.

744 Vgl. BEDARD, J., Investigation of Audit Program Planning, S. 69; MOCK, T./WRIGHT, A., Auditors' Evidential Planning Judgments, S. 58.

745 Vgl. MOCK, T./WRIGHT, A., Auditors' Evidential Planning Judgments, S. 57.

746 Vgl. MOCK, T./WRIGHT, A., Auditors' Evidential Planning Judgments, S. 58.

747 Vgl. MOCK, T./WRIGHT, A., Auditors' Evidential Planning Judgments, S. 58.

748 Vgl. dazu die allgemeinen Ausführungen zur Prüfungsplanung in Abschnitt 332.

fungsplanung unverändert fortfährt.[749] Handelt es sich bei den vom Prüfungsteam während der Prüfungsdurchführung gewonnenen Erkenntnissen um bisher bei der Prüfungsplanung nicht bzw. nicht in dieser Höhe berücksichtigte Risiken, ist die vom Abschussprüfer zu Beginn der Prüfungsplanung durchgeführte Risikoanalyse nicht (mehr) zutreffend, was zur Folge hat, dass das auf Basis dieser Risikoanalyse festgelegte Prüfungsprogramm nicht dazu ausreicht, die Fehlerrisiken der einzelnen Prüffelder zu kompensieren. In diesem Fall kommt es zu **Effektivitätsverlusten bei der Abschlussprüfung**. Lassen die vom Prüfungsteam während der Prüfungsdurchführung gewonnenen Erkenntnisse hingegen darauf schließen, dass vom Abschlussprüfer bei der Prüfungsplanung berücksichtigte Risiken nicht bzw. nicht in dieser Höhe bestehen, ist die zu Beginn der Prüfungsplanung durchgeführte Risikoanalyse nicht (mehr) zutreffend. Das Prüfungsprogramm, das auf Basis der ursprünglichen Risikoanalyse festgelegt wurde, ist in diesem Fall auf andere bzw. höhere Risiken ausgerichtet. Dies hat zur Folge, dass es in den von der veränderten Risikoeinschätzung betroffenen Prüffeldern zu einem *over-auditing*[750] kommt, wodurch sich die **Effizienz der Abschlussprüfung verringert**.

Insgesamt führt die unbewusste Status-quo-Verzerrung für den Abschlussprüfer dazu, dass er an unterschiedlichen Stellen der Prüfungsplanung zu verzerrten Urteilen gelangt. Diese können unter bestimmten Bedingungen zu **Effektivitäts- und Effizienzverlusten bei der Abschlussprüfung** führen. Da der Abschlussprüfer dadurch riskiert, die Zielvorschrift der Abschlussprüfung zu verletzen,[751] wird im Folgenden diskutiert, welche **Entscheidungshilfen** dazu eingesetzt werden könnten, die sich aus der unbewussten Status-quo-Verzerrung ergebenden Urteilsverzerrungen des Abschlussprüfers in der Phase der Prüfungsplanung in ihrer Intensität zu verringern bzw. ganz zu vermeiden.

[749] Vgl. MOCK, T./WRIGHT, A., Auditors' Evidential Planning Judgments, S. 58.

[750] Allgemein zum *over-auditing* vgl. MOCHTY, L., Theoretische Fundierung des risikoorientierten Prüfungsansatzes, S. 733.

[751] Vgl. dazu die Ausführungen in Abschnitt 321.

542.252. Mögliche Ansätze zur Verringerung der Intensität der durch die Status-quo-Verzerrung hervorgerufenen Urteilsverzerrungen

Die Intensität der Urteilsverzerrungen, die durch die unbewusste Status-quo-Verzerrung hervorgerufen werden, lässt sich verringern, indem der Mensch dazu aufgefordert wird, vor seiner Urteilsbildung einen sog. ***reversal test*** durchzuführen.[752] Darunter ist zu verstehen, dass der Mensch, wenn er davon ausgeht, dass die **Anpassung eines bestimmten Parameters** negative Konsequenzen hätte, dazu aufgefordert wird, sich mit den Konsequenzen zu beschäftigen, die sich ergeben würden, wenn der Parameter **im gleichen Umfang in die entgegengesetzte Richtung** angepasst werden würde.[753] Sollte der Mensch dabei zu dem Schluss kommen, dass auch diese Anpassung zu negativen Konsequenzen führen würde, hätte er zu erläutern, warum keine der Anpassungen den Status quo verbessert hätte. Kann er dies nicht, erhöht sich die Wahrscheinlichkeit, dass er sein initiales Urteil revidiert und den entsprechenden Parameter anpasst,[754] wodurch sich letztlich die aus der unbewussten Status-quo-Verzerrung resultierenden **Urteilsverzerrungen in ihrer Intensität verringern lassen**.

Fraglich ist, ob und wieweit ein solcher ***reversal test*** **in der Prüfungspraxis** zur Anwendung kommen sollte. Beispielsweise könnte der Abschlussprüfer bei seiner Prüfungsplanung dazu aufgefordert werden, immer dann als Entscheidungshilfe auf den *reversal test* zurückzugreifen, wenn er explizit darüber zu urteilen hat, ob ein bestimmter Parameter im Vergleich zur Vorjahresprüfung angepasst werden muss. Eine solche Aufforderung ließe sich ohne einen wesentlichen Mehraufwand in die **Prüfungssoftware bzw. in die Arbeitspapiere des Abschlussprüfers integrieren** und könnte z. B. für die vom Abschlussprüfer bei seiner Prüfungsplanung zu ermittelnden Fehlerrisiken der einzelnen Prüffelder wie folgt formuliert werden:

---

[752] Vgl. BOSTROM, N./ORD, T., Eliminating Status Quo Bias, S. 664. Kritisch dazu NORDMANN, A., If and Then, S. 38 f.

[753] Vgl. BOSTROM, N./ORD, T., Eliminating Status Quo Bias, S. 664.

[754] Vgl. BOSTROM, N./ORD, T., Eliminating Status Quo Bias, S. 665.

Beispiel 5.6

1. *Würde eine Erhöhung bzw. Verringerung des Fehlerrisikos dieses Prüffeldes dazu führen, dass sich die Effektivität oder Effizienz Ihrer Abschlussprüfung verringert?*
   a. *Falls nein, fahren Sie mit Ihrer Prüfungsplanung fort.*
   b. *Falls ja, fahren Sie mit der zweiten Frage fort.*
2. *Würde sich die Effektivität oder Effizienz Ihrer Abschlussprüfung auch dann verringern, wenn das Fehlerrisiko dieses Prüffeldes im gleichen Umfang in die entgegengesetzte Richtung angepasst werden würde?*
   a. *Falls nein, fahren Sie mit Ihrer Prüfungsplanung fort.*
   b. *Falls ja, fahren Sie mit der dritten Frage fort.*
3. *Erläutern Sie, warum sich die Effektivität oder Effizienz Ihrer Abschlussprüfung weder durch eine Erhöhung noch durch eine Verringerung des Fehlerrisikos dieses Prüffeldes erhöhen lässt. Sollten Ihnen keine wesentlichen Gründe dafür einfallen, passen Sie das Fehlerrisiko dieses Prüffeldes an.*

Beantwortet der Abschlussprüfer diese Fragen vor seiner Urteilsbildung, lässt sich die Intensität der durch die unbewusste Status-quo-Verzerrung hervorgerufenen Urteilsverzerrungen deutlich verringern, wodurch die **Effektivität der Abschlussprüfung leicht erhöht** werden kann. Dazu wäre es allerdings notwendig, die bestehenden Dokumentationsanforderungen des Abschlussprüfers auszuweiten. Dies hätte zur Folge, dass sich die Effizienz der Abschlussprüfung leicht verringern würde. Gleichwohl ist der Prüfungspraxis aufgrund der positiven Wirkung des *reversal test* auf die Effektivität der Abschlussprüfung zu empfehlen, dass der Abschlussprüfer diesen zumindest bei Urteilen, die sich wesentlich auf die Prüfungsplanung auswirken, z. B. Urteile über die Höhe der Fehlerrisiken wesentlicher Prüffelder, als Entscheidungshilfe heranzieht.

Darüber hinaus lässt sich den Urteilsverzerrungen des Abschlussprüfers, die von der unbewussten Status-quo-Verzerrung hervorgerufen werden, auch mit dem **Konzept des**

sog. liberalen Paternalismus[755] begegnen.[756] Liberaler Paternalismus beschreibt die Idee, dass sich die Urteilsqualität des Abschlussprüfers verbessern lässt, indem die **Rahmenbedingungen seiner Entscheidungssituation bewusst gestaltet** werden.[757] Das bedeutet indes nicht, dass dem Abschlussprüfer bestimmte Vorschriften gemacht werden sollen, wie er zu entscheiden hat.[758] Vielmehr soll es dem Abschlussprüfer weiter freistehen, **bewusst ein von der Erwartung abweichendes Urteil** zu treffen.[759] Dieses wird ausdrücklich geduldet und dementsprechend auch nicht sanktioniert.[760] Insgesamt soll der Abschlussprüfer dadurch Urteile abgeben, die treffender sind als diejenigen Urteile, zu denen er ohne einen solchen paternalistischen Eingriff in seine Urteilsbildung gelangen würde.[761]

Der Idee des liberalen Paternalismus folgend lässt sich die Intensität der durch die unbewusste Status-quo-Verzerrung hervorgerufenen Urteilsverzerrungen verringern, indem der Abschlussprüfer seine Entscheidungsalternativen in einer solchen Form präsentiert bekommt, dass er für die **Beibehaltung des Status quo genauso viel kognitiven Aufwand aufbringen müsste, wie für eine Anpassung** des Status quo notwendig wäre.[762] Dies hätte zur Folge, dass der Abschlussprüfer den Status quo nicht mehr nur deshalb präferiert, weil er kognitiven Aufwand aufbringen müsste, diesen zu ändern.[763]

Bei Folgeprüfungen ließe sich der kognitive Aufwand des Abschlussprüfers, den Status quo seiner Prüfungsplanung beizubehalten, also die Risikoanalyse und vor allem die Prüfungsprogrammplanung der Vorjahresprüfung unverändert für die Folgeprüfung zu

755 Grundlegend zum Konzept des liberalen Paternalismus vgl. THALER, R./SUNSTEIN, C., Libertarian Paternalism, S. 175; SUNSTEIN, C./THALER, R., Libertarian Paternalism, S. 1162; CAMERER, C. U. A., Paternalism, S. 1212. Zum liberalen Paternalismus im Kontext der Urteilsbildung des Abschlussprüfers vgl. die Ausführungen in Abschnitt 542.242.

756 Vgl. SUNSTEIN, C./THALER, R., Libertarian Paternalism, S. 1177 f.

757 Vgl. SCHNELLENBACH, J., Liberaler Paternalismus, S. 445 f.

758 Vgl. THALER, R./SUNSTEIN, C., Libertarian Paternalism, S. 175; BAFFI, E., Lessons from Behavioral Law and Economics, S. 3.

759 Vgl. SUNSTEIN, C./THALER, R., Libertarian Paternalism, S. 1161.

760 Vgl. SCHNELLENBACH, J., Liberaler Paternalismus, S. 446.

761 Dies wird auch als *nudge* bezeichnet. Vgl. THALER, R./SUNSTEIN, C., Nudge, S. 6.

762 Vgl. RITOV, I./BARON, J., Status-Quo and Omission Biases, S. 61.

763 Vgl. RITOV, I./BARON, J., Status-Quo and Omission Biases, S. 61.

übernehmen, z. B. dadurch erhöhen, dass ein solcher sog. *rollforward* der Arbeitspapiere durch seine Prüfungssoftware nicht automatisch durchgeführt oder – im Extremfall – ausdrücklich verhindert werden würde.[764] Findet nämlich **kein *rollforward* der Vorjahresarbeitspapiere** mehr statt, ist der Abschlussprüfer bei seiner Folgeprüfung dazu gezwungen, die Risikoanalyse und die Prüfungsprogrammplanung des Vorjahres entweder zunächst manuell in seine Prüfungssoftware bzw. in seine Arbeitspapiere zu übertragen und dann anzupassen oder – ohne Rückgriff auf die Vorjahresarbeitspapiere – die Risikoanalyse eigenständig durchzuführen und seine Prüfungsprogrammplanung daran auszurichten.[765] In beiden Fällen wäre der Abschlussprüfer zwar grundsätzlich dazu in der Lage, die Prüfungsplanung aus dem Vorjahr zu übernehmen (und dann anzupassen). Allerdings geht für ihn mit einer solchen Übernahme nun ein wesentlicher Mehraufwand einher. Dadurch erhöht sich die Wahrscheinlichkeit, dass der Abschlussprüfer die Prüfungsplanung aus dem Vorjahr gegenüber allfälligen Alternativzuständen nicht mehr bevorzugt, wodurch sich die Intensität der durch die unbewusste Status-quo-Verzerrung hervorgerufenen Urteilsverzerrungen des Abschlussprüfers verringern lässt und letztlich die **Effektivität der Abschlussprüfung erhöht** werden kann. Indes müsste der Abschlussprüfer ohne einen *rollforward* der Vorjahresarbeitspapiere eine Vielzahl zusätzlicher Prüfungshandlungen durchführen, um sich die in diesen Dokumenten enthaltenen Informationen über das zu prüfende Unternehmen für seine Risikoanalyse und Prüfungsprogrammplanung (erneut) zu beschaffen.[766] Dies würde die **Effizienz der Abschlussprüfung wesentlich verringern**.

Insgesamt kann daher der Prüfungspraxis **nicht uneingeschränkt empfohlen** werden, die Entscheidungssituation des Abschlussprüfers so zu gestalten, dass dieser für die Beibehaltung eines Status quo genauso viel kognitiven Aufwand aufbringen müsste, wie er dazu bräuchte, den Status quo anzupassen. Allerdings könnte der Abschlussprüfer

---

[764] Vgl. BAFFI, E., Lessons from Behavioral Law and Economics, S. 3.

[765] Vgl. dazu allgemein THALER, R./SUNSTEIN, C., Libertarian Paternalism, S. 176 f.; SUNSTEIN, C./THALER, R., Libertarian Paternalism, S. 1172-1174 und S. 1195. Dies würde ferner dazu führen, dass die Urteilsbildung des Abschlussprüfers bei der Prüfungsplanung auch nicht mehr von den in den Vorjahresarbeitspapieren enthaltenen externen Ankern beeinflusst wird. Zur Wirkung dieser externen Anker auf die Urteilsbildung des Abschlussprüfers bei der Abschlussprüfung vgl. die Ausführungen in Abschnitt 542.241. Zu den möglichen Ansätzen, den Einfluss externer Anker auf die Urteilsbildung des Abschlussprüfers zu verringern, vgl. die Ausführungen in Abschnitt 542.242.

[766] Vgl. statt vieler WRIGHT, A., Impact of Prior Working Papers, S. 604.

dazu aufgefordert werden, zumindest in festgelegten **Abständen von mehreren Jahren auf den *rollforward* seiner Vorjahresarbeitspapiere zu verzichten**, um eine von der unbewussten Status-quo-Verzerrung unbeeinflusste Prüfungsplanung vorzunehmen.[767]

Die Wirkung der zuvor erläuterten Entscheidungshilfen auf die Effektivität und Effizienz der Abschlussprüfung lässt sich wie folgt zusammenfassen:

Entscheidungshilfen	Auswirkungen auf die Effektivität der Abschlussprüfung	Auswirkungen auf die Effizienz der Abschlussprüfung
Reversal Test	(+)	(–)
Liberaler Paternalismus	+	–

Legende:
- \+ Entscheidungshilfe wirkt sich **positiv** auf die Effektivität bzw. Effizienz der Abschlussprüfung aus.
- (+) Entscheidungshilfe wirkt sich lediglich **leicht positiv** auf die Effektivität bzw. Effizienz der Abschlussprüfung aus.
- – Entscheidungshilfe wirkt sich **negativ** auf die Effektivität bzw. Effizienz der Abschlussprüfung aus.
- (–) Entscheidungshilfe wirkt sich lediglich **leicht negativ** auf die Effektivität bzw. Effizienz der Abschlussprüfung aus.
- +/– Positive und negative Auswirkungen auf die Effektivität bzw. Effizienz der Abschlussprüfung **kompensieren** sich jeweils.

Übersicht 5–4: *Auswirkungen von Entscheidungshilfen zur Verringerung der Intensität der sich aus der unbewussten Status-quo-Verzerrung ergebenden Urteilsverzerrungen des Abschlussprüfers auf die Effektivität und Effizienz der Abschlussprüfung*

543. Phase II: Prüfungsdurchführung

543.1 Nicht-Routineprobleme des Abschlussprüfers in der Phase der Prüfungsdurchführung

In der Phase der Prüfungsdurchführung hat der Abschlussprüfer die in der Phase der Prüfungsplanung festgelegten Prüfungshandlungen auszuführen.[768] Der Abschlussprüfer verfolgt mit diesen Prüfungshandlungen das Ziel, **ausreichende und angemessene Prüfungsnachweise** zu erlangen.[769] Um dieses Ziel zu erreichen, hat der Abschlussprü-

[767] Vgl. RITOV, I./BARON, J., Status-Quo and Omission Biases, S. 61.

[768] Vgl. dazu die allgemeinen Ausführungen zur Prüfungsplanung in Abschnitt 332 und zur Prüfungsdurchführung in Abschnitt 333.

[769] Vgl. die allgemeinen Ausführungen zur Prüfungsdurchführung in Abschnitt 333.

fer zahlreiche Einzelurteile zu bilden.[770] Da er allerdings über **kein vollständig definiertes Handlungsprogramm** verfügt, um diese Einzelurteile ohne eine bewusste kognitive Anstrengung zu bilden, lässt sich folgern, dass der Abschlussprüfer in der Phase der Prüfungsdurchführung mit einer **Vielzahl von Nicht-Routineproblemen** konfrontiert wird.

Die folgenden vom Abschlussprüfer zu bildenden Einzelurteile stellen die **wesentlichen Nicht-Routineprobleme des Abschlussprüfers** in der Phase der Prüfungsdurchführung dar:[771]

- Die **Durchführung** der vom Abschlussprüfer in der Phase der Prüfungsplanung festgelegten **Prüfungshandlungen**:[772]
  - (a) Die vom Abschlussprüfer durchzuführenden **Prüfungshandlungen zur Risikoanalyse**, die vor allem dazu dienen, das inhärente Risiko der einzelnen Prüffelder zu bestimmen.[773]
  - (b) Die vom Abschlussprüfer vorzunehmenden **analytischen Prüfungshandlungen**, die vor allem dazu eingesetzt werden, diejenigen Prüffelder zu identifizieren, die wesentliche Fehler enthalten könnten.[774]
  - (c) Die vom Abschlussprüfer durchzuführende **Systemprüfung**, die dazu dient, das Kontrollrisiko des zu prüfenden Unternehmens einzuschätzen.[775]
  - (d) Die durchzuführenden **Einzelfallprüfungen**, durch welche der Abschlussprüfer mit Hilfe direkter Soll-Ist-Vergleiche einzelner Geschäftsvorfälle und Kontosalden einzelne Aussagen in der Rechnungslegung testet.
- Die **Interpretation der Prüfungsnachweise**, die sich der Abschlussprüfer durch die vorgenannten Prüfungshandlungen beschafft hat.

---

[770] Vgl. BUCHNER, R., Wirtschaftliches Prüfungswesen, S. 225.

[771] Vgl. BAMBER, M. U. A., Audit Judgment, S. 57 f.; SOLOMON, I./SHIELDS, M., Decision-Making in Auditing, S. 139, sowie die allgemeinen Ausführungen zur Prüfungsdurchführung in Abschnitt 333.

[772] Vgl. dazu die allgemeinen Ausführungen zur Prüfungsprogrammplanung in Abschnitt 332.

[773] Vgl. dazu die allgemeinen Ausführungen zu den vom Abschlussprüfer durchzuführenden Prüfungshandlungen zur Risikoanalyse in Abschnitt 333.

[774] Vgl. dazu die allgemeinen Ausführungen zu analytischen Prüfungshandlungen in Abschnitt 333.

[775] Vgl. die allgemeinen Ausführungen zur Systemprüfung in Abschnitt 333.

Um diese Nicht-Routineprobleme der Prüfungsdurchführung zu bewältigen, greift der Abschlussprüfer unbewusst auf zahlreiche **Entscheidungsheuristiken** zurück.[776] Diese werden im Folgenden untersucht.

543.2 Einsatz von Entscheidungsheuristiken zur Lösung der Nicht-Routineprobleme des Abschlussprüfers in der Phase der Prüfungsdurchführung und mögliche Ansätze zur Verringerung der Intensität der daraus resultierenden Urteilsverzerrungen

543.21 Vorbemerkung

Der Abschlussprüfer hat in der Phase der Prüfungsdurchführung zahlreiche Nicht-Routineprobleme zu lösen. Um diese bewältigen zu können, hat er die Nicht-Routineprobleme an seine begrenzte kognitive Leistungsfähigkeit anzupassen. Dazu greift er unbewusst auf eine Vielzahl unterschiedlicher Entscheidungsheuristiken zurück. Welche Entscheidungsheuristiken der Abschlussprüfer in der Phase der Prüfungsdurchführung unbewusst am häufigsten heranzieht und wie diese sich auf seine Urteilsbildung auswirken, wird in den folgenden Abschnitten untersucht. Darüber hinaus wird kritisch gewürdigt, welche Entscheidungs- und Organisationshilfen dazu beigetragen könnten, die aus dem unbewussten Einsatz von Entscheidungsheuristiken resultierenden Urteilsverzerrungen des Abschlussprüfers in der Phase der Prüfungsdurchführung in ihrer Intensität zu verringern bzw. ganz zu vermeiden.

543.22 Bestätigungseffekt

543.221. Wirkungsweise des Bestätigungseffekts

Der Abschlussprüfer neigt aufgrund des Bestätigungseffekts unbewusst dazu, von ihm **selbst aufgestellte Urteilshypothesen zu bestätigen**.[777] Aufgrund dieser Wirkungsweise des Bestätigungseffekts ist der Abschlussprüfer nicht gewillt, eine von ihm selbst

[776] Vgl. dazu Ausführungen zu Entscheidungsheuristiken im Allgemeinen in Abschnitt 432 sowie zu Entscheidungsheuristiken im Kontext der Urteilsbildung des Abschlussprüfers in Abschnitt 53.

[777] Vgl. CHURCH, B., Auditors' Use of Confirmatory Processes, S. 82; CHURCH, B., Auditors' Evaluations of Confirming and Disconfirming Evidence, S. 531; BAMBER, M. U. A., Audit Judgment, S. 70; BAMBER, M./RAMSAY, R./TUBBS, R., Belief-Adjustment Model in Auditing, S. 263; KIDA, T., Auditors' Use of Judgment Data, S. 333; MCMILLAN, J./WHITE, R., Auditors' Belief Revisions and Evidence Search, S. 443; PETERSON, B./WONG-ON-WING, B., Positive Test Strategy in Auditors' Hypothesis Testing, S. 259 f. m. w. N., sowie die allgemeinen Ausführungen zum Bestätigungseffekt in Abschnitt 433.322.

aufgestellte Urteilshypothese zugunsten einer anderen Urteilshypothese zu verwerfen, selbst wenn Letztere ihm angemessener erscheint.[778] Daraus lässt sich folgern, dass der Abschlussprüfer **zu lange an selbst aufgestellten Urteilshypothesen festhält**. Fraglich ist, wie sich dies auf die Urteilsbildung des Abschlussprüfers in der Phase der Prüfungsdurchführung auswirkt.

In der Phase der Prüfungsplanung hat der Abschlussprüfer die **Fehlerrisiken der einzelnen Prüffelder** einzuschätzen.[779] Diese ermittelt er in der Regel auf Basis spezifischer Informationen über das zu prüfende Unternehmen aus der Vergangenheit, z. B. Vorjahresarbeitspapieren, und des in seinem Langzeitgedächtnis gespeicherten allgemeinen Wissens über Fehlerhäufigkeiten einzelner Prüffelder.[780] Die auf diese Weise ermittelten Fehlerrisiken repräsentieren die **initialen Urteilshypothesen des Abschlussprüfers**,[781] welche seine Erwartungen an die Fehleranfälligkeit der einzelnen Prüffelder ausdrücken.[782]

Gelangt der Abschlussprüfer bei seiner Risikoanalyse zu der Einschätzung, dass einem bestimmten Prüffeld ein **hohes Fehlerrisiko** inhärent ist, erwartet er also zahlreiche Fehler in diesem Prüffeld, neigt er aufgrund des Bestätigungseffekts unbewusst dazu, bei seiner Prüfungsdurchführung verstärkt solche Prüfungsnachweise heranzuziehen, von denen er vermutet, dass sie auf Fehler in diesem Prüffeld schließen lassen (**Bestätigungseffekt bei der Informationsauswahl**).[783] Erlangt der Abschlussprüfer derartige Prüfungsnachweise, sucht er unbewusst nach weiteren Gründen, warum diese Prüfungsnachweise zutreffend sind. Wird der Abschlussprüfer bei seiner Prüfungsdurchführung mit Prüfungsnachweisen konfrontiert, die nicht eindeutig für oder gegen Fehler in diesem Prüffeld sprechen, interpretiert er diese Prüfungsnachweise unbewusst so, als

---

778 Vgl. GRONEWOLD, U., Beweiskraft von Beweisen, S. 301.

779 Vgl. die allgemeinen Ausführungen zur Prüfungsplanung in Abschnitt 332.

780 Vgl. CHURCH, B., Auditors' Use of Confirmatory Processes, S. 82 und S. 93.

781 Vgl. SCHREIBER, S., Effektivität und Effizienz des Informationsverhaltens von Wirtschaftsprüfern, S. 336.

782 Vgl. LIBBY, R., Accounting and Human Information Processing, S. 102 f. Ausführlich zur Aufstellung von Urteilshypothesen vgl. SCHREIBER, S., Informationsverhalten von Wirtschaftsprüfern, S. 125-137.

783 Vgl. CHURCH, B., Auditors' Use of Confirmatory Processes, S. 97; TROTMAN, K./SNG, J., Auditors' Information Choice, S. 574; WALLER, W./FELIX, W., The Auditor and Learning from Experience, S. 384.

würden sie darauf hindeuten, dass in diesem Prüffeld Fehler vorhanden sind. Gelangt der Abschlussprüfer bei seiner Prüfungsdurchführung zu Prüfungsnachweisen, die eindeutig dafür sprechen, dass das Prüffeld normenkonform ist, sucht er unbewusst nach Gründen, warum diese Prüfungsnachweise unzutreffend und damit für seine Urteilsbildung irrelevant sind (**Bestätigungseffekte bei der Informationsinterpretation**).[784] Dies hat zur Folge, dass der Abschlussprüfer die Prüfungsnachweise, die Fehler in einem Prüffeld vermuten lassen, unbewusst zu stark und die Prüfungsnachweise, die für die Normenkonformität des Prüffeldes sprechen, unbewusst zu schwach in seinem Entscheidungskalkül berücksichtigt. Das Urteil des Abschlussprüfers ist also systematisch in Richtung des in der Phase der Prüfungsplanung als hoch eingeschätzten Fehlerrisikos des Prüffeldes verzerrt.

Erwartet der Abschlussprüfer dagegen, dass in einem Prüffeld **keine wesentlichen Fehler** vorhanden sind, führt der unbewusste Bestätigungseffekt dazu, dass er bei seiner Prüfungsdurchführung verstärkt nach Prüfungsnachweisen sucht, welche die Normenkonformität des Prüffeldes bestätigen (**Bestätigungseffekt bei der Informationsauswahl**).[785] Findet er derartige Prüfungsnachweise, sucht er unbewusst nach weiteren Gründen, warum diese Prüfungsnachweise darauf schließen lassen, dass das Prüffeld normenkonform ist. Wird der Abschlussprüfer indes mit Prüfungsnachweisen konfrontiert, die nicht eindeutig für oder gegen die Normenkonformität des Prüffeldes sprechen, nimmt der Abschlussprüfer diese Prüfungsnachweise unbewusst so wahr, als würden sie die Normenkonformität des Prüffeldes bestätigen. Bei Prüfungsnachweisen, die eindeutig darauf schließen lassen, dass in dem Prüffeld wesentliche Fehler vorhanden sind, sucht der Abschlussprüfer unbewusst nach Gründen, warum diese Prüfungsnachweise unzutreffend und damit für seine Urteilsbildung irrelevant sind (**Bestätigungseffekte bei der Informationsinterpretation**).[786] Der Abschlussprüfer könnte z. B. bei analytischen Prüfungshandlungen entdeckte unerwartete Fluktuationen auf externe Faktoren,

---

784 Vgl. BAMBER, M./RAMSAY, R./TUBBS, R., Belief-Adjustment Model in Auditing, S. 263; CHURCH, B., Auditors' Use of Confirmatory Processes, S. 82 und S. 100.

785 Vgl. CHURCH, B., Auditors' Use of Confirmatory Processes, S. 97; TROTMAN, K./SNG, J., Auditors' Information Choice, S. 574; WALLER, W./FELIX, W., The Auditor and Learning from Experience, S. 384.

786 Vgl. BAMBER, M./RAMSAY, R./TUBBS, R., Belief-Adjustment Model in Auditing, S. 263.

z. B. situative Einflüsse, zurückführen, die außerhalb der Einflusssphäre des Unternehmens liegen und damit Fehler in der Rechnungslegung des zu prüfenden Unternehmens als Ursache der Fluktuationen ausschließen.[787] Dies führt dazu, dass der Abschlussprüfer diejenigen Prüfungsnachweise, die für die Normenkonformität des Prüffeldes sprechen, unbewusst zu stark und diejenigen Prüfungsnachweise, die gegen die Normenkonformität des Prüffeldes sprechen, unbewusst zu schwach in sein Entscheidungskalkül einbezieht. Als Folge ist das Urteil des Abschlussprüfers systematisch in Richtung des in der Phase der Prüfungsplanung als niedrig klassifizierten Fehlerrisikos des Prüffeldes verzerrt.

Die beschriebene Wirkungsweise des Bestätigungseffekts **wirkt sich positiv auf die Effektivität und Effizienz der Abschlussprüfung** aus, solange die vom Abschlussprüfer in der Phase der Prüfungsplanung ermittelten Fehlerrisiken der einzelnen Prüffelder tatsächlich zutreffend sind.[788] Dies ist in der Realität allerdings nur selten der Fall. Dies ergibt sich daraus, dass der Abschlussprüfer seine Urteilshypothese regelmäßig auf Basis seiner Vorjahresarbeitspapiere aufstellt.[789] Die in den Vorjahresarbeitspapieren dokumentierte Risikostruktur des zu prüfenden Unternehmens lässt sich vom Abschlussprüfer nicht ohne weiteres auf das aktuell zu prüfende Geschäftsjahr übertragen. Denn die vom Abschlussprüfer im Vorjahr identifizierten Fehlerrisiken der einzelnen Prüffelder können weggefallen sein oder sich in ihrer Höhe verändert haben. Auch kann das zu prüfende Unternehmen im aktuell zu prüfenden Geschäftsjahr mit gänzlich neuen Risiken konfrontiert worden sein. Als Folge könnten sich neue Fehlerrisiken in den einzelnen Prüffeldern ergeben haben. Ist dies der Fall, hat sich also die Risikostruktur des zu prüfenden Unternehmens im Vergleich zum Vorjahr verändert, ist der Abschlussprüfer z. B. aufgrund der **Status-quo-Verzerrung**[790] oder der **Ankerheuristik**[791] regelmäßig nicht dazu in der Lage, seine initiale – in der Regel auf den Vorjahresarbeitspapieren basierende – Risikoeinschätzung an die veränderten Fehlerrisiken der einzelnen Prüffelder anzupassen. Unterliegt der Abschlussprüfer an dieser Stelle unbe-

[787] Vgl. CHURCH, B., Auditors' Use of Confirmatory Processes, S. 82 f.

[788] Vgl. CHURCH, B., Auditors' Use of Confirmatory Processes, S. 98.

[789] Vgl. ZAEH, P., Risikoorientierte Abschlußprüfung, S. 143 m. w. N.

[790] Allgemein zur Status-quo-Verzerrung vgl. die Ausführungen in Abschnitt 433.333.

[791] Allgemein zur Ankerheuristik vgl. die Ausführungen in Abschnitt 433.331.

wusst der Status-quo-Verzerrung, wird er seine initiale Risikoanalyse unverändert beibehalten.[792] Bedient sich der Abschlussprüfer für seine Urteilsbildung hingegen unbewusst der Ankerheuristik, wird er seine initiale Risikoanalyse zwar anpassen, allerdings nicht in dem tatsächlich erforderlichen Maße.[793]

Erhöht sich das tatsächliche Fehlerrisiko eines Prüffeldes im Vergleich zum Vorjahr, gilt unabhängig davon, ob er von der Normenkonformität eines Prüffeldes ausgeht oder nicht, dass sich der Abschlussprüfer aufgrund des unbewussten Bestätigungseffekts zu schnell von seiner in der Phase der Prüfungsplanung aufgestellten Urteilshypothese überzeugen lässt. Dies hat zur Folge, dass der Abschlussprüfer in der Phase der Prüfungsdurchführung dazu neigt, seine Prüfungshandlungen einzustellen, bevor er ausreichende und angemessene Prüfungsnachweise erlangen konnte, die seine initiale Urteilshypothese bestätigen. Dadurch erhöht sich die Wahrscheinlichkeit, dass der Abschlussprüfer die wesentlichen Fehler eines Prüffeldes nicht vollständig aufdeckt,[794] was zu **Effektivitätsverlusten bei der Abschlussprüfung** führt.

Verringert sich das tatsächliche Fehlerrisiko eines Prüffeldes im Vergleich zum Vorjahr, ist die Wirkungsweise des unbewussten Bestätigungseffekts abhängig davon, ob der Abschlussprüfer dieses Prüffeld in der Phase der Prüfungsplanung als normenkonform einstuft oder nicht. Geht der Abschlussprüfer davon aus, dass in dem Prüffeld keine wesentlichen Fehler vorhanden sind, führt er nur ein Mindestmaß an Prüfungshandlungen durch, um seine Urteilshypothese zu bestätigen. Da der Abschlussprüfer diese Prüfungshandlungen in jedem Fall vorzunehmen hat, hat der unbewusste Bestätigungseffekt an dieser Stelle keine wesentlichen Auswirkungen auf die Effektivität und Effizienz der Abschlussprüfung. Gelangt der Abschlussprüfer bei seiner Prüfungsplanung hingegen zu der Einschätzung, dass das Prüffeld wesentliche Fehler enthält, führt der unbewusste Bestätigungseffekt dazu, dass der Abschlussprüfer zu lange an der von ihm aufgestellten Urteilshypothese festhält. Dies hat zur Folge, dass der Abschlussprüfer seine Prüfungshandlungen weiter fortführt, obwohl er bereits ausreichende und

---

792 Ausführlich zur Wirkungsweise der Status-quo-Verzerrung im Kontext der Urteilsbildung des Abschlussprüfers vgl. die Ausführungen in Abschnitt 542.25.

793 Ausführlich zur Wirkungsweise der Ankerheuristik im Kontext der Urteilsbildung des Abschlussprüfers vgl. die Ausführungen in Abschnitt 542.24.

794 Vgl. CHURCH, B., Auditors' Use of Confirmatory Processes, S. 83.

angemessene Prüfungsnachweise generieren konnte, um das tatsächlich bestehende Fehlerrisiko zu kompensieren. Der Bestätigungseffekt führt in diesem Fall also dazu, dass sich die **Effizienz der Abschlussprüfung verringert**.

Fraglich ist, ob und wieweit die vom Abschlussprüfer bei der Prüfungsplanung und Prüfungsdurchführung geforderte **kritische Grundhaltung** (*professional skepticism*) die Wirkungsweise des unbewussten Bestätigungseffekts beeinflusst.[795] Kritische Grundhaltung ist das Bewusstsein des Abschlussprüfers, „dass Umstände (Fehler, Täuschungen, Vermögensschädigungen oder sonstige Gesetzesverstöße) existieren können, aufgrund derer der Jahresabschluss [...] wesentliche falsche Angaben“[796] enthält. Daraus ergibt sich unter anderem, dass der Abschlussprüfer auf die Richtigkeit der von ihm erlangten Prüfungsnachweise vertrauen darf, solange keine Anhaltspunkte dagegen sprechen.[797] Danach hat der Abschlussprüfer – im Gegensatz zu einer Unterschlagungsprüfung und der mit einer solchen verbundenen proaktiven Suchverantwortung – bei einer Abschlussprüfung nicht davon auszugehen, dass die von ihm erlangten Prüfungsnachweise unzutreffend sind.[798] Gleichwohl führt die Forderung, dass der Abschlussprüfer die Abschlussprüfung mit einer kritischen Grundhaltung zu planen und

---

795 Zur kritischen Grundhaltung des Abschlussprüfers vgl. DECKERS, M./HERMANN, C., Kritische Grundhaltung des Abschlussprüfers, S. 2316; SHAUB, M., Trust and Suspicion, S. 155, sowie die Diskussion des Begriffs „*professional skepticism*“ bei NELSON, M., Professional Skepticism in Auditing, S. 4 f.

796 Vgl. IDW PS 200.17. Dies entspricht im Wesentlichen den Definitionen der IFAC und des PCAOB. Zur Definition der IFAC vgl. ISA 200.15: „*The auditor shall plan and perform an audit with professional skepticism recognizing that circumstances may exist that cause the financial statements to be materially misstated*“. Zur Definition des PCAOB vgl. AU-C Section 200.17: „*The auditor should plan and perform an audit with professional skepticism, recognizing that circumstances may exist that cause the financial statements to be materially misstated*“. Vgl. dazu auch AU Section 230.07: “*Professional skepticism is an attitude that includes a questioning mind and a critical assessment of audit evidence*”. Vgl. dazu ferner AU Section 230.09: “*The auditor neither assumes that management is dishonest nor assumes unquestioned honesty*”.

797 Vgl. LEUKEL, S., Aufdeckung von Non-Compliance, S. 2149; SCHINDLER, J./GÄRTNER, M., Verantwortung des Abschlussprüfers zur Berücksichtigung von Verstößen, S. 1238.

798 Die Abschlussprüfung ist für den Abschlussprüfer somit ausdrücklich kein Misstrauensauftrag. Vgl. IDW PS 200.17 sowie SCHMIDT, S., Handbuch risikoorientierte Abschlussprüfung, Rn. 15. Kritisch dazu bereits LEFFSON, U., Wirtschaftsprüfung, S. 327. Nach LEFFSON darf der Abschlussprüfer „niemals darauf vertrauen, daß die Buchführung in Ordnung ist oder daß die Unternehmensleitung den Jahresabschluß normengerecht aufgestellt hat“. In diesem Fall müsste der Abschlussprüfer die einzelnen Prüffelder des Prüfungsobjektes solange als nicht normenkonform vermuten, bis er sich vom Gegenteil überzeugen konnte. Dies würde zwar die Effektivität der Abschlussprüfung sicherstellen, deren Effizienz allerdings deutlich verringern, was der Zielvorschrift der Abschlussprüfung insgesamt nicht gerecht werden würde.

durchzuführen hat, dazu, dass sich die **Intensität der Urteilsverzerrung erhöht**, die vom unbewussten Bestätigungseffekt hervorgerufen wird.[799] Denn aufgrund seiner kritischen Grundhaltung überschätzt der Abschlussprüfer bei der Prüfungsplanung tendenziell die Fehlerrisiken der einzelnen Prüffelder. Der unbewusste Bestätigungseffekt hat in diesem Fall zur Folge, dass der Abschlussprüfer seine Prüfungshandlungen nicht abbricht, obwohl er bereits ausreichende und angemessene Prüfungsnachweise gesammelt hat, um das tatsächlich bestehende Fehlerrisiko zu kompensieren. Somit führt die vom Abschlussprüfer geforderte kritische Grundhaltung in Verbindung mit dem unbewussten Bestätigungseffekt letztlich zu **Effizienzverlusten bei der Abschlussprüfung**.[800]

Der unbewusste Bestätigungseffekt hat ferner zur Folge, dass der Abschlussprüfer in seinen **Arbeitspapieren** nur diejenigen Prüfungsnachweise dokumentiert, die seine initiale Urteilshypothese stützen und auf eine stringente Prüfungsdurchführung schließen lassen.[801] Dies vereinfacht zwar seine Exkulpation im Streitfall, führt indes zu einem **sich selbst verstärkenden Prozess**.[802] Denn bei einer Folgeprüfung ermittelt der Abschlussprüfer die Fehlerrisiken der einzelnen Prüffelder in der Regel auf Basis seiner Vorjahresarbeitspapiere. Da in diesen allerdings die durch den unbewussten Bestätigungseffekt hervorgerufene Urteilsverzerrung des Abschlussprüfers aus der Vorjahresprüfung dokumentiert ist, führt der Abschlussprüfer seine Prüfungsplanung auf Basis von Urteilen aus dem Vorjahr durch, die in Richtung seiner seinerzeitigen Urteilshypothesen verzerrt sind. Als Folge nimmt die Intensität der sich aus dem unbewussten Bestätigungseffekt ergebenden Urteilsverzerrung weiter zu.

Zusammengefasst hat der Bestätigungseffekt zur Folge, dass die Urteilsbildung des Abschlussprüfers in der Phase der Prüfungsdurchführung regelmäßig verzerrt ist. Unter bestimmten Bedingungen können diese verzerrten Urteile des Abschlussprüfers zu **Effektivitäts- und Effizienzverlusten bei der Abschlussprüfung** führen. Da der Abschlussprüfer dadurch riskiert, die Zielvorschrift der Abschlussprüfung zu verlet-

---

799 Vgl. MCMILLAN, J./WHITE, R., Auditors' Belief Revisions and Evidence Search, S. 459.

800 Vgl. ASHTON, R./ASHTON, A., Effects of Positive versus Negative Evidence, S. 16.

801 Vgl. GIBBINS, M., Psychology of Professional Judgment in Public Accounting, S. 117.

802 Vgl. GRONEWOLD, U., Beweiskraft von Beweisen, S. 186.

zen,[803] gilt es im Folgenden zu untersuchen, welche **Entscheidungshilfen** dazu eingesetzt werden können, die durch den Bestätigungseffekt hervorgerufenen Urteilsverzerrungen des Abschlussprüfers bei der Prüfungsdurchführung in ihrer Intensität zu verringern bzw. ganz zu vermeiden.

543.222. Mögliche Ansätze zur Verringerung der Intensität der durch den Bestätigungseffekt hervorgerufenen Urteilsverzerrungen

Die Intensität der sich aus dem unbewussten Bestätigungseffekt ergebenden Urteilsverzerrungen lässt sich verringern, indem der Abschlussprüfer dazu aufgefordert wird, vor seiner Urteilsbildung ein sog. ***evidence rating*** durchzuführen. Darunter ist zu verstehen, dass der Abschlussprüfer durch eine spezielle Dokumentationspflicht dazu angehalten wird, vor seiner Urteilsbildung die Prüfungsnachweise aufzulisten, auf Basis derer er sein Urteil bilden möchte. Im zweiten Schritt hat der Abschlussprüfer die aufgelisteten Prüfungsnachweise danach zu ordnen, wieweit diese relevant für sein Urteil sind.[804] Ziel eines solchen *evidence rating* ist es, dem Abschlussprüfer seine erlangten **Prüfungsnachweise vor seiner Urteilsbildung gleichzeitig zu präsentieren.**[805] Dies soll gewährleisten, dass der Abschlussprüfer die Urteilsrelevanz aller Prüfungsnachweise in Relation zueinander beurteilt. Dadurch verringert sich die Wahrscheinlichkeit, dass der Abschlussprüfer die einzelnen Prüfungsnachweise so interpretiert, als würden sie im Einklang mit seiner initialen Urteilshypothese stehen,[806] womit sich die Intensität der durch den unbewussten Bestätigungseffekt hervorgerufenen Urteilsverzerrungen verringern lässt. Durch ein *evidence rating* ließe sich demnach zwar die **Effektivität der Abschlussprüfung erhöhen**, gleichzeitig würden die dazu notwendigen zusätzlichen Dokumentationspflichten des Abschlussprüfers allerdings dazu führen, dass sich die **Effizienz der Abschlussprüfung verringert**. Aufgrund der positiven Wirkung eines

---

[803] Vgl. dazu die Ausführungen in Abschnitt 321.

[804] Vgl. KIDA, T., Auditors' Use of Judgment Data, S. 335, sowie ferner EMBY, C./FINLEY, D., Debiasing, S. 63 und S. 70. Darüber hinaus könnte der Abschlussprüfer dazu aufgefordert werden, zu erklären, warum er sich die vorliegenden Prüfungsnachweise jeweils beschafft hat. Zur Wirkung einer solchen Erklärung auf den Bestätigungseffekt vgl. JONAS, E. U. A., Confirmation Bias in Sequential Information Search, S. 570 m. w. N.

[805] Vgl. PEI, B./REED, S./KOCH, B., Auditor Belief Revisions, S. 171; EMBY, C., Framing and Presentation Mode Effects, S. 112.

[806] Vgl. KIDA, T., Auditors' Use of Judgment Data, S. 335; EMBY, C., Framing and Presentation Mode Effects, S. 112; EMBY, C./FINLEY, D., Debiasing, S. 63.

evidence rating auf die Effektivität der Abschlussprüfung ist der Prüfungspraxis zu empfehlen, dass der Abschlussprüfer zumindest bei stark ermessensbehafteten Prüffeldern, z. B. bei der Prüfung von Forderungen, Vorräten oder Rückstellungen, ein *evidence rating* durchzuführen hat.

Eine mit dem *evidence rating* zu vergleichende Entscheidungshilfe stellt die Strategie der sog. ***counter explanation*** dar.[807] Darunter ist zu verstehen, dass der Abschlussprüfer durch spezielle Dokumentationsanforderungen dazu aufgefordert wird, sich nicht nur mit den Gründen zu beschäftigen, die seine initiale Urteilshypothese bestätigen, sondern sich auch mit denjenigen Gründen auseinanderzusetzen, die gegen seine initiale Urteilshypothese sprechen. Um dies zu erreichen, könnten z. B. die folgenden Fragen in die Prüfungssoftware bzw. in die Arbeitspapiere des Abschlussprüfers integriert werden:[808]

Beispiel 5.7

1. *Was könnten die Gründe dafür sein, dass Ihre initiale Urteilshypothese unzutreffend ist?*
2. *Wie hoch schätzen Sie die Wahrscheinlichkeit ein, dass einer der unter 1. genannten Gründe tatsächlich zutreffend ist?*

Beantwortet der Abschlussprüfer vor seiner Urteilsbildung diese beiden Fragen, wird er dazu angehalten, nicht nur **alternative Urteilshypothesen zu entwickeln**, sondern sich auch mit deren Eintrittswahrscheinlichkeiten zu beschäftigen.[809] Da sich dadurch die kognitive Verfügbarkeit von Informationen erhöht, die gegen seine initiale Urteilshypo-

807 Vgl. allgemein GADENNE, V./OSWALD, M., Bestätigungstendenzen beim Testen von Hypothesen, S. 372; KLAYMAN, J., Varieties of Confirmation Bias, S. 405 m. w. N., sowie mit konkretem Bezug auf den Bestätigungseffekt im Kontext der Urteilsbildung des Abschlussprüfers KIDA, T., Auditors' Use of Judgment Data, S. 333.

808 Alternative Formulierung: 1. Was würden Sie denken, wenn Sie durch ihre Prüfungshandlungen zu Prüfungsnachweisen gekommen wären, die auf ein gegenteiliges Urteil schließen lassen würden? 2. Wie hoch schätzen Sie die Wahrscheinlichkeit ein, dass dies möglich gewesen wäre?

809 Vgl. dazu allgemein DUBÉ-RIOUX, L./RUSSO, J. E., Availability Bias in Professional Judgment, S. 229; EVANS, J./VENN, S./FEENEY, A., Processes in a Hypothesis Testing Task, S. 42; MYNATT, C./DOHERTY, M./DRAGAN, W., Consideration of Alternatives, S. 775, sowie mit konkretem Bezug auf den Einsatz der Verfügbarkeitsheuristik durch den Abschlussprüfer KOONCE, L., Explanation and Counterexplanation, S. 68 f. und S. 74.

these sprechen,[810] steigt die Wahrscheinlichkeit, dass der Abschlussprüfer diese Informationen bei seiner Urteilsbildung berücksichtigt.[811] Dies hat zur Folge, dass der Abschlussprüfer die seine initiale Urteilshypothese stützenden Informationen nicht mehr bevorzugt für seine Urteilsbildung heranzieht. Dadurch lassen sich die Urteilsverzerrungen, die sich aus dem unbewussten Bestätigungseffekt ergeben, in ihrer Intensität verringern, was letztlich zur Folge hat, dass sich die **Effektivität der Abschlussprüfung erhöht**. Da mit der Strategie der *counter explanation* erhöhte Dokumentationspflichten verbunden sind, wirkt sich diese **negativ auf die Effizienz der Abschlussprüfung** aus. Der Prüfungspraxis ist zu empfehlen, den Abschlussprüfer zumindest bei stark ermessensbehafteten Prüffeldern, z. B. bei der Prüfung von Forderungen, Vorräten oder Rückstellungen, zu einer *counter explanation* zu verpflichten.

Darüber hinaus lässt sich die Intensität der sich aus dem unbewussten Bestätigungseffekt ergebenden Urteilsverzerrungen verringern, indem **Rechtfertigungspflichten** des Abschlussprüfers ausgeweitet werden.[812] Ist der Abschlussprüfer zum Zeitpunkt seiner Urteilsbildung davon überzeugt,[813] dass er sich für sein Urteil in der Zukunft wird rechtfertigen müssen, ist er besonders motiviert, Urteile von hoher Qualität abzugeben.[814] Um diese zu gewährleisten, wird der Abschlussprüfer mehr Zeit für seine Urteilsbildung verwenden als zuvor. Zum einen steigt dadurch die Wahrscheinlichkeit, dass der Abschlussprüfer auch solche Prüfungsnachweise für seine Urteilsbildung heranzieht, die gegen seine initiale Urteilshypothese sprechen. Zum anderen erhöht sich die Wahr-

---

810 Vgl. SCHREIBER, S., Informationsverhalten von Wirtschaftsprüfern, S. 177. Dies wird im Schrifttum auch als *explanation effect* bezeichnet. Vgl. KOONCE, L., Explanation and Counterexplanation, S. 61.

811 Vgl. GADENNE, V./OSWALD, M., Bestätigungstendenzen beim Testen von Hypothesen, S. 372; KENNEDY, J., Curse of Knowledge in Audit Judgment, S. 250; KRAY, L./GALINSKY, A., Effect of Counterfactual Mind-Sets, S. 70 m. w. N.

812 Vgl. vor allem TAN, H.-T., Audit Evidence and Judgment, S. 119 f.

813 Entscheidend ist hier nicht, ob sich der Abschlussprüfer für sein Urteil ex post tatsächlich zu rechtfertigen hat. Vielmehr ist ausreichend, dass der Abschlussprüfer bei seiner Urteilsbildung davon überzeugt ist, dass dies geschehen könnte. Vgl. allgemein LARRICK, R., Debiasing, S. 322, sowie mit konkretem Bezug auf den Bestätigungseffekt im Kontext der Urteilsbildung des Abschlussprüfers TAN, H.-T., Audit Evidence and Judgment, S. 119.

814 Vgl. PEECHER, M./KLEINMUNTZ, D., Effects of Accountability on Auditor Judgments, S. 111, sowie GIBBINS, M./NEWTON, J., Accountability in Public Accounting, S. 167 m. w. N. Dass ausgeweitete Rechtfertigungspflichten die Motivation des Abschlussprüfers erhöhen, ergibt sich vor allem daraus, dass sich der Abschlussprüfer in der Regel gegenüber denjenigen Personen zu rechtfertigen hat, die über seine künftige Vergütung und Karriere (mit-)entscheiden.

scheinlichkeit, dass der Abschlussprüfer erhaltene Prüfungsnachweise nicht automatisch so interpretiert, als würden diese in Einklang mit seiner initialen Urteilshypothese stehen.[815] Dies hat insgesamt zur Folge, dass sich die Intensität der Urteilsverzerrungen, die durch den unbewussten Bestätigungseffekt hervorgerufen werden, verringern lässt, wodurch die **Effektivität der Abschlussprüfung ansteigt**. Da erhöhte Rechtfertigungspflichten für den Abschlussprüfer und für die Wirtschaftsprüfungsgesellschaft, für die er tätig ist, mit einem hohen Zeit- und damit Kostenaufwand verbunden sind, würde sich die **Effizienz der Abschlussprüfung deutlich verringern**. Daher kann der Prüfungspraxis nicht pauschal empfohlen werden, die Rechtfertigungspflichten des Abschlussprüfers zu erhöhen. Dies schließt indes nicht aus, die Rechtfertigungspflichten der Abschlussprüfer punktuell auszuweiten.

Die zuvor untersuchten Entscheidungshilfen und ihre jeweilige Wirkung auf die Effektivität und Effizienz der Abschlussprüfung lassen sich wie folgt zusammenfassen:

Entscheidungshilfen	**Auswirkungen auf die Effektivität der Abschlussprüfung**	**Auswirkungen auf die Effizienz der Abschlussprüfung**
Evidence Rating	+	(–)
Counter Explanation	+	(–)
Ausweitung der Rechtfertigungspflichten	+	–

Legende:
- \+ Entscheidungshilfe wirkt sich **positiv** auf die Effektivität bzw. Effizienz der Abschlussprüfung aus.
- (+) Entscheidungshilfe wirkt sich lediglich **leicht positiv** auf die Effektivität bzw. Effizienz der Abschlussprüfung aus.
- – Entscheidungshilfe wirkt sich **negativ** auf die Effektivität bzw. Effizienz der Abschlussprüfung aus.
- (–) Entscheidungshilfe wirkt sich lediglich **leicht negativ** auf die Effektivität bzw. Effizienz der Abschlussprüfung aus.
- +/– Positive und negative Auswirkungen auf die Effektivität bzw. Effizienz der Abschlussprüfung **kompensieren** sich jeweils.

Übersicht 5–5: *Auswirkungen von Entscheidungshilfen zur Verringerung der Intensität der sich aus dem unbewussten Bestätigungseffekt ergebenden Urteilsverzerrungen des Abschlussprüfers auf die Effektivität und Effizienz der Abschlussprüfung*

[815] Vgl. HUBER, O./SEISER, G., Accounting and Convincing, S. 79 f.

543.23 Reihenfolgeeffekte

543.231. Wirkungsweise der Reihenfolgeeffekte

Die Urteilsbildung des Abschlussprüfers wird in der Phase der Prüfungsdurchführung unbewusst von Reihenfolgeeffekten beeinflusst.[816] Danach ist die Urteilsbildung des Abschlussprüfers abhängig davon, in welcher **zeitlichen Reihenfolge** er sich mit Prüfungsnachweisen auseinandersetzt.[817] Bei einer sequenziellen Informationsverarbeitung zieht der Abschlussprüfer vor allem solche Informationen unbewusst zu stark in sein Entscheidungskalkül ein, die ihm zuerst oder zuletzt präsentiert werden. Werden die **zuerst präsentierten Informationen** vom Abschlussprüfer unbewusst zu stark in sein Entscheidungskalkül einbezogen, wird dies als Primäreffekt bezeichnet.[818] Berücksichtigt der Abschlussprüfer die ihm **zuletzt präsentierten Informationen** unbewusst zu stark in seinem Entscheidungskalkül, wird dies Rezenzeffekt genannt.[819]

In der Phase der Prüfungsdurchführung hat der Abschlussprüfer die in der Phase der Prüfungsplanung festgelegten Prüfungshandlungen durchzuführen, um die in den einzelnen Prüffeldern identifizierten Fehlerrisiken zu kompensieren.[820] Ziel seiner Prüfungshandlungen ist es, sich **ausreichende und angemessene Prüfungsnachweise** zu beschaffen.[821] Prüfungsnachweise können grundsätzlich positiv oder negativ sein.[822] Ein Prüfungsnachweis ist positiv, wenn durch ihn die initiale Urteilshypothese des Ab-

816 Vgl. ASHTON, A./ASHTON, R., Sequential Belief Revision in Auditing, S. 638 f.; BUTT, J./CAMPBELL, T., Effects of Information Order on Auditors' Judgments, S. 472 f.; FAVERE-MARCHESI, M., Order Effects, S. 69; RECKERS, P./SCHULTZ, J., Effects of Evidence Order on Independent Auditor Judgment, S. 125 m. w. N. Ferner vgl. die allgemeinen Ausführungen zu Reihenfolgeeffekten bei der Urteilsbildung des Menschen in Abschnitt 433.323.

817 Vgl. ARNOLD, V. U. A., Order and Recency Bias in Decision Making by Professional Accountants, S. 110 und S. 118; ASHTON, A./ASHTON, R., Sequential Belief Revision in Auditing, S. 637-639; ASHTON, R./ASHTON, A., Effects of Positive versus Negative Evidence, S. 1 f.; SCHREIBER, S., Informationsverhalten von Wirtschaftsprüfern, S. 170 f.; TROTMAN, K./WRIGHT, A., Order Effects, S. 169.

818 Vgl. ANDERSON, B./MALETTA, M., Primacy Effects and the Role of Risk in Auditor Belief-Revision Processes, S. 75. Zur Wirkungsweise des Primäreffekts beim Menschen vgl. die diesbezüglichen Ausführungen in Abschnitt 433.323.

819 Vgl. MESSIER JR., W./TUBBS, R., Recency Effects in Belief Revision, S. 57; TROTMAN, K./WRIGHT, A., Recency Effects, S. 175. Zur Wirkungsweise des Rezenzeffekts beim Menschen vgl. die diesbezüglichen Ausführungen in Abschnitt 433.323.

820 Vgl. die allgemeinen Ausführungen zur Prüfungsdurchführung in Abschnitt 333.

821 Vgl. die allgemeinen Ausführungen zum Ziel der Prüfungsdurchführung in Abschnitt 333.

822 Vgl. HOGARTH, R./EINHORN, H., Order Effects in Belief Updating, S. 3 f.

schlussprüfers bestätigt wird.[823] Ein Prüfungsnachweis gilt dagegen als negativ, wenn die initiale Urteilshypothese des Abschlussprüfers durch ihn nicht bestätigt wird.[824] Während ein (zusätzlicher) **positiver Prüfungsnachweis** die Überzeugung des Abschlussprüfers erhöht, dass eine Urteilshypothese zutreffend ist, führt ein (zusätzlicher) **negativer Prüfungsnachweis** dazu, dass der Abschlussprüfer weniger Vertrauen in seine Urteilshypothese besitzt.[825]

Bei **durchgehend positiven bzw. durchgehend negativen Prüfungsnachweisen** ist sowohl die Wirkungsweise des Primäreffekts als auch die des Rezenzeffekts für die Effektivität und Effizienz der Abschlussprüfung unproblematisch. Denn in einem solchen Fall wird die Urteilsbildung des Abschlussprüfers durch diese Reihenfolgeeffekte nicht beeinflusst.[826] Wird der Abschlussprüfer bei seiner Urteilsbildung allerdings mit ***„mixed evidence"***[827] konfrontiert, d. h. mit positiven und negativen Prüfungsnachweisen in unterschiedlicher Reihenfolge,[828] haben der Primäreffekt und der Rezenzeffekt **negative Folgen für die Effektivität und Effizienz der Abschlussprüfung**.[829]

In der Phase der Prüfungsdurchführung wirkt sich der **Primäreffekt** vor allem dann auf die Urteilsbildung des Abschlussprüfers aus, wenn das in der Phase der Prüfungsplanung von ihm ermittelte **Fehlerrisiko eines Prüffeldes gering** ist.[830] Denn in einem solchen Fall unterstellt der Abschlussprüfer, dass dieses Prüffeld besonders leicht zu

823 Vgl. ASHTON, A./ASHTON, R., Sequential Belief Revision in Auditing, S. 625.

824 Vgl. ASHTON, A./ASHTON, R., Sequential Belief Revision in Auditing, S. 625.

825 Aufgrund seiner Ausbildung, seines Trainings und der rechtlichen und berufsständischen Rahmenbedingungen einer Abschlussprüfung nimmt der Abschlussprüfer indes negative Prüfungsnachweise tendenziell stärker wahr als positive Prüfungsnachweise. Vgl. ANDERSON, B./MALETTA, M., Auditor Attendance to Negative and Positive Information, S. 1 f.; BUTT, J./CAMPBELL, T., Effects of Information Order on Auditors' Judgments, S. 478 f.; KNECHEL, W. R./MESSIER JR., W., Sequential Auditor Decision Making, S. 403.

826 Vgl. TUBBS, R./MESSIER JR., W./KNECHEL, W. R., Recency Effects in the Auditor's Belief-Revision Process, S. 453.

827 TROTMAN, K./WRIGHT, A., Recency Effects, S. 170.

828 Vgl. ASHTON, A./ASHTON, R., Sequential Belief Revision in Auditing, S. 637-639.

829 Vgl. HOGARTH, R./EINHORN, H., Order Effects in Belief Updating, S. 7.

830 Vgl. ANDERSON, B./MALETTA, M., Primacy Effects and the Role of Risk in Auditor Belief-Revision Processes, S. 86. Kritisch dazu vgl. ANDERSON, B./MALETTA, M., Auditor Attendance to Negative and Positive Information, S. 17. Allgemein zur Risikoanalyse des Abschlussprüfers in der Phase der Prüfungsplanung vgl. die Ausführungen in Abschnitt 332.

prüfen ist.[831] Dies hat zur Folge, dass der Abschlussprüfer bei seiner Prüfungsdurchführung dazu neigt, nur wenig kognitiven Aufwand für dieses Prüffeld zu verwenden.[832] Der Primäreffekt dominiert die Urteilsbildung des Abschlussprüfers ferner dann, wenn dieser **zahlreiche positive und negative Prüfungsnachweise** in unterschiedlicher Reihenfolge zu verarbeiten hat,[833] z. B. bei stichprobenintensiven Belegprüfungen. Denn mit einer steigenden Zahl zu verarbeitender Prüfungsnachweise verringert sich der kognitive Aufwand, den der Abschlussprüfer dafür verwendet, die einzelnen Prüfungsnachweise zu beurteilen.[834] Dies lässt sich auf für den Abschlussprüfer unbewusste Ermüdungserscheinungen zurückführen.

In diesen beiden Fällen hat der **Primäreffekt** zur Folge, dass der Abschlussprüfer die von ihm zuerst zu einem Urteil verarbeiteten Prüfungsnachweise unbewusst systematisch zu stark in seinem Entscheidungskalkül berücksichtigt.[835] Verarbeitet der Abschlussprüfer **negative Prüfungsnachweise vor positiven Prüfungsnachweisen**, verringert sich sein Vertrauen in seine initiale Urteilshypothese unbewusst stärker als sich dies erhöhen würde, wenn er die positiven Prüfungsnachweise vor den negativen Prüfungsnachweisen verarbeiten würde.[836] Dies hat zur Folge, dass die Urteile des Abschlussprüfers in einem solchen Fall unbewusst systematisch in Richtung der negativen Prüfungsnachweise verzerrt sind. Da der Primäreffekt vor allem dann auftritt, wenn das vom Abschlussprüfer ermittelte Fehlerrisiko eines Prüffeldes gering ist, führt die durch den Primäreffekt unbewusst zu starke Berücksichtigung negativer Prüfungsnachweise

---

831 Vgl. TROTMAN, K./WRIGHT, A., Recency Effects, S. 179.

832 Vgl. ANDERSON, B./MALETTA, M., Primacy Effects and the Role of Risk in Auditor Belief-Revision Processes, S. 79 m. w. N.

833 Vgl. ANDERSON, B./MALETTA, M., Primacy Effects and the Role of Risk in Auditor Belief-Revision Processes, S. 86; TROTMAN, K./WRIGHT, A., Recency Effects, S. 179, sowie die allgemeinen Ausführungen zum Primäreffekt in Abschnitt 433.323.

834 Vgl. ANDERSON, B./MALETTA, M., Primacy Effects and the Role of Risk in Auditor Belief-Revision Processes, S. 76 m. w. N.

835 Vgl. ASHTON, R./ASHTON, A., Effects of Positive versus Negative Evidence, S. 4.

836 Vgl. ANDERSON, B./MALETTA, M., Primacy Effects and the Role of Risk in Auditor Belief-Revision Processes, S. 75. Teilweise wird im Schrifttum argumentiert, dass der Primäreffekt nur dann auftrete, wenn der letzte vom Abschlussprüfer zu verarbeitende Prüfungsnachweis positiv sei. Vgl. ANDERSON, B./MALETTA, M., Primacy Effects and the Role of Risk in Auditor Belief-Revision Processes, S. 79. Denn wenn der Abschlussprüfer zuletzt einen negativen Prüfungsnachweis verarbeite, dann ziehe er diesen aufgrund seiner kritischen Grundhaltung in jedem Fall zu stark in sein Entscheidungskalkül ein, wodurch sich die Intensität der Urteilsverzerrung, die durch den Primäreffekt hervorgerufen wird, verringert.

im Entscheidungskalkül des Abschlussprüfers dazu, dass er in einem nicht erforderlichen Maße seine Prüfungshandlungen ausweitet, um die von ihm unbewusst als zu hoch wahrgenommenen Fehlerrisiken des Prüffeldes zu kompensieren. Demnach kommt es in diesem Prüffeld zu einem *over-auditing*,[837] wodurch sich bei gleichbleibender Effektivität der Abschlussprüfung deren **Effizienz verringert**.[838]

Verarbeitet der Abschlussprüfer dagegen **positive Prüfungsnachweise vor negativen Prüfungsnachweisen**, steigt seine Überzeugung in seine eigene Urteilshypothese aufgrund des Primäreffekts unbewusst stärker an als sich diese erhöhen würde, wenn er die negativen Prüfungsnachweise vor den positiven Prüfungsnachweisen verarbeiten würde.[839] Das führt dazu, dass die Urteile des Abschlussprüfers in einem solchen Fall unbewusst systematisch in Richtung der positiven Prüfungsnachweise verzerrt sind. Bei Prüffeldern mit einem geringen Fehlerrisiko hat dies zur Folge, dass der Abschlussprüfer seine Prüfungshandlungen abbricht, sobald er das Mindestmaß an Prüfungsnachweisen generieren konnte, um die bestehenden Risiken kompensieren zu können. Da er diese Prüfungshandlungen in jedem Fall durchzuführen hat, wirkt sich der Primäreffekt an dieser Stelle **nicht negativ auf die Effektivität und Effizienz der Abschlussprüfung** aus.

In der Mehrheit der Studien, in denen untersucht wird, wie Reihenfolgeeffekte die Urteilsbildung des Abschlussprüfers beeinflussen, wird gezeigt, dass die Wirkungsweise des Primäreffekts von der des **Rezenzeffekts** überlagert wird.[840] Der Rezenzeffekt wirkt sich vor allem dann auf die Urteilsbildung des Abschlussprüfers aus, wenn das in der Phase der Prüfungsplanung von ihm ermittelte **Fehlerrisiko eines Prüffeldes hoch** ist. Denn in einem solchen Fall geht der Abschlussprüfer davon aus, dass er dieses Prüffeld

837 Allgemein zum *over-auditing* vgl. MOCHTY, L., Theoretische Fundierung des risikoorientierten Prüfungsansatzes, S. 733.

838 Gleicher Ansicht vgl. KRULL, G./RECKERS, P./WONG-ON-WING, B., Experience, Fraudulent Signals and Information Presentation Order, S. 144.

839 Vgl. ASHTON, R./ASHTON, A., Effects of Positive versus Negative Evidence, S. 4.

840 Vgl. ARNOLD, V. U. A., Order and Recency Bias in Decision Making by Professional Accountants, S. 120; ASARE, S., Sequential Processing of Evidence, S. 383; CUSHING, B./AHLAWAT, S., Mitigation of Recency Bias in Audit Judgment, S. 110; MESSIER JR., W./TUBBS, R., Recency Effects in Belief Revision, S. 57; TUBBS, R./MESSIER JR., W./KNECHEL, W. R., Recency Effects in the Auditor's Belief-Revision Process, S. 453 f.; TROTMAN, K./WRIGHT, A., Recency Effects, S. 172-174 m. w. N.

nicht besonders leicht prüfen kann.[841] Dies hat zur Folge, dass er von Anfang an einen hohen kognitiven Aufwand für dieses Prüffeld einplant. Der Rezenzeffekt dominiert den Primäreffekt bei der Urteilsbildung des Abschlussprüfers ferner dann, wenn er nur **wenige positive und negative Prüfungsnachweise in unterschiedlicher Reihenfolge** zu verarbeiten hat.[842] Denn mit einer sinkenden Zahl der zu verarbeitenden Prüfungsnachweise erhöht sich der kognitive Aufwand, den der Abschlussprüfer darauf verwendet, die einzelnen Prüfungsnachweise zu beurteilen. Dies kann damit erklärt werden, dass der Abschlussprüfer bei einer nur geringen Zahl an Prüfungsnachweisen keinen unbewussten Ermüdungserscheinungen ausgesetzt ist.

In diesen beiden Fällen führt der **Rezenzeffekt** dazu, dass der Abschlussprüfer die von ihm zuletzt verarbeiteten Prüfungsnachweise unbewusst systematisch zu stark in sein Entscheidungskalkül einbezieht. Verarbeitet der Abschlussprüfer für seine Urteilsbildung **negative Prüfungsnachweise vor positiven Prüfungsnachweisen**, erhöht sich sein Vertrauen in seine Urteilshypothese unbewusst stärker als dies ansteigen würde, wenn er die positiven Prüfungsnachweise vor den negativen Prüfungsnachweisen verarbeiten würde. Folglich ist die Urteilsbildung des Abschlussprüfers in einem solchen Fall unbewusst systematisch in Richtung der positiven Prüfungsnachweise verzerrt. Da der Rezenzeffekt die Urteilsbildung des Abschlussprüfers vor allem dann beeinflusst, wenn das von ihm ermittelte Fehlerrisiko eines Prüffeldes hoch ist, führt die unbewusst zu starke Berücksichtigung positiver Prüfungsnachweise in seinem Entscheidungskalkül dazu, dass er seine Prüfungshandlungen abbricht, bevor er ausreichende und angemessene Prüfungsnachweise erlangen konnte, die seine initiale Urteilshypothese bestätigen.[843] Durch ein solches *under-auditing* erhöht sich die Wahrscheinlichkeit, dass der Abschlussprüfer die in dem Prüffeld vorhandenen Fehler nicht im erforderlichen Maße aufdeckt,[844] was **Effektivitätsverluste bei der Abschlussprüfung** zur Folge hat.

---

[841] Vgl. TROTMAN, K./WRIGHT, A., Recency Effects, S. 179.

[842] Vgl. HOGARTH, R./EINHORN, H., Order Effects in Belief Updating, S. 7; TROTMAN, K./WRIGHT, A., Recency Effects, S. 179, sowie die allgemeinen Ausführungen zum Rezenzeffekt in Abschnitt 433.323.

[843] Vgl. KRULL, G./RECKERS, P./WONG-ON-WING, B., Experience, Fraudulent Signals and Information Presentation Order, S. 144.

[844] Zum *under-auditing* allgemein vgl. MOCHTY, L., Theoretische Fundierung des risikoorientierten Prüfungsansatzes, S. 733.

Zieht der Abschlussprüfer für seine Urteilsbildung **dagegen positive Prüfungsnachweise vor negativen Prüfungsnachweisen** heran, verringert sich seine Überzeugung in seine Urteilshypothese aufgrund des Rezenzeffekts unbewusst stärker als sich diese erhöhen würde, wenn er die negativen Prüfungsnachweise vor den positiven Prüfungsnachweisen verarbeiten würde. Das führt dazu, dass seine Urteile unbewusst systematisch in Richtung der negativen Prüfungsnachweise verzerrt sind. Bei Prüffeldern mit einem hohen Fehlerrisiko hat dies zur Folge, dass der Abschlussprüfer seine Prüfungshandlungen in einem nicht erforderlichen Maße ausweitet, um die von ihm als hoch eingeschätzten Fehlerrisiken des Prüffeldes zu kompensieren. Dadurch kommt es zu einem *over-auditing,*[845] wodurch sich bei gleichbleibender Effektivität der Abschlussprüfung deren **Effizienz verringert**.[846]

In der **Prüfungspraxis** lässt sich der Rezenzeffekt vor allem dann beobachten, wenn – wie bei Abschlussprüfungen häufig der Fall – der Abschlussprüfer erst **kurz vor Abschluss** seiner Urteilsbildung neue Informationen vom zu prüfenden Unternehmen zur Verfügung gestellt bekommt, also kurz vor der Urteilsabgabe noch positive oder negative Prüfungsnachweise erhält.[847] Gemäß dem Rezenzeffekt neigt der Abschlussprüfer in diesem Fall dazu, diese Prüfungsnachweise unbewusst systematisch zu stark in sein Entscheidungskalkül einzubeziehen. Für den Fall, dass diese Prüfungsnachweise mit dem „vorangegangenen Urteilsbildungsprozeß und den bereits verarbeiteten Informationen nicht im Einklang“[848] stehen, haben die unmittelbar vor Urteilsabgabe erhaltenen Prüfungsnachweise regelmäßig zu starken Einfluss auf das Urteil des Abschlussprüfers und wesentliche Auswirkungen auf die Effektivität und Effizienz der Abschlussprüfung.

Zusammengefasst haben die Reihenfolgeeffekte zur Folge, dass der Abschlussprüfer in der Phase der Prüfungsdurchführung regelmäßig zu verzerrten Urteilen gelangt. Diese können unter bestimmten Bedingungen zu **Effektivitäts- und Effizienzverlusten bei der Abschlussprüfung** führen. Da der Abschlussprüfer dadurch Gefahr läuft, der Ziel-

[845] Allgemein zum *over-auditing* vgl. MOCHTY, L., Theoretische Fundierung des risikoorientierten Prüfungsansatzes, S. 733.

[846] Gleicher Ansicht vgl. KRULL, G./RECKERS, P./WONG-ON-WING, B., Experience, Fraudulent Signals and Information Presentation Order, S. 144.

[847] Vgl. SCHREIBER, S., Informationsverhalten von Wirtschaftsprüfern, S. 174.

[848] SCHREIBER, S., Informationsverhalten von Wirtschaftsprüfern, S. 174.

vorschrift der Abschlussprüfung nicht mehr gerecht zu werden,[849] gilt es im Folgenden zu analysieren, welche **Entscheidungshilfen** implementiert werden können, um die durch die Reihenfolgeeffekte hervorgerufenen Urteilsverzerrungen des Abschlussprüfers bei der Prüfungsdurchführung in ihrer Intensität zu verringern bzw. ganz zu vermeiden.

543.232. Mögliche Ansätze zur Verringerung der Intensität der durch die Reihenfolgeeffekte hervorgerufenen Urteilsverzerrungen

Die Urteilsbildung des Abschlussprüfers wird in der Phase der Prüfungsdurchführung vor allem dann von Reihenfolgeeffekten beeinflusst, wenn er die durch seine Prüfungshandlungen generierten Prüfungsnachweise nacheinander beurteilt.[850] Daraus lässt sich folgern, dass Reihenfolgeeffekte vermieden werden können, wenn gewährleistet wird, dass der Abschlussprüfer die **für seine Urteilsbildung relevanten Prüfungsnachweise gleichzeitig** beurteilt. Um dies zu gewährleisten, könnte der Abschlussprüfer dazu aufgefordert werden, vor seiner Urteilsbildung ein *self review* oder ein *evidence rating* vorzunehmen.

Unter einem ***self review*** ist zu verstehen, dass der Abschlussprüfer durch eine spezielle Dokumentationspflicht dazu angehalten wird, vor seiner (finalen) Urteilsbildung die durch seine Prüfungshandlungen erlangten Prüfungsnachweise aufzulisten und dann simultan zu bewerten.[851] Um den Abschlussprüfer dabei zu unterstützen, könnte die folgende **Anleitung für ein *self review* in seine Prüfungssoftware bzw. in seine Arbeitspapiere** integriert werden:[852]

Beispiel 5.8

1. *Lesen Sie die für Ihre Urteilsbildung vorliegenden Dokumente.*
2. *Wie lautet Ihr vorläufiges Urteil?*

[849] Vgl. dazu die Ausführungen in Abschnitt 321.

[850] Vgl. dazu ausführlich die Ausführungen in Abschnitt 543.231.

[851] Vgl. ASHTON, R./KENNEDY, J., Eliminating Recency with Self-Review, S. 225 f.

[852] Vgl. ASHTON, R./KENNEDY, J., Eliminating Recency with Self-Review, S. 225 f. Zur Anleitung eines *self review* vgl. ASHTON, R./KENNEDY, J., Eliminating Recency with Self-Review, S. 229.

3. *Wie hoch schätzen Sie die Wahrscheinlichkeit ein, dass Ihr unter 2. genanntes Urteil tatsächlich zutreffend ist?*
4. *Führen Sie Prüfungshandlungen durch, um ausreichende und angemessene Prüfungsnachweise zu erhalten.*
5. *Beurteilen Sie, ob die durch Ihre Prüfungshandlungen erlangten Prüfungsnachweise jeweils für oder gegen Ihr vorläufiges Urteil sprechen.*[853]
6. *Beurteilen Sie die Prüfungsnachweise danach, ob das von Ihnen unter 2. abgegebene vorläufige Urteil und die von Ihnen unter 3. geäußerte Wahrscheinlichkeitseinschätzung weiter zutreffend sind. Falls nicht, passen Sie diese an.*
7. *Wie lautet Ihr finales Urteil?*

Befolgt der Abschlussprüfer diese Anleitung, versetzt er sich selbst in die Lage, die von ihm erlangten Prüfungsnachweise unabhängig davon zu beurteilen, in welcher zeitlichen Reihenfolge ihm diese zugegangen sind.[854] Dadurch verringert sich die Wahrscheinlichkeit, dass der Abschlussprüfer die ihm zuerst oder die ihm zuletzt präsentierten Prüfungsnachweise unbewusst systematisch zu stark in sein Entscheidungskalkül einbezieht. Dies hat regelmäßig zur Folge, dass die Urteilsbildung des Abschlussprüfers nicht mehr von Reihenfolgeeffekten beeinflusst wird,[855] wodurch sich die **Effektivität der Abschlussprüfung erhöht**. Die dazu notwendigen zusätzlichen Dokumentationspflichten des Abschlussprüfers führen allerdings dazu, dass sich die **Effizienz der Abschlussprüfung leicht verringert**. Der Prüfungspraxis ist daher zu empfehlen, dass der Abschlussprüfer bei allen Urteilen, die für seine Prüfungsdurchführung wesentlich sind, einen solchen *self review* durchzuführen hat.

Ferner kann auch durch ein verpflichtend durchzuführendes *evidence rating* sichergestellt werden, dass der Abschlussprüfer die für seine Urteilsbildung relevanten

853 A. A. hier FAVERE-MARCHESI, M., Order Effects, S. 70 f. und S. 80, der vorschlägt, dass der Abschlussprüfer vor seiner Urteilsbildung dazu aufgefordert werden sollte, die erhaltenen Prüfungsnachweise chronologisch zu ordnen. Denn dadurch würde vor allem der Rezenzeffekt eliminiert und durch einen Trendeffekt ersetzt werden, was letztlich zur Folge habe, dass sich die Intensität der durch Reihenfolgeeffekte hervorgerufenen Urteilsverzerrungen des Abschlussprüfers verringern ließe. Vgl. dazu FAVERE-MARCHESI, M., Order Effects, S. 80.

854 Vgl. ASHTON, R./KENNEDY, J., Eliminating Recency with Self-Review, S. 224.

855 Vgl. ASHTON, R./KENNEDY, J., Eliminating Recency with Self-Review, S. 229.

Prüfungsnachweise gleichzeitig beurteilt.[856] Unter ***evidence rating*** ist zu verstehen, dass der Abschlussprüfer per Dokumentationspflicht dazu aufgefordert wird, vor seiner Urteilsbildung die von ihm durch seine Prüfungshandlungen erlangten Prüfungsnachweise aufzulisten und nach ihrer Relevanz für sein Urteil zu ordnen.[857] Ein solches *evidence rating* soll den Abschlussprüfer dazu anhalten, die einzelnen Prüfungsnachweise in Relation zueinander zu beurteilen. Dadurch verringert sich die Wahrscheinlichkeit, dass der Abschlussprüfer bei seiner Urteilsbildung davon beeinflusst wird, in welcher zeitlichen Reihenfolge ihm die einzelnen Prüfungsnachweise zugegangen sind, wodurch sich die Intensität der durch Reihenfolgeeffekte hervorgerufenen Urteilsverzerrungen verringern lässt. Mit einem *evidence rating* ließe sich demnach zwar die **Effektivität der Abschlussprüfung erhöhen**, die damit verbundenen zusätzlichen Dokumentationspflichten des Abschlussprüfers würden allerdings dazu führen, dass sich die **Effizienz der Abschlussprüfung leicht verringert**. Der Prüfungspraxis ist daher zu empfehlen, dass der Abschlussprüfer ein *evidence rating* dann als Entscheidungshilfe heranziehen sollte, wenn er für seine Prüfungsdurchführung wesentliche Urteile zu treffen hat.

Darüber hinaus lässt sich die Intensität der sich aus Reihenfolgeeffekten ergebenden Urteilsverzerrungen verringern, indem der Abschlussprüfer dazu motiviert wird, Urteile von hoher Qualität zu treffen.[858] Dies ließe sich unter anderem dadurch erreichen, dass der **Rechtfertigungsdruck** des Abschlussprüfers erhöht wird.[859] CUSHING/AHLAWAT schlagen in diesem Zusammenhang vor, dass der Abschlussprüfer durch eine spezielle Dokumentationspflicht dazu angehalten werden könnte, die für sein Urteil ausschlagge-

856 Vgl. PEI, B./REED, S./KOCH, B., Auditor Belief Revisions, S. 171; EMBY, C., Framing and Presentation Mode Effects, S. 112.

857 Vgl. HOGARTH, R./EINHORN, H., Order Effects in Belief Updating, S. 12; PEI, B./REED, S./KOCH, B., Auditor Belief Revisions, S. 171.

858 Vgl. MONROE, G./NG, J., Order Effects, S. 164; TROTMAN, K./WRIGHT, A., Order Effects, S. 176 m. w. N.

859 Vgl. dazu allgemein LERNER, J./TETLOCK, P., Accounting for the Effects of Accountability, S. 256 f. m. w. N., sowie mit konkretem Bezug auf Reihenfolgeeffekte im Kontext der Urteilsbildung des Abschlussprüfers KENNEDY, J., Debiasing Audit Judgment with Accountability, S. 243. Der Abschlussprüfer lässt sich ferner dadurch motivieren, indem er wiederholt auf die von ihm geforderte kritische Grundhaltung hingewiesen wird. Vgl. ASHTON, R./ASHTON, A., Effects of Positive versus Negative Evidence, S. 16. In einigen Entscheidungssituationen, z. B., wenn er fraudulente Handlungen des Top-Managements aufgedeckt, scheint der Abschlussprüfer von sich aus so motiviert zu sein, dass keine Reihenfolgeeffekte mehr zu beobachten sind. Vgl. dazu ausführlich RECKERS, P./SCHULTZ, J., Effects of Evidence Order on Independent Auditor Judgment, S. 136-140.

benden Gründe in seiner Prüfungssoftware bzw. in seinen Arbeitspapieren zu dokumentieren. Dies würde bedeuten, dass sich der Abschlussprüfer unmittelbar schriftlich für sein Urteil zu rechtfertigen hätte.[860] Eine derartige Rechtsfertigungspflicht könnte in der Prüfungssoftware bzw. in den Arbeitspapieren des Abschlussprüfers wie folgt formuliert werden:[861]

Beispiel 5.9

1. *Wie lautet Ihr vorläufiges Urteil?*
2. *Nennen Sie so viele Gründe wie möglich, warum Sie zu diesem Urteil gelangt sind.*
3. *Beurteilen Sie, ob das von Ihnen unter 1. abgegebene vorläufige Urteil weiter zutreffend ist. Falls nicht, passen Sie dieses an.*
4. *Wie lautet Ihr finales Urteil?*

Befolgt der Abschlussprüfer diese Anleitung, wird er dazu motiviert, die von ihm aufgeführten Gründe nach ihrer Relevanz für sein Urteil zu beurteilen. Dadurch verringert sich die Wahrscheinlichkeit, dass sich der Abschlussprüfer bei seiner Urteilsbildung davon beeinflussen lässt, in welcher zeitlichen Reihenfolge ihm diese Gründe bewusst geworden sind, wodurch die Intensität der durch Reihenfolgeeffekte hervorgerufenen Urteilsverzerrungen verringert werden kann.[862] Dies hat letztlich zur Folge, dass sich die **Effektivität der Abschlussprüfung erhöht**. Die mit diesen zusätzlichen Rechtfertigungspflichten einhergehende Ausweitung bestehender Dokumentationspflichten des Abschlussprüfers hat allerdings zur Folge, dass sich die **Effizienz der Abschlussprüfung leicht verringert**. Der Prüfungspraxis ist – wie zuvor für das *self review* und das *evidence rating* – auch an dieser Stelle zu empfehlen, diese zusätzliche schriftliche Urteilsrechtfertigung zumindest dann vom Abschlussprüfer zu fordern, wenn dieser ein Urteil zu treffen hat, das sich wesentlich auf seine Prüfungsdurchführung auswirkt.

Die Wirkung der zuvor erläuterten Entscheidungshilfen auf die Effektivität und Effizienz der Abschlussprüfung lässt sich wie folgt zusammenfassen:

---

[860] Vgl. CUSHING, B./AHLAWAT, S., Mitigation of Recency Bias in Audit Judgment, S. 113 f.

[861] Vgl. dazu CUSHING, B./AHLAWAT, S., Mitigation of Recency Bias in Audit Judgment, S. 115.

[862] Vgl. CUSHING, B./AHLAWAT, S., Mitigation of Recency Bias in Audit Judgment, S. 121.

Entscheidungshilfen	Auswirkungen auf die Effektivität der Abschlussprüfung	Auswirkungen auf die Effizienz der Abschlussprüfung
Self Review	+	(–)
Evidence Rating	+	(–)
Erhöhung des Rechtfertigungsdrucks	+	(–)

Legende:
+ Entscheidungshilfe wirkt sich **positiv** auf die Effektivität bzw. Effizienz der Abschlussprüfung aus.
(+) Entscheidungshilfe wirkt sich lediglich **leicht positiv** auf die Effektivität bzw. Effizienz der Abschlussprüfung aus.
– Entscheidungshilfe wirkt sich **negativ** auf die Effektivität bzw. Effizienz der Abschlussprüfung aus.
(–) Entscheidungshilfe wirkt sich lediglich **leicht negativ** auf die Effektivität bzw. Effizienz der Abschlussprüfung aus.
+/– Positive und negative Auswirkungen auf die Effektivität bzw. Effizienz der Abschlussprüfung **kompensieren** sich jeweils.

Übersicht 5–6: *Auswirkungen von Entscheidungshilfen zur Verringerung der Intensität der sich aus den unbewussten Reihenfolgeeffekten ergebenden Urteilsverzerrungen des Abschlussprüfers auf die Effektivität und Effizienz der Abschlussprüfung*

543.24 Repräsentativitätsheuristik

543.241. Wirkungsweise der Repräsentativitätsheuristik

Der Abschlussprüfer greift in der Phase der Prüfungsdurchführung bei unterschiedlichen Prüfungsschritten jeweils unbewusst auf die Repräsentativitätsheuristik zurück.[863] Nach dieser neigt der Abschlussprüfer dazu, die **Wahrscheinlichkeit eines Ereignisses** unbewusst danach zu beurteilen, wieweit die Merkmale dieses Ereignisses repräsentativ für die Merkmale der Grundgesamtheit sind, aus der es stammt.[864] In der Realität korreliert die **Repräsentativität eines Ereignisses** allerdings häufig nicht mit der tatsächlichen Eintrittswahrscheinlichkeit dieses Ereignisses. In diesen Fällen hat die Repräsentativitätsheuristik zur Folge, dass der Abschlussprüfer zu verzerrten Urteilen

---

863 Vgl. KOCH, C., Behavioral Economics and Auditing, S. 19-22 m. w. N.

864 Vgl. UECKER, W./KINNEY, W., Evaluation of Sample Results, S. 273, sowie die allgemeinen Ausführungen zur Repräsentativitätsheuristik in Abschnitt 433.332.

gelangt. Dies kann auf den Basisratenfehler, den Konjunktionsfehler und den Stichprobengrößenfehler zurückgeführt werden.[865]

Die Urteilsbildung des Abschlussprüfers wird vom **Basisratenfehler** beeinflusst, wenn dieser die **(bedingte) Wahrscheinlichkeit** eines Ereignisses A unter der Bedingung, dass ein Ereignis B bereits eingetreten ist, einzuschätzen hat.[866] In zahlreichen Studien konnte gezeigt werden, dass der Abschlussprüfer bei der Einschätzung bedingter Wahrscheinlichkeiten dazu neigt, unbewusst die jeweilige **A-priori-Wahrscheinlichkeit zu vernachlässigen.**[867] Dies hat z. B. zur Folge, dass der Abschlussprüfer in der Phase der Prüfungsdurchführung neu erhaltene Prüfungsnachweise unbewusst systematisch zu stark in seinem Entscheidungskalkül berücksichtigt.

In der Phase der Prüfungsdurchführung beurteilt der Abschlussprüfer ein Prüffeld in der Regel auf Basis von **Auswahlprüfungen.**[868] Gelangt der Abschlussprüfer bei einer nicht zufallsgesteuerten Auswahlprüfung („Auswahl der Elemente aufs Geratewohl" bzw. „bewusste Auswahl der Elemente") zu dem Ergebnis, dass in seiner Auswahl **ein oder mehrere Fehler** enthalten sind, hat er zu beurteilen, ob und wieweit diese(r) Fehler **repräsentativ für die Grundgesamtheit** des jeweiligen Prüffeldes ist/sind. Der Basisratenfehler führt unbewusst dazu, dass der Abschlussprüfer die in seiner Auswahl entdeckten Fehler bewertet, ohne dabei die Grundgesamtheit bzw. die in der Grundgesamtheit enthaltenen Fehler ausreichend zu berücksichtigen. Als Folge weitet der Abschlussprüfer seine Prüfungshandlungen in einem nicht erforderlichen Maße aus, um die in seiner Auswahl entdeckten Fehler in diesem Prüffeld zu kompensieren. Dadurch

---

865 Vgl. KOCH, C., Entscheidungsverhalten des Wirtschaftsprüfers, S. 8-11; XIA, S., Research of Errors Caused in Auditing Process, S. 154.

866 Vgl. SMITH, J./KIDA, T., Expertise and Task Realism in Auditing, S. 480 f. m. w. N., sowie die allgemeinen Ausführungen zum Basisratenfehler in Abschnitt 433.332.

867 Vgl. JOYCE, E./BIDDLE, G., Are Auditors' Judgments Sufficiently Regressive?, S. 347. Kritisch zur Studie von JOYCE/BIDDLE vgl. HOLT, D., Auditors and Base Rates, S. 571.

868 Der Abschlussprüfer hat nur dann eine Vollprüfung durchzuführen, wenn ein Prüffeld nur wenige zu prüfende Aussagen umfasst, andernfalls keine Prüfungsnachweise erlangt werden können oder das Prüffeld mit Hilfe einer IT-gestützten Prüfungstechnik ohne großen zeitlichen Aufwand vollständig geprüft werden kann. Vgl. dazu die allgemeinen Ausführungen zur Prüfungsdurchführung in Abschnitt 333.

kommt es zu einem *over-auditing*,[869] wodurch sich bei gleichbleibender Effektivität der Abschlussprüfung deren **Effizienz verringert**.

Wenn der Abschlussprüfer bei einer nicht zufallsgesteuerten Auswahlprüfung zunächst nur Prüfungsnachweise erlangt, die für die **Normenkonformität dieses Prüffeldes** sprechen, neigt er aufgrund des Basisratenfehlers dazu, unbewusst die Grundgesamtheit bzw. die in der Grundgesamtheit enthaltenen Fehler zu vernachlässigen. Dies hat zur Folge, dass der Abschlussprüfer zu früh von der Normenkonformität des Prüffeldes überzeugt ist und seine Prüfungshandlungen abbricht, bevor er sich ausreichende und angemessene Prüfungsnachweise beschaffen konnte, die seine initiale Urteilshypothese bestätigen können. Ein solches *under-auditing* erhöht die Wahrscheinlichkeit,[870] dass der Abschlussprüfer die in einem Prüffeld enthaltenen Fehler nicht vollständig aufdeckt, was **Effektivitätsverluste bei der Abschlussprüfung** zur Folge hat.

Die zuvor beschriebene Wirkung des Basisratenfehlers auf die Urteilsbildung des Abschlussprüfers wird mit folgendem Beispiel verdeutlicht:

Beispiel 5.10

Unternehmen X weist in seiner Bilanz zum Abschlussstichtag eine Forderung gegenüber seinem Kunden Y aus. Diese Forderung setzt sich aus zahlreichen Einzelrechnungen zusammen. Zum Abschlussstichtag seien diese Einzelrechnungen jeweils seit 90 Tagen überfällig. Das zu prüfende Unternehmen hat die ausgewiesene Forderung bislang nicht im Wert berichtigt. Der Abschlussprüfer hat in diesem Fall bei seiner Prüfungsdurchführung unter anderem zu beurteilen, ob das zu prüfende Unternehmen zum Abschlussstichtag eine Wertberichtigung auf diese Forderung hätte vornehmen müssen.

Der Zahlungseingang für die Einzelrechnung E_1, die eine der Einzelrechnungen darstellt, aus der sich die in der Bilanz des zu prüfenden Unternehmens ausgewiesene Forderung gegenüber dessen Kunden Y zusammensetzt, sei in diesem Beispiel das Ereignis B. Der Zahlungseingang für die Einzelrechnung E_2 sei das Ereignis A.

[869] Allgemein zum *over-auditing* vgl. MOCHTY, L., Theoretische Fundierung des risikoorientierten Prüfungsansatzes, S. 733.

[870] Allgemein zum *under-auditing* vgl. ebenfalls MOCHTY, L., Theoretische Fundierung des risikoorientierten Prüfungsansatzes, S. 733.

Angenommen wird, der Kunde Y hat die Einzelrechnung E_1 direkt im ersten Monat nach dem Abschlussstichtag des zu prüfenden Unternehmens in voller Höhe beglichen (Ereignis B ist demnach eingetreten). Der Zahlungseingang für die Einzelrechnung E_1 führt dazu, dass der Abschlussprüfer es ex post für plausibel hält, dass das zu prüfende Unternehmen zum Abschlussstichtag keine Wertberichtigung für die Einzelrechnung E_1 erfasst hat.[871] *Angenommen wird, der Kunde Y hätte zum Zeitpunkt der Prüfungsdurchführung keine andere Einzelrechnung aus der Gesamtheit der überfälligen Einzelrechnungen beglichen. In diesem Fall hat der Abschlussprüfer bei seiner Prüfungsdurchführung zu beurteilen, ob und wieweit die von Kunde Y noch nicht beglichene Forderung zum Abschlussstichtag im Wert zu mindern ist (Einschätzung der Eintrittswahrscheinlichkeit von Ereignis A). Aufgrund des Basisratenfehlers überschätzt der Abschlussprüfer in einem solchen Fall die Wahrscheinlichkeit eines Zahlungseingangs für die anderen überfälligen Einzelrechnungen, was zur Folge hat, dass die von ihm gegebenenfalls angewiesene Wertminderung auf die Forderung gegenüber dem Kunden Y in ihrer Höhe nicht ausreichend ist, wodurch es zu Effektivitätsverlusten bei der Abschlussprüfung kommt. Wäre das Ereignis B zuvor nicht eingetreten, wäre der Abschlussprüfer von einer geringeren Eintrittswahrscheinlichkeit für das Ereignis A ausgegangen. Dies hätte zur Folge gehabt, dass er das zu prüfende Unternehmen auf eine höhere Wertminderung hingewiesen hätte.*

Darüber hinaus wird die Urteilsbildung des Abschlussprüfers dann vom Basisratenfehler beeinflusst, wenn er die **Wahrscheinlichkeit für das Auftreten von *fraud*** im zu prüfenden Unternehmen einzuschätzen hat.[872] Bezogen auf die Grundgesamtheit aller Unternehmen ist die Wahrscheinlichkeit für das Auftreten von *fraud* in einem Unternehmen relativ klein.[873] Da der Abschlussprüfer aufgrund des Basisratenfehlers allerdings dazu neigt, die A-priori-Wahrscheinlichkeit für *fraud* unbewusst zu schwach in sein Entscheidungskalkül einzubeziehen, **überschätzt er – wiederum unbewusst – systematisch das *fraud*-Risiko** des von ihm zu prüfenden Unternehmens.[874] Dies hat

[871] Vgl. dazu auch die Ausführungen zur Ergebnisverzerrung in Abschnitt 433.342 und Abschnitt 544.23.

[872] Vgl. JOYCE, E./BIDDLE, G., Are Auditors' Judgments Sufficiently Regressive?, S. 347.

[873] Vgl. JOYCE, E./BIDDLE, G., Are Auditors' Judgments Sufficiently Regressive?, S. 333 f.

[874] Vgl. KOCH, C., Entscheidungsverhalten des Wirtschaftsprüfers, S. 11.

zur Folge, dass der Abschlussprüfer zum einen in einem nicht erforderlichen Maße seine Prüfungshandlungen ausdehnt, um das überhöht wahrgenommene *fraud*-Risiko zu kompensieren, wodurch es zu **Effizienzverlusten bei der Abschlussprüfung** kommt. Zum anderen verdächtigt der Abschlussprüfer dadurch vorschnell die Mitarbeiter des jeweils zu prüfenden Unternehmens, fraudulente Handlungen vorgenommen zu haben, was die **Beziehung des Abschlussprüfers zum Mandanten dauerhaft belasten könnte**.

Neben der Wahrscheinlichkeit für das Auftreten von *fraud* wirkt sich der Basisratenfehler auch dann auf die Urteilsbildung des Abschlussprüfers aus, wenn jener die **Fortführung der Unternehmenstätigkeit** des zu prüfenden Unternehmens zu beurteilen hat.[875] Bezogen auf die Grundgesamtheit aller Unternehmen ist die Wahrscheinlichkeit einer Unternehmensinsolvenz relativ klein. Der Basisratenfehler führt nun dazu, dass der Abschlussprüfer diese A-priori-Insolvenzwahrscheinlichkeit unbewusst nicht im ausreichenden Maße in seinem Entscheidungskalkül berücksichtigt. Als Folge **überschätzt der Abschlussprüfer unbewusst systematisch die Insolvenzwahrscheinlichkeit** der von ihm zu prüfenden Unternehmen. Dies führt wiederum dazu, dass er seine Prüfungshandlungen in einem nicht erforderlichen Maße ausdehnt, um ausreichende und angemessene Prüfungsnachweise zu sammeln, auf deren Basis von der Fortführung der Unternehmenstätigkeit ausgegangen werden kann – **zulasten der Effizienz der Abschlussprüfung.**

Die Urteilsbildung des Abschlussprüfers wird ferner vom **Konjunktionsfehler** beeinflusst. Dieser ist zu beobachten, wenn der Abschlussprüfer die Wahrscheinlichkeit dafür einzuschätzen hat, dass ein Ereignis A zeitgleich mit einem Ereignis B eintreten wird.[876] Der Abschlussprüfer neigt aufgrund des Konjunktionsfehlers dazu, die Wahrscheinlichkeit für den zeitgleichen Eintritt von einem Ereignis A und einem Ereignis B (**Szenariowahrscheinlichkeit**) unbewusst höher einzuschätzen als die Eintrittswahrscheinlichkeiten des Ereignisses A und des Ereignisses B für sich genommen (**Einzelwahrscheinlichkeiten**).

---

875 Vgl. JOHNSON, W. B., Representativeness in Judgmental Predictions of Corporate Bankruptcy, S. 91.

876 Vgl. FREDERICK, D./LIBBY, R., Auditors' Judgments of Conjunctive Events, S. 282.

Der Abschlussprüfer richtet die von ihm in der Phase der Prüfungsdurchführung vorzunehmenden Prüfungshandlungen an den von ihm in der Phase der Prüfungsplanung bestimmten **Fehlerrisiken der einzelnen Prüffelder** aus.[877] Der Abschlussprüfer kann das Fehlerrisiko eines Prüffeldes direkt oder indirekt ermitteln.[878] Bei einer **direkten Ermittlung** gibt der Abschlussprüfer eine zusammengefasste Einschätzung des Fehlerrisikos ab, ohne explizit auf dessen Risikokomponenten, nach dem Prüfungsrisikomodell sind dies das inhärente Risiko und das Kontrollrisiko des Prüffeldes,[879] einzugehen. Bei einer **indirekten Ermittlung** des Fehlerrisikos schätzt der Abschlussprüfer zunächst jeweils separat das inhärente Risiko und das Kontrollrisiko des Prüffeldes ein, bevor er diese Risiken multiplikativ zum Fehlerrisiko verknüpft.

Aufgrund des Konjunktionsfehlers neigt der Abschlussprüfer dazu, die Fehlerrisiken der einzelnen Prüffelder auf Basis der direkten Ermittlungsmethode unbewusst niedriger einzuschätzen als auf Basis der indirekten Ermittlungsmethode.[880] Denn bei Letzterer hat der Abschlussprüfer zwei **unterschiedliche Einzelwahrscheinlichkeiten**, nämlich das inhärente Risiko und das Kontrollrisiko des Prüffeldes, **multiplikativ miteinander zu verknüpfen.**[881] Der Konjunktionsfehler führt nun dazu, dass der Abschlussprüfer bei der indirekten Ermittlungsmethode das Fehlerrisiko eines Prüffeldes unbewusst höher einschätzt, als sich das Fehlerrisiko auf Basis des vom Abschlussprüfer festgelegten inhärenten Risikos und des Kontrollrisikos des Prüffeldes errechnen würde, womit er das **Fehlerrisiko eines Prüffeldes bei der indirekten Ermittlungsmethode unbe-**

---

877 Vgl. die allgemeinen Ausführungen zur Prüfungsplanung in Abschnitt 332.

878 Vgl. ARMSTRONG, S./DENNISTON, W./GORDON, M., Making Judgments, S. 257. Aus Praktikabilitätsgründen wird in der Prüfungspraxis häufig direkt das Fehlerrisiko beurteilt. Aufgrund der unterstellten Abhängigkeit zwischen dem inhärenten Risiko und dem Kontrollrisiko ist dies modelltheoretisch auch sachgerecht. Vgl. SCHMIDT, S., Risikobeurteilungen und Prüfungshandlungen, S. 874 f. Nach ISA 200.A40 ist eine getrennte Einschätzung von inhärentem Risiko und Kontrollrisiko allerdings zulässig. Der Abschlussprüfer hat danach vor allem dann eine getrennte Einschätzung vorzunehmen, wenn dies für seine Prüftechnik und Prüfmethodik vorteilhaft erscheint oder praktische Überlegungen dafür sprechen. Bedeutsame inhärente Risiken bilden eine konzeptionelle Ausnahme. Denn diese sind stets ohne Berücksichtigung des Kontrollrisikos zu identifizieren. Vgl. ISA 315.27.

879 Vgl. die allgemeinen Ausführungen zum Aufbau und zu den Grundaussagen des Prüfungsrisikomodell in Abschnitt 322.

880 Vgl. DANIEL, S., Assessment of Audit Risk in Practice, S. 177-179.

881 Zur Verknüpfung von Einzelwahrscheinlichkeiten durch den Abschlussprüfer allgemein vgl. KOCH, C., Entscheidungsverhalten des Wirtschaftsprüfers, S. 9.

wusst systematisch überschätzt.[882] Dies hat zur Folge, dass der Abschlussprüfer seine Prüfungshandlungen in einem nicht erforderlichen Maße ausdehnt, um das als zu hoch eingeschätzte Fehlerrisiko des Prüffeldes zu kompensieren, wodurch es zu **Effizienzverlusten bei der Abschlussprüfung** kommt.

Darüber hinaus wird die Urteilsbildung des Abschlussprüfers in der Phase der Prüfungsdurchführung vom Konjunktionsfehler beeinflusst, wenn der Abschlussprüfer die erhaltenen **Prüfungsnachweise zu interpretieren** hat. Führt der Abschlussprüfer z. B. analytische Prüfungshandlungen durch, um Aussagen über die Konsistenz und Plausibilität der Finanz- und Betriebsdaten des zu prüfenden Unternehmens tätigen zu können[883], und entdeckt er dabei **ungewöhnliche Posten bzw. unerwartete Fluktuationen**, hat er diese zu erklären. Für diese Erklärung kann der Abschlussprüfer prinzipiell auf einen oder auf mehrere Gründe zurückgreifen.[884] Der Abschlussprüfer tendiert aufgrund des Konjunktionsfehlers dazu, sich mehrerer Gründe zu bedienen, um diese ungewöhnlichen Posten bzw. die unerwarteten Fluktuationen zu erklären.[885] Denn wenn er mehrere Gründe für seine Erklärung heranzieht, erscheint ihm diese vollständiger als wenn er für seine Erklärung nur auf einen Grund zurückgreift. Je vollständiger der Abschlussprüfer seine Erklärung wahrnimmt, desto repräsentativer erscheint ihm diese. Je repräsentativer die Erklärung wiederum für ihn ist, desto höher schätzt er die Wahrscheinlichkeit ein, dass diese zutreffend ist. Da – wie oben erwähnt – die **Repräsentativität eines Ereignisses** bzw. in diesem Fall die Repräsentativität einer Erklärung in vielen Fällen nicht mit der tatsächlichen Eintrittswahrscheinlichkeit der Erklärung korreliert, kann der Konjunktionsfehler an dieser Stelle dazu führen, dass der Abschlussprüfer zu schnell von seiner Erklärung für die von ihm entdeckten ungewöhnlichen Posten bzw. unerwarteten Fluktuationen überzeugt ist. Als Folge bricht der Abschlussprüfer seine Prüfungshandlungen ab, bevor er sich ausreichende und ange-

---

882 Vgl. DANIEL, S., Assessment of Audit Risk in Practice, S. 177-179.

883 Ausführlich zu analytischen Prüfungshandlungen vgl. die allgemeinen Ausführungen zur Prüfungsdurchführung in Abschnitt 333.

884 Der Abschlussprüfer zieht zur Erklärung ungewöhnlicher Posten bzw. unerwarteter Fluktuationen nur solche Gründe heran, die grundsätzlich plausibel sind, ein Mindestmaß an Wahrscheinlichkeit aufweisen und Implikationen für die Abschlussprüfung haben. Vgl. HO, J./MAY, R., Auditors' Causal Probability Judgments, S. 80 und S. 83.

885 Vgl. HO, J./MAY, R., Auditors' Causal Probability Judgments, S. 84.

messene Prüfungsnachweise beschaffen konnte, die seine initiale Urteilshypothese bestätigen. Dadurch steigt die Wahrscheinlichkeit, dass er die in einem Prüffeld enthaltenen Fehler nicht vollständig aufdeckt, was **Effektivitätsverluste bei der Abschlussprüfung** zur Folge hat.

Die Wirkung des Konjunktionsfehlers auf die Urteilsbildung des Abschlussprüfers wird mit folgendem Beispiel verdeutlicht:

Beispiel 5.11

Unternehmen X weist in seiner Bilanz zum Abschlussstichtag zwei Forderungen aus: Eine Forderung gegenüber seinem Kunden Y und eine Forderung gegenüber seinem Kunden Z. Die beiden ausgewiesenen Forderungen sind jeweils seit 90 Tagen überfällig. Das zu prüfende Unternehmen hat die ausgewiesenen Forderungen bislang nicht im Wert berichtigt. Der Abschlussprüfer hat in der Phase seiner Prüfungsdurchführung unter anderem zu beurteilen, ob das zu prüfende Unternehmen zum Abschlussstichtag eine Wertberichtigung auf diese Forderung hätte vornehmen müssen.

Der Zahlungseingang für die Forderung gegenüber dem Kunden Y sei in diesem Beispiel das Ereignis B. Der Zahlungseingang für die Forderung gegenüber dem Kunden Z sei das Ereignis A. Der Zahlungseingang für beide Forderungen sei das Ereignis C. Angenommen wird, der Kunde Y hat seine Verbindlichkeit gegenüber dem zu prüfenden Unternehmen direkt im ersten Monat nach dessen Abschlussstichtag in voller Höhe beglichen (Ereignis B ist demnach eingetreten). Der Zahlungseingang für die Forderung gegenüber dem Kunden Y führt dazu, dass der Abschlussprüfer es ex post für plausibel hält, dass das zu prüfende Unternehmen zum Abschlussstichtag keine Wertberichtigung auf die entsprechende Forderung vorgenommen hat.[886] *Angenommen wird, der Kunde Z hat seine Verbindlichkeit gegenüber dem zu prüfenden Unternehmen zum Zeitpunkt der Prüfungsdurchführung nicht beglichen. In diesem Fall hat der Abschlussprüfer bei seiner Prüfungsdurchführung zu beurteilen, ob und wieweit die noch nicht beglichene Forderung des zu prüfenden Unternehmens gegenüber dessen Kunden Z im Wert zu mindern ist (Einschätzung der Eintrittswahrscheinlichkeit von Ereignis A). In einem*

[886] Vgl. die Ausführungen zur Ergebnisverzerrung in Abschnitt 433.342 und Abschnitt 544.23.

solchen Fall überschätzt der Abschlussprüfer unbewusst die Wahrscheinlichkeit eines Zahlungseingangs für die Forderung gegenüber dem Kunden Z. Denn aufgrund des Konjunktionsfehlers überschätzt er unbewusst den gleichzeitigen Eingang der Zahlungen vom Kunden Y und vom Kunden Z (Eintrittswahrscheinlichkeit von Ereignis C). Dies führt letztlich dazu, dass die von ihm gegebenenfalls angewiesene Wertminderung auf die Forderung gegenüber dem Kunden Z in ihrer Höhe nicht ausreichend ist, was sich negativ auf die Effektivität der Abschlussprüfung auswirkt. Bestünde das Ereignis B nicht, hätte der Abschlussprüfer die Eintrittswahrscheinlichkeit für das Ereignis A wesentlich niedriger eingeschätzt. Dies hätte dazu geführt, dass der Abschlussprüfer das zu prüfende Unternehmen auf eine höhere Wertminderung hingewiesen hätte.

In der Phase der Prüfungsdurchführung nimmt der Abschlussprüfer eine Vielzahl von Prüfungshandlungen vor, um die Normenkonformität der einzelnen Prüffelder beurteilen zu können. Der Abschlussprüfer führt z. B. **Einzelfallprüfungen** durch, um durch direkte Soll-Ist-Vergleiche einzelner Geschäftsvorfälle und Kontosalden zu Prüfungsnachweisen für einzelne Aussagen in der Rechnungslegung zu gelangen.[887] Da Einzelfallprüfungen für den Abschlussprüfer in aller Regel mit einem hohen Zeit- und damit Kostenaufwand verbunden sind und auch eine lückenlose Einzelfallprüfung keine absolute Prüfungssicherheit garantieren würde, wird vom Abschlussprüfer **keine Vollprüfung** gefordert.[888] Vielmehr ist es dem Abschlussprüfer ausdrücklich erlaubt, seine Beurteilung auf Grundlage einer Auswahlprüfung durchzuführen.[889]

Für eine Auswahlprüfung stehen dem Abschlussprüfer grundsätzlich mehrere Auswahlverfahren zur Verfügung.[890] Nutzt der Abschlussprüfer die **Auswahl aufs Geratewohl** oder die **bewusste Auswahl**, um Elemente aus der Grundgesamtheit der Geschäftsvorfälle eines Prüffeldes auszuwählen, und gelangt er dabei zu der Erkenntnis, dass in seiner Auswahl **ein oder mehrere Fehler vorhanden** sind, hat er zu beurteilen, ob und

---

887 Ausführlich zu Einzelfallprüfungen vgl. die allgemeinen Ausführungen zur Prüfungsdurchführung in Abschnitt 333.

888 Vgl. ZAEH, P., Risikoorientierte Abschlußprüfung, S. 21; ZAEH, P., Planung der Prüfungsmethoden, S. 383.

889 Vgl. dazu MOCHTY, L., Theoretische Fundierung des risikoorientierten Prüfungsansatzes, S. 737, sowie die allgemeinen Ausführungen zur Prüfungsdurchführung in Abschnitt 333.

890 Zu den vom Abschlussprüfer heranzuziehenden Auswahlverfahren vgl. die diesbezüglichen Ausführungen in Abschnitt 333.

wieweit der Umfang seiner Auswahl es zulässt, **Rückschlüsse auf die Grundgesamtheit** zu ziehen.[891] Da der Umfang der Auswahl bei einer Auswahl aufs Geratewohl und einer bewussten Auswahl nach pflichtgemäßem Ermessen des Abschlussprüfers festgelegt wurde, ist die **Auswahl nicht repräsentativ für die Grundgesamtheit**. Dementsprechend kann der Abschlussprüfer die Fehlerstruktur seiner Auswahl nicht mit wahrscheinlichkeitstheoretischen Grundsätzen auf die Grundgesamtheit übertragen.[892] Vielmehr hat er die Aussagefähigkeit seiner Auswahl auf Basis seiner prüferischen Erfahrung und seines Wissen über das zu prüfende Unternehmen zu beurteilen.[893] In zahlreichen Studien konnte gezeigt werden, dass der Abschlussprüfer dabei unbewusst dem **Stichprobengrößenfehler** unterliegt.[894] Der Stichprobengrößenfehler besagt, dass der Abschlussprüfer bei Auswahlprüfungen auf Basis der Auswahl aufs Geratewohl oder der bewussten Auswahl dazu neigt, die ausgewählten Elemente in allen wesentlichen Merkmalen als repräsentativ für die Grundgesamtheit wahrzunehmen, aus der sie stammen. Dies hat zur Folge, dass der Abschlussprüfer den Umfang seiner Auswahl unbewusst systematisch zu schwach in sein Entscheidungskalkül einbezieht, wodurch er die **Aussagefähigkeit der in seiner Auswahl vorhandenen Fehler unbewusst systematisch überschätzt**.[895] Als Folge weitet er seine Prüfungshandlungen in einem nicht erforderlichen Maße aus, um die übrigen im Prüffeld vermuteten Fehler aufzudecken. Sofern in der Grundgesamtheit allerdings weniger Fehler vorhanden sind, als dies der Abschlussprüfer aufgrund des Stichprobengrößenfehlers annimmt, führt der Stichprobengrößenfehler mithin zu **Effizienzverlusten bei der Abschlussprüfung**.

Ist der Abschlussprüfer bei einer Auswahlprüfung auf Basis der Auswahl aufs Geratewohl oder der bewussten Auswahl davon überzeugt, dass in der von ihm getroffenen Auswahl **keine Fehler vorhanden** sind, hat er zu beurteilen, ob und wieweit der Um-

---

891 Vgl. CORLESS, J., Applying Bayesian Statistics in Auditing, S. 556.

892 Vgl. dazu allgemein KLINKENBERG, D., Stichprobenverfahren, S. 18.

893 Die Auswahl ist demnach nur zufällig repräsentativ für die Grundgesamtheit. Selbst dann lässt sich die Repräsentanz der Auswahl allerdings nicht beweisen.

894 Vgl. allgemein zum Stichprobengrößenfehler die Ausführungen in Abschnitt 433.332. Zum Stichprobengrößenfehler im Kontext der Urteilsbildung des Abschlussprüfers vgl. KOCH, C., Behavioral Economics and Auditing, S. 19; SMITH, J./KIDA, T., Expertise and Task Realism in Auditing, S. 482; UECKER, W./KINNEY, W., Evaluation of Sample Results, S. 274.

895 Vgl. KACHELMEIER, S./MESSIER JR., W., Auditor Sample Size Decisions, S. 223; XIA, S., Research of Errors Caused in Auditing Process, S. 154.

fang seiner Auswahl ihn in die Lage versetzt, **Rückschlüsse auf die Normenkonformität der Grundgesamtheit** zu ziehen.[896] Da der Abschlussprüfer bei einer Auswahl aufs Geratewohl und einer bewussten Auswahl den Umfang seiner Auswahl nach pflichtgemäßem Ermessen selbst festgelegt, ist die **Auswahl nicht repräsentativ für die Grundgesamtheit**, d. h. die Fehlerstruktur seiner Auswahl lässt sich nicht mit wahrscheinlichkeitstheoretischen Grundsätzen auf die Grundgesamtheit übertragen. Der Abschlussprüfer hat die Aussagefähigkeit der von ihm getroffenen Auswahl vielmehr auf Basis seiner prüferischen Erfahrung und seines Wissens über das zu prüfende Unternehmen zu bewerten. Der Stichprobengrößenfehler führt nun dazu, dass der Abschlussprüfer die **Aussagefähigkeit seiner normenkonformen Auswahl unbewusst systematisch überschätzt**. Dies hat zur Folge, dass der Abschlussprüfer seine Prüfungshandlungen abbricht, bevor er sich ausreichende und angemessene Prüfungsnachweise beschafft hat, welche die Normenkonformität der Grundgesamtheit bestätigen können. Dadurch erhöht sich die Wahrscheinlichkeit, dass der Abschlussprüfer die eventuell in einem Prüffeld vorhandenen Fehler nicht vollständig aufdeckt, was **Effektivitätsverluste bei der Abschlussprüfung** zur Folge hat.[897]

Insgesamt führt der unbewusste Einsatz der Repräsentativitätsheuristik dazu, dass der Abschlussprüfer bei der Prüfungsdurchführung regelmäßig zu verzerrten Urteilen gelangt. Unter bestimmten Bedingungen können sich daraus **Effektivitäts- und Effizienzverluste bei der Abschlussprüfung** ergeben. Da dadurch die Wahrscheinlichkeit steigt, dass der Abschlussprüfer der Zielvorschrift der Abschlussprüfung nicht mehr gerecht wird,[898] wird im Folgenden untersucht, welche **Entscheidungshilfen** dazu beitragen können, die durch den Einsatz der Repräsentativitätsheuristik hervorgerufenen Urteilsverzerrungen des Abschlussprüfers bei der Prüfungsdurchführung in ihrer Intensität zu verringern bzw. ganz zu vermeiden.

---

[896] Vgl. CORLESS, J., Applying Bayesian Statistics in Auditing, S. 556.

[897] Vgl. dazu KOCH, C., Entscheidungsverhalten des Wirtschaftsprüfers, S. 10.

[898] Vgl. dazu die Ausführungen in Abschnitt 321.

543.242. Mögliche Ansätze zur Verringerung der Intensität der durch die Repräsentativitätsheuristik hervorgerufenen Urteilsverzerrungen

Der Abschlussprüfer neigt aufgrund des **Basisratenfehlers** dazu, bei Einschätzungen bedingter Wahrscheinlichkeiten unbewusst die jeweilige A-priori-Wahrscheinlichkeit zu vernachlässigen.[899] Dies hat unter anderem zur Folge, dass er die Wahrscheinlichkeit für das Auftreten von *fraud* und die Insolvenzwahrscheinlichkeit des zu prüfenden Unternehmens unbewusst systematisch überschätzt.[900] Um dies zu vermeiden, könnte dem Abschlussprüfer vorgeschrieben werden, auf moderne Prüfungsinstrumente zurückzugreifen, z. B. das **BBR Baetge-Bilanz-Rating®** (BBR)[901] oder **Moody's RiskCalc™** (RiskCalc)[902]. Denn mit diesen Bilanzbonitätsratings ließen sich sowohl die Wahrscheinlichkeit für das Auftreten von *fraud* als auch die Insolvenzwahrscheinlichkeit des zu prüfenden Unternehmens objektivieren.

In Bezug auf die **Wahrscheinlichkeit für das Auftreten von *fraud*** gelingt dies, indem mit dem BBR oder RiskCalc geprüft wird, ob und wieweit die beiden „bilanzdeliktbegünstigenden Kontextfaktoren ‚fraudulente Motivation, z. B. bei drohender Insolvenz' und ‚geringe Aufdeckungswahrscheinlichkeit'"[903] vorliegen. Dies könnte dem Abschlussprüfer dabei helfen, den „Gesundheitszustand"[904] des zu prüfenden Unternehmens zu ermitteln, der grundsätzlich „von ‚kerngesund' bis ‚insolvenzgefährdet bzw. insolvent' reichen kann"[905]. Der ermittelte Gesundheitszustand des zu prüfenden Unternehmens, der bei einem Bilanzrating als Ausfallwahrscheinlichkeit bezeichnet wird, erleichtert es dem Abschlussprüfer, die sich aus einer hohen Ausfallwahrscheinlichkeit ergebenden möglichen *fraud*-Gebiete zu identifizieren.[906]

899 Vgl. die entsprechenden Ausführungen in Abschnitt 543.241.

900 Vgl. dazu die Ausführungen in Abschnitt 543.241.

901 Zum BBR Baetge-Bilanz-Rating vgl. BAETGE, J./HÜLS, D./UTHOFF, C., Früherkennung der Unternehmenskrise, S. 21-29; BAETGE, J./JERSCHENSKY, A., Moderne Verfahren der Jahresabschlußanalyse, S. 1581-1591.

902 Zu Moody's RiskCalc™ vgl. ESCOTT, P./GLORMANN, F./KOCAGIL, A., Moody's RiskCalc, S. 8-11, sowie BAETGE, J./MELCHER, T./SCHMIDT, M., Moderne Bilanzanalyse, S. 177-180.

903 BAETGE, J./MELCHER, T./SCHULZ, R., Vermeidung von Bilanzdelikten, S. 28.

904 BAETGE, J./RICHTER, M., Risiken eines Unternehmens, S. 26.

905 BAETGE, J./MELCHER, T./SCHULZ, R., Vermeidung von Bilanzdelikten, S. 28.

906 Vgl. BAETGE, J./MELCHER, T./SCHULZ, R., Vermeidung von Bilanzdelikten, S. 29.

Dies versetzt den Abschlussprüfer in die Lage, die Wahrscheinlichkeit für das Auftreten von *fraud* im zu prüfenden Unternehmen besser einschätzen zu können als zuvor.

In Bezug auf die **Insolvenzwahrscheinlichkeit des zu prüfenden Unternehmens** gelingt dies, indem der Abschlussprüfer dazu angehalten wird, diese nicht (mehr) subjektiv zu schätzen, sondern z. B. mit Hilfe eines Bilanzbonitätsratings wie dem BBR oder RiskCalc zu ermitteln. Denn mit dem BBR oder RiskCalc ließe sich die Bestandsfestigkeit des zu prüfenden Unternehmens anhand von dessen A-priori-Insolvenzwahrscheinlichkeit objektiv beurteilen.[907] Das Ergebnis eines solchen Ratings kann dann vom Abschlussprüfer als Maß für die Insolvenzwahrscheinlichkeit des zu prüfenden Unternehmens herangezogen werden.[908]

Demnach können sowohl die Wahrscheinlichkeit für das Auftreten von *fraud* als auch die Insolvenzwahrscheinlichkeit des zu prüfenden Unternehmens mit Bilanzbonitätsratings objektiviert werden. Dadurch ließe sich der **Basisratenfehler vermeiden**, dem der Abschlussprüfer bei seiner subjektiven Einschätzung dieser Wahrscheinlichkeiten regelmäßig unbewusst unterliegt. Dies hätte letztlich zur Folge, dass sich die **Effektivität der Abschlussprüfung erhöht**. Für den Abschlussprüfer ist der Einsatz von Bilanzbonitätsratings indes mit Kosten verbunden. Folglich würde sich durch den Einsatz von Bilanzbonitätsratings die **Effizienz der Abschlussprüfung verringern**. Da Prüfungshandlungen zu fraudulenten Handlungen im zu prüfenden Unternehmen für den Abschlussprüfer „um ein vielfaches aufwendiger“[909] sind als reguläre Prüfungshandlungen, ist der Prüfungspraxis allerdings in Bezug auf *fraud* im zu prüfenden Unternehmen zu empfehlen, auf die Ergebnisse von Bilanzratings zurückzugreifen. Diese können die Aufdeckung fraudulenter Handlungen zwar nicht garantieren, aber die Wahrscheinlichkeit dafür ohne einen wesentlichen Mehraufwand deutlich erhöhen. Der Prüfungspraxis ist zudem zu empfehlen, Bilanzratings dazu einzusetzen, die Insolvenzwahrscheinlichkeit des zu prüfenden Unternehmens zu ermitteln. Denn dadurch ließe sich die Qualität des vom Abschlussprüfer abzugebenden Urteils über die Fortführung der Unternehmenstätigkeit des zu prüfenden Unternehmens deutlich erhöhen.

[907] Vgl. HÜLS, D., Früherkennung insolvenzgefährdeter Unternehmen, S. 176.

[908] Vgl. BAETGE, J./KIRSCH, H.-J./THIELE, S., Bilanzanalyse, S. 371.

[909] BAETGE, J./MELCHER, T./SCHULZ, R., Vermeidung von Bilanzdelikten, S. 28.

Außerdem kann die Wirkung des Basisratenfehlers dadurch verringert werden, dass der Abschlussprüfer bei seiner Einschätzung bedingter Wahrscheinlichkeiten durch ein **fragengeleitetes Vorgehen** dazu angehalten wird, die jeweilige A-priori-Wahrscheinlichkeit der zu beurteilenden Ereignisse in seinem Entscheidungskalkül zu berücksichtigen.[910] Dies gelingt durch eine spezielle Dokumentationspflicht, durch welche der Abschlussprüfer dazu aufgefordert wird, die für seine Wahrscheinlichkeitseinschätzung relevanten Informationen zu explizieren.[911] Nach BUTLER könnten dazu bestimmte Fragen in die Prüfungssoftware bzw. in die Arbeitspapiere des Abschlussprüfers integriert werden, die dieser vor einer Wahrscheinlichkeitseinschätzung zu beantworten hat.[912] Für das vom Abschlussprüfer bei seiner Prüfungsdurchführung einzuschätzende Stichprobenrisiko könnten diese Fragen beispielsweise wie folgt formuliert werden:[913]

Beispiel 5.12

1. *Basierend auf Ihren Erfahrungen, wie viele Fehler sollten in dieser Stichprobe vorhanden sein? Wie hoch sollte der Gesamtbetrag der Fehler in dieser Stichprobe sein?*
2. *Wie häufig gelangen Sie bei Ihrer Arbeit zu Stichprobenergebnissen, die mit den vorliegenden Stichprobenergebnissen identisch sind?*
3. *Wie häufig schätzen Sie das Risiko einer Stichprobe ein?*
4. *Wie hoch schätzen Sie die Wahrscheinlichkeit ein, dass das von Ihnen ermittelte Stichprobenrisiko tatsächlich zutreffend ist?*
5. *Wie hoch ist Ihrer Meinung nach das Stichprobenrisiko der vorliegenden Stichprobe?*

Beantwortet der Abschlussprüfer diese Fragen vor seiner Wahrscheinlichkeitseinschätzung, lässt sich die Intensität der sich aus dem Basisratenfehler ergebenden

910 Vgl. BUTLER, S., Decision Aid in the Judgmental Evaluation of Substantive Test of Details, S. 514.

911 Vgl. AJZEN, I., Effects of Base-Rate Information on Prediction, S. 313; KIDA, T., Effect of Causality and Specificity on Data Use, S. 146-149.

912 Vgl. BUTLER, S., Decision Aid in the Judgmental Evaluation of Substantive Test of Details, S. 514.

913 Zu den folgenden Fragen vgl. BUTLER, S., Decision Aid in the Judgmental Evaluation of Substantive Test of Details, S. 516.

Urteilsverzerrungen verringern, wodurch die **Effektivität der Abschlussprüfung leicht erhöht** werden kann.[914] Dazu wäre es indes notwendig, die bestehenden Dokumentationsanforderungen des Abschlussprüfers auszuweiten. Dies hätte zur Folge, dass sich die **Effizienz der Abschlussprüfung leicht verringern** würde. Der Prüfungspraxis ist zu empfehlen, diese Entscheidungshilfe immer dann verpflichtend vorzuschreiben, wenn sich der Abschlussprüfer bei seiner Auswahlprüfung einer Auswahl aufs Geratewohl oder einer bewussten Auswahl bedient.[915]

Darüber hinaus lässt sich die Wirkung des Basisratenfehlers abschwächen, indem die **Darstellungsform der Informationen**, die für die Wahrscheinlichkeitseinschätzung des Abschlussprüfers relevant sind, angepasst wird. In zahlreichen Studien konnte gezeigt werden, dass die Wirkung des Basisratenfehlers nachlässt, wenn der Abschlussprüfer bei seiner Abschlussprüfung **keine Wahrscheinlichkeiten, sondern Häufigkeiten** einzuschätzen hätte.[916] Denn Häufigkeiten korrespondieren nicht nur mit der Form, in der er statistische Informationen wahrnimmt und speichert, sondern geben dem Abschlussprüfer auch Hinweise auf die A-priori-Wahrscheinlichkeiten der den Häufigkeiten zugrunde liegenden Ereignisse.[917] Eine mit einer solchen Umwidmung vergleichbare Wirkung lässt sich erzielen, wenn der Abschlussprüfer die für seine Prüfungsdurchführung relevanten **Wahrscheinlichkeiten nicht nur verbal, sondern auch grafisch präsentiert** bekommt.[918] Diese Wirkung wird verstärkt, wenn der Abschlussprüfer die für seine Prüfungsdurchführung relevanten Wahrscheinlichkeiten ausschließlich in einer Grafik präsentiert bekommt bzw. wenn er seine Wahrscheinlichkeitseinschätzungen in Grafiken einzutragen hat.[919] Durch die vorgeschlagenen Anpassungen der Darstellungsform der Informationen, die für die Wahrscheinlichkeitseinschätzung des Abschlussprüfers relevant sind, ließe sich die Intensität der sich

---

914 Vgl. BUTLER, S., Decision Aid in the Judgmental Evaluation of Substantive Test of Details, S. 518 f.

915 Zu den genannten Auswahlmethoden vgl. die Ausführungen in Abschnitt 333.

916 Vgl. GIGERENZER, G., Make Cognitive Illusions Disappear, S. 94; GIGERENZER, G./HOFFRAGE, U., Frequency Formats, S. 698; HOFFRAGE, U. U. A., Communicating Statistical Information, S. 2261; KURZENHÄUSER, S./LÜCKING, A., Statistical Formats in Bayesian Interference, S. 69. Gleiches gilt, wenn der Abschlussprüfer darin geschult wird, Wahrscheinlichkeiten intuitiv in Häufigkeiten zu transformieren. Vgl. SEDLMEIER, P., Improving Statistical Reasoning, S. 41 und S. 67.

917 Vgl. statt vieler HOFFRAGE, U. U. A., Communicating Statistical Information, S. 2261.

918 Vgl. ROY, M./LERCH, F. J., Overcoming Base-rate Problems, S. 243 f.

919 Vgl. ROY, M./LERCH, F. J., Overcoming Base-rate Problems, S. 243.

aus dem Basisratenfehler ergebenden Urteilsverzerrungen verringern, was zur Folge hätte, dass sich die **Effektivität der Abschlussprüfung erhöht**. Da die vorgeschlagenen Anpassungen ohne einen wesentlichen Zeit- und damit Kostenaufwand in der Prüfungssoftware bzw. in den Arbeitspapieren des Abschlussprüfers vorgenommen werden könnten, würden sich daraus **keine negativen Konsequenzen für die Effizienz der Abschlussprüfung** ergeben. Der Prüfungspraxis kann daher uneingeschränkt empfohlen werden, die Prüfungssoftware bzw. die Arbeitspapiere des Abschlussprüfers vollständig wie vorgeschlagen anzupassen.

Die zuvor untersuchten Entscheidungshilfen und ihre jeweilige Wirkung auf die Effektivität und Effizienz der Abschlussprüfung lassen sich wie folgt zusammenfassen:

Entscheidungshilfen	**Auswirkungen auf die Effektivität der Abschlussprüfung**	**Auswirkungen auf die Effizienz der Abschlussprüfung**
Bilanzbonitätsrating	+	(–)
Fragengeleitetes Vorgehen	(+)	(–)
Anpassungen der Darstellungsform	(+)	+/–

Legende:
+ Entscheidungshilfe wirkt sich **positiv** auf die Effektivität bzw. Effizienz der Abschlussprüfung aus.
(+) Entscheidungshilfe wirkt sich lediglich **leicht positiv** auf die Effektivität bzw. Effizienz der Abschlussprüfung aus.
– Entscheidungshilfe wirkt sich **negativ** auf die Effektivität bzw. Effizienz der Abschlussprüfung aus.
(–) Entscheidungshilfe wirkt sich lediglich **leicht negativ** auf die Effektivität bzw. Effizienz der Abschlussprüfung aus.
+/– Positive und negative Auswirkungen auf die Effektivität bzw. Effizienz der Abschlussprüfung **kompensieren** sich jeweils.

Übersicht 5–7: *Auswirkungen von Entscheidungshilfen zur Verringerung der Intensität der sich aus dem unbewussten Basisratenfehler ergebenden Urteilsverzerrungen des Abschlussprüfers auf die Effektivität und Effizienz der Abschlussprüfung*

Die Urteilsbildung des Abschlussprüfers wird ferner vom **Konjunktionsfehler** beeinflusst.[920] Der Abschlussprüfer neigt aufgrund des Konjunktionsfehlers dazu, die Wahrscheinlichkeit für den zeitgleichen Eintritt von einem Ereignis A und einem Ereig-

920 Vgl. dazu ausführlich die Ausführungen in Abschnitt 543.241.

nis B unbewusst höher einzuschätzen als die Eintrittswahrscheinlichkeiten des Ereignisses A und des Ereignisses B für sich genommen.[921] Die Wirkung des Konjunktionsfehlers kann verringert werden, indem der Abschlussprüfer durch eine spezielle Dokumentationspflicht dazu aufgefordert wird, die **Eintrittswahrscheinlichkeiten von Ereignis A und Ereignis B zu explizieren** (Einzelwahrscheinlichkeiten), bevor er die Wahrscheinlichkeit für den zeitgleichen Eintritt von Ereignis A und Ereignis B einschätzen kann (Szenariowahrscheinlichkeit).[922] Dadurch ließe sich die Intensität der sich aus dem Konjunktionsfehler ergebenden Urteilsverzerrung verringern, wodurch die **Effektivität der Abschlussprüfung leicht erhöht** würde. Dazu wäre es allerdings notwendig, die bestehenden Dokumentationsanforderungen des Abschlussprüfers leicht auszuweiten. Dies hätte zur Folge, dass sich die **Effizienz der Abschlussprüfung leicht verringern** würde. Der Prüfungspraxis ist zu empfehlen, vor allem dann auf diese Entscheidungshilfe zurückzugreifen, wenn der Abschlussprüfer die Fehlerrisiken der einzelnen Prüffelder indirekt ermittelt, d. h. zunächst das inhärente Risiko und das Kontrollrisiko des Prüffeldes jeweils separat einschätzt, bevor er diese Risiken multiplikativ zum Fehlerrisiko verknüpft.[923]

Ferner könnte die Wirkung des Konjunktionsfehlers abgeschwächt werden, indem die **Darstellungsform der Informationen** angepasst wird, die der Abschlussprüfer seinen Wahrscheinlichkeitseinschätzungen zugrunde legt. Konkret ließe sich die Wirkung des Konjunktionsfehlers abschwächen, wenn der Abschlussprüfer bei seiner Abschlussprüfung **keine Wahrscheinlichkeiten, sondern Häufigkeiten** einzuschätzen hätte.[924] Denn Häufigkeiten korrespondieren mit der Form, in welcher der Abschlussprüfer statistische Informationen wahrnimmt und speichert.[925] Zudem ist der kognitive Aufwand, den der Abschlussprüfer aufbringen muss, um Häufigkeiten zu verarbeiten, wesentlich geringer

921 Vgl. dazu die entsprechenden Ausführungen in Abschnitt 543.241.

922 Vgl. HO, J./KELLER, R., Conjunction Probabilities, S. 70.

923 Zur Wirkung des Konjunktionsfehlers auf die indirekte Ermittlung der Fehlerrisiken der einzelnen Prüffelder vgl. die entsprechenden Ausführungen in Abschnitt 543.241.

924 Vgl. HERTWIG, R./GIGERENZER, G., Conjunction Fallacy, S. 299 f.; HOFFRAGE, U. U. A., Communicating Statistical Information, S. 2261; MELLERS, B./HERTWIG, R./KAHNEMAN, D., Do Frequency Representations Eliminate Conjunction Effects?, S. 272 f. Gleiches gilt, wenn der Abschlussprüfer darin geschult wird, Wahrscheinlichkeiten intuitiv in Häufigkeiten zu transformieren. Vgl. SEDLMEIER, P., Improving Statistical Reasoning, S. 41 und S. 67.

925 Vgl. statt vieler HOFFRAGE, U. U. A., Communicating Statistical Information, S. 2261.

als der kognitive Aufwand, den er benötigt, um Wahrscheinlichkeiten zu verarbeiten.[926] Dies hat zur Folge, dass sich die Intensität der sich aus dem Konjunktionsfehler ergebenden Urteilsverzerrungen verringert, was letztlich dazu führt, dass sich die **Effektivität der Abschlussprüfung erhöht**. Da die vorgeschlagene Anpassung ohne einen wesentlichen Zeit- und damit Kostenaufwand in der Prüfungssoftware bzw. in den Arbeitspapieren des Abschlussprüfers durchgeführt werden könnte, hätte dies **keine negativen Konsequenzen für die Effizienz der Abschlussprüfung**. Der Prüfungspraxis kann daher uneingeschränkt empfohlen werden, die Prüfungssoftware bzw. die Arbeitspapiere des Abschlussprüfers wie vorgeschlagen anzupassen.

Die zuvor analysierten Entscheidungshilfen und ihre jeweilige Wirkung auf die Effektivität und Effizienz der Abschlussprüfung können wie folgt zusammengefasst werden:

Entscheidungshilfen	Auswirkungen auf die Effektivität der Abschlussprüfung	Auswirkungen auf die Effizienz der Abschlussprüfung
Explikation der Einzelwahrscheinlichkeiten	(+)	(–)
Anpassung der Darstellungsform	(+)	+/–

Legende:
- \+ Entscheidungshilfe wirkt sich **positiv** auf die Effektivität bzw. Effizienz der Abschlussprüfung aus.
- (+) Entscheidungshilfe wirkt sich lediglich **leicht positiv** auf die Effektivität bzw. Effizienz der Abschlussprüfung aus.
- – Entscheidungshilfe wirkt sich **negativ** auf die Effektivität bzw. Effizienz der Abschlussprüfung aus.
- (–) Entscheidungshilfe wirkt sich lediglich **leicht negativ** auf die Effektivität bzw. Effizienz der Abschlussprüfung aus.
- +/– Positive und negative Auswirkungen auf die Effektivität bzw. Effizienz der Abschlussprüfung **kompensieren** sich jeweils.

Übersicht 5–8: *Auswirkungen von Entscheidungshilfen zur Verringerung der Intensität der sich aus dem unbewussten Konjunktionsfehler ergebenden Urteilsverzerrungen des Abschlussprüfers auf die Effektivität und Effizienz der Abschlussprüfung*

Neben dem Basisratenfehler und dem Konjunktionsfehler lassen sich die durch die Repräsentativitätsheuristik hervorgerufenen Urteilsverzerrungen auch auf den **Stichprobengrößenfehler** zurückführen.[927] Danach überschätzt der Abschlussprüfer

[926] Vgl. HERTWIG, R./GIGERENZER, G., Conjunction Fallacy, S. 300.

[927] Vgl. dazu ausführlich die Ausführungen in Abschnitt 543.241.

bei einer Auswahlprüfung unbewusst systematisch die Aussagekraft nicht zufallsgesteuert ausgewählter Elemente.[928] Dies ließe sich vermeiden, wenn der Abschlussprüfer dazu gezwungen werden würde, **Stichprobenprüfungen ausschließlich auf Basis statistischer Software**, z. B. ACL oder IDEA, durchzuführen.[929] Denn mit einer solchen kann der Abschlussprüfer den für ein hinreichend sicheres und genaues Prüfungsurteil erforderlichen Umfang seiner Auswahl ermitteln, die Elemente seiner Auswahl festlegen und – wahrscheinlichkeitstheoretisch korrekt – von den in seiner Auswahl entdeckten Fehlern auf die Grundgesamtheit schließen, wodurch der Stichprobengrößenfehler eliminiert werden würde. Dies wiederum hätte zur Folge, dass die **Effektivität der Abschlussprüfung erhöht** würde. Wäre der Abschlussprüfer allerdings nicht mehr dazu in der Lage, Stichprobenprüfungen auf Basis einer bewussten Auswahl durchzuführen, könnte sich die **Effizienz der Abschlussprüfung verringern**. Denn die bewusste Auswahl, bei welcher der Abschlussprüfer die in seine Auswahl einzubeziehenden Elemente auf Basis vergangener Erfahrungen und erworbener Kenntnisse über das zu prüfende Unternehmen auswählt,[930] gilt als ein Auswahlverfahren, mit dem speziell erfahrene Abschlussprüfer „wesentlich schneller und sicherer zu einem zutreffenden Urteil gelangen“[931] als bei einer Zufallsauswahl. Der Prüfungspraxis kann daher nicht empfohlen werden, auf den Einsatz bewusster Auswahlverfahren gänzlich zu verzichten. Indes könnte der Abschlussprüfer dazu angehalten werden, deren Einsatz auf bestimmte Sonderfälle zu begrenzen, z. B. auf stark ermessensbehaftete Prüffelder,[932] wie die Werthaltigkeit von Forderungen, sowie auf Prüffelder, die nur aus wenigen Positionen bestehen.[933]

---

928 Vgl. dazu die entsprechenden Ausführungen in Abschnitt 543.241.

929 Vgl. ODENTHAL, R., Prüfsoftware im Einsatz, S. 197 f.

930 Vgl. dazu die Ausführungen zur bewussten Auswahl in Abschnitt 333.

931 MARTEN, K.-U./QUICK, R./RUHNKE, K., Wirtschaftsprüfung, S. 319.

932 Ein ermessensbehaftetes Prüffeld wie die Werthaltigkeit von Forderungen kann mit Hilfe einer bewussten Auswahl geprüft werden, indem z. B. zunächst Auswahlkriterien festgelegt werden (beispielsweise Alter der Forderungen und Bonität der Schuldner) und der Abschlussprüfer dann auf Basis dieser Auswahlkriterien bestimmte Positionen für eine Einzelfallprüfung ausgewählt.

933 Eine bewusste Auswahl kann z. B. dazu eingesetzt werden, ein aus nur wenigen Positionen bestehendes Prüffeld zu prüfen, indem die größten Positionen dieses Prüffeldes für eine Einzelfallprüfung ausgewählt werden. Diese Auswahl ist so durchzuführen, dass die Positionen, die nicht für die Einzelfallprüfung ausgewählt wurden, zusammen nicht wesentlich sind.

Die Wirkung der Entscheidungshilfe „Statistische Prüfungssoftware“ auf die Effektivität und Effizienz der Abschlussprüfung lässt sich wie folgt zusammenfassen:

Entscheidungshilfen	Auswirkungen auf die Effektivität der Abschlussprüfung	Auswirkungen auf die Effizienz der Abschlussprüfung
Statistische Prüfungssoftware	+	–

Legende:
+ Entscheidungshilfe wirkt sich **positiv** auf die Effektivität bzw. Effizienz der Abschlussprüfung aus.
(+) Entscheidungshilfe wirkt sich lediglich **leicht positiv** auf die Effektivität bzw. Effizienz der Abschlussprüfung aus.
– Entscheidungshilfe wirkt sich **negativ** auf die Effektivität bzw. Effizienz der Abschlussprüfung aus.
(–) Entscheidungshilfe wirkt sich lediglich **leicht negativ** auf die Effektivität bzw. Effizienz der Abschlussprüfung aus.
+/– Positive und negative Auswirkungen auf die Effektivität bzw. Effizienz der Abschlussprüfung **kompensieren** sich jeweils.

Übersicht 5–9: *Auswirkungen von Entscheidungshilfen zur Verringerung der Intensität der sich aus dem unbewussten Stichprobengrößenfehler ergebenden Urteilsverzerrungen des Abschlussprüfers auf die Effektivität und Effizienz der Abschlussprüfung*

Vor allem die Big-4-Wirtschaftsprüfungsgesellschaften[934] sind in ihren Prüfungsmethodologien längst dazu übergegangen, den Einsatz der Auswahl aufs Geratewohl und der bewussten Auswahl auf bestimmte Sonderfälle zu begrenzen und **moderne Verfahren der Stichprobenprüfung**, z. B. ACL oder IDEA,[935] vorzuschreiben,[936] um auf Basis wahrscheinlichkeitstheoretischer Grundsätze den für ein hinreichend sicheres und genaues Prüfungsurteil erforderlichen Umfang einer Auswahl zu ermitteln, die Elemente einer Auswahl festzulegen und wahrscheinlichkeitstheoretisch korrekt von den in einer Auswahl entdeckten Fehlern auf die Grundgesamtheit zu schließen. Der Stichprobengrößenfehler wurde von der Prüfungspraxis demnach bereits weitgehend eliminiert.

934 Der Begriff „Big-4“ bezeichnet die vier umsatzstärksten Wirtschaftsprüfungsgesellschaften der Welt. Die Big-4-Wirtschaftsprüfungsgesellschaften sind Deloitte Touche Tohmatsu, Ernst & Young, KPMG und PricewaterhouseCoopers.

935 Vgl. ODENTHAL, R., Prüfsoftware im Einsatz, S. 197 f. Für eine empirische Analyse zum Einsatz statistischer Software in der Prüfungspraxis vgl. JANVRIN, D./BIERSTAKER, J./LOWE, D. J., Examination of Audit Information Technology, S. 8.

936 Vgl. HALL, T./HUNTON, J./PIERCE, B., Biases Associated with Nonstatistical Sampling in Auditing, S. 231 und S. 250, sowie RUHNKE, K./TORKLUS, A. V., Monetary Unit Sampling, S. 1120.

544. Phase III: Prüfungsüberwachung

544.1 Nicht-Routineprobleme des Abschlussprüfers in der Phase der Prüfungsüberwachung

In der Phase der Prüfungsüberwachung führen der Abschlussprüfer und die sonstigen an der Prüfungsüberwachung beteiligten Personen selbst auferlegte bzw. rechtlich und berufsständisch vorgegebene **Überwachungshandlungen** durch.[937] Ziel dieser Überwachungshandlungen ist es, die Qualität der Abschlussprüfung sicherzustellen.[938] Um dieses Ziel zu erreichen, haben der Abschlussprüfer und die sonstigen an der Prüfungsüberwachung beteiligten Personen eine Vielzahl von Einzelurteilen zu bilden.[939] Weder der Abschlussprüfer noch die sonstigen an der Prüfungsüberwachung beteiligten Personen verfügen allerdings über ein **vollständig definiertes Handlungsprogramm**, das sie in die Lage versetzt, diese Einzelurteile ohne eine bewusste kognitive Anstrengung zu bilden. Dementsprechend haben der Abschlussprüfer und die sonstigen an der Prüfungsüberwachung beteiligten Personen in der Phase der Prüfungsüberwachung **zahlreiche Nicht-Routineprobleme** zu bewältigen.

Die folgenden Einzelurteile stellen die **wesentlichen Nicht-Routineprobleme** des Abschlussprüfers bzw. der sonstigen an der Prüfungsüberwachung beteiligten Personen in der Phase der Prüfungsüberwachung dar:[940]

- Die **Durchführung interner Qualitätssicherungsmaßnahmen**, welche gewährleisten sollen, dass die Wirtschaftsprüfungsgesellschaft allen gesetzlichen und berufsständischen Pflichten und Verantwortlichkeiten gegenüber den zu prüfenden Unternehmen nachkommt:[941]

  (a) Die **Regelungen zur allgemeinen Organisation** der Wirtschaftsprüfungsgesellschaft, vor allem die Regelungen zur Einhaltung der allgemeinen

---

[937] Vgl. dazu die allgemeinen Ausführungen zur Prüfungsüberwachung in Abschnitt 334.

[938] Vgl. SCHMIDT, A./PFITZER, N./LINDGENS, U., Qualitätssicherung in der Wirtschaftsprüferpraxis, S. 327; TAN, H.-T., Audit Evidence and Judgment, S. 114.

[939] Vgl. BAMBER, M. U. A., Audit Judgment, S. 57 f., sowie die allgemeinen Ausführungen zur Prüfungsüberwachung in Abschnitt 334.

[940] Vgl. die allgemeinen Ausführungen zur Prüfungsüberwachung in Abschnitt 334.

[941] Ausführlich zu den internen Qualitätssicherungsmaßnahmen vgl. die Ausführungen in Abschnitt 334.

Berufspflichten, zur Annahme, Fortführung und vorzeitigen Beendigung von Prüfungsaufträgen und zur Gesamtplanung aller Aufträge.

(b) Die **Regelungen zur Abwicklung einzelner Prüfungsaufträge** durch den Abschlussprüfer, vor allem die Regelungen zur Einhaltung gesetzlicher Vorschriften, zur laufenden Überwachung der Auftragsabwicklung, zur abschließenden Durchsicht der Prüfungsergebnisse durch den mandatsverantwortlichen Abschlussprüfer, zur Berichtskritik und zur auftragsbegleitenden Qualitätssicherung.[942]

(c) Die **interne Nachschau** durch die Praxisleitung, welche sicherstellen soll, dass die Regelungen zur allgemeinen Organisation der Wirtschaftsprüfungsgesellschaft und zur Abwicklung einzelner Prüfungsaufträge angemessen und wirksam sind.

- Die **Durchführung externer Qualitätssicherungsmaßnahmen**, welche gewährleisten sollen, dass das interne Qualitätssicherungssystem der Wirtschaftsprüfungsgesellschaft anmessen und wirksam ist:[943]

(a) Die **externe Qualitätssicherung** (*peer review*) durch eine dem Berufsstand angehörige, praxisfremde Person bzw. eine andere Wirtschaftsprüfungsgesellschaft, welche sicherstellen soll, dass das interne Qualitätssicherungssystem der zu prüfenden Wirtschaftsprüfungsgesellschaft den gesetzlichen und berufsständischen Vorgaben entspricht und die angenommenen Prüfungsaufträge von der Wirtschaftsprüfungsgesellschaft ordnungsgemäß abgewickelt wurden.

(b) Die **anlassunabhängige Sonderuntersuchung** durch die Wirtschaftsprüferkammer, welche bei einzelnen Wirtschaftsprüfungsgesellschaften

[942] Eine auftragsbegleitende Qualitätssicherung durch weder an der Prüfungsdurchführung noch der Prüfungsberichterstellung beteiligte Personen ist lediglich bei Abschlussprüfungen von Unternehmen des öffentlichen Interesses gefordert. Vgl. MEYER, S./PAULITSCHEK, P., Interne Qualitätssicherung, S. 671 f.

[943] Ausführlich zu den externen Qualitätssicherungsmaßnahmen vgl. die Ausführungen in Abschnitt 334.

stichprobenartig die Abwicklung einzelner Abschlussprüfungen sowie Teilbereiche des internen Qualitätssicherungssystems prüft.[944]

Um diese Nicht-Routineprobleme der Prüfungsüberwachung zu lösen, bedienen sich der Abschlussprüfer und die sonstigen an der Prüfungsüberwachung beteiligten Personen einer Vielzahl von **Entscheidungsheuristiken**.[945] Diese werden im Folgenden untersucht.

544.2 Einsatz von Entscheidungsheuristiken zur Lösung der Nicht-Routineprobleme des Abschlussprüfers in der Phase der Prüfungsüberwachung und mögliche Ansätze zur Verringerung der Intensität der daraus resultierenden Urteilsverzerrungen

544.21 Vorbemerkung

Der Abschlussprüfer und die sonstigen an der Prüfungsüberwachung beteiligten Personen haben in der Phase der Prüfungsüberwachung zahlreiche Nicht-Routineprobleme zu lösen. Um diese bewältigen zu können, haben sie die Nicht-Routineprobleme an ihre begrenzte kognitive Leistungsfähigkeit anzupassen. Dazu greifen sie unbewusst auf zahlreiche unterschiedliche Entscheidungsheuristiken zurück. Welche Entscheidungsheuristiken der Abschlussprüfer und die sonstigen an der Prüfungsüberwachung beteiligten Personen für ihre Prüfungsüberwachung unbewusst am häufigsten heranziehen und wie diese sich auf ihre Urteilsbildung auswirken, wird in den folgenden Abschnitten untersucht. Darüber hinaus wird kritisch gewürdigt, welche Entscheidungs- und Organisationshilfen dazu beitragen könnten, die aus dem unbewussten Einsatz von Entscheidungsheuristiken resultierenden Urteilsverzerrungen bei der Prüfungsüberwachung in ihrer Intensität zu verringern bzw. ganz zu vermeiden.

---

944 Anlassunabhängige Sonderuntersuchungen nimmt die Wirtschaftsprüferkammer nur bei Wirtschaftsprüfungsgesellschaften vor, die Abschlussprüfungen von Unternehmen des öffentlichen Interesses durchführen. Vgl. POLL, J., Qualitätskontrolle und zur Qualitätssicherung, S. 495.

945 Vgl. die allgemeinen Ausführungen zu Entscheidungsheuristiken in Abschnitt 432 sowie die speziellen Ausführungen zu Entscheidungsheuristiken im Kontext der Urteilsbildung des Abschlussprüfers in Abschnitt 53.

544.22 Rückschaufehler

544.221. Wirkungsweise des Rückschaufehlers

Der Rückschaufehler beschreibt das Phänomen, dass der Eintritt eines Ereignisses die vom Abschlussprüfer bzw. den sonstigen an der Prüfungsüberwachung beteiligten Personen ex post **wahrgenommene Eintrittswahrscheinlichkeit** dieses Ereignisses unbewusst **systematisch erhöht.**[946] Dies führt dazu, dass der Abschlussprüfer bzw. die sonstigen an der Prüfungsüberwachung beteiligten Personen nach dem Eintritt eines Ereignisses dazu neigen, die **Qualität selbst geschätzter A-priori-Wahrscheinlichkeiten** unbewusst zu überschätzen. Zudem hat der Rückschaufehler zur Folge, dass der Abschlussprüfer bzw. die sonstigen an der Prüfungsüberwachung beteiligten Personen unbewusst **ihr Wissen überschätzen**, das sie besaßen, als sie die A-priori-Wahrscheinlichkeit geschätzt haben. Letzteres ergibt sich daraus, dass der Abschlussprüfer bzw. die sonstigen an der Prüfungsüberwachung beteiligten Personen nicht dazu in der Lage sind, ihren Wissensstand zu einem beliebigen Zeitpunkt in der Vergangenheit zu replizieren. Dadurch ist es ihnen nicht möglich, Informationen, die sie erst nach Eintritt eines Ereignisses erhalten haben, von dem Wissen abzugrenzen, das sie bereits zuvor über dieses Ereignis besaßen.[947]

In der Phase der Prüfungsüberwachung wird die Urteilsbildung des Abschlussprüfers vor allem dann vom Rückschaufehler beeinflusst, wenn dieser – als Teil der laufenden Überwachung der Auftragsabwicklung und damit der internen Qualitätssicherungsmaßnahmen – die **Arbeitspapiere der ihm hierarchisch unterstellten Personen** durchsieht. Ziel dieser Durchsicht ist es, die Prüfungshandlungen und die Prüfungsergebnisse seiner Mitarbeiter zu beurteilen.[948] Sobald sich der Abschlussprüfer mit den Prüfungshandlungen und den Prüfungsergebnissen seiner Mitarbeiter vertraut gemacht hat, erscheinen ihm die in den Arbeitspapieren dokumentierten Prüfungshandlungen

946 Vgl. ANDERSON, J./LOWE, D. J./RECKERS, P., Evaluation of Auditor Decisions, S. 730; BUCHMAN, T., Effect of Hindsight on Predicting Bankruptcy, S. 267; JENNINGS, M./LOWE, D. J./RECKERS, P., Evaluation of Professional Audit Judgment, S. 148 m. w. N., sowie die allgemeinen Ausführungen zum Rückschaufehler in Abschnitt 433.341.

947 Vgl. dazu ausführlich JENNINGS, M./LOWE, D. J./RECKERS, P., Evaluation of Professional Audit Judgment, S. 149 f.

948 Zur Durchsicht der Arbeitspapiere durch hierarchisch übergeordnete Personen bei der Abschlussprüfung vgl. EMBY, C./GIBBINS, M., Judgment in Public Accounting, S. 289.

und Prüfungsergebnisse aufgrund des Rückschaufehlers wahrscheinlicher als zuvor. Das bedeutet z. B., dass der Abschlussprüfer das Prüfungsvorgehen der ihm hierarchisch unterstellten Person ex post für wesentlich naheliegender hält als dies ex ante tatsächlich der Fall war. Konnten die Mitarbeiter des Abschlussprüfers durch ihre Prüfungshandlungen Fehler aufdecken und haben sie diese auch in den Arbeitspapieren dokumentiert, überschätzt der Abschlussprüfer die Eintrittswahrscheinlichkeit für solche Fehler. Dies führ dazu, dass der Abschlussprüfer die **Prüfungsleistung seiner Mitarbeiter unbewusst systematisch unterschätzt**.[949]

Stellt der Abschlussprüfer bei der Durchsicht der Arbeitspapiere fest, dass einer seiner Mitarbeiter einen **Fehler in einem Prüffeld** entdeckt hat, dieser aber als nicht wesentlich für das Prüffeld bzw. den Jahresabschluss als Ganzen eingestuft wurde, erhöht sich aufgrund des Rückschaufehlers die vom Abschlussprüfer wahrgenommene Wahrscheinlichkeit, dass der entdeckte Fehler tatsächlich nicht wesentlich ist.[950] Ohne die Vorbeurteilung des entdeckten Fehlers durch seinen Mitarbeiter würde der Abschlussprüfer es für weniger wahrscheinlich halten, dass der entdeckte Fehler unwesentlich ist. Diese Wirkungsweise des Rückschaufehlers ist für die Effektivität und Effizienz der Abschlussprüfung unproblematisch, solange der Mitarbeiter des Abschlussprüfers den entdeckten Fehler besser beurteilen kann als der Abschlussprüfer. Da die hierarchisch übergeordneten Abschlussprüfer in der Regel allerdings über mehr Prüfungserfahrung verfügen als ihre Mitarbeiter und demnach die Wesentlichkeit entdeckter Fehler besser einschätzen können, kann der Rückschaufehler bei **tatsächlich wesentlichen Fehlern**, die von einem Mitarbeiter entdeckt, aber als unwesentlich beurteilt wurden, dazu führen, dass der Abschlussprüfer diese nicht als wesentliche Fehler erkennt. In einem solchen Fall erhöht sich die Wahrscheinlichkeit, dass der Abschlussprüfer ein Prüffeld bzw. den Jahresabschluss des zu prüfenden Unternehmens fälschlicherweise als normenkonform klassifiziert. Demnach kann sich der Rückschaufehler negativ auf die Qualität der Prüfungsüberwachung auswirken, was letztlich zur Folge hat, dass sich die **Effektivität der Abschlussprüfung verringert**.

[949] Vgl. ANDERSON, J./LOWE, D. J./RECKERS, P., Evaluation of Auditor Decisions, S. 712.

[950] Zu diesem Beispiel vgl. BUCHMAN, T., Effect of Hindsight on Predicting Bankruptcy, S. 268.

Neben der Urteilsbildung des Abschlussprüfers beeinflusst der Rückschaufehler ferner die **Urteilsbildung der sonstigen an der Prüfungsüberwachung beteiligten Personen**. Dazu gehören alle Personen, die den Prüfungsprozess im Rahmen der auftragsbegleitenden Qualitätssicherung, der internen Nachschau, des *peer review* und der anlassunabhängigen Sonderuntersuchung begleiten. All diese Personen haben jeweils zu beurteilen, ob und wieweit der mandatsverantwortliche Abschlussprüfer die Abschlussprüfung mit dem erforderlichen Maß an Sorgfalt durchführt bzw. durchgeführt hat. Neben den Arbeitspapieren des Abschlussprüfers liegen den vorgenannten an der Prüfungsüberwachung beteiligten Personen regelmäßig auch solche Informationen vor, die dem Abschlussprüfer zum Zeitpunkt seiner Urteilsbildung nicht zur Verfügung standen,[951] z. B. **Wissen über bestimmte Ergebnisse**, die zum Zeitpunkt der Urteilsbildung des Abschlussprüfers noch unsicher waren. Die an der Prüfungsüberwachung beteiligten Personen sind indes aufgrund des Rückschaufehlers nicht dazu in der Lage, diese Informationen bei ihrer Urteilsbildung zu ignorieren.[952] Dies führt z. B. dazu, dass die an der Prüfungsüberwachung beteiligten Personen die **Eintrittswahrscheinlichkeiten zum Zeitpunkt der Urteilsbildung** des Abschlussprüfers noch unsicherer Ereignisse, die zum Zeitpunkt ihrer Überwachungstätigkeit eingetreten sind, unbewusst systematisch überschätzen.[953] Dies hat zur Folge, dass die an der Prüfungsüberwachung beteiligten Personen dem Abschlussprüfer unterstellen, dass dieser die Eintrittswahrscheinlichkeiten dieser Ereignisse nicht mit dem erforderlichen Maß an Sorgfalt ermittelt habe, was letztlich dazu führt, dass sie die **Qualität der Abschlussprüfung unbewusst systematisch unterschätzen**.

Die erläuterte Wirkungsweise des Rückschaufehlers wird mit folgendem Beispiel verdeutlicht:

---

951 Vgl. JENNINGS, M./LOWE, D. J./RECKERS, P., Evaluation of Professional Audit Judgment, S. 144; LOWE, D. J./RECKERS, P., Evaluations of Auditor Decisions, S. 402.

952 Zu dieser Wirkungsweise vgl. die allgemeinen Ausführungen zum Rückschaufehler in Abschnitt 433.341.

953 Vgl. ANDERSON, J./LOWE, D. J./RECKERS, P., Evaluation of Auditor Decisions, S. 715.

Beispiel 5.13

Unternehmen X beauftragt Abschlussprüfer Y, den Jahresabschluss des Unternehmens X zu prüfen. Bei seiner Abschlussprüfung hat Abschlussprüfer Y unter anderem die Fortführung der Unternehmenstätigkeit zu beurteilen (Going-Concern-Prognose)[954]*, d. h. er hat die Eintrittswahrscheinlichkeit des Ereignisses „Insolvenz des Unternehmens X“ einzuschätzen. Abschlussprüfer Y konnte sich auf Basis seiner Prüfungshandlungen zahlreiche Prüfungsnachweise beschaffen, die den Schluss zulassen, dass keine bestandsgefährdenden Risiken für Unternehmen X bestehen. Daraus folgert Abschlussprüfer Y, dass Unternehmen X nach Abschlussstichtag noch mindestens für einen Zeitraum von 12 Monaten bestehen wird.*[955] *Da Abschlussprüfer Y auch sonst keine Einwände gegen den Jahresabschluss des Unternehmens X hat, erteilt er einen nicht modifizierten Bestätigungsvermerk, d. h. uneingeschränkt und ohne Zusatz.*[956]

Kurz nachdem Abschlussprüfer Y den Bestätigungsvermerk für den Jahresabschluss von Unternehmen X erteilt hat, bringt der Hauptwettbewerber von Unternehmen X ein Produkt auf den Markt, das die gleiche Funktion wie das Kernprodukt von Unternehmen X erfüllt, indes zu einem deutlich geringeren Preis angeboten wird als das Kernprodukt von Unternehmen X. Dadurch gibt die Nachfrage nach dem Kernprodukt von Unternehmen X so stark nach, dass Unternehmen X nur wenige Monate nach dem Abschlussstichtag insolvent ist. Gläubiger von Unternehmen X verklagen daraufhin Abschlussprüfer Y, weil sie meinen, dass dieser bei seiner Abschlussprüfung hätte erkennen und letztlich darüber berichten müssen, dass Unternehmen X die Insolvenz droht.

Ein Gericht hat nun zu entscheiden, ob das Urteil von Abschlussprüfer Y, dass Unternehmen X noch mindestens für einen Zeitraum von 12 Monaten nach Abschlussstichtag bestehen wird, auf Basis der zum Zeitpunkt der Going-Concern-Prognose verfügbaren Informationen zutreffend war. Dem Gericht stehen bei seiner Entscheidung systema-

954 Vgl. ISA 570.6 sowie WYSOCKI, K., Wirtschaftliches Prüfungswesen, S. 96 f.

955 Zum Prognosezeitraum der Going-Concern-Prognose vgl. statt vieler ADAM, S., Going-Concern-Prinzip in der Jahresabschlussprüfung, S. 27 f. m. w. N.

956 Vgl. ISA 570.17.

tisch mehr Informationen zur Verfügung, als der Abschlussprüfer zum Zeitpunkt seiner Going-Concern-Prognose besaß. Vor allem ist dem Gericht bewusst, dass das Ereignis „Insolvenz des Unternehmens X" eingetreten ist. Dies führt aufgrund des Rückschaufehlers dazu, dass das Gericht unbewusst die Wahrscheinlichkeit überschätzt, dass Abschlussprüfer Y bei seiner Abschlussprüfung von Unternehmen X zu dem Ergebnis hätte kommen müssen, dass Unternehmen X bestandsgefährdet ist.[957] *Dies könnte zur Folge haben, dass das Gericht Abschlussprüfer Y vorwirft, dass dieser seine Abschlussprüfung nicht mit dem erforderlichen Maß an Sorgfalt durchgeführt hat, dadurch Hinweise auf eine drohende Insolvenz von Unternehmen X übersehen hat und die bei einer drohenden Unternehmensinsolvenz vom Abschlussprüfer durchzuführenden Maßnahmen, den Bestätigungsvermerk einzuschränken bzw. mit einem Zusatz zu versehen, unterlassen hat.*[958] *Folglich erhöht der Rückschaufehler letztlich die Wahrscheinlichkeit, dass das Gericht der Klage der Gläubiger von Unternehmen X stattgibt und Abschlussprüfer Y für sein Fehlurteil haften muss.*[959]

Durch das Wissen, dass nicht nur die eigene Urteilsbildung, sondern auch die der an der Prüfungsüberwachung beteiligten Personen von dem Rückschaufehler beeinflusst wird, erhöht sich die Wahrscheinlichkeit, dass der Abschlussprüfer die **Wirkungsweise des Rückschaufehlers antizipiert**. In diesem Fall neigt der Abschlussprüfer dazu, sich in einem nicht erforderlichen Maße Prüfungsnachweise zu beschaffen, damit die an der Prüfungsüberwachung beteiligten Personen sein Urteil leicht nachvollziehen können. Beschafft sich der Abschlussprüfer dadurch indes mehr Prüfungsnachweise als für ein hinreichend sicheres und genaues Urteil ausreichend wären, wird die **Effizienz der Abschlussprüfung negativ beeinflusst**.

Zusammengefasst hat der Rückschaufehler zur Folge, dass der Abschlussprüfer bzw. die sonstigen an der Prüfungsüberwachung beteiligten Personen in der Phase der Prü-

---

957 Vgl. BUCHMAN, T., Effect of Hindsight on Predicting Bankruptcy, S. 268 f. und S. 274; EMBY, C./GELARDI, A., Influence of Outcome Knowledge, S. 99 f.

958 Vgl. ANDERSON, J./LOWE, D. J./RECKERS, P., Evaluation of Auditor Decisions, S. 712; LOWE, D. J./RECKERS, P., Evaluations of Auditor Decisions, S. 403.

959 In verschiedenen Studien konnte gezeigt werden, dass ein Gericht bei seiner Urteilsbildung nur dann nicht dem Rückschaufehler unterliegt, wenn das vom Gericht zu beurteilende Ereignis unvorhersehbar war. Vgl. JENNINGS, M./LOWE, D. J./RECKERS, P., Evaluation of Professional Audit Judgment, S. 161.

fungsüberwachung regelmäßig verzerrte Urteile bilden. Diese wirken sich negativ auf die Qualität der Prüfungsüberwachung aus, was letztlich dazu führen kann, dass sich die **Effektivität und Effizienz der Abschlussprüfung verringern**. Dadurch steigt für den Abschlussprüfer die Wahrscheinlichkeit, dass die Zielvorschrift der Abschlussprüfung nicht mehr eingehalten wird.[960] Daher ist im Folgenden zu untersuchen, welche **Entscheidungshilfen** dazu beitragen können, die durch den Rückschaufehler bei der Prüfungsüberwachung hervorgerufenen Urteilsverzerrungen in ihrer Intensität zu verringern bzw. ganz zu vermeiden.

544.222. Mögliche Ansätze zur Verringerung der Intensität der durch den Rückschaufehler hervorgerufenen Urteilsverzerrungen

Die aus dem Rückschaufehler resultierenden Urteilsverzerrungen lassen sich in ihrer Intensität durch sog. ***foresight decision aids***[961] reduzieren. Darunter sind Entscheidungshilfen zu verstehen, die den Abschlussprüfer vor seiner Urteilsbildung dafür sensibilisieren, wie das von ihm angestrebte Urteil ex post von Dritten bewertet werden könnte.[962] Um dies zu erreichen, könnte der Abschlussprüfer vor seiner Urteilsbildung durch eine spezielle Dokumentationspflicht dazu aufgefordert werden, die denkbar **größtmögliche Haftung** zu beschreiben, die sich aus seinem Urteil ergeben könnte.[963] Dadurch ließe sich erreichen, dass sich das vom Abschlussprüfer abzugebende Urteil dem Urteil der ihn überwachenden Personen annähert und der Rückschaufehler eliminiert werden würde.[964] Dies hätte zur Folge, dass die Qualität der Prüfungsüberwachung zunimmt, wodurch sich letztlich die **Effektivität der Abschlussprüfung erhöht**. Dazu wäre es allerdings notwendig, die bestehenden Dokumentationsanforderungen des Abschlussprüfers leicht auszuweiten. Dies würde dazu führen, dass sich die **Effizienz der Abschlussprüfung leicht verringern** würde.

960 Vgl. dazu die Ausführungen in Abschnitt 321.

961 Vgl. LOWE, D. J./RECKERS, P., Foresight Decision Aids in Auditors' Judgments, S. 100; REIMERS, J. L./BUTLER, S., Effect of Outcome Knowledge on Auditors' Judgmental Evaluations, S. 188.

962 Vgl. LOWE, D. J./RECKERS, P., Foresight Decision Aids in Auditors' Judgments, S. 97; REIMERS, J. L./BUTLER, S., Effect of Outcome Knowledge on Auditors' Judgmental Evaluations, S. 190. Kritisch zur Wirkung von *foresight decision aids* vgl. DAVIES, M., Reduction of Hindsight Bias, S. 64.

963 Vgl. LOWE, D. J./RECKERS, P., Foresight Decision Aids in Auditors' Judgments, S. 113; REIMERS, J. L./BUTLER, S., Effect of Outcome Knowledge on Auditors' Judgmental Evaluations, S. 192.

964 Vgl. LOWE, D. J./RECKERS, P., Foresight Decision Aids in Auditors' Judgments, S. 113.

Die Intensität der sich aus dem Rückschaufehler ergebenden Urteilsverzerrungen kann ferner durch sog. ***hindsight decision aids*** verringert werden. Darunter sind Entscheidungshilfen zu verstehen, die den Abschlussprüfer bzw. die sonstigen an der Prüfungsüberwachung beteiligten Personen in die Lage versetzen, die Eintrittswahrscheinlichkeit eines Ereignisses unabhängig von dessen tatsächlichem Eintritt zu beurteilen.[965] Dies gelingt, indem der Abschlussprüfer bzw. die sonstigen an der Prüfungsüberwachung beteiligten Personen vor ihrer Urteilsabgabe durch eine spezielle Dokumentationspflicht dazu aufgefordert werden, die **Gründe zu explizieren, warum alternativ mögliche Ereignisse nicht eingetreten sind.**[966] Dadurch ließe sich die kognitive Verfügbarkeit alternativ möglicher Ereignisse erhöhen. Damit steigt die Wahrscheinlichkeit, dass der Abschlussprüfer bzw. die sonstigen an der Prüfungsüberwachung beteiligten Personen das eingetretene Ereignis schwächer und die alternativ möglichen Ereignisse stärker als zuvor in ihrem Entscheidungskalkül berücksichtigen.[967] Dadurch können die aus dem Rückschaufehler resultierenden Urteilsverzerrungen in ihrer Intensität verringert werden. Dies führt dazu, dass die Qualität der Prüfungsüberwachung ansteigt, wodurch letztlich die **Effektivität der Abschlussprüfung** erhöht wird. Indes müssten dazu die bestehenden Dokumentationsanforderungen des Abschlussprüfers leicht ausgeweitet werden. Dies hat zur Folge, dass sich die **Effizienz der Abschlussprüfung leicht verringert**.

Da weder die *foresight decision aid* noch die *hindsight decision aid* die Dokumentationsanforderungen des Abschlussprüfers wesentlich erhöhen, die Intensität der sich aus dem Rückschaufehler ergebenden Urteilsverzerrungen aber zugleich deutlich verringern können, ist der Prüfungspraxis zu empfehlen, diese Entscheidungshilfen vor allem dann einzusetzen, wenn die an der Prüfungsüberwachung beteiligten Personen Urteile zu bewerten haben, die für die Abschlussprüfung von besonderer Bedeutung sind. Dies sind z. B. die Urteile des Abschlussprüfers zu *fraud* im zu prüfenden Unternehmen sowie

965 Vgl. LOWE, D. J./RECKERS, P., Foresight Decision Aids in Auditors' Judgments, S. 100; REIMERS, J. L./BUTLER, S., Effect of Outcome Knowledge on Auditors' Judgmental Evaluations, S. 188.

966 Vgl. SLOVIC, P./FISCHHOFF, B., On the Psychology of Experimental Surprises, S. 550 f., sowie ARKES, H., Costs and Benefits of Judgment Errors, S. 494; LARRICK, R., Debiasing, S. 323 m. w. N.

967 Vgl. DAVIES, M., Reduction of Hindsight Bias, S. 61 und S. 64.

sein Urteil über die Fortführung der Unternehmenstätigkeit des zu prüfenden Unternehmens.

Die Wirkung der zuvor erläuterten Entscheidungshilfen auf die Effektivität und Effizienz der Abschlussprüfung lässt sich wie folgt zusammenfassen:

Entscheidungshilfen	Auswirkungen auf die Effektivität der Abschlussprüfung	Auswirkungen auf die Effizienz der Abschlussprüfung
Explikation des größtmöglichen Haftungsfalls (*foresight decision aid*)	+	(–)
Explikation alternativ möglicher Ereignisse (*hindsight decision aid*)	+	(–)

Legende:
+ Entscheidungshilfe wirkt sich **positiv** auf die Effektivität bzw. Effizienz der Abschlussprüfung aus.
(+) Entscheidungshilfe wirkt sich lediglich **leicht positiv** auf die Effektivität bzw. Effizienz der Abschlussprüfung aus.
– Entscheidungshilfe wirkt sich **negativ** auf die Effektivität bzw. Effizienz der Abschlussprüfung aus.
(–) Entscheidungshilfe wirkt sich lediglich **leicht negativ** auf die Effektivität bzw. Effizienz der Abschlussprüfung aus.
+/– Positive und negative Auswirkungen auf die Effektivität bzw. Effizienz der Abschlussprüfung **kompensieren** sich jeweils.

Übersicht 5–10: *Auswirkungen von Entscheidungshilfen zur Verringerung der Intensität der sich aus dem unbewussten Rückschaufehler ergebenden Urteilsverzerrungen des Abschlussprüfers auf die Effektivität und Effizienz der Abschlussprüfung*

544.23 Ergebnisverzerrung

544.231. Wirkungsweise der Ergebnisverzerrung

Aufgrund der Ergebnisverzerrung werden der Abschlussprüfer und die sonstigen an der Prüfungsüberwachung beteiligten Personen bei ihrer Urteilsbildung unbewusst vom Wissen über den **Erfolg bzw. Misserfolg eines Urteils** beeinflusst, wenn diese ex post die **Qualität dieses Urteils** zu beurteilen haben.[968] Hat sich ein Urteil ex post als erfolgreich, d. h. zutreffend, herausgestellt, dann ziehen der Abschlussprüfer und die

[968] Vgl. CHARRON, K./LOWE, D. J., Influence of Surprise on Outcome Effects, S. 1022; CLARKSON, P./EMBY, C./WATT, V., Debiasing the Outcome Effect, S. 7 f.; PEECHER, M./PIERCEY, M. D., Judging Audit Quality in Light of Adverse Outcomes, S. 245 f.; REIMERS, J. L./BUTLER, S., Effect of Outcome Knowledge on Auditors' Judgmental Evaluations, S. 185 f., sowie die allgemeinen Ausführungen zur Ergebnisverzerrung in Abschnitt 433.342.

sonstigen an der Prüfungsüberwachung beteiligten Personen diejenigen Informationen, die das abgegebene Urteil zum Zeitpunkt der Urteilsbildung stützten, unbewusst stärker in ihr Entscheidungskalkül ein als Informationen, die zum Zeitpunkt der Urteilsbildung gegen das Urteil sprachen. War das Urteil dagegen nicht erfolgreich, d. h. unzutreffend, berücksichtigen der Abschlussprüfer und die sonstigen an der Prüfungsüberwachung beteiligten Personen diejenigen Informationen, die zum Zeitpunkt der Urteilsbildung gegen das Urteil sprachen, unbewusst stärker in ihrem Entscheidungskalkül als Informationen, die das abgegebene Urteil zum Zeitpunkt der Urteilsbildung stützten. Die Ergebnisverzerrung führt dementsprechend dazu, dass der Abschlussprüfer und die sonstigen an der Prüfungsüberwachung beteiligten Personen dazu neigen, die Qualität von Urteilen, die sich ex post als zutreffend erwiesen haben, unbewusst systematisch zu überschätzen.[969] Gleichzeitig tendieren sie dazu, die Qualität unzutreffender Urteile unbewusst systematisch zu unterschätzen.[970]

In der Phase der Prüfungsüberwachung wirkt sich die Ergebnisverzerrung weniger auf die Urteilsbildung des Abschlussprüfers aus als auf die **Urteilsbildung der sonstigen an der Prüfungsüberwachung beteiligten Personen**. Die Ergebnisverzerrung beeinflusst vor allem die Urteilsbildung der an der auftragsbegleitenden Qualitätssicherung, der internen Nachschau, dem *peer review* und der anlassunabhängigen Sonderuntersuchung mitwirkenden Personen. Aufgabe dieser Personen ist es, die Qualität der Abschlussprüfung sicherzustellen (vor allem durch auftragsbegleitende Qualitätssicherung und interne Nachschau) und zu bewerten (vor allem durch *peer review* und anlassunabhängige Sonderuntersuchung).[971] Dazu haben sie die **Qualität der vom Abschlussprüfer bei der Abschlussprüfung getroffenen Urteile zu beurteilen**.

Die sonstigen an der Prüfungsüberwachung beteiligten Personen sind in der Regel nicht dazu in der Lage, die Entscheidungsprobleme, die der Abschlussprüfer bei seiner Ab-

---

969 Vgl. ANDERSON, J./LOWE, D. J./RECKERS, P., Evaluation of Auditor Decisions, S. 730; CHARRON, K./LOWE, D. J., Influence of Surprise on Outcome Effects, S. 1022.

970 Vgl. ANDERSON, J./LOWE, D. J./RECKERS, P., Evaluation of Auditor Decisions, S. 730; CHARRON, K./LOWE, D. J., Influence of Surprise on Outcome Effects, S. 1022.

971 Ausführlich zu den Zielen der auftragsbegleitenden Qualitätssicherung, der internen Nachschau, dem *peer review* und der anlassunabhängigen Sonderuntersuchung vgl. die Ausführungen zur Prüfungsüberwachung in Abschnitt 334.

schlussprüfung zu bewältigen hat, ex post so zu rekonstruieren, wie sich diese zum Zeitpunkt seiner Urteilsbildung dem Abschlussprüfer dargestellt haben.[972] Der **Erfolg bzw. Misserfolg** der vom Abschlussprüfer bei seiner Abschlussprüfung abgegebenen Urteile ist für die sonstigen an der Prüfungsüberwachung beteiligten Personen dagegen relativ **leicht zu beobachten**. Als Folge der Ergebnisverzerrung verzichten die sonstigen an der Prüfungsüberwachung beteiligten Personen regelmäßig darauf, die einzelnen Entscheidungsprobleme des Abschlussprüfers exakt zu rekonstruieren, um die Qualität der vom Abschlussprüfer getroffenen Urteile zu beurteilen. Vielmehr ziehen sie den Erfolg bzw. Misserfolg der Urteile des Abschlussprüfers als **Indikator für die Urteilsqualität** heran.[973]

Fraglich ist, ob und wieweit der Erfolg bzw. Misserfolg eines Urteils des Abschlussprüfers als Indikator für die Urteilsqualität dienen kann. Der **Abschlussprüfer trifft seine Urteile regelmäßig unter Unsicherheit**. Das bedeutet, dass er zum Zeitpunkt seiner Urteilsbildung unsichere Erwartungen über die Konsequenzen seiner Urteile hat. Diese Konsequenzen sind von einer Vielzahl externer Faktoren abhängig, die sich außerhalb der Einflusssphäre des Abschlussprüfers befinden. Bei einer Abschlussprüfung haben diese externen Faktoren maßgeblichen Einfluss auf den Erfolg bzw. Misserfolg der Urteile des Abschlussprüfers. Dementsprechend ist der **Erfolg bzw. Misserfolg** der abgegebenen Urteile **kein verlässlicher Indikator für die Urteilsqualität** des Abschlussprüfers. Wird die Urteilsqualität des Abschlussprüfers dennoch auf Basis des Erfolgs bzw. Misserfolgs seiner Urteile beurteilt, hat dies zur Folge, dass bei einem erfolgreichen Urteil des Abschlussprüfers die Qualität seiner Urteilsbildung systematisch überschätzt wird.[974] Gleichzeitig wird diese systematisch unterschätzt, wenn der Abschlussprüfer zu einem nicht erfolgreichen Urteil gelangt ist.[975] Beide Urteilsverzerrungen haben gemein, dass sie die Qualität der Prüfungsüberwachung beeinträchtigen, was letztlich zur Folge hat, dass sich die **Effektivität der Abschlussprüfung verringert**.

---

972 Vgl. EMBY, C./GELARDI, A., Influence of Outcome Knowledge, S. 99.

973 Vgl. BROWN, C./SOLOMON, I., Explanations for Outcome Effects, S. 83 f.

974 Vgl. EMBY, C./GELARDI, A., Influence of Outcome Knowledge, S. 89 f.

975 Vgl. EMBY, C./GELARDI, A., Influence of Outcome Knowledge, S. 89 f.

Wie sich die Ergebnisverzerrung konkret auf die Urteilsbildung der sonstigen an der Prüfungsüberwachung beteiligten Personen auswirkt, wird mit folgendem Beispiel verdeutlicht:

Beispiel 5.14

Unternehmen X beauftragt Abschlussprüfer Y, den Jahresabschluss von Unternehmen X zu prüfen. Abschlussprüfer Y gelangt bei seiner Abschlussprüfung zu dem Schluss, dass der Jahresabschluss von Unternehmen X keine wesentlichen Fehler enthält. Abschlussprüfer Y erteilt Unternehmen X daher einen uneingeschränkten Bestätigungsvermerk. Wenige Monate nach Abgabe dieses Bestätigungsvermerks wird publik, dass Mitarbeiter der internen Revision des Unternehmens X bei Routinekontrollen fraudulente Handlungen des Top-Managements aufgedeckt haben. Konkret handelt es sich dabei um betrügerisch herbeigeführte Auszahlungen durch gefälschte Spesenabrechnungen und gefälschte Rechnungen.[976] *Aufgrund dieser fraudulenten Handlungen enthält der von Abschlussprüfer Y geprüfte und von ihm mit einem uneingeschränkten Bestätigungsvermerk versehene Jahresabschluss von Unternehmen X wesentlich falsche Angaben.*

Nachdem fraud in einem Unternehmen aufgedeckt wurde, wird die Qualität der vom Abschlussprüfer durchgeführten Abschlussprüfung häufig in Frage gestellt.[977] *Indes lässt sich eine nachträgliche Aufdeckung von fraud nicht zwingend auf ein Fehlverhalten des Abschlussprüfers zurückführen. Der Abschlussprüfer hat hinsichtlich der Aufdeckung von fraud nämlich nur eine positive Suchverantwortung, d. h. er hat seine Prüfungshandlungen so zu planen, dass er mit hinreichender Sicherheit durch fraud entstandene wesentliche falsche Angaben im Jahresabschluss bei gewissenhafter Berufsausübung erkennt.*[978]

976 Vgl. SELL, K., Aufdeckung von Bilanzdelikten bei der Abschlußprüfung, S. 21 f.

977 Vgl. SCHINDLER, J./GÄRTNER, M., Verantwortung des Abschlussprüfers zur Berücksichtigung von Verstößen, S. 1237; SCHRUFF, W., Aufdeckung von Gesetzesverstößen der Unternehmensorgane, S. 207.

978 Vgl. ISA 240.5 sowie BAETGE, J./MELCHER, T./SCHULZ, R., Vermeidung von Bilanzdelikten, S. 27 f.; KNABE, S. U. A., Beurteilung des Fraud-Risikos im Rahmen der Abschlussprüfung, S. 1057.

Die von Abschlussprüfers Y bei Unternehmen X durchgeführte Abschlussprüfung wird für einen peer review ausgewählt.[979] *Die dem Berufsstand angehörige, praxisfremde Person bzw. Wirtschaftsprüfungsgesellschaft, die den peer review bei Abschlussprüfer Y vornimmt, hat unter anderem darüber zu entscheiden, ob Abschlussprüfer Y die fraudulenten Handlungen des Top-Managements von Unternehmen X bei gewissenhafter Berufsausübung hätte erkennen müssen.*

Der peer reviewer weiß ex post, dass sich der uneingeschränkte Bestätigungsvermerk von Abschlussprüfer Y als ein Misserfolg erwiesen hat. Daher neigt er aufgrund der Ergebnisverzerrung dazu, den unzutreffenden Bestätigungsvermerk unbewusst zu stark in seinem Entscheidungskalkül zu berücksichtigen. Dadurch vernachlässigt er, welche Qualität der Urteilsprozess hatte, mit dem der Abschlussprüfer zu diesem unzutreffenden Bestätigungsvermerk gelangt ist.[980] *Dies hat zur Folge, dass der peer reviewer dazu tendiert, die Qualität der von Abschlussprüfer Y durchgeführten Abschlussprüfung unbewusst systematisch zu unterschätzen. Im vorliegenden Fall steigt dadurch die Wahrscheinlichkeit, dass der peer reviewer die bei der Abschlussprüfung von Unternehmen X angewandte Prüfmethodik von Abschlussprüfer Y als nicht angemessen beurteilt.*[981] *Dies hat im Extremfall zur Folge, dass der peer reviewer sein Prüfungsurteil einschränkt oder versagt. Während Abschlussprüfer Y im Falle eines eingeschränkten Bestätigungsvermerks lediglich die Auflage bekommen würde, die identifizierten Qualitätsmängel zu beseitigen, würde er im Falle einer Versagung des Bestätigungsvermerks keine Bescheinigung über die Teilnahme am Verfahren der Qualitätskontrolle erhalten und damit von der Durchführung gesetzlich vorgeschriebener Abschlussprüfungen ausgeschlossen.*[982]

Die Ergebnisverzerrung hat somit insgesamt zur Folge, dass der Abschlussprüfer und die sonstigen an der Prüfungsüberwachung beteiligten Personen bei ihrer Prüfungsüberwachung regelmäßig zu verzerrten Urteilen gelangen. Diese wirken sich negativ auf

979 Vgl. die allgemeinen Ausführungen zum *peer review* in Abschnitt 334.

980 Vgl. BROWN, C./SOLOMON, I., Explanations for Outcome Effects, S. 83 f.

981 Vgl. EMBY, C./GELARDI, A., Influence of Outcome Knowledge, S. 99.

982 Zu den möglichen Konsequenzen eines *peer review* vgl. exemplarisch GÖHNER, F., Qualitätskontrolle im Berufsstand des Wirtschaftsprüfers, S. 1407.

die Qualität der Prüfungsüberwachung aus, was dazu führen kann, dass sich die **Effektivität der Abschlussprüfung verringert**. Um die Qualität der Prüfungsüberwachung sicherzustellen, wird im Folgenden untersucht, welche **Entscheidungshilfen** dazu eingesetzt werden können, die durch die Ergebnisverzerrung hervorgerufenen Urteilsverzerrungen in ihrer Intensität zu verringern bzw. ganz zu vermeiden.

544.232. Mögliche Ansätze zur Verringerung der Intensität der durch die Ergebnisverzerrung hervorgerufenen Urteilsverzerrungen

Die Intensität der Urteilsverzerrungen, die sich aus der Ergebnisverzerrung ergeben, kann mit unterschiedlichen sog. ***hindsight decision aids*** verringert werden. Darunter sind Entscheidungshilfen zu verstehen, die den Abschlussprüfer bzw. die sonstigen an der Prüfungsüberwachung beteiligten Personen in die Lage versetzen, die Qualität eines Urteils unabhängig von dessen Erfolg bzw. Misserfolg zu beurteilen. Dies ließe sich dadurch erreichen, dass dem Abschlussprüfer bzw. den sonstigen an der Prüfungsüberwachung beteiligten Personen konkrete **Hinweise für die Urteilsbewertung** gegeben werden.[983] Ein solcher Hinweis ließe sich in die Prüfungssoftware bzw. in die Arbeitspapiere des Abschlussprüfers integrieren und könnte wie folgt formuliert werden:[984]

Beispiel 5.15

Bei Ihrer Urteilsbewertung unterliegen Sie unbewusst der sog. Ergebnisverzerrung. Das bedeutet, dass Sie den Erfolg bzw. Misserfolg eines Urteils unbewusst als Indikator für die Qualität dieses Urteils heranziehen.[985] Indes ist der Erfolg bzw. Misserfolg eines Urteils kein verlässlicher Indikator für die Qualität eines Urteils. Daher wäre es ***unsachgemäß und unfair****, ein Urteil anhand von dessen Erfolg bzw. Misserfolg zu beurteilen. Bitte seien Sie sich der Ergebnisverzerrung bewusst und beurteilen Sie die Qualität des abgegebenen Urteils ausschließlich auf Basis der Informationen, die dem Urteilenden zum Zeitpunkt seiner Urteilsbildung zur Verfügung standen.*

983 Vgl. CLARKSON, P./EMBY, C./WATT, V., Debiasing the Outcome Effect, S. 9 f. Kritisch dazu KADOUS, K., Improving Jurors' Evaluations of Auditors in Negligence Cases, S. 428, sowie KAHNEMAN, D., Judgment and Choice, S. 711.

984 Zu dieser Formulierung vgl. CLARKSON, P./EMBY, C./WATT, V., Debiasing the Outcome Effect, S. 18.

985 Vgl. dazu ausführlich die Ausführungen in Abschnitt 544.231.

Alternativ könnte dem Abschlussprüfer bzw. den sonstigen an der Prüfungsüberwachung beteiligten Personen folgender Hinweis präsentiert werden:[986]

Beispiel 5.16

Bei Ihrer Urteilsbewertung unterliegen Sie unbewusst der sog. Ergebnisverzerrung. Das bedeutet, dass Sie den Erfolg bzw. Misserfolg eines Urteils unbewusst als Indikator für die Qualität dieses Urteils heranziehen.[987] Indes ist der Erfolg bzw. Misserfolg eines Urteils kein verlässlicher Indikator für die Qualität eines Urteils.

Sollten Sie bei Ihrer Urteilsbewertung zu dem Schluss kommen, dass die Qualität des Urteils unzureichend ist, könnte dies zu einer Sanktionierung der Person führen, die das von Ihnen zu bewertende Urteil abgegeben hat. Eine solche Sanktionierung könnte ***schwerwiegende Folgen für die private und berufliche Zukunft dieser Person*** *haben. Bitte seien Sie sich der Ergebnisverzerrung bewusst und beurteilen Sie die Qualität des abgegebenen Urteils ausschließlich auf Basis der Informationen, welche der urteilenden Person zum Zeitpunkt ihrer Urteilsbildung zur Verfügung standen.*

Im ersten Fall soll der Hinweis dem Abschlussprüfer bzw. den sonstigen an der Prüfungsüberwachung beteiligten Personen bewusst machen, dass es nicht normenkonform ist, die Qualität eines Urteils anhand von dessen Erfolg bzw. Misserfolg zu beurteilen. Im zweiten Fall sollen der Abschlussprüfer bzw. die sonstigen an der Prüfungsüberwachung beteiligten Personen dazu angehalten werden, die Konsequenzen ihrer Urteilsbewertung für die Person, deren Urteil bewertet wird, in ihr Entscheidungskalkül einzubeziehen. Mit beiden Hinweisen ließe sich erreichen, dass der Abschlussprüfer bzw. die sonstigen an der Prüfungsüberwachung beteiligten Personen die ex ante verfügbaren Informationen, die mit dem Ergebnis des Urteils nicht in Einklang stehen, stärker in ihrem Entscheidungskalkül berücksichtigen als zuvor.[988] Dies hat zur Folge, dass der Abschlussprüfer bzw. die sonstigen an der Prüfungsüberwachung beteiligten Personen die ex ante verfügbaren Informationen, die für das Ergebnis des Urteils spre-

---

[986] Zu dieser Formulierung vgl. CLARKSON, P./EMBY, C./WATT, V., Debiasing the Outcome Effect, S. 18.

[987] Vgl. dazu ausführlich die Ausführungen in Abschnitt 544.231.

[988] Vgl. CLARKSON, P./EMBY, C./WATT, V., Debiasing the Outcome Effect, S. 16.

chen, nicht mehr bevorzugt für ihre Urteilsbewertung heranziehen.[989] Dadurch kann die Qualität der Prüfungsüberwachung gesteigert werden, wodurch sich letztlich die **Effektivität der Abschlussprüfung erhöht**. Da sich derartige Hinweise ohne einen wesentlichen Mehraufwand in die Prüfungssoftware bzw. in die Arbeitspapiere des Abschlussprüfers bzw. der sonstigen an der Prüfungsüberwachung beteiligten Personen integrieren lassen, würden sich aus dieser Entscheidungshilfe **keine negativen Folgen für die Effizienz der Abschlussprüfung** ergeben. Der Prüfungspraxis kann daher uneingeschränkt empfohlen werden, den an der Prüfungsüberwachung beteiligten Personen einen der zuvor vorgeschlagenen Hinweise verfügbar zu machen, z. B. in ihrer jeweiligen Prüfungssoftware bzw. in ihren jeweiligen Arbeitspapieren.

Darüber hinaus lässt sich die Intensität der sich aus der Ergebnisverzerrung ergebenden Urteilsverzerrungen verringern, indem der Abschlussprüfer bzw. die sonstigen an der Prüfungsüberwachung beteiligten Personen durch eine spezielle Dokumentationspflicht dazu angehalten werden, vor ihrer Urteilsbewertung die **Gründe zu explizieren, warum alternativ mögliche Ereignisse nicht eingetreten sind.**[990] Durch eine solche Negativerklärung ließe sich die kognitive Verfügbarkeit alternativ möglicher Ereignisse erhöhen.[991] Infolgedessen steigt die Wahrscheinlichkeit, dass der Abschlussprüfer bzw. die sonstigen an der Prüfungsüberwachung beteiligten Personen das eingetretene Ereignis schwächer und die alternativ möglichen Ereignisse stärker in ihr Entscheidungskalkül einbeziehen als zuvor. Dadurch können die aus der Ergebnisverzerrung resultierenden Urteilsverzerrungen in ihrer Intensität verringert werden. Dies führt dazu, dass die Qualität der Prüfungsüberwachung ansteigt, wodurch sich letztlich die **Effektivität der Abschlussprüfung** erhöht. Indes müssten dazu die bestehenden Dokumentationsanforderungen des Abschlussprüfers leicht ausgeweitet werden. Dadurch würde sich die **Effizienz der Abschlussprüfung leicht verringern**. Der Prüfungspraxis ist zu empfehlen, auf diese Entscheidungshilfe vor allem dann zurückzugreifen, wenn die an der Prüfungsüberwachung beteiligten Personen Urteile zu bewerten haben, die für die Abschlussprüfung von besonderer Bedeutung sind. Dies

989 Vgl. CLARKSON, P./EMBY, C./WATT, V., Debiasing the Outcome Effect, S. 16.

990 Vgl. EMBY, C./GELARDI, A., Influence of Outcome Knowledge, S. 100.

991 Vgl. EMBY, C./GELARDI, A., Influence of Outcome Knowledge, S. 100.

sind z. B. die Urteile des Abschlussprüfers zu *fraud* im zu prüfenden Unternehmen sowie sein Urteil über die Fortführung der Unternehmenstätigkeit des zu prüfenden Unternehmens.

Die Wirkung der zuvor erläuterten Entscheidungshilfen auf die Effektivität und Effizienz der Abschlussprüfung lässt sich wie folgt zusammenfassen:

Entscheidungshilfen	Auswirkungen auf die Effektivität der Abschlussprüfung	Auswirkungen auf die Effizienz der Abschlussprüfung
Hinweise auf Ergebnisverzerrung (*hindsight decision aid*)	(+)	+/–
Explikation alternativ möglicher Ereignisse (*hindsight decision aid*)	+	(–)

Legende:
- \+ Entscheidungshilfe wirkt sich **positiv** auf die Effektivität bzw. Effizienz der Abschlussprüfung aus.
- (+) Entscheidungshilfe wirkt sich lediglich **leicht positiv** auf die Effektivität bzw. Effizienz der Abschlussprüfung aus.
- – Entscheidungshilfe wirkt sich **negativ** auf die Effektivität bzw. Effizienz der Abschlussprüfung aus.
- (–) Entscheidungshilfe wirkt sich lediglich **leicht negativ** auf die Effektivität bzw. Effizienz der Abschlussprüfung aus.
- +/– Positive und negative Auswirkungen auf die Effektivität bzw. Effizienz der Abschlussprüfung **kompensieren** sich jeweils.

Übersicht 5–11: *Auswirkungen von Entscheidungshilfen zur Verringerung der Intensität der sich aus der unbewussten Ergebnisverzerrung ergebenden Urteilsverzerrungen des Abschlussprüfers auf die Effektivität und Effizienz der Abschlussprüfung*

544.24 Sunk-Cost-Effekt

544.241. Wirkungsweise des Sunk-Cost-Effekts

Der Abschlussprüfer unterliegt bei seiner Prüfungsüberwachung unbewusst dem Sunk-Cost-Effekt, wenn er bei seiner Urteilsbildung von **in der Vergangenheit getätigten Aufwendungen** beeinflusst wird.[992] Unabhängig davon, ob diese Aufwendungen zeitlicher, finanzieller oder anderer Art sind, dürfen sich die in der Vergangenheit getätigten Aufwendungen nicht auf die Urteilsbildung des Abschlussprüfers auswirken. Denn in

[992] Vgl. BEDARD, J., Investigation of Audit Program Planning, S. 57 f.; MOCK, T./WRIGHT, A., Auditors' Evidential Planning Judgments, S. 58, sowie die allgemeinen Ausführungen zum Sunk-Cost-Effekt in Abschnitt 433.343.

der Vergangenheit getätigte Aufwendungen sind für den Abschlussprüfer irreversibel. Damit sind sie **für die Bewertung des Investitionsobjektes**, für das der Abschlussprüfer diese Aufwendungen getätigt hat, **irrelevant.**[993] Berücksichtigt der Abschlussprüfer die in der Vergangenheit getätigten Aufwendungen dennoch bei seiner Urteilsbildung, kann dies dazu führen, dass er zu einem verzerrten Urteil über das zu bewertende Investitionsobjekt gelangt.

In der Phase der Prüfungsüberwachung beeinflusst der unbewusste Sunk-Cost-Effekt die Urteilsbildung des Abschlussprüfers vor allem bei seiner **laufenden Überwachung der Auftragsabwicklung.**[994] Die Überwachung der Auftragsabwicklung hat zum Ziel, die Qualität des Prüfungsvorgehens und der Prüfungsergebnisse der dem Abschlussprüfer hierarchisch unterstellten Personen sicherzustellen.[995] Dazu hat der Abschlussprüfer zum einen zu beurteilen, ob die von ihm geplanten Prüfungshandlungen von den ihm hierarchisch unterstellten Personen korrekt durchgeführt wurden. Zum anderen hat er einzuschätzen, ob und wieweit die durch die vorgenommenen Prüfungshandlungen erlangten Prüfungsnachweise von den ihm hierarchisch unterstellten Personen zutreffend interpretiert wurden.

Der unbewusste Sunk-Cost-Effekt wirkt sich bei diesen Überwachungshandlungen insoweit auf die Urteilsbildung des Abschlussprüfers aus, als dieser die von ihm oder den ihm hierarchisch unterstellen Personen bereits getätigten Aufwendungen in seinem Entscheidungskalkül berücksichtigt. Dies hat zur Folge, dass der Abschlussprüfer bereits **begonnene Prüfungshandlungen seltener abbricht bzw. abbrechen lässt**, wenn ihm bei seiner Prüfungsüberwachung bewusst wird, dass diese Prüfungshandlungen

- tatsächlich nicht so wirksam sind, wie noch bei der Prüfungsplanung angenommen wurde, oder

993 Vgl. dazu auch die allgemeinen Ausführungen zum Sunk-Cost-Effekt in Abschnitt 433.343.

994 Zur laufenden Überwachung der Auftragsabwicklung durch den Abschlussprüfer vgl. die allgemeinen Ausführungen zur Prüfungsüberwachung in Abschnitt 334.

995 Zur Durchsicht der Arbeitspapiere durch hierarchisch übergeordnete Personen bei der Abschlussprüfung vgl. EMBY, C./GIBBINS, M., Judgment in Public Accounting, S. 289.

- gar nicht hätten durchgeführt werden müssen, da sich herausgestellt hat, dass das tatsächliche Fehlerrisiko eines Prüffeldes nicht so hoch ist, wie noch bei der Prüfungsplanung angenommen.[996]

In beiden Fällen verführt der unbewusste Sunk-Cost-Effekt den Abschlussprüfer dazu, diese Prüfungshandlungen fortzuführen, ohne dass sich damit ausreichende und angemessene Prüfungsnachweise generieren lassen. Dadurch kommt es durch den unbewussten Sunk-Cost-Effekt zu **Effizienzverlusten bei der Abschlussprüfung**.

Darüber hinaus wird die Urteilsbildung des Abschlussprüfers dann vom unbewussten Sunk-Cost-Effekt beeinflusst, wenn der Abschlussprüfer ein Urteil über die **Fortführung bzw. vorzeitige Beendigung des Prüfungsauftrags** zu treffen hat.[997] Ein Prüfungsauftrag darf grundsätzlich nur dann fortgeführt werden, wenn der Ruf oder die wirtschaftliche Lage des Abschlussprüfers bzw. der Wirtschaftsprüfungsgesellschaft, für die er tätig ist, durch Fortführung des Prüfungsauftrags nicht gefährdet oder beeinträchtigt wird.[998] Dass von einer Auftragsfortführung eine negative Wirkung auf den Abschlussprüfer bzw. die Wirtschaftsprüfungsgesellschaft, für die er tätig ist, ausgeht, kann ausgeschlossen werden, wenn der Abschlussprüfer dazu in der Lage ist, den **Prüfungsauftrag in sachlicher, personeller und zeitlicher Hinsicht ordnungsgemäß abzuwickeln**.

Im Modell des Quasi-Rentenansatzes von DeAngelo ist für den Abschlussprüfer eine **Erstprüfung mit wesentlich höheren Kosten verbunden als eine Folgeprüfung**.[999] Dies ergibt sich daraus, dass der Abschlussprüfer bei einer Folgeprüfung auf diejenigen Informationen zurückgreifen kann, die er sich bei der Erstprüfung beschafft hat. Gleichzeitig ist ein Prüferwechsel für das zu prüfende Unternehmen mit Transaktionskosten

996 Hat der Abschlussprüfer diese Prüfungsplanung selbst vorgenommen, sind ihm die für die Prüfungsplanung getätigten Aufwendungen aufgrund der Verfügbarkeitsheuristik noch besonders präsent. Zur Wirkungsweise der Verfügbarkeitsheuristik vgl. die Ausführungen in Abschnitt 542.221. Die Intensität der durch den Sunk-Cost-Effekt hervorgerufenen Urteilsverzerrung ist in diesem Fall besonders hoch. Vgl. Mock, T./Wright, A., Auditors' Evidential Planning Judgments, S. 58.

997 Zum Urteil des Abschlussprüfers über die Fortführung bzw. vorzeitige Beendigung des Prüfungsauftrags vgl. die allgemeinen Ausführungen zur Prüfungsüberwachung in Abschnitt 334.

998 Da der Abschlussprüfer bereits vor Annahme des Prüfungsauftrags sicherstellen musste, dass diese Bedingung erfüllt ist, muss er bei einer intendierten Fortführung des Prüfungsauftrags lediglich prüfen, ob die Bedingung weiterhin erfüllt ist. Vgl. dazu ISA 300.7-11 und ISA 315.9.

999 Vgl. DeAngelo, L., Low Balling, S. 118; DeAngelo, L., Auditor Size and Audit Quality, S. 187 f.

verbunden. Bei Folgeprüfungen kann der Abschlussprüfer daher Prüfungshonorare verlangen, die seine Prüfungskosten übersteigen (sog. Quasi-Renten[1000]).[1001]

Nach dem Quasi-Rentenansatz stellt die Abschlussprüfung für den Abschlussprüfer somit ein Investitionsobjekt dar. Die zunächst hohen Aufwendungen bei der Erstprüfung können als Anfangsinvestitionen interpretiert werden.[1002] Aufgrund des unbewussten Sunk-Cost-Effekts neigt der Abschlussprüfer dazu, diese Investitionen in seinem Entscheidungskalkül zu berücksichtigen, wenn er ein Urteil über die Fortführung bzw. vorzeitige Beendigung des Prüfungsauftrags zu bilden hat. Dies ist unproblematisch, solange der Abschlussprüfer davon überzeugt ist, dass er die Folgeprüfung in sachlicher, personeller und zeitlicher Hinsicht ordnungsgemäß abwickeln kann. Kann er dies allerdings nicht gewährleisten, erhöht sich durch die Berücksichtigung der Anfangsinvestitionen in seinem Entscheidungskalkül die Wahrscheinlichkeit, dass der Abschlussprüfer den Prüfungsauftrag – ungeachtet der **Gefahr einer nicht ordnungsgemäßen Prüfungsdurchführung** – trotzdem fortführt, um das von ihm bei Folgeprüfungen erwartete erhöhte Prüfungshonorar zu erhalten.[1003] Dadurch erhöht sich die Wahrscheinlichkeit, dass der Abschlussprüfer eine **ineffektive Abschlussprüfung** durchführt.

Die Wirkungsweise des Sunk-Cost-Effekts lässt sich mit folgendem Beispiel verdeutlichen:

Beispiel 5.17

Unternehmen X vergibt die Abschlussprüfung seines Jahresabschlusses für die nächsten fünf Jahre in einer öffentlichen Ausschreibung. Abschlussprüfer Y und Abschlussprüfer Z nehmen an dieser Ausschreibung teil. Da Abschlussprüfer Y weiß, dass Unternehmen X ausschließlich auf Basis des Preises entscheidet, welcher Abschlussprü-

1000 Der Begriff „Quasi-Rente" ergibt sich daraus, dass bei einem Gleichgewicht im vollkommenen Wettbewerb der Kapitalwert der Prüfungshonorare des Abschlussprüfers null beträgt. Demnach erwirtschaftet der Abschlussprüfer bei Folgeprüfungen keine echten, sondern nur Quasi-Renten.

1001 Vgl. DEANGELO, L., Low Balling, S. 118, sowie der empirische Nachweis von GREGORY, A./COLLIER, P., Audit Fees and Auditor Change, S. 24.

1002 Vgl. DEANGELO, L., Low Balling, S. 118; DEANGELO, L., Auditor Size and Audit Quality, S. 187.

1003 Gleicher Ansicht vgl. SIMON, D./FRANCIS, J., Effects of Auditor Change on Audit Fees, S. 266 f.

fer den Auftrag zur Abschlussprüfung seines Jahresabschlusses erhält, kalkuliert er sein Angebot so, dass er über die gesamte Vertragsdauer nur einen minimalen Gewinn generiert. Im Jahr der Erstprüfung geht der Abschlussprüfer von einem Verlust von 200 GE aus. Für das zweite Jahr erwartet er einen Verlust von 100 GE. Für das dritte Jahr prognostiziert der Abschlussprüfer erstmals einen Gewinn von 100 GE. Für das vierte und fünfte Jahr der Abschlussprüfung geht der Abschlussprüfer jeweils von einem Gewinn von 150 GE aus.[1004] *Insgesamt würde Abschlussprüfer Y also mit dem Prüfungsauftrag von Unternehmen X einen Gewinn von 100 GE erwirtschaften.*[1005]

Unternehmen X ist überzeugt vom Angebot des Anschlussprüfers Y und erteilt ihm den Auftrag. Bei der Erstprüfung stellt Abschlussprüfer Y fest, dass er die Komplexität der Geschäftstätigkeit von Unternehmen X unterschätzt hat. Um die Effektivität seiner Abschlussprüfung nicht zu gefährden, führt Abschlussprüfer Y die Erstprüfung mit wesentlich mehr Mitarbeitern durch als er geplant hatte. Dies hat zur Folge, dass die Erstprüfung für ihn mit einem Verlust von 250 GE endet. Da Abschlussprüfer Y indes nun mit der Geschäftstätigkeit und dem Geschäftsumfeld von Unternehmen X sowie dessen internem Kontrollsystem vertraut ist, bleibt er zuversichtlich, dass er am Ende der Vertragsdauer mit Unternehmen X zumindest einen kleinen Gewinn von 50 GE erwirtschaften kann.

Im zweiten Jahr seiner Abschlussprüfung strukturiert sich Unternehmen X organisatorisch um und führt im Zuge dessen eine neue zentrale Firmensoftware ein. Abschlussprüfer Y kann aufgrund dieser Neuerungen mit Unternehmen X zwar das für seine Abschlussprüfung zur Verfügung gestellte Budget nachverhandeln, nicht aber in dem für eine effektive Abschlussprüfung erforderlichen Umfang. Da Abschlussprüfer Y zudem Mitarbeiter aus seinem Prüfungsteam an Unternehmen X verloren hat, die sich bereits ein profundes Wissen über Unternehmen X aneignen konnten, hat er zu prüfen, ob er unter den gegebenen Bedingungen noch dazu in der Lage ist, die Abschlussprüfung von Unternehmen X in sachlicher, personeller und zeitlicher Hinsicht

1004 Die von Abschlussprüfer Y im vorliegenden Beispiel erwirtschafteten Gewinne und Verluste sind angelehnt an die Ergebnisse der empirischen Studie von SIMON/FRANCIS, in der gezeigt wird, wie sich Prüfungshonorare entwickelten, nachdem Unternehmen ihren Abschlussprüfer gewechselt haben. Vgl. dazu SIMON, D./FRANCIS, J., Effects of Auditor Change on Audit Fees, S. 255.

1005 Der Einfachheit halber wird an dieser Stelle von Zinseffekten abstrahiert.

ordnungsgemäß abzuwickeln. Der Abschlussprüfer wird bei der Prüfung dieser Frage insoweit vom unbewussten Sunk-Cost-Effekt beeinflusst, als er die bei seiner Erstprüfung getätigten Aufwendungen unbewusst in sein Entscheidungskalkül einbezieht. Da diese Aufwendungen allerdings irreversibel sind, dürften sie sich nicht auf sein Urteil über die Fortführung des Prüfungsauftrages auswirken. Die hohen Anfangsinvestitionen des Abschlussprüfers führen aufgrund des unbewussten Sunk-Cost-Effekts nun allerdings dazu, dass sich die Wahrscheinlichkeit erhöht, dass der Abschlussprüfer den Prüfungsauftrag fortführt. Blieben die Anfangsinvestitionen bei seiner Urteilsbildung unberücksichtigt, würde der Abschlussprüfer eher dazu neigen, den Prüfungsauftrag niederzulegen. Im vorliegenden Beispiel dürfte der Sunk-Cost-Effekt besonders dann ausgeprägt sein, wenn sich der Abschlussprüfer nah an der Gewinnschwelle wähnt.[1006] Auf Basis der ursprünglichen Kalkulation des Prüfungsauftrages wäre dies nach dem vierten Jahr der Abschlussprüfung der Fall. Dann bezieht der Abschlussprüfer die von ihm in der Vergangenheit getätigten Aufwendungen besonders stark in sein Entscheidungskalkül ein. Dadurch erhöht sich signifikant die Wahrscheinlichkeit, dass der Abschlussprüfer den Prüfungsauftrag fortführt und zwar auch dann, wenn die Gefahr einer nicht ordnungsgemäßen Prüfungsdurchführung immanent ist.

Zusammengefasst hat der unbewusste Sunk-Cost-Effekt zur Folge, dass der Abschlussprüfer in der Phase der Prüfungsüberwachung zu verzerrten Fortführungsurteilen gelangt. Unter bestimmten Bedingungen können diese verzerrten Urteile die Qualität der Prüfungsüberwachung negativ beeinflussen, was – wie oben erläutert – sowohl zu **Effektivitäts- als auch zu Effizienzverlusten bei der Abschlussprüfung** führen kann. Dadurch erhöht sich die Wahrscheinlichkeit, dass der Abschlussprüfer der Zielvorschrift der Abschlussprüfung nicht mehr gerecht wird.[1007] Daher gilt es im Folgenden zu untersuchen, welche **Entscheidungshilfen** dazu eingesetzt werden können, die durch den Sunk-Cost-Effekt bei der Prüfungsüberwachung hervorgerufenen Urteilsverzerrungen in ihrer Intensität zu verringern bzw. ganz zu vermeiden.

[1006] Vgl. MOON, H., Completion and Sunk-Cost Effects, S. 110 f.

[1007] Vgl. dazu die Ausführungen in Abschnitt 321.

544.242. Mögliche Ansätze zur Verringerung der Intensität der durch den Sunk-Cost-Effekt hervorgerufenen Urteilsverzerrungen

Der Mensch unterliegt bei seiner Urteilsbildung in geringerem Maße dem unbewussten Sunk-Cost-Effekt, wenn er daraufhin trainiert wird, dass die von ihm in der Vergangenheit getätigten Aufwendungen, unabhängig davon, ob diese zeitlicher, finanzieller oder anderer Art sind, sein Urteil nicht beeinflussen dürfen.[1008] Da Abschlussprüfer indes größtenteils über ein wirtschaftswissenschaftliches Studium verfügen, dürften sie ein **entsprechendes Training** bereits absolviert haben. Ein erneutes Training des Abschlussprüfers, in welchem er abermals darauf hingewiesen wird, die von ihm in der Vergangenheit getätigten Aufwendungen bei seiner Urteilsbildung nicht zu berücksichtigen, könnte kurzfristig dazu führen, dass der Abschlussprüfer bei seiner Prüfungsüberwachung nicht mehr dem unbewussten Sunk-Cost-Effekt unterliegt, was sich **positiv auf die Effektivität der Abschlussprüfung** auswirken würde. Allerdings wäre mit einem solchen Training ein hoher Zeit- und damit Kostenaufwand verbunden, was die **Effizienz der Abschlussprüfung verringern** würde. Zudem ist anzunehmen, dass die leicht positive Wirkung eines solchen Trainings auf die Effektivität der Abschlussprüfung sukzessive abnimmt. Folglich würde die gewünschte Wirkung des entsprechenden Trainings nicht dauerhaft bestehen bleiben, was erfordern würde, dass der Abschlussprüfer in regelmäßigen Abständen ein solches Training zu absolvieren hätte, was durch den damit einhergehenden wiederkehrenden Zeit- und Kostenaufwand die Effizienz der Abschlussprüfung deutlich verringern würde. Der Prüfungspraxis kann demnach nicht empfohlen werden, den unbewussten Sunk-Cost-Effekt durch regelmäßige Trainings des Abschlussprüfers zu eliminieren.

Darüber hinaus lässt sich die Intensität der aus dem unbewussten Sunk-Cost-Effekt resultierenden Urteilsverzerrungen verringern, indem die **Rechtfertigungspflichten** des Abschlussprüfers ausgeweitet werden.[1009] Ist der Abschlussprüfer zum Zeitpunkt seiner Urteilsbildung davon überzeugt, dass er sich für sein Urteil in der Zukunft wird recht-

---

[1008] Vgl. LARRICK, R./MORGAN, J./NISBETT, R., Teaching the Use of Cost-Benefit Reasoning, S. 369.

[1009] Vgl. allgemein LERNER, J./TETLOCK, P., Accounting for the Effects of Accountability, S. 257 m. w. N., sowie mit konkretem Bezug auf den Sunk-Cost-Effekt im Kontext der Urteilsbildung des Abschlussprüfers bereits BROCKNER, J./SHAW, M./RUBIN, J., Factors Affecting Withdrawal from an Escalating Conflict, S. 500 f., sowie SIMONSON, I./NYE, P., Effect of Accountability on Susceptibility to Decision Errors, S. 432.

fertigen müssen,[1010] ist er besonders motiviert, Urteile von hoher Qualität abzugeben.[1011] Urteile von hoher Qualität sind für den Abschlussprüfer unter anderem auch solche, bei denen die Urteilsbildung stattgefunden hat, ohne dass in der Vergangenheit getätigte Aufwendungen in das Entscheidungskalkül einbezogen wurden.[1012] Dadurch würde sich die Wahrscheinlichkeit erhöhen, dass der Abschlussprüfer die von ihm in der Vergangenheit getätigten Aufwendungen bei seiner Urteilsbildung unberücksichtigt lässt.[1013] Dies hat zur Folge, dass die Intensität der Urteilsverzerrungen, die sich aus dem unbewussten Sunk-Cost-Effekt ergeben, deutlich verringert würde bzw. die entsprechenden Urteilsverzerrungen ganz vermieden werden könnten, wodurch sich letztlich die **Effektivität der Abschlussprüfung erhöht**.

Der Abschlussprüfer hat sich bei seiner Abschlussprüfung bereits gegenüber zahlreichen Stellen für seine Urteile zu rechtfertigen.[1014] Sollten diese Rechtfertigungspflichten weiter ausgeweitet werden, würde sich die **Effizienz der Abschlussprüfung deutlich verringern**. Daher kann dies der Prüfungspraxis nicht pauschal empfohlen werden. Der Prüfungspraxis ist vielmehr zu empfehlen, den **Rechtfertigungsdruck des Abschlussprüfers zu erhöhen**. Dem Abschlussprüfer könnte dazu in besonderem Maße bewusst gemacht werden, dass er sich für seine Urteile gegenüber ihm hierarchisch übergeordneten Personen zu rechtfertigen hat und dass diese Personen die Qualität seiner Urteile unter anderem danach beurteilen, ob er die von ihm in der Vergangenheit getätigten Aufwendungen bei seiner Urteilsbildung berücksichtigt hat. Dies ließe sich realisieren, indem entsprechende **Hinweise in die Prüfungssoftware bzw. in die Arbeitspapiere**

1010 Entscheidend ist hier nicht, ob sich der Abschlussprüfer für sein Urteil ex post tatsächlich zu rechtfertigen hat. Es ist ausreichend, dass der Abschlussprüfer bei seiner Urteilsbildung davon überzeugt ist, dass dies geschehen könnte. Vgl. dazu allgemein LARRICK, R., Debiasing, S. 322.

1011 Vgl. PEECHER, M./KLEINMUNTZ, D., Effects of Accountability on Auditor Judgments, S. 111, sowie GIBBINS, M./NEWTON, J., Accountability in Public Accounting, S. 167 m. w. N. Dass ausgeweitete Rechtfertigungspflichten die Motivation des Abschlussprüfers erhöhen, ergibt sich vor allem daraus, dass sich der Abschlussprüfer in der Regel gegenüber denjenigen Personen zu rechtfertigen hat, die über seine künftige Vergütung und Karriere (mit-)entscheiden.

1012 Vgl. bereits BROCKNER, J./SHAW, M./RUBIN, J., Factors Affecting Withdrawal from an Escalating Conflict, S. 500 f.; SIMONSON, I./NYE, P., Effect of Accountability on Susceptibility to Decision Errors, S. 432.

1013 Vgl. dazu allgemein LERNER, J./TETLOCK, P., Accounting for the Effects of Accountability, S. 257 m. w. N.

1014 Vgl. GIBBINS, M./NEWTON, J., Accountability in Public Accounting, S. 168, sowie ausführlich die Ausführungen zur Prüfungsüberwachung in Abschnitt 334.

des Abschlussprüfers integriert werden. Wenn der Abschlussprüfer z. B. über die Fortführung bzw. vorzeitige Beendigung des Prüfungsauftrags zu entscheiden hat, könnte ein solcher Hinweis wie folgt formuliert werden:[1015]

Beispiel 5.18

Ihr Urteil über die Fortführung bzw. vorzeitige Beendigung des Prüfungsauftrags wird von dem sog. Sunk-Cost-Effekt verzerrt. Das bedeutet, dass Sie sich bei Ihrer Urteilsbildung von den von Ihnen in der Vergangenheit getätigten Aufwendungen beeinflussen lassen. Da diese Aufwendungen indes irreversibel sind, dürften diese sich nicht auf Ihre Urteilsbildung auswirken. Die Ihnen hierarchisch übergeordneten Personen, gegenüber denen Sie sich für Ihr Urteil über die Fortführung bzw. vorzeitige Beendigung des Prüfungsauftrags werden rechtfertigen müssen, schätzen die Qualität Ihres Urteils besonders dann gut ein, wenn Sie die von Ihnen in der Vergangenheit getätigten Aufwendungen bei Ihrer Urteilsbildung unberücksichtigt lassen. Bitte bestätigen Sie, dass Sie sich darüber bewusst sind, bevor Sie mit Ihrer Urteilsbildung beginnen.

Wenn der Abschlussprüfer vor seiner Urteilsbildung mit diesem Hinweis konfrontiert wird, diesen zur Kenntnis zu nehmen und zu bestätigen hat, verringert sich ohne einen wesentlichen Mehraufwand die Wahrscheinlichkeit, dass der Abschlussprüfer die von ihm in der Vergangenheit getätigten Aufwendungen bei seiner Urteilsbildung berücksichtigt, wodurch sich die Effektivität der Abschlussprüfung erhöht, ohne dass sich deren Effizienz verringert.

Die zuvor diskutierten Entscheidungshilfen und ihre jeweilige Wirkung auf die Effektivität und Effizienz der Abschlussprüfung können wie folgt zusammengefasst werden:

[1015] Vgl. dazu auch die Ausführungen zum Sunk-Cost-Effekt bei LERNER, J./TETLOCK, P., Accounting for the Effects of Accountability, S. 257. Kritisch zu derartigen Hinweisen vgl. KAHNEMAN, D., Judgment and Choice, S. 711.

Entscheidungshilfen	Auswirkungen auf die Effektivität der Abschlussprüfung	Auswirkungen auf die Effizienz der Abschlussprüfung
Training des Prüfungsteams	(+)	–
Ausweitung der Rechtfertigungspflichten	+	–
Erhöhung des Rechtfertigungsdrucks	+	+/–

Legende:
- \+ Entscheidungshilfe wirkt sich **positiv** auf die Effektivität bzw. Effizienz der Abschlussprüfung aus.
- (+) Entscheidungshilfe wirkt sich lediglich **leicht positiv** auf die Effektivität bzw. Effizienz der Abschlussprüfung aus.
- – Entscheidungshilfe wirkt sich **negativ** auf die Effektivität bzw. Effizienz der Abschlussprüfung aus.
- (–) Entscheidungshilfe wirkt sich lediglich **leicht negativ** auf die Effektivität bzw. Effizienz der Abschlussprüfung aus.
- +/– Positive und negative Auswirkungen auf die Effektivität bzw. Effizienz der Abschlussprüfung **kompensieren** sich jeweils.

Übersicht 5–12: *Auswirkungen von Entscheidungshilfen zur Verringerung der Intensität der aus dem unbewussten Sunk-Cost-Effekt resultierenden Urteilsverzerrungen des Abschlussprüfers auf die Effektivität und Effizienz der Abschlussprüfung*

55 Abschließende Würdigung der gewonnenen Erkenntnisse

Die in den vorherigen Abschnitten gewonnenen Erkenntnisse zur Urteilsbildung des Abschlussprüfers in der Realität werden im vorliegenden Abschnitt **zusammenfassend gewürdigt**. Übersicht 5–13 fasst die untersuchten Entscheidungsheuristiken und Entscheidungshilfen mitsamt deren Wirkung auf die Effektivität und Effizienz der Abschlussprüfung synoptisch zusammen:

Phasen	Entscheidungs-heuristiken	Entscheidungshilfen	Effektivität	Effizienz
Prüfungsplanung	Verfügbarkeits-heuristik	Training des Prüfungsteams	(+)	–
		Counter Explanation	+	(–)
	Selbstüber-schätzungseffekt	Szenarioanalysen	(+)	–
		Counter Explanation	+	(–)
		Ausweitung der Rechtfertigungspflichten	+	–

Phasen	Entscheidungs-heuristiken	Entscheidungshilfen	Effektivität	Effizienz
Prüfungsplanung	Selbstüber-schätzungseffekt	Erhöhung des Rechtfertigungsdrucks	+	+/–
	Ankerheuristik	*Counter Explanation*	+	(–)
		Warnung vor fehlerhaftem Adjustierungsprozess	(+)	+/–
		Liberaler Paternalismus	+	(+)
	Status-quo-Verzerrung	*Reversal Test*	(+)	(–)
		Liberaler Paternalismus	+	–
Prüfungs-durchführung	Bestätigungs-effekt	*Evidence Rating*	+	(–)
		Counter Explanation	+	(–)
		Ausweitung der Rechtfertigungspflichten	+	–
	Reihenfolgeeffekte	*Self Review*	+	(–)
		Evidence Rating	+	(–)
		Erhöhung des Rechtfertigungsdrucks	+	(–)
	Basisratenfehler	Bilanzbonitätsrating	+	(–)
		Fragengeleitetes Vorgehen	(+)	(–)
		Anpassungen der Darstellungsform	(+)	+/–
	Konjunktionsfehler	Explikation der Einzelwahrscheinlichkeiten	(+)	(–)
		Anpassung der Darstellungsform	(+)	+/–
	Stichproben-größenfehler	Statistische Prüfungssoftware	+	–
Prüfungs-überwachung	Rückschaufehler	Explikation des größtmög-lichen Haftungsfalls	+	(–)
		Explikation alternativ möglicher Ereignisse	+	(–)

Phasen	Entscheidungs-heuristiken	Entscheidungshilfen	Effektivität	Effizienz
Prüfungs-überwachung	Ergebnisverzerrung	Hinweise auf Ergebnisverzerrung	(+)	+/–
		Explikation alternativ möglicher Ereignisse	+	(–)
	Sunk-Cost-Effekt	Training des Prüfungsteams	(+)	–
		Ausweitung der Rechtfertigungspflichten	+	–
		Erhöhung des Rechtfertigungsdrucks	+	+/–

Legende:
+ Entscheidungshilfe wirkt sich **positiv** auf die Effektivität bzw. Effizienz der Abschlussprüfung aus.
(+) Entscheidungshilfe wirkt sich lediglich **leicht positiv** auf die Effektivität bzw. Effizienz der Abschlussprüfung aus.
– Entscheidungshilfe wirkt sich **negativ** auf die Effektivität bzw. Effizienz der Abschlussprüfung aus.
(–) Entscheidungshilfe wirkt sich lediglich **leicht negativ** auf die Effektivität bzw. Effizienz der Abschlussprüfung aus.
+/– Positive und negative Auswirkungen auf die Effektivität bzw. Effizienz der Abschlussprüfung **kompensieren** sich jeweils.

Übersicht 5–13: *Zusammenfassung von Entscheidungsheuristiken und von Entscheidungshilfen zur Verringerung der Intensität der aus diesen Entscheidungsheuristiken resultierenden Urteilsverzerrungen des Abschlussprüfers*

Übersicht 5–13 enthält – nach den Phasen der Abschlussprüfung kategorisiert – die wesentlichen vom Abschlussprüfer unbewusst verwendeten Entscheidungsheuristiken sowie die Entscheidungshilfen, die dazu beitragen können, die sich aus den aufgeführten Entscheidungsheuristiken ergebenden Urteilsverzerrungen des Abschlussprüfers in ihrer Intensität zu verringern bzw. ganz zu vermeiden. Aus Übersicht 5–13 wird deutlich, dass der Abschlussprüfer **in jeder Phase der Abschlussprüfung** unbewusst auf die verschiedensten Entscheidungsheuristiken zurückgreift. Dies lässt sich auf die Merkmale der Urteile zurückführen, die der Abschlussprüfer in den einzelnen Phasen der Abschlussprüfung zu bilden hat.[1016] Entscheidungsheuristiken können demnach als **kontextabhängige Störvariablen** aufgefasst werden.

Übersicht 5–13 ist ferner zu entnehmen, dass (bislang) **keine universelle Entscheidungshilfe** identifiziert wurde, die in allen Phasen der Abschlussprüfung dazu

[1016] Vgl. LANGLOIS, R., Bounded Rationality and Behavioralism, S. 693 f.

eingesetzt werden könnte, die durch die vom Abschlussprüfer unbewusst herangezogenen Entscheidungsheuristiken hervorgerufenen Urteilsverzerrungen in ihrer Intensität zu verringern bzw. ganz zu vermeiden. Auch konnte (bislang) keine Entscheidungshilfe identifiziert werden, die dazu herangezogen werden könnte, zumindest die in einer der Phasen der Abschlussprüfung zu beobachtenden Urteilsverzerrungen des Abschlussprüfers in ihrer Intensität zu verringern bzw. ganz zu vermeiden. Nichtsdestotrotz konnten bestimmte Entscheidungshilfen herausgearbeitet werden, mit deren Hilfe sich die **Intensität der sich aus verschiedenen Entscheidungsheuristiken ergebenden Urteilsverzerrungen gleichzeitig verringern** ließe.

Die Entscheidungshilfe ***counter explanation*** kann beispielsweise dazu eingesetzt werden, die Intensität der sich aus der Verfügbarkeitsheuristik, dem Selbstüberschätzungseffekt, der Ankerheuristik und dem Bestätigungseffekt ergebenden Urteilsverzerrungen deutlich zu verringern.[1017] Dazu ist es notwendig, dass der Abschlussprüfer durch eine entsprechende Dokumentationspflicht dazu angehalten wird, vor seiner Urteilsbildung sowohl diejenigen Gründe zu explizieren, die für sein Urteil sprechen, als auch diejenigen **Gründe offenzulegen, die gegen sein Urteil sprechen.**[1018] Eine solche Dokumentationspflicht dürfte von der Prüfungspraxis allerdings kritisch beurteilt werden. Dies ist vor allem darauf zurückzuführen, dass die Prüfungspraxis nicht dazu bereit sein wird, diejenigen Gründe in ihrer Prüfungssoftware bzw. in ihren Arbeitspapieren festzuhalten, die gegen einzelne Urteile sprechen. Denn sollte sich eines dieser Urteile als unzutreffend erweisen, erhöht sich die Wahrscheinlichkeit, dass die an der Prüfungsüberwachung beteiligten Personen dem Abschlussprüfer vorwerfen, dass er auf Basis der von ihm dokumentierten Gründe gegen das von ihm abgegebene Urteil zu einem anderen Urteil hätte kommen müssen.[1019] Dies hätte zur Folge, dass die an der Prüfungsüberwachung beteiligten Personen die **Qualität des vom Abschlussprüfer abgegebenen Urteils systematisch unterschätzen** bzw. sich der Abschlussprüfer im Streitfall nicht exkulpieren kann, obwohl sich die Qualität des Urteils durch den Einsatz der *counter explanation* deutlich erhöht hat. Ungeachtet dessen ist der

[1017] Vgl. die entsprechenden Ausführungen in den Abschnitten 542.222, 542.232, 542.242 und 543.222.

[1018] Vgl. dazu exemplarisch die Ausführungen zur *counter explanation* in Abschnitt 542.222.

[1019] Vgl. dazu die Ausführungen zum Rückschaufehler bzw. zur Ergebnisverzerrung in den Abschnitten 544.221 bzw. 544.231.

Prüfungspraxis dennoch zu empfehlen, auf die Strategie der *counter explanation* zurückzugreifen. Denn durch diese lässt sich die Wahrscheinlichkeit verringern, dass es überhaupt zu einem verzerrten Urteil des Abschlussprüfers (und damit zu einem möglichen Streitfall) kommt.

Außerdem kann eine **Erhöhung des Rechtfertigungsdrucks des Abschlussprüfers** dazu beitragen, die Intensität der durch den Selbstüberschätzungseffekt, die Reihenfolgeeffekte und den Sunk-Cost-Effekt hervorgerufenen Urteilsverzerrungen deutlich zu verringern.[1020] Damit dies gelingt, ist zu gewährleisten, dass der Abschlussprüfer bei seiner Urteilsbildung nicht der sog. ***acceptability heuristic*** unterliegt.[1021] Denn nach dieser neigt der Abschlussprüfer dazu, seine Prüfungshandlungen so zu wählen bzw. die durch seine Prüfungshandlungen erlangten Prüfungsnachweise derart zu interpretierten, dass er den Präferenzen der Personen gerecht wird, gegenüber denen er sich zu rechtfertigen hat (sog. ***attitude shifting***)[1022].[1023] Dies kann im Extremfall dazu führen, dass der Abschlussprüfer eine Abschlussprüfung so plant und durchführt, dass sein Prüfungsvorgehen zwar in Einklang mit den Präferenzen der Personen steht, gegenüber denen er sich zu rechtfertigen hat, der tatsächlichen Risikosituation des zu prüfenden Unternehmens allerdings nicht gerecht wird. Dadurch würde sich die **Effektivität und Effizienz der Abschlussprüfung wesentlich verringern**. Der Prüfungspraxis ist daher zu empfehlen, den Rechtfertigungsdruck des Abschlussprüfers nur dann zu erhöhen, wenn gleichzeitig sichergestellt werden kann, dass sich der Abschlussprüfer nur gegenüber solchen Personen zu rechtfertigen hat, deren Präferenzen ihm nicht bewusst sind und ihm im Verlauf der Abschlussprüfung auch nicht offenbart werden.

Darüber hinaus lassen sich mit dem **Konzept des liberalen Paternalismus** die aus der Ankerheuristik und der Status-quo-Verzerrung resultierenden Urteilsverzerrungen in

[1020] Vgl. die entsprechenden Ausführungen in den Abschnitten 542.232, 543.232 und 544.242.

[1021] Vgl. PEECHER, M./KLEINMUNTZ, D., Effects of Accountability on Auditor Judgments, S. 111, sowie KOCH, C., Behavioral Economics and Auditing, S. 23 f. m. w. N.

[1022] Vgl. GIBBINS, M./NEWTON, J., Accountability in Public Accounting, S. 167 m. w. N.

[1023] Vgl. allgemein LERNER, J./TETLOCK, P., Accounting for the Effects of Accountability, S. 256 f. m. w. N., sowie mit konkretem Bezug auf die Urteilsbildung des Abschlussprüfers bei der Abschlussprüfung TAN, H.-T., Audit Evidence and Judgment, S. 119; TAN, C./JUBB, C./HOUGHTON, K., Effects of Partner Views on Decision Outcomes and Cognitive Effort, S. 158 f.; WILKS, T., Predecisional Distortion of Evidence, S. 66.

ihrer Intensität verringern.[1024] Ziel des liberalen Paternalismus ist es, die Rahmenbedingungen der Entscheidungssituation des Abschlussprüfers neu zu gestalten. Durch die Neugestaltung der Entscheidungssituation soll der Abschlussprüfer so in seinem Verhalten gelenkt werden, dass er zu Urteilen gelangt, die treffender sind als die Urteile, zu denen er ohne Neugestaltung der Entscheidungssituation gelangt wäre.[1025] Ein solcher paternalistischer Eingriff könnte in der Prüfungspraxis auf Vorbehalte stoßen. Denn der **Abschlussprüfer hat seinen Beruf eigenverantwortlich auszuüben,**[1026] d. h. er hat sein Handeln in eigener Verantwortung zu bestimmen und seine Urteile selbst zu bilden, ohne dabei fachlichen Weisungen zu unterliegen.[1027] Fraglich ist, ob und wieweit die mit dem Konzept des liberalen Paternalismus **verbundene Verhaltenssteuerung des Abschlussprüfers** mit der von diesem geforderten Eigenverantwortlichkeit vereinbar ist. Dazu müsste der Abschlussprüfer weiterhin die „Letztentscheidungskompetenz"[1028] besitzen, d. h. trotz paternalistischer Eingriffe in seine Entscheidungssituationen von dem von ihm erwarteten Urteil abweichen dürfen. Nach dem Konzept des liberalen Paternalismus ist dies insoweit gegeben, als zwar die Entscheidungssituation des Abschlussprüfers neu gestaltet werden soll, dem Abschlussprüfer aber dadurch nicht vorgeschrieben wird, wie er zu entscheiden hat. Somit bleibt ihm die Freiheit erhalten, ein von der Erwartung abweichendes Urteil zu treffen. Ein solches Urteil wird ausdrücklich geduldet und nicht sanktioniert. Wenn paternalistische Eingriffe also im Sinne des liberalen Paternalismus durchgeführt werden, wird die **Eigenverantwortlichkeit des Abschlussprüfers nicht beeinträchtigt.**[1029] Entsprechende Vorbehalte der Prüfungspraxis gegenüber dem Konzept des liberalen Paternalismus sind also unbegründet.

Die übrigen in Übersicht 5–13 aufgeführten Entscheidungshilfen dürften – abgesehen von den zusätzlichen Dokumentationsanforderungen, die teilweise mit diesen Entscheidungshilfen verbunden sind – von der Prüfungspraxis als weitgehend unkritisch

[1024] Vgl. die entsprechenden Ausführungen in den Abschnitten 542.242 und 542.252.

[1025] Vgl. dazu die Ausführungen zum Konzept des liberalen Paternalismus in Abschnitt 542.242 und 542.252.

[1026] Vgl. statt vieler HÄUSSERMANN, P., Eigenverantwortlichkeit des Wirtschaftsprüfers, S. 372-374.

[1027] Vgl. BS WP/vBP, § 11.

[1028] FATEH-MOGHADAM, B., Grenzen des weichen Paternalismus, S. 34.

[1029] Vgl. dazu allgemein GUTWALD, R., Probleme des weichen Paternalismus, S. 77.

beurteilt werden. Dies ergibt sich vor allem daraus, dass diese **Entscheidungshilfen teilweise trivial** erscheinen. Da deren Wirkung allerdings in zahlreichen Studien bestätigt werden konnte,[1030] ist der Prüfungspraxis gerade aufgrund dieser Einfachheit zu empfehlen, die vorgeschlagenen Entscheidungshilfen für die Urteilsbildung des Abschlussprüfers bei der Abschlussprüfung heranzuziehen. Denn dadurch ließen sich ohne einen wesentlichen Mehraufwand die **Effektivität und die Effizienz der Abschlussprüfung erhöhen**.

1030 Vgl. dazu ausführlich die in Abschnitt 54 angegebene Literatur.

6 Zusammenfassung und Ausblick

Ziel der vorliegenden Untersuchung war es, empirisch gesicherte Erkenntnisse der kognitiven Psychologie in die Prüfungsforschung zu integrieren, um die **reale Urteilsbildung des Abschlussprüfers bei der Abschlussprüfung** beschreiben, erläutern und prognostizieren zu können. Dabei sollte vor allem untersucht werden, an welchen Stellen der Abschlussprüfung der Abschlussprüfer unbewusst auf Entscheidungsheuristiken zurückgreift, wie diese dazu führen können, dass der Abschlussprüfer zu einem verzerrten Urteil gelangt, und wie derartige Urteilsverzerrungen in ihrer Intensität verringert bzw. ganz vermieden werden können.

In **Abschnitt 2** wurde zunächst das **Untersuchungsobjekt abgegrenzt**. Dazu wurden die Begriffe „Abschlussprüfung", „Abschlussprüfer" und „Urteilsbildung" definiert. **Abschlussprüfung** ist ein dem Wirtschaftlichkeitsprinzip unterliegender planvoller Informationsprozess zur Bildung eines hinreichend sicheren und genauen Urteils über die Normenkonformität des Jahresabschlusses eines Unternehmens. **Abschlussprüfer** bezeichnete in der vorliegenden Untersuchung alle an einer Abschlussprüfung mitwirkenden Personen, welche die „Vor"-Urteile liefern, die vom mandatsverantwortlichen Abschlussprüfer zu einem Gesamturteil über die Normenkonformität des Jahresabschlusses des zu prüfenden Unternehmens aggregiert werden. **Urteilsbildung** ist ein innermenschlicher Prozess, bei welchem einem Objekt ein spezieller Wert auf einer Urteilsdimension zugeordnet wird. Ein Urteil drückt also aus, wie der Abschlussprüfer eine Sache subjektiv einschätzt.

In **Abschnitt 3** wurden die Grundlagen der Prüfungstheorie vorgestellt. Zunächst wurden die Zielsetzung und die Notwendigkeit des **risikoorientierten Prüfungsansatzes** erläutert und anhand des Prüfungsrisikomodells formalisiert. Darauf aufbauend wurde das Prüfungsvorgehen des Abschlussprüfers als eine Phasenfolge beschrieben. Diese **Phasenfolge** umfasst die Phasen „Prüfungsplanung", „Prüfungsdurchführung" und „Prüfungsüberwachung". Diese Phasen dienten in der vorliegenden Arbeit als Raster, um die Erkenntnisse der kognitiven Psychologie über die Urteilsbildung des Menschen auf die Urteilsbildung des Abschlussprüfers bei der Abschlussprüfung zu übertragen.

In **Abschnitt 4** wurden die Erkenntnisse der kognitiven Psychologie über die Urteilsbildung des Menschen ausführlich erläutert. Hervorzuheben ist das **Mehr-Speicher-Modell des menschlichen Gedächtnisses**. Nach diesem umfasst das menschliche Gedächtnis drei voneinander getrennte, aber miteinander interagierende Einheiten. Diese lassen sich wie folgt charakterisieren:

- **Sensorisches Gedächtnis**: In diesem werden die von den Sinnesorganen des Menschen z. B. visuell, auditiv oder haptisch wahrgenommenen Informationen gespeichert. Die Speicherkapazität des sensorischen Gedächtnisses ist unbegrenzt, die Speicherdauer dagegen sehr kurz.
- **Kurzzeitgedächtnis**: In diesem findet die bewusste Informationsverarbeitung des Menschen statt. Die Speicherkapazität des Kurzzeitgedächtnisses ist sehr gering. Auch die Speicherdauer ist nur kurz.
- **Langzeitgedächtnis**: In diesem werden die kumulierten Ergebnisse der im Kurzzeitgedächtnis durchgeführten Informationsverarbeitungsprozesse gespeichert. Die Speicherkapazität des Langzeitgedächtnisses gilt als unbegrenzt. Auch die Speicherdauer unterliegt keiner zeitlichen Restriktion.

Entscheidend für die vorgelegte Untersuchung war die **sehr geringe Speicherkapazität des menschlichen Kurzzeitgedächtnisses**. Diese führt nämlich dazu, dass die kognitive Leistungsfähigkeit des Menschen begrenzt ist, was im Schrifttum als begrenzte Rationalität bezeichnet wird. Als Folge dieser **begrenzten Rationalität** ist der Mensch in „*all but very trivial cases*“[1031] nicht dazu in der Lage, gegebene Entscheidungsprobleme unmittelbar zu lösen. Der Mensch reagiert darauf, indem er die von ihm zu lösenden Entscheidungsprobleme unbewusst systematisch vereinfacht. Dazu greift er auf **Entscheidungsheuristiken** zurück. Durch den Einsatz von Entscheidungsheuristiken lässt sich zwar der für die Problemlösung benötigte kognitive Aufwand des Menschen – die sog. Denkkosten – verringern, wodurch sich der Problemlösungsprozess insgesamt vereinfacht und verkürzt. Indes führen zahlreiche Entscheidungsheuristiken dazu, dass der Mensch **unbewusst verzerrte Urteile abgibt**.

[1031] ETZIONI, A., Bounded Rationality, S. 378.

In **Abschnitt 5** wurden die Erkenntnisse über den Prüfungsprozess des Abschlussprüfers aus Abschnitt 3 mit den Erkenntnissen der kognitiven Psychologie über die Urteilsbildung des Menschen aus Abschnitt 4 zusammengeführt. Zunächst wurde die Urteilsbildung des Abschlussprüfers anhand der **Problemraumtheorie** von NEWELL/SIMON erläutert. Kern der Problemraumtheorie sind der Aufgabenrahmen und der Problemabbildungsraum. Der **Aufgabenrahmen** umfasst die objektiv gegebenen Merkmale eines zu lösenden Problems. Im Falle der Abschlussprüfung enthält der Aufgabenrahmen z. B. die Merkmale des zu prüfenden Jahresabschlusses, die einschlägigen Rechnungslegungs- und Prüfungsnormen sowie die anzuwendenden Prüfungsmethoden und Prüfungsmittel. Aufgrund seiner begrenzten kognitiven Leistungsfähigkeit erzeugt der Abschlussprüfer in seinem Gedächtnis nur eine unvollständige und höchst subjektive mentale Repräsentation dieses Aufgabenrahmens. Diese mentale Repräsentation wird als **Problemabbildungsraum** bezeichnet. Dieser umfasst den ungeprüften Jahresabschluss als gegebenen Anfangszustand des Problems, die Urteilsformulierung als gesuchten Zielzustand des Problems und die vom Abschlussprüfer durchführbaren Prüfungshandlungen als Operatoren, mit denen der Anfangszustand in den Zielzustand überführt werden kann. Der **originäre Urteilsbildungsprozess** des Abschlussprüfers vollzieht sich dann als Suche in diesem Problemabbildungsraum. Aufgrund seiner begrenzten kognitiven Leistungsfähigkeit ist der Abschlussprüfer indes nicht dazu in der Lage, sämtliche Operatoren und Problemzustände des Problemabbildungsraums zu überblicken. Daher vereinfacht der Abschlussprüfer unbewusst den im Problemabbildungsraum stattfindenden Suchprozess, indem er erneut unbewusst auf Entscheidungsheuristiken zurückgreift. Vor diesem Hintergrund wurde dann untersucht, auf welche Entscheidungsheuristiken der Abschlussprüfer in den einzelnen Phasen der Abschlussprüfung zurückgreift, wie diese dazu führen können, dass er zu einem verzerrten Urteil gelangt, und wie derart hervorgerufene Urteilsverzerrungen in ihrer Intensität verringert bzw. ganz vermieden werden können.

Für die Phase der **Prüfungsplanung** lassen sich die folgenden von der kognitiven Psychologie erforschten und vom Abschlussprüfer unbewusst verwendeten Entscheidungsheuristiken als bedeutsam herausstellen:

- **Verfügbarkeitsheuristik**: Nach dieser schätzt der Abschlussprüfer die Häufigkeit und die Eintrittswahrscheinlichkeit eines Ereignisses umso höher ein, je leichter er sich Beispiele für dieses Ereignis vorstellen kann oder sich Beispiele aus seiner Erinnerung abrufen lassen. In der Realität ist z. B. das für den Abschlussprüfer kognitiv verfügbare Wissen über die Häufigkeit von Fehlern in den einzelnen Prüffeldern aufgrund der geringen Speicherkapazität des Kurzzeitgedächtnisses regelmäßig nicht repräsentativ für die tatsächliche Fehlerhäufigkeit der Prüffelder. Dies ergibt sich daraus, dass die kognitive Verfügbarkeit dieses Wissens von einer Vielzahl **häufigkeitsirrelevanter Gedächtnisfaktoren** beeinflusst wird, z. B. die Lebhaftigkeit der Vorstellung, die „Frische" der Erinnerung oder die Medienpräsenz eines Ereignisses. Diese häufigkeitsirrelevanten Gedächtnisfaktoren können beispielsweise dazu führen, dass sich die kognitive Verfügbarkeit von **Fehlerhäufigkeiten in einzelnen Prüffeldern** erhöht, obwohl sich die tatsächlichen Fehlerhäufigkeiten in diesen Prüffeldern gar nicht verändert haben. In solchen Fällen überschätzt der Abschlussprüfer unbewusst das Fehlerrisiko dieser Prüffelder. Dies kann zu **Effektivitäts- und Effizienzverlusten bei der Abschlussprüfung** führen. Die Wirkung der Verfügbarkeitsheuristik ließe sich abschwächen, indem der Abschlussprüfer entweder durch ein **spezielles Training** dafür sensibilisiert wird, dass sich häufigkeitsirrelevante Gedächtnisfaktoren unbewusst auf seine Urteilsbildung auswirken, oder er durch eine spezielle Dokumentationspflicht zu einer ***counter explanation*** seines Urteils gezwungen wird, d. h., dass er sowohl die für sein Urteil als auch die gegen sein Urteil sprechenden Gründe in seiner Prüfungssoftware bzw. in seinen Arbeitspapieren zu dokumentieren hat.

- **Selbstüberschätzungseffekt**: Der Abschlussprüfer überschätzt unbewusst systematisch sein eigenes Wissen, die Qualität der seiner Urteilsbildung zugrunde liegenden Informationen sowie die Erfolgswahrscheinlichkeit der von ihm gebildeten Urteile. Zudem überschätzt der Abschlussprüfer die Fähigkeiten und das Wissen der ihm hierarchisch unterstellten Personen. Dies hat in der **personellen Planungsphase** zur Folge, dass der Abschlussprüfer einzelne Prüffelder unbewusst mit Personen besetzt, die nicht über die notwendigen Fähigkeiten und das notwendige Wissen verfügen, um die Normenkonformität des Prüffeldes beurteilen zu können. Dies kann dazu führen, dass sich die **Effektivität der Abschlussprüfung verringert**. In der **zeitlichen Planungsphase** hat der Selbstüberschätzungseffekt zur Folge, dass der Abschlussprüfer unbewusst systematisch die Zeit unterschätzt, die er bzw. die die ihm hierarchisch unterstellten Personen benötigen, um die Normenkonformität eines Prüffeldes zu beurteilen. Dies kann später ungeplante Überstunden erfordern, wodurch sich die **Effizienz der Abschlussprüfung verringert**. Der Selbstüberschätzungseffekt ließe sich in seiner Wirkung abschwächen, indem der Abschlussprüfer z. B. durch Prüfungsstandards angehalten wird, vor seiner Urteilsbildung eine **Szenarioanalyse** durchzuführen, um sich ein Gesamtbild der für seine Urteilsbildung relevanten Informationen zu verschaffen. Die Wirkung des Selbstüberschätzungseffekts könnte ferner durch die Strategie der ***counter explanation*** verringert werden, bei welcher der Abschlussprüfer durch eine spezielle Dokumentationspflicht dazu aufgefordert wird, auch die gegen sein Urteil sprechenden Gründe zu dokumentieren. Zudem ließe sich die Wirkung des Selbstüberschätzungseffekts abschwächen, indem der vom Abschlussprüfer wahrgenommene **Rechtfertigungsdruck** erhöht wird.

- **Ankerheuristik**: Diese besagt, dass der Abschlussprüfer seine Urteilsbildung unbewusst an bewusst oder unbewusst wahrgenommenen Reizen ausrichtet, die von Dritten vorgegeben (externe Anker) oder von ihm selbst generiert wurden (interne Anker). **Externe Anker** sind in allen Dokumenten enthalten, die der Abschlussprüfer für seine Prüfungsplanung heranzieht, z. B. der ungeprüfte Jahresabschluss des zu prüfenden Unternehmens, der Prüfungsbericht und die Arbeitspapiere des Vorjahresprüfers bzw. der eigene Vorjahresprüfungsbericht und die eigenen Vorjahresarbeitspapiere. Externe Anker haben zur Folge, dass der Abschlussprüfer in seinem Gedächtnis lediglich den Teil des dort gespeicherten urteilsrelevanten Wissens aktiviert, der mit dem jeweiligen externen Anker in Einklang steht. Diese **selektive Wissensaktivierung** führt dazu, dass die Urteile des Abschlussprüfers systematisch in Richtung dieses externen Ankers verzerrt werden. **Interne Anker** werden vom Abschlussprüfer selbst generiert, indem er die bei seiner Prüfungsplanung beschafften Informationen mit seinen planungsrelevanten Erfahrungen verknüpft. Diese Erfahrungen können z. B. aus seiner Ausbildung, aber auch aus

Vorjahresprüfungen des zu prüfenden Unternehmens sowie aus Abschlussprüfungen vergleichbarer Unternehmen stammen. Interne Anker bilden den **Ausgangswert** der Urteilsbildung des Abschlussprüfers. Der Abschlussprüfer adjustiert diesen so lange nach oben bzw. unten, bis er einen für ihn plausiblen Wert erreicht. Die **Adjustierung des Ausgangswertes** verläuft zwar in die richtige Richtung, ist indes in ihrer Intensität häufig nicht ausreichend. Dies hat zur Folge, dass das Urteil des Abschlussprüfers systematisch in Richtung des selbst generierten internen Ankers verzerrt ist. Sowohl externe als auch interne Anker können dazu führen, dass sich die **Effektivität und Effizienz der Abschlussprüfung verringern**. Die Wirkung externer Anker ließe sich durch die Strategie der ***counter explanation*** verringern, bei welcher der Abschlussprüfer durch eine spezielle Dokumentationspflicht dazu angehalten wird, auch die gegen sein Urteil sprechenden Gründe zu dokumentieren. Die Wirkung interner Anker könnte reduziert werden, indem der Abschlussprüfer in der von ihm verwendeten Prüfungssoftware bzw. in seinen Arbeitspapieren mit einer **expliziten Vorwarnung** konfrontiert wird, dass die Adjustierung selbst generierter Anker regelmäßig nicht ausreichend ist. Externen wie internen Ankern kann ferner mit dem Konzept des **liberalen Paternalismus** begegnet werden. Damit ist die Idee gemeint, dass der Abschlussprüfer durch eine bewusst gestaltete Entscheidungssituation derart in seinem Verhalten gelenkt wird, dass er zu Urteilen gelangt, die treffender sind als die Urteile, zu denen er ohne paternalistischen Eingriff in seine Entscheidungssituation gelangt wäre.

- **Status-quo-Verzerrung**: Nach dieser bevorzugt der Abschlussprüfer bei der Urteilsbildung unbewusst einen gegenwärtig bestehenden Zustand gegenüber allfälligen Alternativzuständen, selbst wenn die Konsequenzen einer Veränderung des gegenwärtig bestehenden Zustands den Präferenzen des Abschlussprüfers besser gerecht werden würden als die Konsequenzen einer Beibehaltung des Status quo. Die unbewusste Status-quo-Verzerrung verführt den Abschlussprüfer z. B. dazu, dass er die bei der Vorjahresprüfung ermittelten Fehlerrisiken in den einzelnen Prüffeldern sowie die als Reaktion auf diese Fehlerrisiken festgelegten Prüfungshandlungen bei der Folgeprüfung unverändert lässt, obwohl Faktoren vorliegen, die eine Anpassung erfordern. Dies kann zu **Effektivitäts- und Effizienzverlusten bei der Abschlussprüfung** führen. Die Wirkung der unbewussten Status-quo-Verzerrung ließe sich abschwächen, indem der Abschlussprüfer dazu aufgefordert wird, einen ***reversal test*** durchzuführen. Danach hat sich der Abschlussprüfer explizit mit den Konsequenzen einer Beibehaltung des Status quo zu beschäftigen. Ferner könnte die Wirkung der unbewussten Status-quo-Verzerrung mit dem Konzept des **liberalen Paternalismus** abgeschwächt werden. Dazu müsste die Entscheidungssituation des Abschlussprüfers so gestaltet werden, dass dieser für die Beibehaltung des Status quo genauso viel kognitiven Aufwand aufbringen muss wie er für die Anpassung des Zustands weg vom Status quo benötigt.

Für die Phase der **Prüfungsdurchführung** lassen sich die **wesentlichen Untersuchungsergebnisse** wie folgt zusammenfassen:

- **Bestätigungseffekt**: Dieser besagt, dass der Abschlussprüfer unbewusst danach strebt, die von ihm selbst aufgestellten Urteilshypothesen zu bestätigen. Dies hat zur Folge, dass der Abschlussprüfer aus der Gesamtheit der ihm zur Verfügung stehenden Prüfungsnachweise vor allem diejenigen Prüfungsnachweise in sein Entscheidungskalkül einbezieht, von denen er erwartet, dass sie seine eigene Urteilshypothese stützen. Gelangt der Abschlussprüfer zu solchen Prüfungsnachweisen, sucht er unbewusst nach weiteren Gründen, warum diese Prüfungsnachweise zutreffend sind. Wird der Abschlussprüfer bei seiner Prüfungsdurchführung mit Prüfungsnachweisen konfrontiert, die nicht eindeutig für oder gegen seine eigene Urteilshypothese sprechen, interpretiert er diese unbewusst so, als würden sie seine Urteilshypothese bestätigen. Wird der Abschlussprüfer dagegen mit Prüfungsnachweisen konfrontiert, die eindeutig gegen seine Urteilshypothese sprechen, sucht er unbewusst nach Gründen, warum diese Prüfungsnachweise unzutreffend sind. Durch den Bestätigungseffekt können sich die **Effektivität und Effizienz der Abschlussprüfung verringern**. Der Bestätigungseffekt ließe sich in seiner Wirkung abschwächen, wenn der Abschlussprüfer vor seiner Urteilsbildung durch eine spezielle Dokumentationspflicht dazu angehalten wird, ein ***evidence rating*** durchzuführen, d. h. die urteilsrelevanten Prüfungsnachweise aufzulisten, nach ihrer Relevanz für die Urteilsbildung zu ordnen und in Relation zueinander zu bewerten. Auch die Strategie der ***counter explanation***, bei welcher der Abschlussprüfer durch eine spezielle Dokumentationspflicht dazu aufgefordert wird, auch die gegen sein Urteil sprechenden Gründe zu dokumentieren, ließe sich dazu heranziehen, den Bestätigungseffekt in seiner Wirkung zu verringern.

- **Reihenfolgeeffekte**: Nach diesen wird die Urteilsbildung des Abschlussprüfers unbewusst davon beeinflusst, in welcher zeitlichen Reihenfolge er sich mit Prüfungsnachweisen auseinandersetzt. Dabei kann es zu einem Primäreffekt oder einem Rezenzeffekt kommen. **Primäreffekt** bedeutet, dass der Abschlussprüfer die ihm zuerst präsentierten Informationen unbewusst zu stark in seinem Entscheidungskalkül berücksichtigt. **Rezenzeffekt** heißt, dass der Abschlussprüfer die ihm zuletzt präsentierten Informationen unbewusst zu stark in sein Entscheidungskalkül einbezieht. Beide Effekte können dazu führen, dass sich die **Effektivität und Effizienz der Abschlussprüfung verringern**. Reihenfolgeeffekte ließen sich in ihrer Wirkung verringern, indem der Abschlussprüfer vor seiner Urteilsbildung durch eine spezielle Dokumentationspflicht dazu aufgefordert wird, einen ***self review*** durchzuführen. Dazu hat er die durch seine Prüfungshandlungen erlangten Prüfungsnachweise aufzulisten und simultan zu bewerten. Eine ähnliche Wirkung könnte mit einem ***evidence rating*** erzielt werden, bei welchem der Abschlussprüfer vor seiner Urteilsbildung die urteilsrelevanten Prüfungsnachweise aufzulisten, nach ihrer Relevanz für seine Urteilsbildung zu ordnen und in Relation zueinander zu bewerten hat. Die Wirkung der Reihenfolgeeffekte ließe sich ferner verringern, indem der **Rechtfertigungsdruck** des Abschlussprüfers erhöht wird.

- **Repräsentativitätsheuristik**: Nach dieser neigt der Abschlussprüfer unbewusst dazu, die Wahrscheinlichkeit eines Ereignisses danach zu beurteilen, wie repräsentativ die Merkmale dieses Ereignisses für die Merkmale der Grundgesamtheit sind, aus der es stammt. Die Repräsentativitätsheuristik lässt sich auf den Basisratenfehler, den Konjunktionsfehler und den Stichprobengrößenfehler zurückführen.

(a) Aufgrund des **Basisratenfehlers** neigt der Abschlussprüfer bei der Einschätzung bedingter Wahrscheinlichkeiten dazu, die jeweilige A-priori-Wahrscheinlichkeit zu vernachlässigen. Der Basisratenfehler ist bei der Prüfungsdurchführung dann zu beobachten, wenn der Abschlussprüfer zu beurteilen hat, ob bei einer Stichprobenprüfung mit bewusster Auswahl der Stichprobenelemente aufgedeckte Fehler repräsentativ für die Grundgesamtheit des Prüffeldes sind. Zudem tritt der Basisratenfehler dann auf, wenn der Abschlussprüfer die Wahrscheinlichkeit für das Auftreten von *fraud* und die Fortführung der Unternehmenstätigkeit des zu prüfenden Unternehmens zu beurteilen hat. Der Basisratenfehler kann **Effektivitäts- und Effizienzverluste bei der Abschlussprüfung** zur Folge haben. Die Wirkung des Basisratenfehlers könnte vermieden werden, wenn der Abschlussprüfer aufgefordert wird, auf Bilanzbonitätsratings, z. B. dem **BBR Baetge-Bilanz-Rating®**, zurückzugreifen. Denn mit Bilanzbonitätsratings ließen sich sowohl die Wahrscheinlichkeit für das Auftreten von *fraud* als auch die Insolvenzwahrscheinlichkeit des zu prüfenden Unternehmens objektivieren. Die Wirkung des Basisratenfehlers könnte ferner abgeschwächt werden, indem der Abschlussprüfer dazu aufgefordert würde, nicht Wahrscheinlichkeiten, sondern Häufigkeiten einzuschätzen. Denn Letztere korrespondieren mit der Form, in welcher der Abschlussprüfer statistische Informationen wahrnimmt und speichert.

(b) Aufgrund des **Konjunktionsfehlers** neigt der Abschlussprüfer unbewusst dazu, den zeitgleichen Eintritt von einem Ereignis A und einem Ereignis B höher einzuschätzen als die Eintrittswahrscheinlichkeiten des Ereignisses A und des Ereignisses B für sich genommen. Der Konjunktionsfehler lässt sich bei der Prüfungsdurchführung vor allem dann beobachten, wenn der Abschlussprüfer Prüfungsnachweise zu interpretieren hat. Es konnte gezeigt werden, dass der Konjunktionsfehler unter bestimmten Bedingungen zu **Effektivitäts- und Effizienzverlusten bei der Abschlussprüfung** führen kann. Die Wirkung des Konjunktionsfehlers ließe sich abschwächen, wenn der Abschlussprüfer die **Eintrittswahrscheinlichkeiten von Ereignis A und**

Ereignis B zu explizieren hätte, bevor er seine Wahrscheinlichkeitseinschätzung für den zeitgleichen Eintritt von Ereignis A und Ereignis B vornehmen kann. Auch könnte die Wirkung des Konjunktionsfehlers verringert werden, indem der Abschlussprüfer bei der Abschlussprüfung **keine Wahrscheinlichkeiten, sondern Häufigkeiten** einzuschätzen hätte.

(c) Aufgrund des **Stichprobengrößenfehlers** neigt der Abschlussprüfer bei nicht zufallsgesteuerten Auswahlprüfungen unbewusst dazu, die von ihm ausgewählten Elemente in allen wesentlichen Merkmalen als repräsentativ für die Grundgesamtheit wahrzunehmen, aus der sie stammen. Dies hat zur Folge, dass der Abschlussprüfer die Aussagefähigkeit nicht zufallsgesteuert ausgewählter Elemente unbewusst systematisch überschätzt. Dies kann zu **Effektivitäts- und Effizienzverlusten bei der Abschlussprüfung** führen. Der Stichprobengrößenfehler ließe sich vermeiden, indem der Abschlussprüfer dazu verpflichtet werden würde, **Auswahlprüfungen ausschließlich auf Basis der Stichprobentheorie bzw. entsprechend fundierter statistischer Software** durchzuführen.

Für die Phase der **Prüfungsüberwachung** lassen sich die **wesentlichen Untersuchungsergebnisse** wie folgt zusammenfassen:

- **Rückschaufehler**: Nach diesem führt der Eintritt eines Ereignisses dazu, dass sich die vom Abschlussprüfer bzw. den sonstigen an der Prüfungsüberwachung beteiligten Personen ex post wahrgenommene Eintrittswahrscheinlichkeit dieses Ereignisses unbewusst systematisch erhöht. Dies führt dazu, dass der Abschlussprüfer bzw. die sonstigen an der Prüfungsüberwachung beteiligten Personen nach dem Eintritt eines Ereignisses dazu neigen, die Qualität selbst geschätzter A-priori-Wahrscheinlichkeiten unbewusst zu überschätzen. Der Rückschaufehler tritt z. B. dann auf, wenn der Abschlussprüfer die Arbeitspapiere der ihm hierarchisch unterstellten Personen durchsieht. Ferner lässt sich der Rückschaufehler beobachten, wenn bei der auftragsbegleitenden Qualitätssicherung, der internen Nachschau, einem *peer review* oder einer anlassunabhängigen Sonderuntersuchung zu beurteilen ist, ob und wieweit der mandatsverantwortliche Abschlussprüfer die Abschlussprüfung mit dem erforderlichen Maß an Sorgfalt durchführt bzw. durchgeführt hat. Insgesamt wirkt sich der Rückschaufehler negativ auf die Qualität der Prüfungsüberwachung aus, was letztlich dazu führen kann, dass sich die **Effektivität und Effizienz der Abschlussprüfung verringern**. Die Wirkung des Rückschaufehlers könnte abgeschwächt werden, indem der Abschlussprüfer bzw. die sonstigen an der Prüfungsüberwachung beteiligten Personen durch eine spezielle Dokumentationspflicht dazu aufgefordert werden, den **größtmöglichen Haftungsfall zu explizieren**, der sich aus einem falschen Urteil ergeben könnte. Die Wirkung des Rückschaufehlers ließe sich ferner dadurch verringern, dass der Abschlussprüfer bzw. die sonstigen an der Prüfungsüberwachung beteiligten Personen durch eine spezielle Dokumentationspflicht dazu angehalten werden, die **Gründe zu explizieren, warum alternativ mögliche Ereignisse nicht eingetreten sind**.

- **Ergebnisverzerrung**: Diese besagt, dass der Abschlussprüfer bzw. die sonstigen an der Prüfungsüberwachung beteiligten Personen unbewusst vom Wissen über den Erfolg bzw. Misserfolg eines Urteils beeinflusst werden, wenn sie ex post die Qualität dieses Urteils beurteilen. Die Ergebnisverzerrung tritt vor allem dann auf, wenn bei der auftragsbegleitenden Qualitätssicherung, der internen Nachschau, einem *peer review* und einer anlassunabhängigen Sonderuntersuchung zu beurteilen ist, ob und wieweit der mandatsverantwortliche Abschlussprüfer die Abschlussprüfung mit dem erforderlichen Maß an Sorgfalt durchführt bzw. durchgeführt hat. Da der Erfolg bzw. Misserfolg eines Urteils kein verlässlicher Indikator für die Qualität eines Urteils ist, kann die Ergebnisverzerrung dazu führen, dass sich die Qualität der Prüfungsüberwachung verringert. Unter bestimmten Bedingungen kann dies zu **Effektivitätsverlusten bei der Abschlussprüfung** führen. Die Wirkung der Ergebnisverzerrung ließe sich abschwächen, indem die sonstigen an der Prüfungsüberwachung beteiligten Personen in ihrer Prüfungssoftware bzw. in ihren Arbeitspapieren konkrete **Hinweise für die Urteilsbewertung** erhalten, z. B., dass es unsachgemäß und unfair wäre, ein Urteil in Abhängigkeit von seinem Erfolg bzw. Misserfolg zu bewerten und eine negative Bewertung schwerwiegende Folgen für die private und berufliche Zukunft der Person haben könnte, die das zu bewertende Urteil abgegeben hat. Die Wirkung des Rückschaufehlers könnte ferner dadurch verringert werden, dass die sonstigen an der Prüfungsüberwachung beteiligten Personen vor ihrer Urteilsbewertung durch eine spezielle Dokumentationspflicht dazu angehalten werden, die **Gründe zu explizieren, warum alternativ mögliche Ereignisse nicht eingetreten sind**.

- **Sunk-Cost-Effekt**: Dieser besagt, dass der Abschlussprüfer bei Urteilen über die Fortführung eines Projekts unbewusst von in der Vergangenheit getätigten Aufwendungen beeinflusst wird, obwohl diese keine Auswirkungen auf die Urteilsbildung haben dürften. Es konnte gezeigt werden, dass die Urteilsbildung des Abschlussprüfers dann vom unbewussten Sunk-Cost-Effekt beeinflusst wird, wenn dieser über die Fortführung einzelner Prüfungshandlungen oder die Fortführung bzw. vorzeitige Beendigung des Prüfungsauftrags zu entscheiden hat. Unter bestimmten Bedingungen kann der unbewusste Sunk-Cost-Effekt die Qualität der Prüfungsüberwachung negativ beeinflussen, was zu **Effektivitäts- und Effizienzverlusten bei der Abschlussprüfung** führen könnte. Der unbewusste Sunk-Cost-Effekt könnte in seiner Wirkung abgeschwächt werden, indem der Abschlussprüfer durch ein entsprechendes **Training** daran erinnert wird, dass er in der Vergangenheit getätigte Aufwendungen bei seiner Urteilsbildung nicht berücksichtigen darf. Zudem ließe sich die Wirkung des unbewussten Sunk-Cost-Effekts verringern, indem der **Rechtfertigungsdruck** des Abschlussprüfers erhöht werden würde. Dazu könnte dem Abschlussprüfer deutlich gemacht werden, dass die von ihm abgegebenen Urteile daraufhin geprüft werden, ob er die von ihm in der Vergangenheit getätigten Aufwendungen bei seiner Urteilsbildung berücksichtigt hat.

Die Ergebnisse der vorliegenden Untersuchung sind als Beitrag zur Integration kognitionspsychologischer Erkenntnisse über die Urteilsbildung des Menschen in die Prüfungsforschung und die Prüfungspraxis zu verstehen. Die **betriebswirtschaftliche Prüfungsforschung steht vor der Herausforderung**, die Erkenntnisse der kognitiven Psychologie über die Urteilsbildung des Menschen weiter zu integrieren. Die vorliegende Untersuchung liefert dazu eine Vielzahl formal-analytisch hergeleiteter Hypothesen über die Urteilsbildung des Abschlussprüfers bei der Abschlussprüfung. Diese sollten nicht nur Ausgangspunkt künftiger empirischer Prüfungsforschung sein, sondern auch dazu dienen, ganzheitliche Denkmodelle zu entwickeln, mit deren Hilfe sich die Urteilsbildung des Abschlussprüfers bei der Abschlussprüfung prognostizieren lässt.[1032] Die **Prüfungspraxis steht dagegen vor der Herausforderung**, die in der vorliegenden Untersuchung gewonnenen Erkenntnisse über die reale Urteilsbildung des Abschlussprüfers weiter zu integrieren. Die vorliegende Untersuchung liefert zahlreiche Entscheidungshilfen, die unmittelbar in die Prüfungsmethodologien der Wirtschaftsprüfungsgesellschaften implementiert werden sollten. Der Prüfungspraxis ist ferner zu empfehlen, die in der vorliegenden Untersuchung gewonnenen Ergebnisse bei der Entwicklung neuer bzw. der Überarbeitung bestehender Prüfungsstandards zu berücksichtigen. Es ist indes zu befürchten, dass die Zusammenführung von „begrenzter Rationalität" und „Abschlussprüfer" von zahlreichen Vertretern der Prüfungspraxis als Blasphemie abgetan wird. Daher dürfte zunächst weitere Überzeugungsarbeit zu leisten sein, dass die biologisch bedingte begrenzte Rationalität des Menschen auch für die Tätigkeiten des Abschlussprüfers einen innovativen Ansatzpunkt darstellt, um die Effektivität und Effizienz der Abschlussprüfung nachhaltig zu verbessern.

[1032] Vgl. dazu MOSER, D., Behavioral Accounting Research, S. 107.

Quellenverzeichnis

Verzeichnis der Aufsätze und Monografien

AAKEN, ANNE VAN, Begrenzte Rationalität und Paternalismusgefahr – Das Prinzip des schonendsten Paternalismus, in: Preprints of the Max Planck Institute for Research on Collective Goods 2006, S. 1-26 (Begrenzte Rationalität und Paternalismusgefahr).

AARTS, HENK/DIJKSTERHUIS, AP, How often did I do it? Experienced Ease of Retrieval and Frequency Estimates of Past Behavior, in: Acta Psychologica 1999, S. 77-89 (Ease of Retrieval and Frequency Estimates).

ABEL, BERND, Problemorientiertes Informationsverhalten – Individuelle und organisatorische Gestaltungsbedingungen innovativer Entscheidungssituationen, Darmstadt 1977 (Informationsverhalten).

ADAM, SILKE, Das Going-Concern-Prinzip in der Jahresabschlussprüfung, Wiesbaden 2007 (Going-Concern-Prinzip in der Jahresabschlussprüfung).

ADAMS, ROGER, Risk and the Role of the APC, in: Accountancy 1989, S. 130-134 (Risk).

ADAMS, ROGER, Risks in the Foreground, in: Accountancy 1989, S. 101-104 (Risks in the Foreground).

ADENAUER, PATRICK, Berücksichtigung des internen Kontrollsystems bei der Jahresabschlußprüfung, Bergisch Gladbach 1989 (Internes Kontrollsystem).

AGNEW, NEIL/BROWN, JOHN, Bounded Rationality – Fallible Decisions in Unbounded Decision Space, in: Behavioral Science 1986, S. 148-161 (Bounded Rationality).

AGRAWAL, NIDHI/MAHESWARAN, DURAIRAJ, Motivated Reasoning in Outcome-Bias Effects, in: Journal of Consumer Research 2005, S. 798-805 (Outcome-Bias Effects).

AJZEN, ICEK, Intuitive Theories of Events and the Effects of Base-Rate Information on Prediction, in: Journal of Personality and Social Psychology 1977, S. 303-314 (Effects of Base-Rate Information on Prediction).

AKERLOF, GEORGE, The Market for „Lemons“, in: The Quarterly Journal of Economics 1970, S. 488-500 (Quality Uncertainty and the Market Mechanisms).

AKERLOF, GEORGE/DICKENS, WILLIAM, The Economic Consequences of Cognitive Dissonance, in: American Economic Review 1982, S. 307-319 (Economic Consequences of Cognitive Dissonance).

ALBERT, MAX, Von der vollkommenen zur kritischen Rationalität – Eine Kritik ökonomischer Rationalitätsauffassungen, in: Philosophie und Wirtschaftswissenschaft, hrsg. v. Gadenne, Volker/Neck, Reinhard, Tübingen 2011, S. 9-28 (Ökonomische Rationalitätsauffassungen).

ALDERMAN, C. WAYNE/TABOR, RICHARD, The Case for Risk-Driven Audits, in: Journal of Accountancy 1989, S. 55-61 (Risk-Driven Audits).

AMEEN, ELSIE/STRAWSER, JERRY, Investigating the Use of Analytical Procedures: An Update and Extension, in: Auditing: A Journal of Practice & Theory 1994, S. 69-76 (Analytical Procedures).

ANDERSON, BRENDA/MALETTA, MARIO, Auditor Attendance to Negative and Positive Information: The Effect of Experience-Related Differences, in: Behavioral Research in Accounting 1994, S. 1-20 (Auditor Attendance to Negative and Positive Information).

ANDERSON, BRENDA/MALETTA, MARIO, Primacy Effects and the Role of Risk in Auditor Belief-Revision Processes, in: Auditing: A Journal of Practice & Theory 1999, S. 75-89 (Primacy Effects and the Role of Risk in Auditor Belief-Revision Processes).

ANDERSON, JOHN/KAPLAN, STEVEN/RECKERS, PHILIP, The Effects of Output Interference on Analytical Procedures Judgments, in: Auditing: A Journal of Practice & Theory 1992, S. 1-13 (Effects of Output Interference on Analytical Procedures Judgments).

ANDERSON, JOHN/KAPLAN, STEVEN/RECKERS, PHILIP, The Effects of Interference and Availability From Hypotheses Generated by a Decision Aid Upon Analytical Procedures Judgments, in: Behavioral Research in Accounting 1997, S. 1-20 (Effects of Interference and Availability).

ANDERSON, JOHN/LOWE, D. JORDAN/RECKERS, PHILIP, Evaluation of Auditor Decisions: Hindsight Bias Effects and the Expectation Gap, in: Journal of Economic Psychology 1993, S. 711-737 (Evaluation of Auditor Decisions).

ANDERSON, JOHN, The Adaptive Nature of Human Categorization, in: Psychological Review 1991, S. 409-429 (Adaptive Nature of Human Categorization).

ANDERSON, JOHN, Kognitive Psychologie, 6. Aufl., Berlin 2007 (Kognitive Psychologie).

ARBINGER, ROLAND, Psychologie des Problemlösens – Eine anwendungsorientierte Einführung, Darmstadt 1997 (Psychologie des Problemlösens).

ARKES, HAL, Costs and Benefits of Judgment Errors: Implications for Debiasing, in: Psychological Bulletin 1991, S. 486-498 (Costs and Benefits of Judgment Errors).

ARKES, HAL/BLUMER, CATHERINE, The Psychology of Sunk Cost, in: Organizational Behavior and Human Decision Processes 1985, S. 124-140 (Psychology of Sunk Cost).

ARKES, HAL/CHRISTENSEN, CARYN/LAI, CHERYL/BLUMER, CATHERINE, Two Methods of Reducing Overconfidence, in: Organizational Behavior and Human Decision Processes 1987, S. 133-144 (Reducing Overconfidence).

ARMSTRONG, SCOTT/DENNISTON, WILLIAM/GORDON, MATT, The Use of the Decomposition Principle in Making Judgments, in: Organizational Behavior and Human Performance 1975, S. 257-263 (Making Judgments).

ARNOLD, VICKY/COLLIER, PHILIP/LEECH, STEWART/SUTTON, STEVE, Effect of Experience and Complexity on Order and Recency Bias in Decision Making by Professional Accountants, in: Accounting and Finance 2000, S. 109-134 (Order and Recency Bias in Decision Making by Professional Accountants).

ASARE, STEPHEN, The Auditor's Going-Concern Decision: Interaction of Task Variables and the Sequential Processing of Evidence, in: The Accounting Review 1992, S. 379-393 (Sequential Processing of Evidence).

ASCH, SOLOMON, Forming Impressions of Personality, in: The Journal of Abnormal and Social Psychology 1946, S. 258-290 (Forming Impressions).

ASHTON, ALISON/ASHTON, ROBERT, Sequential Belief Revision in Auditing, in: The Accounting Review 1988, S. 623-641 (Sequential Belief Revision in Auditing).

ASHTON, ROBERT, Pressure and Performance in Accounting Decision Settings – Paradoxical Effects of Incentives, Feedback, and Justification, in: Journal of Accounting Research 1990, S. 148-180 (Pressure and Performance in Accounting Decision Settings).

ASHTON, ROBERT/ASHTON, ALISON, Evidence-Responsiveness in Professional Judgment: Effects of Positive versus Negative Evidence and Presentation Mode, in: Organizational Behavior and Human Decision Processes 1990, S. 1-19 (Effects of Positive versus Negative Evidence).

ASHTON, ROBERT H./ASHTON, ALISON H., Perspectives on judgment and decision-making research in accounting and auditing, in: Judgment and decision-making research in accounting and auditing, hrsg. v. Ashton, Robert H., Cambridge 1995, S. 3-28 (Research in Accounting and Auditing).

ASHTON, ROBERT/KENNEDY, JANE, Eliminating Recency with Self-Review – The Case of Auditors' ‚Going Concern' Judgments, in: Journal of Behavioral Decision Making 2002, S. 221-231 (Eliminating Recency with Self-Review).

ATKINSON, RICHARD C./SHIFFRIN, RICHARD M., Human Memory: A Proposed System and its Control Processes, in: Psychology of Learning and Motivation, hrsg. v. Spence, Kenneth W./Spence, Janet T., New York 1968, S. 89-195 (Human Memory).

AYTON, PETER, Judgement and decision making, in: Cognitive Psychology, hrsg. v. Braisby, Nick/Gellatly, Angus, Oxford 2005, S. 382-417 (Judgement and Decision Making).

BADDELEY, ALAN, The Magical Number Seven – Still Magic After All These Years?, in: Psychological Review 1994, S. 353-356 (Number Seven Still Magic After All These Years?).

BADDELEY, ALAN D./HITCH, GRAHAM, Working Memory, in: Psychology of Learning and Motivation, hrsg. v. Bower, Gordon H., New York 1974, S. 47-89 (Working Memory).

BAETGE, JÖRG, Möglichkeiten der Objektivierung des Jahreserfolges, Düsseldorf 1970 (Objektivierung des Jahreserfolges).

BAETGE, JÖRG, Eine Zielvorschrift für Rationalisierungsansätze bei der Prüfung, in: Betriebswirtschaftliche Forschung und Praxis 1985, S. 277-291 (Zielvorschrift für Rationalisierungsansätze bei der Prüfung).

BAETGE, JÖRG, Der risikoorientierte Prüfungsansatz im internationalen Vergleich, in: Rechnungswesen und Controlling, hrsg. v. Bertl, Romuald/Egger, Anton, Wien 1997, S. 437-456 (Risikoorientierter Prüfungsansatz).

BAETGE, JÖRG, Sicherheit und Genauigkeit, in: Lexikon der Rechnungslegung und Abschlußprüfung, hrsg. v. Lück, Wolfgang, 4. Aufl., München 1998 (Sicherheit und Genauigkeit).

BAETGE, JÖRG/HÜLS, DAGMAR/UTHOFF, CARSTEN, Früherkennung der Unternehmenskrise, in: Forschungsjournal Westfälische Wilhelms-Universität Münster 1995, S. 21-29 (Früherkennung der Unternehmenskrise).

BAETGE, JÖRG/JERSCHENSKY, ANDREAS, Beurteilung der wirtschaftlichen Lage von Unternehmen mit Hilfe von modernen Verfahren der Jahresabschlußanalyse – Bilanzbonitäts-Rating von Unternehmen mit Künstlichen Neuronalen Netzen, in: Der Betrieb 1996, S. 1581-1591 (Moderne Verfahren der Jahresabschlußanalyse).

BAETGE, JÖRG/KIRSCH, HANS-JÜRGEN/THIELE, STEFAN, Bilanzanalyse, 2. Aufl., Düsseldorf 2004 (Bilanzanalyse).

BAETGE, JÖRG/LIENAU, ACHIM, Änderungen der Berufsaufsicht der Wirtschaftsprüfer – Implikationen für Wirtschaftsprüfer durch das geplante Bilanzkontrollgesetz und Abschlussprüferaufsichtsgesetz, in: Der Betrieb 2004, S. 2277-2281 (Berufsaufsicht der Wirtschaftsprüfer).

BAETGE, JÖRG/MATENA, SONJA, Normative Überlegungen zur Ausgestaltung der Abschlussprüfung im Lichte aktueller Unternehmenskrisen, in: Wirtschaftsprüfung und Unternehmensüberwachung, hrsg. v. Wollmert, Peter/Schönbrunn, Norbert/Jung, Udo/Siebert, Hilmar/Henke, Michael, Düsseldorf 2003, S. 179-203 (Ausgestaltung der Abschlussprüfung).

BAETGE, JÖRG/MELCHER, THORSTEN/SCHMIDT, MATTHIAS, Moderne Bilanzanalyse – Möglichkeiten und Grenzen von Bilanzratings, in: Credit Analyst, hrsg. v. Everling, Oliver/Holschuh, Klaus/Leker, Jens, 2. Aufl., München 2012, S. 169-191 (Moderne Bilanzanalyse).

BAETGE, JÖRG/MELCHER, THORSTEN/SCHULZ, ROLAND, Vermeidung von Bilanzdelikten durch (Früh-) Erkennungsmethoden – Trends in der Wirtschaftsprüfung, in: 3. Deggendorfer Forum zur digitalen Datenanalyse, hrsg. v. Herde, Georg, Deggendorf 2008, S. 25-54 (Vermeidung von Bilanzdelikten).

BAETGE, JÖRG/MELCHER, THORSTEN/STÖPPEL, DIRK, Bilanzbonitätsrating und risikoorientierter Prüfungsansatz, in: Betriebswirtschaftliche Forschung und Praxis 2011, S. 121-139 (Risikoorientierter Prüfungsansatz).

BAETGE, JÖRG/MEYER ZU LÖSEBECK, HEINER, Starre oder flexible Prüfungsplanung?, in: Management und Kontrolle, hrsg. v. Seicht, Gerhard/Loitlsberger, Erich, Berlin 1981, S. 121-171 (Prüfungsplanung).

BAETGE, JÖRG/RICHTER, MICHAEL, Wie lassen sich die „Risiken der künftigen Entwicklung" eines Unternehmens objektiv messen?, in: Zum Erkenntnisstand der Betriebswirtschaftslehre am Beginn des 21. Jahrhunderts, hrsg. v. Wagner, Udo, Berlin 2001, S. 1-16 (Risiken eines Unternehmens).

BAFFI, ENRICO, Inefficient Clauses or Consumer Choices, abrufbar unter: http://ssrn.com/abstract=2403588 (zuletzt geprüft am: 5. Juni 2015) (Lessons from Behavioral Law and Economics).

BALLWIESER, WOLFGANG, Informationsökonomie, Rechnungslegungstheorie und Bilanzrichtlinie-Gesetz, in: Zeitschrift für betriebswirtschaftliche Forschung 1985, S. 47-66 (Rechnungslegungstheorie).

BALLWIESER, WOLFGANG, Was leistet der risikoorientierte Prüfungsansatz?, in: Unternehmensberatung und Wirtschaftsprüfung, hrsg. v. Matschke, Manfred Jürgen/Schildbach, Thomas, Stuttgart 1998, S. 359-374 (Risikoorientierter Prüfungsansatz).

BAMBER, MICHAEL E./GILLETT, PETER R./MOCK, THEODORE J./TROTMAN, KEN T., Audit Judgment, in: Auditing Practice, Research, and Education, hrsg. v. Bell, Timothy B./Wright, Arnold M., New York 1995, S. 55-85 (Audit Judgment).

BAMBER, MICHAEL/RAMSAY, ROBERT/TUBBS, RICHARD, An Examination of the Descriptive Validity of the Belief-Adjustment Model and Alternative Attitudes to Evidence in Auditing, in: Accounting, Organizations and Society 1997, S. 249-268 (Belief-Adjustment Model in Auditing).

BARBER, BRAD/ODEAN, TERRANCE, Boys will be Boys: Gender, Overconfidence, and Common Stock Investment, in: Quarterly Journal of Economics 2001, S. 261-292 (Gender and Overconfidence).

BAR-HILLEL, MAYA, Representativeness and Fallacies of Probability Judgment, in: Acta Psychologica 1984, S. 91-107 (Representativeness).

BAR-HILLEL, MAYA, Studies of Representativeness, in: Judgment under Uncertainty: Heuristics and Biases, hrsg. v. Kahneman, Daniel/Slovic, Paul/Tversky, Amos, Cambridge 2008, S. 69-83 (Studies of Representativeness).

BAR-HILLEL, MAYA/NETER, EFRAT, How Alike Is It Versus How Likely Is It – A Disjunction Fallacy in Probability Judgments, in: Journal of Personality and Social Psychology 1993, S. 1119-1131 (Disjunction Fallacy in Probability Judgments).

BARON, JONATHAN/HERSHEY, JOHN, Outcome Bias in Decision Evaluation, in: Journal of Personality and Social Psychology 1988, S. 569-579 (Outcome Bias in Decision Evaluation).

BARTKE, GÜNTHER, Treuhandwesen – Prüfung, Begutachtung, Beratung – Zur Entwicklung und zum Stand des betriebswirtschaftlichen Prüfungswesens in Österreich und Deutschland, in: Zeitschrift für betriebswirtschaftliche Forschung 1983, S. 315-334 (Treuhandwesen).

BAYES, THOMAS, An Essay towards Solving a Problem in the Doctrine of Chances, in: Philosophical Transactions of the Royal Society of London 1763, S. 370-418 (Doctrine of Chances).

BAZERMAN, MAX/LOEWENSTEIN, GEORGE/MOORE, DON, Why Good Accountants Do Bad Audits, in: Harvard Business Review 2002, S. 97-102 (Why Good Accountants Do Bad Audits).

BEDARD, JEAN, An Archival Investigation of Audit Program Planning, in: Auditing: A Journal of Practice & Theory 1989, S. 57-71 (Investigation of Audit Program Planning).

BEDARD, JEAN/WRIGHT, ARNOLD, The Functionality of Decision Heuristics: Reliance on Prior Audit Adjustments in Evidential Planning, in: Behavioral Research in Accounting 1994, S. 62-89 (Availability in Evidential Planning).

BENDIXEN, PETER/KEMMLER, HEINZ, Planung – Organisation und Methodik innovativer Entscheidungsprozesse, Berlin 1972 (Entscheidungsprozesse).

BETSCH, TILMANN/FUNKE, JOACHIM/PLESSNER, HENNING, Denken – Urteilen, Entscheiden, Problemlösen, Berlin 2011 (Denken).

BEYHS, OLIVER/LINK, ROBERT, DPR-Prüfungsschwerpunkte 2013 – Neue Themen im Fokus, in: Betriebs-Berater 2012, S. 2871-2875 (DPR-Prüfungsschwerpunkte).

BIGGS, STANLEY/MOCK, THEODORE/QUICK, REINER, Das Prüfungsurteil bei analytischen Prüfungshandlungen – Praktische Implikationen von Forschungsergebnissen, in: Die Wirtschaftsprüfung 2000, S. 169-178 (Prüfungsurteil bei analytischen Prüfungshandlungen).

BISCHOF, STEFAN/STAß, ALEXANDER, Prüfungsschwerpunkte der DPR und der ESMA für das Jahr 2014, in: Der Betrieb 2013, S. 2753-2758 (Prüfungsschwerpunkte der DPR).

BLANK, HARTMUT/MUSCH, JOCHEN/POHL, RÜDIGER, Hindsight Bias – On being wise after the event, in: Social Cognition 2007, S. 1-9 (Hindsight Bias).

BLOCK, RICHARD/HARPER, DAVID, Overconfidence in Estimation: Testing the Anchoring-and-Adjustment Hypothesis, in: Organizational Behavior and Human Decision Processes 1991, S. 188-207 (Anchoring-and-Adjustment Hypothesis).

BOHR, KURT, Wirtschaftlichkeit, in: Handwörterbuch des Rechnungswesens, hrsg. v. Chmielewicz, Klaus/Schweitzer, Marcel, 3. Aufl., Stuttgart 1993, S. 2181–2188 (Wirtschaftlichkeit).

BÖNKHOFF, FRANZ J., Prüfungsplanung, in: Handwörterbuch der Revision, hrsg. v. Coenenberg, Adolf G./Wysocki, Klaus von, 2. Aufl., Stuttgart 1992, S. 1519-1526 (Prüfungsplanung).

BONNER, SARAH/PENNINGTON, NANCY, Cognitive Processes and Knowledge as Determinants of Auditor Expertise, in: Journal of Accounting Literature 1991, S. 1-50 (Cognitive Processes).

BÖRDLEIN, CHRISTOPH, Die Bestätigungstendenz – Warum wir (subjektiv) immer Recht behalten, in: Skeptiker – Zeitschrift für Wissenschaft und kritisches Denken 2000, S. 132-138 (Bestätigungstendenz).

BÖSEL, RAINER, Denken – Ein Lehrbuch, Göttingen 2001 (Denken).

BOSTROM, NICK/ORD, TOBY, The Reversal Test: Eliminating Status Quo Bias in Applied Ethics, in: Ethics 2006, S. 656-679 (Eliminating Status Quo Bias).

BOURNE, LYLE/EKSTRAND, BRUCE, Einführung in die Psychologie, 5. Aufl., Eschborn 2008 (Psychologie).

BRAISBY, NICK/GELLATLY, ANGUS, Foundations of Cognitive Psychology, in: Cognitive Psychology, hrsg. v. Braisby, Nick/Gellatly, Angus, Oxford 2005, S. 1-32 (Foundations of Cognitive Psychology).

BRANDER, SYLVIA/KOMPA, AIN/PELTZER, ULF, Denken und Problemlösen – Einführung in die kognitive Psychologie, 2. Aufl., Wiesbaden 1989 (Denken und Problemlösen).

BRETZKE, WOLF-RÜDIGER, Homo Oeconomicus – Zur Rehabilitation einer Kunstfigur ökonomischen Denkens, in: Rekonstruktion der Betriebswirtschaftslehre als ökonomische Theorie, hrsg. v. Kappler, Ekkehard, Spardorf 1983, S. 27-64 (Homo Oeconomicus).

BROADBENT, DONALD E., The Magic Number Seven After Fifteen Years, in: Studies in Long Term Memory, hrsg. v. Kennedy, Alan/Wilkes, Alan, London 1975, S. 3-18 (The Magic Number Seven).

BROCKNER, JOEL/SHAW, MYRIL/RUBIN, JEFFREY, Factors Affecting Withdrawal from an Escalating Conflict: Quitting Before It's Too Late, in: Journal of Experimental Social Psychology 1979, S. 492-503 (Factors Affecting Withdrawal from an Escalating Conflict).

BROMME, RAINER/HÖMBERG, ECKHARD, Psychologie und Heuristik – Probleme der systematischen Effektivierung von Erkenntnisprozessen, Heidelberg 1977 (Psychologie und Heuristik).

BROWN, CLIFTON/SOLOMON, IRA, An Experimental Investigation of Explanations for Outcome Effects on Appraisals of Capital-Budgeting Decisions, in: Contemporary Accounting Research 1993, S. 83-111 (Explanations for Outcome Effects).

BROWN, REX/KAHR, ANDREW/PETERSON, CAMERON, Decision Analysis for the Manager, New York 1974 (Decision Analysis).

BRUMFIELD, CRAIG/ELLIOTT, ROBERT/JACOBSON, PETER, Business Risk and the Audit Process, in: Journal of Accountancy 1983, S. 60-68 (Business Risk).

BRUNSWIK, EGON, Representative design and probabilistic theory in a functional psychology, in: Psychological Review 1955, S. 193-217 (Functional Psychology).

BUCHHEIM, REGINE/KNORR, LIESEL/SCHMIDT, MARTIN, Anwendung der IFRS in Europa: Das neue Endorsement-Verfahren, in: Zeitschrift für internationale und kapitalmarktorientierte Rechnungslegung 2008, S. 334-341 (Endorsement-Verfahren).

BUCHMAN, THOMAS, An Effect of Hindsight on Predicting Bankruptcy with Accounting Information, in: Accounting, Organizations and Society 1985, S. 267-285 (Effect of Hindsight on Predicting Bankruptcy).

BUCHNER, AXEL/BRANDT, MARTIN, Gedächtniskonzeptionen und Wissensrepräsentation, in: Allgemeine Psychologie, hrsg. v. Müsseler, Jochen, 2. Aufl., Berlin 2008, S. 428-464 (Gedächtniskonzeptionen und Wissensrepräsentation).

BUCHNER, ROBERT, Wirtschaftliches Prüfungswesen, 2. Aufl., München 1997 (Wirtschaftliches Prüfungswesen).

BUEHLER, ROGER/GRIFFIN, DALE/ROSS, MICHAEL, Exploring the „Planning Fallacy" – Why People Underestimate Their Task Completion Times, in: Journal of Personality and Social Psychology 1994, S. 366-381 (Planning Fallacy).

BURSON, KATHERINE/LARRICK, RICHARD/KLAYMAN, JOSHUA, Skilled or Unskilled, but Still Unaware of It – How Perceptions of Difficulty Drive Miscalibration in Relative Comparisons, in: Journal of Personality and Social Psychology 2006, S. 60-77 (Skilled or Unskilled, but Still Unaware of It).

BUSCH, JULIA/BOECKER, CORINNA, Die Haftung des Abschlussprüfers, in: Internationale Rechnungslegung, Prüfung und Analyse, hrsg. v. Brösel, Gerrit/Kasperzak, Rainer, München 2004, S. 353-368 (Haftung des Abschlussprüfers).

BUTLER, STEPHEN, Application of a Decision Aid in the Judgmental Evaluation of Substantive Test of Details, in: Journal of Accounting Research 1985, S. 513-526 (Decision Aid in the Judgmental Evaluation of Substantive Test of Details).

BUTLER, STEPHEN, Anchoring in the Judgmental Evaluation of Audit Samples, in: The Accounting Review 1986, S. 101-111 (Anchoring in the Evaluation of Audit Samples).

BUTT, JANE/CAMPBELL, TERRY, Effects of Information Order and Hypothesis-Testing Strategies on Auditors' Judgments, in: Accounting, Organizations and Society 1989, S. 471-479 (Effects of Information Order on Auditors' Judgments).

CAMERER, COLIN/ISSACHAROFF, SAMUEL/LOEWENSTEIN, GEORGE/O'DONOGHUE, TED/RABIN, MATTHEW, Regulation for Conservatives – Behavioral Economics and the Case for „Asymmetric Paternalism", in: University of Pennsylvania Law Review 2003, S. 1211-1254 (Paternalism).

CAMERER, COLIN F./LOEWENSTEIN, GEORGE F., Behavioral Economics: Past, Present, Future, in: Advances in Behavioral Economics, hrsg. v. Camerer, Colin F./Loewenstein, George F./Rabin, Matthew, New York 2004, S. 3-51 (Behavioral Economics).

CAMERER, COLIN/LOVALLO, DAN, Overconfidence and Excess Entry – An Experimental Approach, in: American Economic Review 1999, S. 306-318 (Overconfidence and Excess Entry).

CAMERER, COLIN F./MALMENDIER, ULRIKE, Behavioral Economics of Organizations, in: Behavioral Economics and its Applications, hrsg. v. Vartiainen, Hannu/Diamond, Peter A., Princeton 2007, S. 235-280 (Behavioral Economics).

CAMPBELL, JENNIFER/TESSER, ABRAHAM, Motivational Interpretations of Hindsight Bias – An Individual Difference Analysis, in: Journal of Personality 1983, S. 605-620 (Interpretations of Hindsight Bias).

CANITZ, ILKA, Das Aussagenkonzept der IFAC – Eine theoretische und empirische Analyse der Eignung des Aussagenkonzepts für die Prüfung der Schuldenkonsolidierung und der Zwischenergebniseliminierung, Wiesbaden 2013 (Aussagenkonzept der IFAC).

CARROLL, STEVEN/PETRUSIC, WILLIAM/LETH-STEENSEN, CRAIG, Anchoring Effects in the Judgment of Confidence: Semantic or Numeric Priming?, in: Attention, Perception, & Psychophysics 2009, S. 297-307 (Semantic or Numeric Priming).

CHAPMAN, GRETCHEN/JOHNSON, ERIC, Anchoring, Activation, and the Construction of Values, in: Organizational Behavior and Human Decision Processes 1999, S. 115-153 (Anchoring and Activation).

CHAPMAN, GRETCHEN B./JOHNSON, ERIC J., Incorporating the Irrelevant – Anchors in Judgments of Belief and Value, in: Heuristics and Biases, hrsg. v. Gilovich, Thomas/Griffin, Dale W./Kahneman, Daniel, 8. Aufl., Cambridge 2008, S. 120-138 (Anchors in Judgments of Belief and Value).

CHAPMAN, LOREN, Illusory Correlation in Observational Report, in: Journal of Verbal Learning and Verbal Behavior, S. 151-155 (Illusory Correlation).

CHAPMAN, LOREN/CHAPMAN, JEAN, Illusory Correlation as an Obstacle to the Use of Valid Psychodiagnostic Signs, in: Journal of Abnormal Psychology 1969, S. 271-280 (Illusory Correlation).

CHARRON, KIMBERLY/LOWE, D. JORDAN, An Examination of the Influence of Surprise on Judges and Jurors' Outcome Effects, in: Critical Perspectives on Accounting 2008, S. 1020-1033 (Influence of Surprise on Outcome Effects).

CHEN, YINNING/LEITCH, ROBERT, An Analysis of the Relative Power Characteristics of Analytical Procedures, in: Auditing: A Journal of Practice & Theory 1999, S. 35-69 (Characteristics of Analytical Procedures).

CHOW, CHEE/MCNAMEE, ALAN/PLUMLEE, R. DAVID, Practitioners' Perceptions of Audit Step Difficulty and Criticalness: Implications for Audit Research, in: Auditing: A Journal of Practice & Theory 1987, S. 123-133 (Audit Steps).

CHRISTENSEN-SZALANSKI, JAY/FOBIAN-WILLHAM, CYNTHIA, The Hindsight Bias – A Meta-analysis, in: Organizational Behavior and Human Decision Processes 1991, S. 147-168 (Hindsight Bias).

CHUNG, JANNE/MONROE, GARY, The Effects of Experience and Task Difficulty on Accuracy and Confidence Assessments of Auditors, in: Accounting and Finance 2000, S. 135-152 (Confidence Assessments of Auditors).

CHURCH, BRYAN, Auditors' Use of Confirmatory Processes, in: Journal of Accounting Literature 1990, S. 81-112 (Auditors' Use of Confirmatory Processes).

CHURCH, BRYAN, An Examination of the Effect that Commitment to a Hypothesis has on Auditors' Evaluations of Confirming and Disconfirming Evidence, in: Contemporary Accounting Research 1991, S. 513-534 (Auditors' Evaluations of Confirming and Disconfirming Evidence).

CLARKSON, PETER/EMBY, CRAIG/WATT, VANESSA, Debiasing the Outcome Effect – The Role of Instructions in an Audit Litigation Setting, in: Auditing: A Journal of Practice & Theory 2002, S. 7-20 (Debiasing the Outcome Effect).

COLBERT, JANET, Inherent risk: An investigation of auditors' judgments, in: Accounting, Organizations and Society 1988, S. 111-121 (Inherent Risk).

CONLISK, JOHN, Optimization Cost, in: Journal of Economic Behavior and Organization 1988, S. 213-228 (Optimization Cost).

CONLISK, JOHN, Why Bounded Rationality?, in: Journal of Economic Literature 1996, S. 669-700 (Bounded Rationality).

CORLESS, JOHN, Assessing Prior Distributions for Applying Bayesian Statistics in Auditing, in: The Accounting Review 1972, S. 556-566 (Applying Bayesian Statistics in Auditing).

CROMWELL, HARVEY, The Relative Effect on Audience Attitude of the First versus the Second Argumentative Speech of a Series, in: Speech Monographs 1950, S. 105-122 (First versus the Second Argument).

CUSHING, BARRY/AHLAWAT, SUNITA, Mitigation of Recency Bias in Audit Judgment: The Effect of Documentation, in: Auditing: A Journal of Practice & Theory 1996, S. 110-122 (Mitigation of Recency Bias in Audit Judgment).

CUSHING, BARRY/LOEBBECKE, JAMES, Analytical Approaches to Audit Risk: A Survey and Analysis, in: Auditing: A Journal of Practice & Theory 1983, S. 23-41 (Audit Risk).

CUSHING, BARRY E./LOEBBECKE, JAMES K./PALMROSE, ZOE-VONNA/ROUSSEY, ROBERT S./SOLOMON, Ira, Risk Orientation, in: Auditing Practice, Research, and Education, hrsg. v. Bell, Timothy B./Wright, Arnold M., New York 1995, S. 11-54 (Risk Orientation).

CYERT, RICHARD/MARCH, JAMES, A Behavioral Theory of the Firm, Englewood Cliffs 1963 (Behavioral Theory).

DANIEL, SHIRLEY, Some Empirical Evidence about the Assessment of Audit Risk in Practice, in: Auditing: A Journal of Practice & Theory 1988, S. 174-181 (Assessment of Audit Risk in Practice).

DAVIES, MARTIN, Reduction of Hindsight Bias by Restoration of Foresight Perspective – Effectiveness of Foresight-Encoding and Hindsight-Retrieval Strategies, in: Organizational Behavior and Human Decision Processes 1987, S. 50-68 (Reduction of Hindsight Bias).

DE BONDT, WERNER/MAKHIJA, ANIL, Throwing good money after bad? – Nuclear power plant investment decisions and the relevance of sunk costs, in: Journal of Economic Behavior and Organization 1988, S. 173-199 (Throwing Good Money After Bad).

DEANGELO, LINDA, Auditor Independence, ‚Low Balling', and Disclosure Regulation, in: Journal of Accounting and Economics 1981, S. 113-127 (Low Balling).

DEANGELO, LINDA, Auditor Size and Audit Quality, in: Journal of Accounting and Economics 1981, S. 183-199 (Auditor Size and Audit Quality).

DECKERS, MARC/HERMANN, CHRISTIAN, Die kritische Grundhaltung des Abschlussprüfers (professional scepticism) – Verhaltensanforderungen und Charaktereigenschaften im Fokus aktueller Regulierungsbestrebungen, in: Der Betrieb 2013, S. 2315-2321 (Kritische Grundhaltung des Abschlussprüfers).

DERMER, JERRY, Cognitive Characteristics and the Perceived Importance of Information, in: The Accounting Review 1973, S. 511-519 (Cognitive Characteristics).

DIEHL, CARL-ULRICH, Strukturiertes Prüfungsvorgehen durch risikoorientierte Abschlussprüfung, in: Aktuelle Fachbeiträge aus Wirtschaftsprüfung und Beratung, hrsg. v. Luik, Hans, Stuttgart 1991a, S. 187-215 (Risikoorientierte Abschlussprüfung).

DIEHL, CARL-ULRICH, Risikoorientierte Abschlussprüfung – Gedanken zur Umsetzung in der Praxis, in: Deutsches Steuerrecht 1993b, S. 1114-1121 (Risikoorientierte Abschlussprüfung).

DOHERTY, MICHAEL/MYNATT, CLIFFORD/TWENEY, RYAN/SCHIAVO, MICHAEL, Pseudodiagnosticity, in: Acta Psychologica 1979, S. 111-121 (Pseudodiagnosticity).

DÖRNER, DIETRICH, Die kognitive Organisation beim Problemlösen – Versuche zu einer kybernetischen Theorie der elementaren Informationsverarbeitungsprozesse beim Denken, Bern 1974 (Kognitive Organisation beim Problemlösen).

DÖRNER, DIETRICH, Problemlösen als Informationsverarbeitung, Stuttgart 1976 (Problemlösen als Informationsverarbeitung).

DÖRNER, DIETRICH, Prüfungsansatz, risikoorientierter, in: Handwörterbuch der Rechnungslegung und Prüfung, hrsg. v. Ballwieser, Wolfgang/Coenenberg, Adolf G./Wysocki, Klaus von, 3. Aufl., Stuttgart 2002, S. 1744-1762 (Risikoorientierter Prüfungsansatz).

DREXL, ANDREAS, Planung des Ablaufs von Unternehmensprüfungen, Stuttgart 1990 (Unternehmensprüfungen).

DUBÉ-RIOUX, LAURETTE/RUSSO, J. EDWARD, An Availability Bias in Professional Judgment, in: Journal of Behavioral Decision Making 1988, S. 223-237 (Availability Bias in Professional Judgment).

DUNCKER, KARL, Zur Psychologie des produktiven Denkens, Berlin 1935 (Psychologie des Denkens).

EDWARDS, WARD, The Theory of Decision Making, in: Psychological Bulletin 1954, S. 380-417 (Theory of Decision Making).

EDWARDS, WARD/KISS, ISTVÁN/MAJONE, GIANDOMENICO/TODA, MASANAO, What Constitutes ‚A Good Decision'?, in: Acta Psychologica 1984, S. 5-27 (Good Decisions).

EGNER, HENNING, Zum wissenschaftlichen Programm der betriebswirtschaftlichen Prüfungslehre, in: Zeitschrift für betriebswirtschaftliche Forschung 1970, S. 771-789 (Programm der betriebswirtschaftlichen Prüfungslehre).

EGNER, HENNING, Betriebswirtschaftliche Prüfungslehre – Eine Einführung, Berlin 1980 (Betriebswirtschaftliche Prüfungslehre).

EGNER, HENNING, Prüfungstheorie, verhaltensorientierter Ansatz (Syllogistischer Ansatz), in: Handwörterbuch der Revision, hrsg. v. Coenenberg, Adolf G./Wysocki, Klaus von, 2. Aufl., Stuttgart 1992, S. 1566-1578 (Verhaltensorientierte Prüfungstheorie).

EINHORN, HILLEL, A Synthesis: Accounting and Behavioral Science, in: Journal of Accounting Research 1976, S. 196-206 (Accounting and Behavioral Science).

EISENFÜHR, FRANZ/WEBER, MARTIN/LANGER, THOMAS, Rationales Entscheiden, 5. Aufl., Berlin 2010 (Rationales Entscheiden).

ELLIOTT, ROBERT/ROGERS, JOHN, Relating Statistical Sampling to Audit Objectives, in: Journal of Accountancy 1972, S. 46-55 (Audit Objectives).

EMBY, CRAIG, Framing and Presentation Mode Effects in Professional Judgment: – Auditors' Internal Control Judgments and Substantive Testing Decisions, in: Auditing: A Journal of Practice & Theory 1994, S. 102-115 (Framing and Presentation Mode Effects).

EMBY, CRAIG/FINLEY, DAVID, Debiasing Framing Effects in Auditors' Internal Control Judgments and Testing Decisions, in: Contemporary Accounting Research 1997, S. 55-77 (Debiasing).

EMBY, CRAIG/GELARDI, ALEXANDER, A Research Note on the Influence of Outcome Knowledge on Audit Partners' Judgments, in: Behavioral Research in Accounting 2002, S. 87-103 (Influence of Outcome Knowledge).

EMBY, CRAIG/GIBBINS, MICHAEL, Good Judgment in Public Accounting: Quality and Justification, in: Contemporary Accounting Research 1987, S. 287-313 (Judgment in Public Accounting).

ENGELKAMP, JOHANNES/ZIMMER, HUBERT, Lehrbuch der kognitiven Psychologie, Göttingen 2006 (Kognitive Psychologie).

EPLEY, NICHOLAS/GILOVICH, THOMAS, Putting Adjustment Back in the Anchoring and Adjustment Heuristic – Differential Processing of Self-Generated and Experimenter-Provided Anchors, in: Psychological Science 2001, S. 391-396 (Anchoring and Adjustment Heuristic).

EPLEY, NICHOLAS/GILOVICH, THOMAS, Are Adjustments Insufficient?, in: Personality and Social Psychology Bulletin 2004, S. 447-460 (Insufficient Adjustments).

EPLEY, NICHOLAS/GILOVICH, THOMAS, When Effortful Thinking Influences Judgmental Anchoring – Differential Effects of Forewarning and Incentives on Self-generated and Externally Provided Anchors, in: Journal of Behavioral Decision Making 2005, S. 199-212 (Judgmental Anchoring).

EPLEY, NICHOLAS/GILOVICH, THOMAS, The Anchoring-and-Adjustment Heuristic – Why the Adjustments Are Insufficient, in: Psychological Science 2006, S. 311-318 (Anchoring-and-Adjustment Heuristic).

ESCOTT, PHIL/GLORMANN, FRANK/KOCAGIL, AHMET, Moody's RiskCalc™ für nicht börsenorientierte Unternehmen – Das deutsche Modell, abrufbar unter: https://riskcalc.moodysrms.com/us/research/crm/720441.pdf (zuletzt geprüft am: 5. Juni 2015) (Moody's RiskCalc).

ESTES, WILLIAM, Classification and Cognition, New York 1994 (Classification and Cognition).

ETZIONI, AMITAI, Bounded Rationality, in: Socio-Economic Review 2010, S. 377-383 (Bounded Rationality).

EVANS, JONATHAN/VENN, SIMON/FEENEY, AIDAN, Implicit and Explicit Processes in a Hypothesis Testing Task, in: British Journal of Psychology 2002, S. 31-46 (Processes in a Hypothesis Testing Task).

EYSENCK, MICHAEL/KEANE, MARK, Cognitive Psychology – A Student's Handbook, 6. Aufl., Hove 2010 (Cognitive Psychology).

FARR, WOLF-MICHAEL, Beurteilung der Auftragsabwicklung im Rahmen der externen Qualitätskontrolle, in: Externe Qualitätskontrolle im Berufsstand der Wirtschaftsprüfer, hrsg. v. Marten, Kai-Uwe/Quick, Reiner/Ruhnke, Klaus, Düsseldorf 2004, S. 127-160 (Externe Qualitätskontrolle).

FARR, WOLF-MICHAEL/NIEMANN, WALTER, Qualitätssicherung in der WP-/vBP-Praxis – Neue Anforderungen durch die Änderung der Berufssatzung und durch die VO 1/2006 – Geltungsumfang für kleine und mittelgroße Praxen (Teil I), in: Deutsches Steuerrecht 2006, S. 1242-1247 (Qualitätssicherung in der WP-/vBP-Praxis (Teil I)).

FARR, WOLF-MICHAEL/NIEMANN, WALTER, Qualitätssicherung in der WP-/vBP-Praxis – Neue Anforderungen durch die Änderung der Berufssatzung und durch die VO 1/2006 – Geltungsumfang für kleine und mittelgroße Praxen (Teil II), in: Deutsches Steuerrecht 2006, S. 1295-1298 (Qualitätssicherung in der WP-/vBP-Praxis (Teil II)).

FATEH-MOGHADAM, BIJAN, Grenzen des weichen Paternalismus – Blinde Flecken der liberalen Paternalismuskritik, in: Grenzen des Paternalismus, hrsg. v. Fateh-Moghadam, Bijan/Sellmaier, Stephan/Vossenkuhl, Wilhelm, Stuttgart 2010, S. 21-47 (Grenzen des weichen Paternalismus).

FAVERE-MARCHESI, MICHAEL, „Order Effects" Revisited – The Importance Of Chronology, in: Auditing: A Journal of Practice & Theory 2006, S. 69-83 (Order Effects).

FEIGENBAUM, EDWARD/FELDMAN, JULIAN, Computers and Thought, New York 1963 (Thoughts).

FESTINGER, LEON, A Theory of Cognitive Dissonance, Stanford 1957 (Cognitive Dissonance).

FETCHENHAUER, DETLEF, Psychologie, München 2012 (Psychologie).

FIEDLER, KLAUS, Urteilsbildung als kognitiver Vorgang, München 1980 (Urteilsbildung als kognitiver Vorgang).

FIEDLER, KLAUS, Beruhen Bestätigungsfehler nur auf einem Bestätigungsfehler? Eine Replik auf Gadenne – Are confirmation biases due to confirmation biases? A reply to Gadenne, in: Psychologische Beiträge 1983, S. 280-286 (Bestätigungsfehler).

FISCHER-WINKELMANN, WOLF, Entscheidungsorientierte Prüfungslehre, Berlin 1975 (Entscheidungsorientierte Prüfungslehre).

FISCHER-WINKELMANN, WOLF F., Prüfungstheorie, empirisch-kognitiver Ansatz, in: Handwörterbuch der Revision, hrsg. v. Coenenberg, Adolf G./Wysocki, Klaus von, 2. Aufl., Stuttgart 1992, S. 1532-1544 (Prüfungstheorie).

FISCHHOFF, BARUCH, Hindsight is not equal Foresight – The Effect of Outcome Knowledge on Judgment Under Uncertainty, in: Journal of Experimental Psychology: Human Perception and Performance 1975, S. 288-299 (Hindsight).

FISCHHOFF, BARUCH, Debiasing, in: Judgment under Uncertainty: Heuristics and Biases, hrsg. v. Kahneman, Daniel/Slovic, Paul/Tversky, Amos, Cambridge 2008, S. 422-444 (Debiasing).

FISCHHOFF, BARUCH/LICHTENSTEIN, SARAH/SLOVIC, PAUL/DERBY, STEPHEN/KEENEY, RALPH, Acceptable Risk, Cambridge 1993 (Acceptable Risk).

FISCHHOFF, BARUCH/SLOVIC, PAUL/LICHTENSTEIN, SARAH, Knowing with Certainty: The Appropriateness of Extreme Confidence, in: Journal of Experimental Psychology: Human Perception and Performance 1977, S. 552-564 (Knowing with Certainty).

FISK, JOHN E., Conjunction Fallacy, in: Cognitive Illusions, hrsg. v. Pohl, Rüdiger F., Hove 2004, S. 23-42 (Conjunction Fallacy).

FREDERICK, DAVID/LIBBY, ROBERT, Expertise and Auditors' Judgments of Conjunctive Events, in: Journal of Accounting Research 1986, S. 270-290 (Auditors' Judgments of Conjunctive Events).

FREIDANK, CARL-CHRISTIAN, Das deutsche Prüfungswesen unter risikoorientierten und internationalen Reformeinflüssen, in: Die deutsche Rechnungslegung und Wirtschaftsprüfung im Umbruch, hrsg. v. Freidank, Carl-Christian/Strobel, Wilhelm Theodor, München 2001, S. 245-268 (Prüfungswesen unter risikoorientierten und internationalen Reformeinflüssen).

FREY, DIETER, Informationssuche und Informationsbewertung bei Entscheidungen, Bern 1981 (Informationssuche und Informationsbewertung).

FRIMAN, PATRICK/ALLEN, KEITH/KERWIN, MARY/LARZELERE, ROBERT, Changes in Modern Psychology: A Citation Analysis of the Kuhnian Displacement Thesis, in: American Psychologist 1993, S. 658-664 (Changes in Modern Psychology).

FUNKE, JOACHIM, Problemlösendes Denken, Stuttgart 2003 (Denken).

FURNHAM, ADRIAN, The Robustness of the Recency Effect – Studies Using Legal Evidence, in: Journal of General Psychology 1986, S. 351-357 (Robustness of the Recency Effect).

FURNHAM, ADRIAN/BOO, HUA, A Literature Review of the Anchoring Effect, in: The Journal of Socio-Economics 2011, S. 35-42 (Literature Review of the Anchoring Effect).

GABRIELCIK, ADELE/FAZIO, RUSSELL H., Priming and Frequency Estimation, in: Personality and Social Psychology Bulletin 1984, S. 85-89 (Priming and Frequency Estimation).

GADENNE, VOLKER, Der Bestätigungsfehler und die Rationalität kognitiver Prozesse – Confirmation bias and rationality of cognitive processes, in: Psychologische Beiträge 1982, S. 11-25 (Bestätigungsfehler und die Rationalität kognitiver Prozesse).

GADENNE, VOLKER/OSWALD, MARGIT, Entstehung und Veränderung von Bestätigungstendenzen beim Testen von Hypothesen, in: Zeitschrift für Experimentelle und Angewandte Psychologie 1986, S. 360-374 (Bestätigungstendenzen beim Testen von Hypothesen).

GANS, CHRISTIAN, Betriebswirtschaftliche Prüfungen als heuristische Suchprozesse – Der Entwurf einer pragmatisch orientierten Prüfungstheorie auf der Grundlage der angelsächsischen empirischen Prüfungsforschung, Bergisch Gladbach 1986 (Prüfungen als heuristische Suchprozesse).

GANSTER, GÜNTHER, Freier Beruf und Kapitalgesellschaft – Das Ende der freien Professionen? – Eine umfassende juristische Analyse zum scheinbar unaufhaltsamen Siegeszug der Kapitalgesellschaften in den freien Professionen, Berlin 2000 (Freier Beruf und Kapitalgesellschaft).

GARDNER, HOWARD, The Mind's New Science – A History of the Cognitive Revolution, New York 1985 (A History of the Cognitive Revolution).

GARLAND, HOWARD, Throwing Good Money After Bad – The Effect of Sunk Costs on the Decision to Escalate Commitment to an Ongoing Project, in: Journal of Applied Psychology 1990, S. 728-731 (Throwing Good Money After Bad).

GARLAND, HOWARD/NEWPORT, STEPHANIE, Effects of Absolute and Relative Sunk Costs on the Decision to Persist with a Course of Action, in: Organizational Behavior and Human Decision Processes 1991, S. 55-69 (Effects of Absolute and Relative Sunk Costs).

GÄRTNER, MICHAEL, Analytische Prüfungshandlungen im Rahmen der Jahresabschlußprüfung – Ein Grundsatz ordnungsmäßiger Abschlußprüfung, Marburg 1994 (Analytische Prüfungshandlungen).

GEMÜNDEN, HANS GEORG, Informationsverhalten, in: Ergebnisse empirischer betriebswirtschaftlicher Forschung, hrsg. v. Hauschildt, Jürgen/Grün, Oskar, Stuttgart 1993, S. 840-877 (Informationsverhalten).

GEORGE, JOEY/DUFFY, KEVIN/AHUJA, MANJU, Countering the Anchoring and Adjustment Bias with Decision Support Systems, in: Decision Support Systems 2000, S. 195-206 (Countering the Anchoring and Adjustment Bias).

GERRIG, RICHARD/ZIMBARDO, PHILIP/GRAF, RALF, Psychologie, 18. Aufl., München 2011 (Psychologie).

GIBBINS, MICHAEL, Propositions about the Psychology of Professional Judgment in Public Accounting, in: Journal of Accounting Research 1984, S. 103-125 (Psychology of Professional Judgment in Public Accounting).

GIBBINS, MICHAEL/JAMAL, KARIM, Problem-centred research and knowledge-based theory in the professional accounting setting, in: Accounting, Organizations and Society 1993, S. 451-466 (Research in the Accounting Setting).

GIBBINS, MICHAEL/NEWTON, JAMES, An Empirical Exploration of Complex Accountability in Public Accounting, in: Journal of Accounting Research 1994, S. 165-186 (Accountability in Public Accounting).

GIBBINS, MICHAEL/WOLF, FRANK, Auditors' Subjective Decision Environment – The Case of a Normal External Audit, in: The Accounting Review 1982, S. 105-124 (Auditors' Subjective Decision Environment).

GIGERENZER, GERD, How to Make Cognitive Illusions Disappear: Beyond „Heuristics and Biases", in: European Review of Social Psychology 1991, S. 83-115 (Make Cognitive Illusions Disappear).

GIGERENZER, GERD/GAISSMAIER, WOLFGANG, Heuristic Decision Making, in: Annual Review of Psychology 2011, S. 451-482 (Heuristic Decision Making).

GIGERENZER, GERD/HOFFRAGE, ULRICH, How to Improve Bayesian Reasoning Without Instruction: Frequency Formats, in: Psychological Review 1995, S. 684-704 (Frequency Formats).

GIGERENZER, GERD/SELTEN, REINHARD, Rethinking Rationality, in: Bounded Rationality, hrsg. v. Gigerenzer, Gerd/Selten, Reinhard, Cambridge 2002, S. 1-12 (Rethinking Rationality).

GIGERENZER, GERD/TODD, PETER M./ABC RESEARCH GROUP, Fast and Frugal Heuristics – The Adaptive Toolbox, in: Simple heuristics that make us smart, hrsg. v. Gigerenzer, Gerd/Todd, Peter M./ABC Research Group, Oxford 1999, S. 3-34 (Fast and Frugal Heuristics).

GILBERT, DANIEL, How Mental Systems Believe, in: American Psychologist 1991, S. 107-119 (How Mental Systems Believe).

GLAESER, EDWARD, Paternalism and Psychology, in: University of Chicago Law Review 2006, S. 133-156 (Paternalism and Psychology).

GLANZER, MURRAY/CUNITZ, ANITA, Two Storage Mechanisms in Free Recall, in: Journal of Verbal Learning and Verbal Behavior 1966, S. 351-360 (Two Storage Mechanisms).

GÖBEL, STEFAN, Risikoorientierte Abschlussprüfung, in: Theorie und Praxis der Wirtschaftsprüfung, hrsg. v. Richter, Martin, Berlin 1997, S. 41-60 (Risikoorientierte Abschlussprüfung).

GOBET, FERNAND/CHASSY, PHILIPPE/BILALIC, MERIM, Foundations of cognitive psychology, London 2011 (Cognitive Psychology).

GÖHNER, FRANK, Die Reform der Qualitätskontrolle im Berufsstand des Wirtschaftsprüfers, in: Deutsches Steuerrecht 2000, S. 1404-1408 (Qualitätskontrolle im Berufsstand des Wirtschaftsprüfers).

GÖTZELMANN, FRANK, Rationalität in betriebswirtschaftlichen Ansätzen, in: Das Wirtschaftsstudium 1991, S. 573-575 (Rationalität in betriebswirtschaftlichen Ansätzen).

GREEN, ALISON J. K./GILHOOLY, KEN, Problem Solving, in: Cognitive Psychology, hrsg. v. Braisby, Nick/Gellatly, Angus, Oxford 2005, S. 347-381 (Problem Solving).

GREGORY, ALAN/COLLIER, PAUL, Audit Fees and Auditor Change: An Investigation of the Persistence of Fee Reduction by Type of Change, in: Journal of Business Finance & Accounting 1996, S. 13-28 (Audit Fees and Auditor Change).

GREITEMEYER, TOBIAS/SCHULZ-HARDT, STEFAN/POPIEN, GRIT/FREY, DIETER, Der Einfluss versunkener monetärer und zeitlicher Kosten auf Ressourcenallokationen – Eine Studie zum Sunk-Cost-Effekt mit Experten, in: Zeitschrift für Arbeits- und Organisationspsychologie 2005, S. 35-43 (Sunk-Cost-Effekt und Experten).

GRIFFIN, DALE/TVERSKY, AMOS, The Weighing of Evidence and the Determinants of Confidence, in: Cognitive Psychology 1992, S. 411-435 (Determinants of Confidence).

GRIFFIN, DALE/VAREY, CAROL, Towards a Consensus on Overconfidence, in: Organizational Behavior and Human Decision Processes 1996, S. 227-231 (Consensus on Overconfidence).

GRONEWOLD, ULFERT, Die Beweiskraft von Beweisen – Audit Evidence bei betriebswirtschaftlichen Prüfungen, Düsseldorf 2006 (Beweiskraft von Beweisen).

GRUBER, THOMAS, Gedächtnis, Wiesbaden 2011 (Gedächtnis).

GUTWALD, REBECCA, Autonomie, Rationalität und Perfektionismus – Probleme des weichen Paternalismus im Rechtfertigungsmodell der Bounded Rationality, in: Grenzen des Paternalismus, hrsg. v. Fateh-Moghadam, Bijan/Sellmaier, Stephan/Vossenkuhl, Wilhelm, Stuttgart 2010, S. 73-93 (Probleme des weichen Paternalismus).

HABERMAS, JÜRGEN, Theorie des kommunikativen Handelns – Handlungsrationalität und gesellschaftliche Rationalisierung, Frankfurt am Main 1981 (Theorie des kommunikativen Handelns).

HAGER, WILLI/WEIßMANN, SABINE, Bestätigungstendenzen in der Urteilsbildung, Göttingen 1991 (Bestätigungstendenzen).

HAGEST, JOACHIM, Zur Logik der prüferischen Überzeugungsbildung bei Jahresabschlussprüfungen, München 1975 (Logik der Überzeugungsbildung).

HALL, THOMAS/HUNTON, JAMES/PIERCE, BETHANE, The Use of and Selection Biases Associated with Nonstatistical Sampling in Auditing, in: Behavioral Research in Accounting 2000, S. 231-255 (Biases Associated with Nonstatistical Sampling in Auditing).

HALLER, AXEL, Empirische Forschung im Prüfungswesen, in: Handwörterbuch der Revision, hrsg. v. Coenenberg, Adolf G./Wysocki, Klaus von, 2. Aufl., Stuttgart 1992, S. 413-426 (Empirische Forschung im Prüfungswesen).

HAN, JUN/JAMAL, KARIM/TAN, HUN-TONG, Auditors' Overconfidence in Predicting the Technical Knowledge of Superiors and Subordinates, in: Auditing: A Journal of Practice & Theory 2011, S. 101-119 (Auditors' Overconfidence).

HARTMAN, RAYMOND/DOANE, MICHAEL/WOO, CHI-KEUNG, Consumer Rationality and the Status Quo, in: Quarterly Journal of Economics 1991, S. 141-162 (Status Quo).

HÄUSSERMANN, PETER, Eigenverantwortlichkeit des Wirtschaftsprüfers, in: Vahlens großes Auditing Lexikon, hrsg. v. Freidank, Carl-Christian/Lachnit, Laurenz/Tesch, Jörg/Weber, Stefan C., München 2007, S. 372-374 (Eigenverantwortlichkeit des Wirtschaftsprüfers).

HAVERMANN, HANS, Risiko und Risikomanagement in einer internationalen Wirtschaftsprüfungsgesellschaft, in: Rechnungslegung, Prüfung und Beratung, hrsg. v. Baetge, Jörg/Börner, Dietrich/Forster, Karl-Heinz/Schruff, Lothar, Düsseldorf 1996, S. 385-411 (Risiko und Risikomanagement).

HAWKINS, SCOTT/HASTIE, REID, Hindsight: Biased Judgments of Past Events After the Outcomes Are Known, in: Psychological Bulletin 1990, S. 311-327 (Hindsight: Biased Judgments).

HAX, HERBERT, Entscheidungsmodelle in der Unternehmung – Einführung in Operations Research, Reinbek bei Hamburg 1982 (Entscheidungsmodelle in der Unternehmung).

HECHT, HEIKO/DESNIZZA, WOLFGANG, Psychologie als empirische Wissenschaft – Essentielle wissenschaftstheoretische und historische Grundlagen, Heidelberg 2012 (Psychologie als Wissenschaft).

HEIMAN, VICKY, Auditors' Assessments of the Likelihood of Error Explanations in Analytical Review, in: The Accounting Review 1990, S. 875-890 (Auditors' Assessments of the Likelihood).

HEINER, RONALD, The Necessity of Imperfect Decisions, in: Journal of Economic Behavior and Organization 1988, S. 29-55 (Imperfect Decisions).

HELL, WOLFGANG/GIGERENZER, GERD/GAUGGEL, SIEGFRIED/MALL, MARIA/MÜLLER, MICHAEL, Hindsight Bias: An Interaction of Automatic and Motivational Factors?, in: Memory & Cognition 1988, S. 533-538 (Hindsight Bias).

HELLER, JÜRGEN, Experimentelle Psychologie – Eine Einführung, München 2012 (Psychologie).

HERTWIG, RALPH, Strategien und Heuristiken, in: Handbuch der Allgemeinen Psychologie – Kognition, hrsg. v. Funke, Joachim/Bengel, Jürgen, Göttingen 2006, S. 461-470 (Strategien und Heuristiken).

HERTWIG, RALPH/GIGERENZER, GERD, The ‚Conjunction Fallacy' Revisited – How Intelligent Inferences Look Like Reasoning Errors, in: Journal of Behavioral Decision Making 1999, S. 275-305 (Conjunction Fallacy).

HIGGINS, E. TORY, Knowledge Accessibility and Activation: Subjectivity and Suffering from Unconscious Sources, in: Unintended Thought, hrsg. v. Uleman, James S./Bargh, John A., New York 1989, S. 75-123 (Knowledge Accessibility and Activation).

HO, JOANNA/KELLER, ROBIN, The Effect of Inference Order and Experience-Related Knowledge on Diagnostic Conjunction Probabilities, in: Organizational Behavior and Human Decision Processes 1994, S. 51-74 (Conjunction Probabilities).

HO, JOANNA/MAY, ROBERT, Auditors' Causal Probability Judgments in Analytical Procedures for Audit Planning, in: Behavioral Research in Accounting 1993, S. 78-100 (Auditors' Causal Probability Judgments).

HOCH, STEPHEN, Availability and Interference in Predictive Judgment, in: Journal of Experimental Psychology: Learning, Memory, and Cognition 1984, S. 649-662 (Availability and Interference in Predictive Judgment).

HOCH, STEPHEN/LOEWENSTEIN, GEORGE, Outcome Feedback: Hindsight and Information, in: Journal of Experimental Psychology: Learning, Memory, and Cognition 1989, S. 605-619 (Hindsight and Information).

HOFFMANN, MELANIE, Wissenskulturen, Experimentalkulturen und das Problem der Repräsentation, Frankfurt am Main 2009 (Repräsentation).

HOFFRAGE, ULRICH, Overconfidence, in: Cognitive Illusions, hrsg. v. Pohl, Rüdiger F., Hove 2004, S. 235-254 (Overconfidence).

HOFFRAGE, ULRICH/LINDSEY, SAMUEL/HERTWIG, RALPH/GIGERENZER, GERD, Communicating Statistical Information, in: Science 2000, S. 2261-2262 (Communicating Statistical Information).

HOFFRAGE, ULRICH/POHL, RÜDIGER, Research on hindsight bias – A rich past, a productive present, and a challenging future, in: Memory 2003, S. 329-335 (Research on Hindsight Bias).

HOGARTH, ROBIN, Judgement and Choice – The Psychology of Decision, 2. Aufl., Chichester 1987 (Judgement and Choice).

HOGARTH, ROBIN/EINHORN, HILLEL, Order Effects in Belief Updating: The Belief-Adjustment Model, in: Cognitive Psychology 1992, S. 1-55 (Order Effects in Belief Updating).

HOLT, DORIS, Auditors and Base Rates Revisited, in: Accounting, Organizations and Society 1987, S. 571-578 (Auditors and Base Rates).

HOLZER, H. PETER/LÜCK, WOLFGANG, Verhaltenswissenschaft und Rechnungswesen, in: Die Betriebswirtschaft 1978, S. 509-523 (Verhaltenswissenschaft und Rechnungswesen).

HÖMBERG, REINHOLD, Das IDW-Fachgutachten über die „Grundsätze ordnungsmäßiger Durchführung von Abschlußprüfungen" – Kritische Analyse wichtiger Prüfungsnormen und Vergleich mit amerikanischen Prüfungsgrundsätzen, in: Der Betrieb 1989, S. 1781-1788 (Grundsätze ordnungsmäßiger Durchführung von Abschlußprüfungen).

HÖMBERG, REINHOLD, Prüfungsplanung, in: Handwörterbuch der Rechnungslegung und Prüfung, hrsg. v. Ballwieser, Wolfgang/Coenenberg, Adolf G./Wysocki, Klaus von, 3. Aufl., Stuttgart 2002, S. 1852-1861 (Prüfungsplanung).

HÖMBERG, REINHOLD, Zum IDW-Prüfungsstandard: Wesentlichkeit im Rahmen der Abschlussprüfung – Analyse wichtiger Normen des PS 250 n. F., in: Rechnungslegung, Prüfung und Unternehmensbewertung, hrsg. v. Dobler, Michael/Hachmeister, Dirk/Kuhner, Christoph/Rammert, Stefan, Stuttgart 2014, S. 301-321 (Wesentlichkeit bei der Abschlussprüfung).

HÖVERMANN, KLAUS, Grundlagen der Prüffelder- und Reihenfolgeplanung bei Jahresabschlußprüfungen, in: Die Wirtschaftsprüfung 1979, S. 62-71 (Prüffelder- und Reihenfolgeplanung).

HUBER, OSWALD/SEISER, GABRIELE, Accounting and Convincing: The Effect of Two Types of Justification on the Decision Process, in: Journal of Behavioral Decision Making 2001, S. 69-85 (Accounting and Convincing).

HÜLS, DAGMAR, Früherkennung insolvenzgefährdeter Unternehmen, Düsseldorf 1995 (Früherkennung insolvenzgefährdeter Unternehmen).

IMBODEN, CARLO/LEIBUNDGUT, ANDRES/SIEGENTHALER, PETER, Klassifikation heuristischer Prinzipien – Ein methodologischer Beitrag zur Entwicklung von heuristischen Verfahren, in: Die Unternehmung – Swiss Journal of Business Research and Practice 1978, S. 295-330 (Klassifikation heuristischer Prinzipien).

JACOWITZ, KAREN/KAHNEMAN, DANIEL, Measures of Anchoring in Estimation Tasks, in: Personality and Social Psychology Bulletin 1995, S. 1161-1166 (Measures of Anchoring in Estimation Tasks).

JANIS, IRVING/MANN, LEON, Decision Making – A Psychological Analysis of Conflict, Choice, and Commitment, New York 1977 (Decision Making).

JANVRIN, DIANE/BIERSTAKER, JAMES/LOWE, D. JORDAN, An Examination of Audit Information Technology Use and Perceived Importance, in: Accounting Horizons 2008, S. 1-21 (Examination of Audit Information Technology).

JANY, JENS, Die Qualität von Abschlussprüfungen im Kontext der Haftung, Größe und Spezialisierung von Prüfungsgesellschaften, Lohmar 2011 (Qualität von Abschlussprüfungen).

JASPER, JOHN/CHRISTMAN, STEPHEN, A Neuropsychological Dimension for Anchoring Effects, in: Journal of Behavioral Decision Making 2005, S. 343-369 (Neuropsychological Dimension for Anchoring Effects).

JENNINGS, MARIANNE/LOWE, D. JORDAN/RECKERS, PHILIP, Causality as an Influence on Hindsight Bias – An Empirical Examination of Judges' Evaluation of Professional Audit Judgment, in: Journal of Accounting and Public Policy 1998, S. 143-167 (Evaluation of Professional Audit Judgment).

JOHNSON, W. BRUCE, „Representativeness" in Judgmental Predictions of Corporate Bankruptcy, in: The Accounting Review 1983, S. 78-97 (Representativeness in Judgmental Predictions of Corporate Bankruptcy).

JOHNSTON, LUCY, Resisting Change – Information-seeking and Stereotype Change, in: European Journal of Social Psychology 1996, S. 799-825 (Resisting Change).

JOLLS, CHRISTINE/SUNSTEIN, CASS/THALER, RICHARD, A Behavioral Approach to Law and Economics, in: Stanford Law Review 1998, S. 1471-1550 (Behavioral Approach).

JONAS, EVA/SCHULZ-HARDT, STEFAN/FREY, DIETER, Konfirmatorische Informationssuche bei simultaner vs. sequentieller Informationsvorgabe, in: Zeitschrift für Experimentelle Psychologie 2001, S. 239-247 (Konfirmatorische Informationssuche).

JONAS, EVA/SCHULZ-HARDT, STEFAN/FREY, DIETER/THELEN, NORMAN, Confirmation Bias in Sequential Information Search After Preliminary Decisions – An Expansion of Dissonance Theoretical Research on Selective Exposure to Information, in: Journal of Personality and Social Psychology 2001, S. 557-571 (Confirmation Bias in Sequential Information Search).

JONES, BRYAN, Bounded Rationality, in: Annual Review of Political Science 1999, S. 297-321 (Bounded Rationality).

JOYCE, EDWARD/BIDDLE, GARY, Anchoring and Adjustment in Probabilistic Inference in Auditing, in: Journal of Accounting Research 1981, S. 120-145 (Anchoring and Adjustment in Auditing).

JOYCE, EDWARD/BIDDLE, GARY, Are Auditors' Judgments Sufficiently Regressive?, in: Journal of Accounting Research 1981, S. 323-349 (Are Auditors' Judgments Sufficiently Regressive?).

JUNGERMANN, HELMUT/PFISTER, HANS-RÜDIGER/FISCHER, KATRIN, Die Psychologie der Entscheidung – Eine Einführung, 3. Aufl., Heidelberg 2010 (Psychologie der Entscheidung).

KACHELMEIER, STEVEN/MESSIER JR., WILLIAM, An Investigation of the Influence of a Nonstatistical Decision Aid on Auditor Sample Size Decisions, in: The Accounting Review 1990, S. 209-226 (Auditor Sample Size Decisions).

KADOUS, KATHRYN, Improving Jurors' Evaluations of Auditors in Negligence Cases, in: Contemporary Accounting Research 2001, S. 425-444 (Improving Jurors' Evaluations of Auditors in Negligence Cases).

KAHNEMAN, DANIEL, A Perspective on Judgment and Choice – Mapping Bounded Rationality, in: American Psychologist 2003, S. 697-720 (Judgment and Choice).

KAHNEMAN, DANIEL, Maps of Bounded Rationality – Psychology for Behavioral Economics, in: American Economic Review 2003, S. 1449-1475 (Bounded Rationality).

KAHNEMAN, DANIEL/FREDERICK, SHANE, Representativeness Revisited – Attribute Substitution in Intuitive Judgment, in: Heuristics and Biases, hrsg. v. Gilovich, Thomas/Griffin, Dale W./Kahneman, Daniel, 8. Aufl., Cambridge 2008, S. 49-81 (Representativeness Revisited).

KAHNEMAN, DANIEL/KNETSCH, JACK/THALER, RICHARD, Anomalies: The Endowment Effect, Loss Aversion, and Status Quo Bias, in: The Journal of Economic Perspectives 1991, S. 193-206 (Status Quo Bias).

KAHNEMAN, DANIEL/TVERSKY, AMOS, Subjective Probability: A Judgment of Representativeness, in: Cognitive Psychology 1972, S. 430-454 (Representativeness).

KAHNEMAN, DANIEL/TVERSKY, AMOS, On the Psychology of Prediction, in: Psychological Review 1973, S. 237-251 (Psychology of Prediction).

KAHNEMAN, DANIEL/TVERSKY, AMOS, Prospect Theory – An Analysis of Decision under Risk, in: Econometrica 1979, S. 263-292 (Prospect Theory).

KANODIA, CHANDRA/BUSHMAN, ROBERT/DICKHAUT, JOHN, Escalation Errors and the Sunk Cost Effect – An Explanation Based on Reputation and Information Asymmetries, in: Journal of Accounting Research 1989, S. 59-77 (Sunk Cost Effect).

KANT, IMMANUEL, Prolegomena zu einer jeden künftigen Metaphysik, die als Wissenschaft wird auftreten können, Riga 1783 (Metaphysik).

KANTER, HOWARD/MCENROE, JOHN/KYES, MARY, Developing and Installing an Audit Risk Model, in: Internal Auditor 1990, S. 51-55 (Audit Risk Model).

KAPTEYN, ARIE/WANSBEEK, TOM/BUYZE, JEANNINE, Maximizing or Satisficing?, in: The Review of Economics and Statistics 1979, S. 549-563 (Maximizing or Satisficing).

KATZ, DANIEL/KAHN, ROBERT, The Social Psychology of Organizations, New York 1966 (Social Psychology).

KEMPF, DIETER, Einsatz mathematisch-statistischer Stichprobenverfahren im Hinblick auf einen risikoorientierten Prüfungsansatz, in: Aktuelle Fachbeiträge aus Wirtschaftsprüfung und Beratung, hrsg. v. Luik, Hans, Stuttgart 1991, S. 242-269 (Risikoorientierter Prüfungsansatz).

KENNEDY, JANE, Debiasing Audit Judgment with Accountability: A Framework and Experimental Results, in: Journal of Accounting Research 1993, S. 231-245 (Debiasing Audit Judgment with Accountability).

KENNEDY, JANE, Debiasing the Curse of Knowledge in Audit Judgment, in: The Accounting Review 1995, S. 249-273 (Curse of Knowledge in Audit Judgment).

KENNEDY, JANE/PEECHER, MARK, Judging Auditors' Technical Knowledge, in: Journal of Accounting Research 1997, S. 279-293 (Judging Auditors' Technical Knowledge).

KEREN, GIDEON, On the Ability of Monitoring Non-Veridical Perceptions and Uncertain Knowledge – Some Calibration Studies, in: Acta Psychologica 1988, S. 95-119 (Monitoring Uncertain Knowledge).

KIDA, THOMAS, The Effect of Causality and Specificity on Data Use, in: Journal of Accounting Research 1984, S. 145-152 (Effect of Causality and Specificity on Data Use).

KIDA, THOMAS, The Impact of Hypothesis-Testing Strategies on Auditors' Use of Judgment Data, in: Journal of Accounting Research 1984, S. 332-340 (Auditors' Use of Judgment Data).

KINNEY, WILLIAM/UECKER, WILFRED, Mitigating the Consequences of Anchoring in Auditor Judgments, in: The Accounting Review 1982, S. 55-69 (Anchoring in Auditor Judgments).

KIRCHGÄSSNER, GEBHARD, The Weak Rationality Principle in Economics, in: CESifo Working Paper Nr. 1410 2005, S. 1-19 (Weak Rationality).

KIRCHGÄSSNER, GEBHARD, Homo Oeconomicus – Das ökonomische Modell individuellen Verhaltens und seine Anwendung in den Wirtschafts- und Sozialwissenschaften, 4. Aufl., Tübingen 2013 (Homo Oeconomicus).

KIRSCH, WERNER, Einführung in die Theorie der Entscheidungsprozesse, 2. Aufl., Wiesbaden 1977 (Theorie der Entscheidungsprozesse, Band 1).

KIRSCH, WERNER, Einführung in die Theorie der Entscheidungsprozesse, 2. Aufl., Wiesbaden 1977 (Theorie der Entscheidungsprozesse, Band 2).

KLAUS, GEORG, Moderne Logik – Abriss der formalen Logik, 6. Aufl., Berlin 1972 (Moderne Logik).

KLAYMAN, JOSHUA, Varieties of Confirmation Bias, in: Decision Making from a Cognitive Perspective, hrsg. v. Busemeyer, Jerome R./Medin, Douglas L./Hastie, Reid, San Diego 1995, S. 385-418 (Varieties of Confirmation Bias).

KLAYMAN, JOSHUA/HA, YOUNG-WON, Confirmation, disconfirmation, and information in hypothesis testing, in: Psychological Review 1987, S. 211-228 (Confirmation and Disconfirmation).

KLAYMAN, JOSHUA/SOLL, JACK/GONZÁLEZ-VALLEJO, CLAUDIA/BARLAS, SEMA, Overconfidence: It Depends on How, What, and Whom You Ask, in: Organizational Behavior and Human Decision Processes 1999, S. 216-247 (Overconfidence).

KLEIN, HEINZ, Heuristische Entscheidungsmodelle – Neue Techniken des Programmierens und Entscheidens für das Management, Wiesbaden 1971 (Heuristische Entscheidungsmodelle).

KLINKENBERG, DAGMAR, Stichprobenverfahren zur Schätzung von Differenzen im Prüfungswesen, Düsseldorf 1994 (Stichprobenverfahren).

KLIX, FRIEDHART, Information und Verhalten – Kybernetische Aspekte der organismischen Informationsverarbeitung – Einführung in naturwissenschaftliche Grundlagen der Allgemeinen Psychologie, Bern 1971 (Information und Verhalten).

KLOSE, WOLFGANG, Ökonomische Analyse von Entscheidungsanomalien, Frankfurt am Main 1994 (Entscheidungsanomalien).

KNABE, STEPHAN/MIKA, SEBASTIAN/MÜLLER, KLAUS-ROBERT/RÄTSCH, GUNNAR/SCHRUFF, WIENAND, Zur Beurteilung des Fraud-Risikos im Rahmen der Abschlussprüfung, in: Die Wirtschaftsprüfung 2004, S. 1057-1068 (Beurteilung des Fraud-Risikos im Rahmen der Abschlussprüfung).

KNECHEL, W. ROBERT/MESSIER JR., WILLIAM, Sequential Auditor Decision Making – Information Search and Evidence Evaluation, in: Contemporary Accounting Research 1990, S. 386-406 (Sequential Auditor Decision Making).

KNOBLAUCH, PETER/STANGNER, KARL-HEINZ, Rationalisierung im Prüfungsbetrieb – Ein praxisbezogener Beitrag über ausgewählte Problembereiche in der Wirtschaftsprüfungsunternehmung, in: Betriebswirtschaftliche Forschung und Praxis 1985, S. 291-307 (Prüfungsbetrieb).

KNOBLICH, GÜNTHER/ÖLLINGER, MICHAEL, Problemlösen und logisches Schließen, in: Allgemeine Psychologie, hrsg. v. Müsseler, Jochen, 2. Aufl., Berlin 2008, S. 551-599 (Problemlösen).

KNOP, WOLFGANG, Die Prüfung des Internen Kontrollsystems (IKS) als Basis zur Planung ergebnisorientierter Prüfungshandlungen, in: Die Wirtschaftsprüfung 1983, S. 413-419 (Prüfung des IKS).

KOCH, CHRISTOPHER, Behavioral Economics und das Entscheidungsverhalten des Wirtschaftsprüfers – Ein Forschungsüberblick, in: Sonderforschungsbereich Rationalitätskonzepte, Entscheidungsverhalten und Ökonomische Modellierung 2004, S. 1-33 (Entscheidungsverhalten des Wirtschaftsprüfers).

KOCH, CHRISTOPHER, Essays on Behavioral Economics and Auditing, Mannheim 2008 (Behavioral Economics and Auditing).

KOCH, HELMUT, Aufbau der Unternehmensplanung, Wiesbaden 1977 (Unternehmensplanung).

KÖDEL, WILHELM, Risikoorientierte Abschlußprüfung – Integration in das Risiko-Management von Prüfungsunternehmen, Wiesbaden 1997 (Risikoorientierte Abschlußprüfung).

KOEHLER, DEREK, Hypothesis Generation and Confidence in Judgment, in: Journal of Experimental Psychology: Learning, Memory, and Cognition 1994, S. 461-469 (Hypothesis Generation).

KOEHLER, JONATHAN, The Influence of Prior Beliefs on Scientific Judgments of Evidence Quality, in: Organizational Behavior and Human Decision Processes 1993, S. 28-55 (Influence of Prior Beliefs).

KOONCE, LISA, Explanation and Counterexplanation During Audit Analytical Review, in: The Accounting Review 1992, S. 59-76 (Explanation and Counterexplanation).

KORDES-DE VAAL, JOHANNA, Intention and the Omission Bias – Omissions Perceived as Nondecisions, in: Acta Psychologica 1996, S. 161-172 (Intention and the Omission Bias).

KORIAT, ASHER/LICHTENSTEIN, SARAH/FISCHHOFF, BARUCH, Reasons for Confidence, in: Journal of Experimental Psychology: Human Learning and Memory 1980, S. 107-118 (Reasons for Confidence).

KOROBKIN, RUSSEL/ULEN, THOMAS, Law and Behavioral Science – Removing the Rationality Assumption from Law and Economics, in: California Law Review 2000, S. 1051-1144 (Removing the Rationality Assumption).

KOSIOL, ERICH, Kosten- und Leistungsrechnung – Grundlagen, Verfahren, Anwendungen, Berlin 1979 (Kosten- und Leistungsrechnung).

KOTOVSKY, KENNETH/SIMON, HERBERT, What Makes Some Problems Really Hard – Explorations in the Problem Space of Difficulty, in: Cognitive Psychology 1990, S. 143-183 (Problem Space).

KRAY, LAURA/GALINSKY, ADAM, The debiasing effect of counterfactual mind-sets: Increasing the search for disconfirmatory information in group decisions, in: Organizational Behavior and Human Decision Processes 2003, S. 69-81 (Effect of Counterfactual Mind-Sets).

KREUTZFELDT, RICHARD/WALLACE, WANDA, Error Characteristics in Audit Populations – Their Profile and Relationship to Environmental Factors, in: Auditing: A Journal of Practice & Theory 1986, S. 20-43 (Error Characteristics in Audit Populations).

KROMMES, WERNER, Handbuch Jahresabschlussprüfung, Wiesbaden 2008 (Jahresabschlussprüfung).

KRULL, GEORGE/RECKERS, PHILIP/WONG-ON-WING, BERNARD, The Effect of Experience, Fraudulent Signals and Information Presentation Order on Auditors' Beliefs, in: Auditing: A Journal of Practice & Theory 1993, S. 143-153 (Experience, Fraudulent Signals and Information Presentation Order).

KUNDA, ZIVA, The Case for Motivated Reasoning, in: Psychological Bulletin 1990 (Motivated Reasoning).

KURZENHÄUSER, STEPHANIE/LÜCKING, ANDREA, Statistical Formats in Bayesian Interference, in: Cognitive Illusions, hrsg. v. Pohl, Rüdiger F., Hove 2004, S. 59-77 (Statistical Formats in Bayesian Interference).

LAGUEUX, MAURICE, The Forgotten Role of the Rationality Principle in Economics, in: Journal of Economic Methodology 2004, S. 31-51 (Rationality Principle in Economics).

LANGLOIS, RICHARD, Bounded Rationality and Behavioralism – A Clarification and Critique, in: Journal of Institutional and Theoretical Economics 1990, S. 691-695 (Bounded Rationality and Behavioralism).

LARRICK, RICHARD P., Debiasing, in: Blackwell Handbook of Judgment and Decision Making, hrsg. v. Koehler, Derek J./Harvey, Nigel, Hoboken 2004, S. 316-337 (Debiasing).

LARRICK, RICHARD/MORGAN, JAMES/NISBETT, RICHARD, Teaching the Use of Cost-Benefit Reasoning in Everyday Life, in: Psychological Science 1990, S. 362-370 (Teaching the Use of Cost-Benefit Reasoning).

LASCHKE, ANDREAS/WEBER, MARTIN, Der „Overconfidence Bias" und seine Konsequenzen in Finanzmärkten, in: Sonderforschungsbereich Rationalitätskonzepte, Entscheidungsverhalten und Ökonomische Modellierung 1999, S. 1-38 (Overconfidence Bias).

LAUX, HELMUT/GILLENKIRCH, ROBERT/SCHENK-MATHES, HEIKE, Entscheidungstheorie, 8. Aufl., Berlin 2012 (Entscheidungstheorie).

LAVILLE, FRÉDÉRIC, Should we abandon optimization theory? – The need for bounded rationality, in: Journal of Economic Methodology 2000, S. 395-426 (Abandon Optimization Theory).

LEBOEUF, ROBYN/SHAFIR, ELDAR, Anchoring on the „Here" and „Now" in Time and Distance Judgments, in: Journal of Experimental Psychology: Learning, Memory, and Cognition 2009, S. 81-93 (Anchoring).

LECHNER, KARL, Reine und/oder empirisch-kognitive Theorie der Prüfung?, in: Management und Kontrolle, hrsg. v. Seicht, Gerhard/Loitlsberger, Erich, Berlin 1981, S. 47-60 (Reine und/oder empirisch-kognitive Theorie der Prüfung?).

LEFFSON, ULRICH, Wesentlich, in: Handwörterbuch unbestimmter Rechtsbegriffe im Bilanzrecht des HGB, hrsg. v. Leffson, Ulrich/Rückle, Dieter/Grossfeld, Bernhard, Köln 1986, S. 434-447 (Wesentlich).

LEFFSON, ULRICH, Die Grundsätze ordnungsmäßiger Buchführung, 7. Aufl., Düsseldorf 1987 (Grundsätze ordnungsmäßiger Buchführung).

LEFFSON, ULRICH, Wirtschaftsprüfung, 4. Aufl., Wiesbaden 1988 (Wirtschaftsprüfung).

LEFFSON, ULRICH/BÖNKHOFF, FRANZ J., Beurteilungsprozeß bei der Revision, in: Handwörterbuch der Revision, hrsg. v. Coenenberg, Adolf G./Wysocki, Klaus von, Stuttgart 1983 (Beurteilungsprozeß).

LEFFSON, ULRICH/LIPPMANN, KLAUS/BAETGE, JÖRG, Zur Sicherheit und Wirtschaftlichkeit der Urteilsbildung bei Prüfungen, Düsseldorf 1969 (Sicherheit und Wirtschaftlichkeit der Urteilsbildung).

LEHWALD, KLAUS-JÜRGEN, Die Einrichtung eines dokumentierten Qualitätssicherungssystems als Berufspflicht für alle Wirtschaftprüfer und vereidigten Buchprüfer, in: Die Steuerberatung 2005, S. 507-520 (Qualitätssicherungssystem).

LENZ, HANSRUDI, Prüfungstheorie, verhaltensorientierter Ansatz, in: Handwörterbuch der Rechnungslegung und Prüfung, hrsg. v. Ballwieser, Wolfgang/Coenenberg, Adolf G./Wysocki, Klaus von, 3. Aufl., Stuttgart 2002, S. 1924-1938 (Verhaltensorientierter Prüfungsansatz).

LERNER, JENNIFER/TETLOCK, PHILIP, Accounting for the Effects of Accountability, in: Psychological Bulletin 1999, S. 255-275 (Accounting for the Effects of Accountability).

LEUKEL, STEFAN, Möglichkeiten und Grenzen der Aufdeckung von „Non-Compliance" durch die Abschlussprüfung – Eine Analyse der Anforderungen internationaler und US-amerikanischer Prüfungsstandards, in: Deutsches Steuerrecht 2010, S. 2148-2153 (Aufdeckung von Non-Compliance).

LEWIN, KURT/DEMBO, TAMARA/FESTINGER, LEON/SEARS, PAULINE SNEDDEN, Level of Aspiration, in: Personality and the Behavior Disorders, hrsg. v. Hunt, Joseph McVicker, New York 1944, S. 333-378 (Level of Aspiration).

LIBBY, ROBERT, Accounting and human information processing – Theory and applications, Englewood Cliffs 1981 (Accounting and Human Information Processing).

LIBBY, ROBERT, Availability and the Generation of Hypotheses in Analytical Review, in: Journal of Accounting Research 1985, S. 648-667 (Availability and the Generation of Hypotheses).

LICHTENSTEIN, SARAH/FISCHHOFF, BARUCH, Do Those Who Know More Also Know More about How Much They Know?, in: Organizational Behavior and Human Performance 1977, S. 159-183 (Those Who Know More).

LICHTENSTEIN, SARAH/SLOVIC, PAUL/FISCHHOFF, BARUCH/LAYMAN, MARK/COMBS, BARBARA, Judged Frequency of Lethal Events, in: Journal of Experimental Psychology: Human Learning and Memory 1978, S. 551-578 (Judged Frequency).

LINDGENS, URSULA, Die externe Qualitätskontrolle als Herausforderung für die mittelständische WP-/vBP-Praxis, in: WPK Magazin 2004, S. 43-45 (Qualitätskontrolle).

LING, JONATHAN/CATLING, JONATHAN, Cognitive Psychology, Harlow 2012 (Cognitive Psychology).

LINK, ROBERT, Abschlussprüfung und Geschäftsrisiko, Wiesbaden 2006 (Abschlussprüfung und Geschäftsrisiko).

LIPMAN, BARTON, Information Processing and Bounded Rationality – A Survey, in: Canadian Journal of Economics 1995, S. 42-67 (Bounded Rationality).

LOITLSBERGER, ERICH, Treuhand- und Revisionswesen, 2. Aufl., Stuttgart 1966 (Treuhand- und Revisionswesen).

LORD, CHARLES/LEPPER, MARK/PRESTON, ELIZABETH, Considering the Opposite: A Corrective Strategy for Social Judgment, in: Journal of Personality and Social Psychology 1984, S. 1231-1243 (Considering the Opposite).

LORD, CHARLES/ROSS, LEE/LEPPER, MARK, Biased Assimilation and Attitude Polarization: The Effects of Prior Theories on Subsequently Considered Evidence, in: Journal of Personality and Social Psychology 1979, S. 2098-2109 (Subsequently Considered Evidence).

LOWE, D. JORDAN/RECKERS, PHILIP, The Effects of Hindsight Bias on Jurors' Evaluations of Auditor Decisions, in: Decision Sciences 1994, S. 401-426 (Evaluations of Auditor Decisions).

LOWE, D. JORDAN/RECKERS, PHILIP, The Use of Foresight Decision Aids in Auditors' Judgments, in: Behavioral Research in Accounting 2000, S. 97-118 (Foresight Decision Aids in Auditors' Judgments).

LUBITZSCH, KAY, Prüfungssicherheit bei betriebswirtschaftlichen Prüfungen – Eine theoretische und empirische Analyse, Düsseldorf 2008 (Prüfungssicherheit).

LÜCK, HELMUT E., Geschichte der Psychologie, in: Psychologie, hrsg. v. Schütz, Astrid/Brand, Matthias/Selg, Herbert/Lautenbacher, Stefan, 4. Aufl., Stuttgart 2011, S. 30-46 (Geschichte der Psychologie).

LÜCK, WOLFGANG, Jahresabschlußprüfung – Grundsätze für eine umfassende Prüfung der Rechnungslegung, Stuttgart 1993 (Jahresabschlußprüfung).

LÜCK, WOLFGANG, Prüffelder, in: Lexikon der Rechnungslegung und Abschlußprüfung, hrsg. v. Lück, Wolfgang, 4. Aufl., München 1998, S. 584 (Prüffelder).

LÜCK, WOLFGANG, Prüfung der Rechnungslegung – Jahresabschlußprüfung, München 1999 (Prüfung der Rechnungslegung).

LUDWIG, SANDRA/NAFZIGER, JULIA, Beliefs about Overconfidence, in: Theory and Decision 2011, S. 475-500 (Beliefs about Overconfidence).

LUND, FREDERICK, The Psychology of Belief – The Law of Primacy in Persuasion, in: The Journal of Abnormal and Social Psychology 1925, S. 174-195 (Psychology of Belief).

MACCARI-PEUKERT, DANIELA, Externe Qualitätssicherung – Eine empirische Analyse des Einflusses der externen Qualitätskontrollen und der anlassunabhängigen Sonderuntersuchungen auf die Prüfungsqualität in Deutschland, Düsseldorf 2011 (Externe Qualitätssicherung).

MACKOWIAK, KATJA/LAUTH, GERHARD/SPIEß, RALF/HUBER, ANNE, Förderung von Lernprozessen, Stuttgart 2008 (Lernprozesse).

MACLEOD, COLIN/CAMPBELL, LYNLEE, Memory Accessibility and Probability Judgments – An Experimental Evaluation of the Availability Heuristic, in: Journal of Personality and Social Psychology 1992, S. 890-902 (Memory Accessibility and Probability Judgments).

MACLEOD, WILLIAM, Complexity, Bounded Rationality and Heuristic Search, in: The B.E. Journal of Economic Analysis & Policy 2002, S. 1-50 (Complexity, Bounded Rationality and Heuristic Search).

MANKTELOW, KEN, Thinking and Reasoning – An Introduction to the Psychology of Reason, Judgment and Decision making, Hove 2012 (Thinking and Reasoning).

MARCH, JAMES, Bounded Rationality, Ambiguity, and the Engineering of Choice, in: The Bell Journal of Economics 1978, S. 587-608 (Bounded Rationality).

MARCH, JAMES/SIMON, HERBERT, Organizations, Oxford 1958 (Organizations).

MARCHANT, GARRY, Analogical Reasoning and Hypothesis Generation in Auditing, in: The Accounting Review, S. 500-513 (Hypothesis Generation).

MARTEN, KAI-UWE/QUICK, REINER/RUHNKE, KLAUS, Wirtschaftsprüfung – Grundlagen des betriebswirtschaftlichen Prüfungswesens nach nationalen und internationalen Normen, 4. Aufl., Stuttgart 2011 (Wirtschaftsprüfung).

MARTINOV, NONNA/ROEBUCK, PETER, The Assessment and Integration of Materiality and Inherent Risk – An Analysis of Major Firms' Audit Practices, in: International Journal of Auditing 1998, S. 103-126 (Materiality and Inherent Risk).

MATHER, MARA/JOHNSON, MARCIA, Choice-Supportive Source Monitoring: Do Our Decisions Seem Better to Us as We Age?, in: Psychology and Aging 2000, S. 596-606 (Do Our Decisions Seem Better to Us as We Age?).

MATUSCHKA, MICHAEL GRAF VON, Heuristik – Geschichte des Wortes und der Versuche zur Entwicklung allgemeiner und spezieller Theorien von der Antike bis Kant, Düsseldorf 1974 (Heuristik).

MCDANIEL, LINDA/KINNEY, WILLIAM, Expectation-Formation Guidance in the Auditor's Review of Interim Financial Information, in: Journal of Accounting Research 1995, S. 59-76 (Expectation-Formation Guidance).

MCMILLAN, JEFFREY/WHITE, RICHARD, Auditors' Belief Revisions and Evidence Search – The Effect of Hypothesis Frame, Confirmation Bias, and Professional Skepticism, in: The Accounting Review 1993, S. 443-465 (Auditors' Belief Revisions and Evidence Search).

MEISEL, BERND, Geschichte der deutschen Wirtschaftsprüfer – Entstehungs- und Entwicklungsgeschichte vor dem Hintergrund einzel- und gesamtwirtschaftlicher Krisen, Köln 1992 (Geschichte der deutschen Wirtschaftsprüfer).

MELCHER, THORSTEN, Aufdeckung wirtschaftskrimineller Handlungen durch den Abschlussprüfer, Lohmar 2009 (Aufdeckung wirtschaftskrimineller Handlungen).

MELLERS, BARBARA/HERTWIG, RALPH/KAHNEMAN, DANIEL, Do Frequency Representations Eliminate Conjunction Effects? – An Exercise in Adversarial Collaboration, in: Psychological Science 2001, S. 269-275 (Do Frequency Representations Eliminate Conjunction Effects?).

MESSIER JR., WILLIAM F., Research in and Development of Audit Decisions Aids, in: Judgment and decision-making research in accounting and auditing, hrsg. v. Ashton, Robert H., Cambridge 1995, S. 207-228 (Audit Decisions Aids).

MESSIER JR., WILLIAM/OWHOSO, VINCENT/RAKOVSKI, CARTER, Can Audit Partners Predict Subordinates' Ability to Detect Errors?, in: Journal of Accounting Research 2008, S. 1241-1264 (Ability to Detect Errors).

MESSIER JR., WILLIAM/TUBBS, RICHARD, Recency Effects in Belief Revision – The Impact of Audit Experience and the Review Process, in: Auditing: A Journal of Practice & Theory 1994, S. 57-72 (Recency Effects in Belief Revision).

MEYER, STEPHANIE/PAULITSCHEK, PATRICK, Qualitätssicherung, externe, in: Lexikon der Wirtschaftsprüfung, hrsg. v. Marten, Kai-Uwe/Quick, Reiner/Ruhnke, Klaus, Stuttgart 2006, S. 660-667 (Externe Qualitätssicherung).

MEYER, STEPHANIE/PAULITSCHEK, PATRICK, Qualitätssicherung, interne, in: Lexikon der Wirtschaftsprüfung, hrsg. v. Marten, Kai-Uwe/Quick, Reiner/Ruhnke, Klaus, Stuttgart 2006, S. 667-673 (Interne Qualitätssicherung).

MIELKE, FREDERIK, Geschäftsrisikoorientierte Abschlussprüfung – Strukturvorgaben für die Prüfungsplanung und -durchführung sowie Analyse der Einflussfaktoren, Düsseldorf 2007 (Geschäftsrisikoorientierte Abschlussprüfung).

MILLER, GEORGE, The Magical Number Seven, Plus or Minus Two – Some Limits on Our Capacity for Processing Information, in: Psychological Review 1956, S. 81-97 (Capacity for Processing Information).

MILLER, NORMAN/CAMPBELL, DONALD, Recency and Primacy in Persuasion as a Function of the Timing of Speeches and Measurements, in: The Journal of Abnormal and Social Psychology 1959, S. 1-9 (Recency and Primacy).

MIRTSCHINK, DANIEL, Die Haftung des Wirtschaftsprüfers gegenüber Dritten – Eine Untersuchung zur zivilrechtlichen Haftung in Zusammenhang mit der Durchführung von gesetzlichen und freiwilligen Jahresabschlussprüfungen, Berlin 2006 (Haftung des Wirtschaftsprüfers gegenüber Dritten).

MITCHELL, TERENCE/KALB, LAURA, Effects of Outcome Knowledge and Outcome Valence on Supervisors' Evaluations, in: Journal of Applied Psychology 1981, S. 604-612 (Effects of Outcome Knowledge).

MOCHTY, LUDWIG, Zur theoretischen Fundierung des risikoorientierten Prüfungsansatzes, in: Jahresabschluß und Jahresabschlußprüfung, hrsg. v. Fischer, Thomas R./Hömberg, Reinhold, Düsseldorf 1997, S. 731-780 (Theoretische Fundierung des risikoorientierten Prüfungsansatzes).

MOCK, THEODORE/WRIGHT, ARNOLD, An Exploratory Study of Auditors' Evidential Planning Judgments, in: Auditing: A Journal of Practice & Theory 1993, S. 39-61 (Auditors' Evidential Planning Judgments).

MOECKEL, CINDY/PLUMLEE, R. DAVID, Auditors' Confidence in Recognition of Audit Evidence, in: The Accounting Review 1989, S. 653-666 (Auditors' Confidence).

MONROE, GARY/NG, JULIANA, An Examination of Order Effects in Auditors' Inherent Risk Assessments, in: Accounting and Finance 2000, S. 153-168 (Order Effects).

MOON, HENRY, Looking Forward and Looking Back: Integrating Completion and Sunk-Cost Effects Within an Escalation-of-Commitment Progress Decision, in: Journal of Applied Psychology 2001, S. 104-113 (Completion and Sunk-Cost Effects).

MOORE, DON/HEALY, PAUL, The Trouble with Overconfidence, in: Psychological Review 2008, S. 502-517 (Overconfidence).

MOSER, DONALD, Using an Experimental Economics Approach in Behavioral Accounting Research, in: Behavioral Research in Accounting 1998, S. 94-110 (Behavioral Accounting Research).

MULHOLLAND, PAUL/WATT, STUART, Cognitive Modelling and Cognitive Architectures, in: Cognitive Psychology, hrsg. v. Braisby, Nick/Gellatly, Angus, Oxford 2005, S. 579-616 (Cognitive Modelling and Cognitive Architectures).

MÜLLER, CHRISTIAN/KROPP, MANFRED, Überprüfung der Plausibilität von Jahresabschlüssen, in: Der Betrieb 1992, S. 149-158 (Überprüfung der Plausibilität von Jahresabschlüssen).

MÜLLER, HERMANN J./KRUMMENACHER, JOSEPH, Aufmerksamkeit, in: Allgemeine Psychologie, hrsg. v. Müsseler, Jochen, 2. Aufl., Berlin 2008, S. 103-152 (Aufmerksamkeit).

MÜLLER-MERBACH, HEINER, Heuristische Verfahren und Entscheidungsbaumverfahren, in: Handwörterbuch der Betriebswirtschaft, hrsg. v. Grochla, Erwin/Wittmann, Waldemar, 4. Aufl., Stuttgart 1975, S. 1812-1826 (Heuristische Verfahren).

MUNTER, PAUL/MCCASLIN, THOMAS, Risk and Materiality in an Audit, in: CPA-Journal 1984, S. 34-44 (Risk and Materiality).

MURDOCK, BENNET, The Serial Position Effect of Free Recall, in: Journal of Experimental Psychology 1962, S. 482-488 (Serial Position Effect).

MUSCH, JOCHEN, Personality Differences in Hindsight Bias, in: Memory 2003, S. 473-489 (Personality Differences in Hindsight Bias).

MUSSWEILER, THOMAS/ENGLICH, BIRTE, Subliminal Anchoring – Judgmental Consequences and Underlying Mechanisms, in: Organizational Behavior and Human Decision Processes 2005, S. 133-143 (Subliminal Anchoring).

MUSSWEILER, THOMAS/ENGLICH, BIRTE/STRACK, FRITZ, Anchoring Effect, in: Cognitive Illusions, hrsg. v. Pohl, Rüdiger F., Hove 2004, S. 183-200 (Anchoring Effect).

MUSSWEILER, THOMAS/STRACK, FRITZ, Hypothesis-Consistent Testing and Semantic Priming in the Anchoring Paradigm: A Selective Accessibility Model, in: Journal of Experimental Social Psychology 1999, S. 136-164 (Priming in the Anchoring Paradigm).

MUSSWEILER, THOMAS/STRACK, FRITZ, Numeric Judgments under Uncertainty: The Role of Knowledge in Anchoring, in: Journal of Experimental Social Psychology 2000, S. 495-518 (Role of Knowledge in Anchoring).

MUSSWEILER, THOMAS/STRACK, FRITZ, The Use of Category and Exemplar Knowledge in the Solution of Anchoring Tasks, in: Journal of Personality and Social Psychology 2000, S. 1038-1052 (Solution of Anchoring Tasks).

MUSSWEILER, THOMAS/STRACK, FRITZ/PFEIFFER, TIM, Overcoming the Inevitable Anchoring Effect: Considering the Opposite Compensates for Selective Accessibility, in: Personality and Social Psychology Bulletin 2000, S. 1142-1150 (Considering the Opposite Compensates for Selective Accessibility).

MYNATT, CLIFFORD/DOHERTY, MICHAEL/DRAGAN, WILLIAM, Information Relevance, Working Memory, and the Consideration of Alternatives, in: Quarterly Journal of Experimental Psychology 1993, S. 759-778 (Consideration of Alternatives).

NAGEL, THOMAS, Risikoorientierte Jahresabschlußprüfung – Grundsätze für die Bewältigung des Prüfungsrisikos des Abschlußprüfers, Sternenfels 1997 (Risikoorientierte Jahresabschlußprüfung).

NAISH, PETER, Attention, in: Cognitive Psychology, hrsg. v. Braisby, Nick/Gellatly, Angus, Oxford 2005, S. 37-70 (Attention).

NAUMANN, KLAUS-PETER/FELD, KLAUS-PETER, Die Anwendung der International Standards on Auditing (ISA) in Deutschland – Ziele, Bedeutung und Nutzen, in: Die Wirtschaftsprüfung 2013, S. 641-649 (Anwendung der International Standards on Auditing).

NELSON, MARK, A Model and Literature Review of Professional Skepticism in Auditing, in: Auditing: A Journal of Practice & Theory 2009, S. 1-34 (Professional Skepticism in Auditing).

NEUMANN, JOHN VON, Die Rechenmaschine und das Gehirn, München 1960 (Gehirn).

NEUMANN, JOHN VON/MORGENSTERN, OSKAR, Theory of Games and Economic Behavior, Princeton 1947 (Theory of Games and Economic Behavior).

NEWELL, ALLEN/SHAW, JOHN/SIMON, HERBERT, Elements of a Theory of Human Problem Solving, in: Psychological Review 1958, S. 151-166 (Theory of Human Problem Solving).

NEWELL, ALLEN/SIMON, HERBERT, Human problem solving, Englewood Cliffs 1972 (Human Problem Solving).

NICKERSON, RAYMOND, Confirmation Bias: A Ubiquitous Phenomenon in Many Guises, in: Review of General Psychology 1998, S. 175-220 (Confirmation Bias).

NIEHUS, RUDOLF, Qualitätssicherung in der Wirtschaftsprüfung: Ein Berufsstand verpflichtet sich – Gemeinsame Stellungnahme der WPK und des IDW: VO 1/1995 „Zur Qualitätssicherung in der Wirtschaftsprüfungspraxis“, in: Der Betrieb 1996, S. 385-391 (Qualitätssicherung in der Wirtschaftsprüfung).

NISBETT, RICHARD/ROSS, LEE, Human Inference – Strategies and Shortcomings of Social Judgment, Englewood Cliffs 1980 (Human Inference).

NORDMANN, ALFRED, If and Then: A Critique of Speculative NanoEthics, in: Nanoethics 2007, S. 31-46 (If and Then).

NORTHCRAFT, GREGORY/NEALE, MARGARET, Experts, Amateurs, and Real Estate: An Anchoring-and-Adjustment Perspective on Property Pricing Decisions, in: Organizational Behavior and Human Decision Processes 1987, S. 84-97 (Anchoring and Adjustment).

NORTHCRAFT, GREGORY/WOLF, GERRIT, Dollars, Sense, and Sunk Costs – A Life Cycle Model of Resource Allocation Decisions, in: The Academy of Management Review 1984, S. 225-234 (Sunk Costs).

ODENTHAL, ROGER, Prüfsoftware im Einsatz – Handbuch für die praktische Analyse von Unternehmensdaten, Nürnberg 2006 (Prüfsoftware im Einsatz).

ODENTHAL, ROGER, Korruption und Mitarbeiterkriminalität – Wirtschaftskriminalität vorbeugen, erkennen und aufdecken, 2. Aufl., Wiesbaden 2009 (Korruption und Mitarbeiterkriminalität).

OSSADNIK, WOLFGANG, Grundsatz und Interpretation der Materiality, in: Die Wirtschaftsprüfung 1993, S. 617-629 (Materiality).

OSWALD, MARGIT, Urteile über den Repräsentativitätsheurismus, in: Archiv für Psychologie 1986, S. 113-125 (Repräsentativitätsheurismus).

OSWALD, MARGIT/GROSJEAN, STEFAN, Confirmation Bias, in: Cognitive Illusions, hrsg. v. Pohl, Rüdiger F., Hove 2004, S. 79-96 (Confirmation Bias).

OWHOSO, VINCENT/WEICKGENANNT, ANDREA, Auditors' Self-perceived Abilities in Conducting Domain Audits, in: Critical Perspectives on Accounting 2009, S. 3-21 (Auditors' Self-perceived Abilities).

PASCHE, MARKUS, Beschränkt rationales Verhalten und Heterogenität im Oligopol, Aachen 2004 (Beschränkt rationales Verhalten).

PASSER, MICHAEL/SMITH, RONALD, Psychology – The Science of Mind and Behavior, 5. Aufl., New York 2011 (Science of Mind).

PAULITSCHEK, PATRICK, Aufsicht über den Berufsstand der Wirtschaftsprüfer in Deutschland – Eine agencytheoretische Analyse, Wiesbaden 2009 (Berufsstand der Wirtschaftsprüfer).

PEECHER, MARK/KLEINMUNTZ, DON, Experimental Evidence on the Effects of Accountability on Auditor Judgments, in: Auditing: A Journal of Practice & Theory 1991, S. 108-113 (Effects of Accountability on Auditor Judgments).

PEECHER, MARK/PIERCEY, M. DAVID, Judging Audit Quality in Light of Adverse Outcomes: Evidence of Outcome Bias and Reverse Outcome Bias, in: Contemporary Accounting Research 2008, S. 243-274 (Judging Audit Quality in Light of Adverse Outcomes).

PEEMÖLLER, VOLKER/HOFMANN, STEFAN, Bilanzskandale – Delikte und Gegenmaßnahmen, Berlin 2005 (Bilanzskandale).

PEI, BUCK/REED, SARAH/KOCH, BRUCE, Auditor Belief Revisions in a Performance Auditing Setting – An Application of the Belief-Adjustment Model, in: Accounting, Organizations and Society 1992, S. 169-183 (Auditor Belief Revisions).

PETERS, JAMES, A Knowledge Based Model of Inherent Audit Risk Assessment, Pittsburgh 1989 (Inherent Audit Risk Assessment).

PETERSON, BONITA/WONG-ON-WING, BERNARD, An Examination of the Positive Test Strategy in Auditors' Hypothesis Testing, in: Behavioral Research in Accounting 2000, S. 257-277 (Positive Test Strategy in Auditors' Hypothesis Testing).

PETZEL, OSKAR, Die Gliederung des Prüfungsstoffes für den mehrjährigen Prüfungsplan und für die Zwischenprüfung, in: Die Wirtschaftsprüfung 1962, S. 2-7 (Mehrjähriger Prüfungsplan).

PFÄNDER, ALEXANDER, Logik, Tübingen 1963 (Logik).

PFITZER, NORBERT, Aktuelles zur Qualitätssicherung und Qualitätskontrolle, in: Die Wirtschaftsprüfung 2006, S. 186-197 (Qualitätssicherung und Qualitätskontrolle).

PFITZER, NORBERT/SCHNEIß, ULRICH, Die Sicherung und Überwachung der Qualität in der Wirtschaftsprüferpraxis, in: Rechnungslegung und Wirtschaftsprüfung, hrsg. v. Kirsch, Hans-Jürgen/Thiele, Stefan, Düsseldorf 2007, S. 1085-1125 (Sicherung und Überwachung der Qualität in der Wirtschaftsprüferpraxis).

PFOHL, HANS-CHRISTIAN/BRAUN, GÜNTHER, Entscheidungstheorie – Normative und deskriptive Grundlagen des Entscheidens, Landsberg am Lech 1981 (Grundlagen des Entscheidens).

PITZ, GORDON/SACHS, NATALIE, Judgment and Decision – Theory and Application, in: Annual Review of Psychology 1984, S. 139-163 (Judgment and Decision).

PLATZER, WALTER, Empirisch-kognitive Theorie der Prüfung, in: Treuhandwesen, hrsg. v. Lechner, Karl/Abel, Alfred, Wien 1978, S. 169-180 (Empirisch-kognitive Theorie der Prüfung).

PLÜMPER, THOMAS, Quasi-rationale Akteure und die Funktion internationaler Institutionen, in: Zeitschrift für Internationale Beziehungen 1995, S. 49-77 (Quasi-rationale Akteure).

POHL, RÜDIGER F., Hindsight Bias, in: Cognitive Illusions, hrsg. v. Pohl, Rüdiger F., Hove 2004, S. 363-378 (Hindsight Bias).

POHL, RÜDIGER F., Introduction: Cognitive Illusions, in: Cognitive Illusions, hrsg. v. Pohl, Rüdiger F., Hove 2004, S. 1-20 (Cognitive Illusions).

POLL, JENS, Die Verantwortlichkeit des Abschlußprüfers nach § 323 HGB, in: Deutsche Zeitschrift für Wirtschafts- und Insolvenzrecht 1995, S. 95-101 (Verantwortlichkeit des Abschlussprüfers).

POLL, JENS, Beurteilung der internen Nachschau im Rahmen der externen Qualitätskontrolle, in: Externe Qualitätskontrolle im Berufsstand der Wirtschaftsprüfer, hrsg. v. Marten, Kai-Uwe/Quick, Reiner/Ruhnke, Klaus, Düsseldorf 2004, S. 161-174 (Interne Nachschau).

POLL, JENS, Aktuelle Fragen zur Qualitätskontrolle und zur Qualitätssicherung, in: Die Wirtschaftsprüfung 2009, S. 493-496 (Qualitätskontrolle und zur Qualitätssicherung).

PYSZCZYNSKI, TOM/GREENBERG, JEFF, Toward an Integration of Cognitive and Motivational Perspectives on Social Inference: A Biased Hypothesis-Testing Model, in: Advances in Experimental Social Psychology, hrsg. v. Berkowitz, Leonard, San Diego 1987, S. 297-340 (A Biased Hypothesis-Testing Model).

QUICK, REINER, Der Grundsatz der Materiality in der Rechnungslegungsprüfung, in: Das Wirtschaftsstudium 1992, S. 873-878 (Materiality in der Rechnungslegungsprüfung).

QUICK, REINER, Die Risiken der Jahresabschlußprüfung, Düsseldorf 1996 (Risiken der Jahresabschlußprüfung).

QUICK, REINER/MONROE, GARY/NG, JULIANA/WOODLIFF, DAVID, Risikoorientierte Jahresabschlussprüfung und inhärentes Risiko – Zur Bedeutung der Faktoren des inhärenten Risikos, in: Betriebswirtschaftliche Forschung und Praxis 1997, S. 209-228 (Risikoorientierte Jahresabschlussprüfung und inhärentes Risiko).

RACHLINSKI, JEFFREY, The Uncertain Psychological Case for Paternalism, in: Northwestern University Law Review 2003, S. 1165-1225 (Uncertain Psychological Case for Paternalism).

RAMMERT, STEFAN, Prüfungsnachweise, in: Vahlens großes Auditing Lexikon, hrsg. v. Freidank, Carl-Christian/Lachnit, Laurenz/Tesch, Jörg/Weber, Stefan C., München 2007, S. 1090-1091 (Prüfungsnachweise).

RAVINDER, HANDANHAL/KLEINMUNTZ, DON/DYER, JAMES, The Reliability of Subjective Probabilities Obtained Through Decomposition, in: Management Science 1988, S. 186-199 (Decomposition).

READ, WILLIAM/MITCHELL, JOHN/AKRESH, ABRAHAM, Planning Materiality and SAS No. 47, in: Journal of Accountancy 1987, S. 72-79 (Planning Materiality).

REBER, ROLF, Availability, in: Cognitive Illusions, hrsg. v. Pohl, Rüdiger F., Hove 2004, S. 147-163 (Availability).

RECKERS, PHILIP/SCHULTZ, JOSEPH, The Effects of Fraud Signals, Evidence Order, and Group-Assisted Counsel on Independent Auditor Judgment, in: Behavioral Research in Accounting 1993, S. 124-144 (Effects of Evidence Order on Independent Auditor Judgment).

REIMERS, JANE L./BUTLER, STEPHEN, The Effect of Outcome Knowledge on Auditors' Judgmental Evaluations, in: Accounting, Organizations and Society 1992, S. 185-194 (Effect of Outcome Knowledge on Auditors' Judgmental Evaluations).

RICHTER, MARTIN, Konzeptioneller Bezugsrahmen für eine realwissenschaftliche Theorie betriebswirtschaftlicher Prüfungen, in: Theorie und Praxis der Wirtschaftsprüfung II, hrsg. v. Richter, Martin, Berlin 1999, S. 263-306 (Theorie betriebswirtschaftlicher Prüfungen).

RITOV, ILANA/BARON, JONATHAN, Status-Quo and Omission Biases, in: Journal of Risk and Uncertainty 1992, S. 49-61 (Status-Quo and Omission Biases).

ROBERTSON, S. IAN, Problem Solving, Hove 2001 (Problem Solving).

ROBINSON-RIEGLER, GREGORY/ROBINSON-RIEGLER, BRIDGET, Cognitive Psychology – Applying the Science of the Mind, 2. Aufl., Boston, Mass. u. a. 2008 (Cognitive Psychology).

ROESE, NEAL, Counterfactual Thinking, in: Psychological Bulletin 1997, S. 133-148 (Counterfactual Thinking).

ROSNOW, RALPH, What happened to the „Law of Primacy"?, in: Journal of Communication 1966, S. 10-31 (Law of Primacy).

ROSNOW, RALPH/ROBINSON, EDWARD, Experiments in Persuasion, New York 1967 (Experiments in Persuasion).

ROSS, LEE, The Intuitive Psychologist and his Shortcomings – Distortions in the Attribution Process, in: Advances in Experimental Social Psychology 1977, S. 173-220 (Distortions in the Attribution Process).

ROSS, LEE/LEPPER, MARK/HUBBARD, MICHAEL, Perseverance in Self-Perception and Social Perception – Biased Attributional Processes in the Debriefing Paradigm, in: Journal of Personality and Social Psychology 1975, S. 880-892 (Perseverance in Self-Perception and Social Perception).

ROY, MARIE/LERCH, F. JAVIER, Overcoming Ineffective Mental Representations in Base-rate Problems, in: Information Systems Research 1996, S. 233-247 (Overcoming Base-rate Problems).

RUHNKE, KLAUS, Expertensysteme als Prüfungswerkzeug, in: Die Wirtschaftsprüfung 1990, S. 125-133 (Prüfungswerkzeug).

RUHNKE, KLAUS, Internationale Normen der Abschlußprüfung, in: Theorie und Praxis der Wirtschaftsprüfung, hrsg. v. Richter, Martin, Berlin 1997, S. 109-152 (Internationale Normen der Abschlußprüfung).

RUHNKE, KLAUS, Normierung der Abschlußprüfung, Stuttgart 2000 (Abschlußprüfung).

RUHNKE, KLAUS, Business Audit, in: Die Betriebswirtschaft 2002, S. 696-699 (Business Audit).

RUHNKE, KLAUS, Geschäftsrisikoorientierte Abschlussprüfung – Revolution im Prüfungswesen oder Weiterentwicklung des risikoorientierten Prüfungsansatzes?, in: Der Betrieb 2002, S. 437-443 (Geschäftsrisikoorientierte Abschlussprüfung).

RUHNKE, KLAUS, Prüfungstheorie, in: Lexikon der Wirtschaftsprüfung, hrsg. v. Marten, Kai-Uwe/Quick, Reiner/Ruhnke, Klaus, Stuttgart 2006, S. 650-655 (Prüfungstheorie).

RUHNKE, KLAUS/LUBITZSCH, KAY, Abschlussprüfung und das neue Aussagen-Konzept der IFAC – Darstellung, Beweggründe und Beurteilung, in: Die Wirtschaftsprüfung 2006, S. 366-375 (Aussagen-Konzept der IFAC).

RUHNKE, KLAUS/TORKLUS, ALEXANDER VON, Monetary Unit Sampling – Eine Analyse empirischer Studien, in: Die Wirtschaftsprüfung 2008, S. 1119-1128 (Monetary Unit Sampling).

RUSSO, EDWARD/SCHOEMAKER, PAUL, Managing Overconfidence, in: Sloan Management Review 1992, S. 7-17 (Managing Overconfidence).

RUSSO, JOSPEH, An Investigation of Auditor Problem-Solving Behavior in an Unfamiliar Task Situation, Ann Arbor 1994 (Problem-Solving Behavior).

RUTHERFORD, ANDREW, Long-Term Memory: Encoding and Retrieval, in: Cognitive Psychology, hrsg. v. Braisby, Nick/Gellatly, Angus, Oxford 2005, S. 269-306 (Long-Term Memory: Encoding and Retrieval).

SAMUELSON, WILLIAM/ZECKHAUSER, RICHARD, Status Quo Bias in Decision Making, in: Journal of Risk and Uncertainty 1988, S. 7-59 (Status Quo Bias in Decision Making).

SAUERMANN, HEINZ/SELTEN, REINHARD, Anspruchsanpassungstheorie der Unternehmung, in: Zeitschrift für die gesamte Staatswissenschaft 1962, S. 577-597 (Anspruchsanpassungstheorie).

SAVAGE, LEONARD, The Foundations of Statistics, New York 1954 (Foundations of Statistics).

SCHADE, GERD, Zur Konkretisierung des Gebots sorgfältiger Abschlußprüfung, Düsseldorf 1982 (Gebot sorgfältiger Abschlußprüfung).

SCHÄFFER, UTZ, Kontrolle als Lernprozess, Wiesbaden 2001 (Lernprozess).

SCHERMER, FRANZ, Lernen und Gedächtnis, 4. Aufl., Stuttgart 2006 (Lernen und Gedächtnis).

SCHINDLER, JOACHIM/GÄRTNER, MICHAEL, Verantwortung des Abschlussprüfers zur Berücksichtigung von Verstößen (fraud) im Rahmen der Abschlussprüfung – Eine Einführung in ISA 240 (rev.), in: Die Wirtschaftsprüfung 2004, S. 1233-1246 (Verantwortung des Abschlussprüfers zur Berücksichtigung von Verstößen).

SCHINDLER, RICHARD, Unternehmensrisiken und Abschlussprüfung – Berücksichtigung von Unternehmensrisiken, insbesondere Markt- und Produktionsrisiken, in einem erweiterten risikoorientierten Prüfansatz, Zürich 1996 (Unternehmensrisiken und Abschlussprüfung).

SCHKADE, DAVID/KILBOURNE, LYNDIA, Expectation-Outcome Consistency and Hindsight Bias, in: Organizational Behavior and Human Decision Processes 1991, S. 105-123 (Expectation-Outcome Consistency).

SCHMIDT, ACHIM/PFITZER, NORBERT/LINDGENS, URSULA, Qualitätssicherung in der Wirtschaftsprüferpraxis, in: Die Wirtschaftsprüfung 2005, S. 321-343 (Qualitätssicherung in der Wirtschaftsprüferpraxis).

SCHMIDT, STEFAN, Geschäftsverständnis, Risikobeurteilungen und Prüfungshandlungen des Abschlussprüfers als Reaktion auf beurteilte Risiken, in: Die Wirtschaftsprüfung 2005, S. 873-887 (Risikobeurteilungen und Prüfungshandlungen).

SCHMIDT, STEFAN, Risikomanagement und Qualitätssicherung in der Wirtschaftsprüferpraxis, in: Die Wirtschaftsprüfung 2006, S. 265-274 (Risikomanagement und Qualitätssicherung).

SCHMIDT, STEFAN, Handbuch risikoorientierte Abschlussprüfung – Fachliche Regeln für Auftragsabwicklung und Qualitätssicherung, Düsseldorf 2008 (Handbuch risikoorientierte Abschlussprüfung).

SCHNEIDER, DIETER, Investition, Finanzierung und Besteuerung, 7. Aufl., Wiesbaden 1992 (Investition, Finanzierung und Besteuerung).

SCHNELLENBACH, JAN, Wohlwollendes Anschubsen: Was ist mit liberalem Paternalismus zu erreichen und was sind seine Nebenwirkungen?, in: Perspektiven der Wirtschaftspolitik 2011, S. 445-459 (Liberaler Paternalismus).

SCHREIBER, STEFAN, Das Informationsverhalten von Wirtschaftsprüfern – Eine Prozessanalyse aus verhaltenswissenschaftlicher Perspektive, Wiesbaden 2000 (Informationsverhalten von Wirtschaftsprüfern).

SCHREIBER, STEFAN, Effektivität und Effizienz des Informationsverhaltens von Wirtschaftsprüfern im Rahmen von Jahresabschlussprüfungen, in: Die Wirtschaftsprüfung 2001, S. 335-345 (Effektivität und Effizienz des Informationsverhaltens von Wirtschaftsprüfern).

SCHRUFF, WIENAND, Neue Ansätze zur Aufdeckung von Gesetzesverstößen der Unternehmensorgane im Rahmen der Jahresabschlussprüfung, in: Die Wirtschaftsprüfung 2005, S. 207-211 (Aufdeckung von Gesetzesverstößen der Unternehmensorgane).

SCHULTE, ELMAR, Quantitative Methoden der Urteilsgewinnung bei Unternehmungsprüfungen, Düsseldorf 1970 (Urteilsgewinnung bei Unternehmungsprüfungen).

SCHWARZ, NORBERT/BLESS, HERBERT/STRACK, FRITZ/KLUMPP, GISELA/RITTENAUER-SCHATKA, HELGA/SIMONS, ANNETTE, Ease of Retrieval as Information: Another Look at the Availability Heuristic, in: Journal of Personality and Social Psychology 1991, S. 195-202 (Availability Heuristic).

SCHWARZ, NORBERT/VAUGHN, LEIGH ANN, The Availability Heuristic Revisited – Ease of Recall and Content of Recall as Distinct Sources of Information, in: Heuristics and Biases, hrsg. v. Gilovich, Thomas/Griffin, Dale W./Kahneman, Daniel, 8. Aufl., Cambridge 2008, S. 103-119 (Availability Heuristic Revisited).

SCHWARZ, STEFAN/STAHLBERG, DAGMAR, Strength of Hindsight Bias as a Consequence of Meta-Cognitions, in: Memory 2003, S. 395-410 (Strength of Hindsight Bias).

SCHWIND, JOCHEN, Die Informationsverarbeitung von Wirtschaftsprüfern bei der Prüfung geschätzter Werte – Eine verhaltenswissenschaftliche und empirische Analyse, Wiesbaden 2011 (Informationsverarbeitung von Wirtschaftsprüfern).

SEDLMEIER, PETER, Improving Statistical Reasoning – Theoretical Models and Practical Implications, Mahwah 1999 (Improving Statistical Reasoning).

SELL, KIRSTEN, Die Aufdeckung von Bilanzdelikten bei der Abschlußprüfung – Berücksichtigung von Fraud & Error nach deutschen und internationalen Vorschriften, Düsseldorf 1999 (Aufdeckung von Bilanzdelikten bei der Abschlußprüfung).

SELTEN, REINHARD, Bounded Rationality, in: Journal of Institutional and Theoretical Economics 1990, S. 649-658 (Bounded Rationality).

SELTEN, REINHARD, What is Bounded Rationality?, in: Bounded Rationality, hrsg. v. Gigerenzer, Gerd/Selten, Reinhard, Cambridge 2002, S. 13-36 (What is Bounded Rationality?).

SHAH, ANUJ/OPPENHEIMER, DANIEL, Heuristics Made Easy – An Effort-Reduction Framework, in: Psychological Bulletin 2008, S. 207-222 (Heuristics).

SHANTEAU, JAMES, Cognitive Heuristics and Biases in Behavioral Auditing – Review, Comments and Observations, in: Accounting, Organizations and Society 1989, S. 165-177 (Cognitive Heuristics and Biases in Behavioral Auditing).

SHAUB, MICHAEL, Trust and Suspicion: The Effects of Situational and Dispositional Factors on Auditors' Trust of Clients, in: Behavioral Research in Accounting 1996, S. 154-174 (Trust and Suspicion).

SIMON, DANIEL/FRANCIS, JERE, The Effects of Auditor Change on Audit Fees: Tests of Price Cutting and Price Recovery, in: The Accounting Review 1988, S. 255-269 (Effects of Auditor Change on Audit Fees).

SIMON, HERBERT, A Behavioral Model of Rational Choice, in: The Quarterly Journal of Economics 1955, S. 99-118 (Behavioral Model of Rational Choice).

SIMON, HERBERT, Rational Choice and the Structure of the Environment, in: Psychological Review 1956, S. 129-138 (Rational Choice).

SIMON, HERBERT, Administrative Behaviour – A Study of Decision Making Processes in Administrative Organization, 2. Aufl., New York 1957 (Administrative Behaviour).

SIMON, HERBERT, Models of Man – Social and Rational, New York 1957 (Models of Man).

SIMON, HERBERT, Rationality, in: Dictionary of the Social Sciences, hrsg. v. Gould, Julius/Kolb, William L., Glencoe 1964a, S. 573-574 (Rationality).

SIMON, HERBERT, The Structure of Ill-Structured Problems, in: Artificial Intelligence 1973, S. 181-201 (Ill-Structured Problems).

SIMON, HERBERT, Information-Processing Theory of Human Problem Solving, in: Handbook of Learning and Cognitive Processes, hrsg. v. Estes, William K., Hillsdale 1978, S. 271-295 (Information-Processing Theory).

SIMON, HERBERT, Rationality as Process and as Product of Thought, in: American Economic Review 1978, S. 1-16 (Rationality as Process and as Product of Thought).

SIMON, HERBERT, Human Nature in Politics: The Dialogue of Psychology with Political Science, in: The American Political Science Review 1985, S. 293-304 (Human Nature).

SIMON, HERBERT, Rationality in Psychology and Economics, in: Journal of Business 1986b, S. S209-S224 (Rationality).

SIMON, HERBERT, Models of Bounded Rationality – Empirically Grounded Economic Reason, Cambridge 1997 (Models of Bounded Rationality).

SIMONSON, ITAMAR/NYE, PETER, The Effect of Accountability on Susceptibility to Decision Errors, in: Organizational Behavior and Human Decision Processes 1992, S. 416-446 (Effect of Accountability on Susceptibility to Decision Errors).

SLOVIC, PAUL/FISCHHOFF, BARUCH, On the Psychology of Experimental Surprises, in: Journal of Experimental Psychology: Human Perception and Performance 1977, S. 544-551 (On the Psychology of Experimental Surprises).

SLOVIC, PAUL/LICHTENSTEIN, SARAH, Comparison of Bayesian and regression approaches to the study of information processing in judgment, in: Organizational Behavior and Human Performance 1971, S. 649-744 (Information Processing in Judgment).

SMITH, JAMES/KIDA, THOMAS, Heuristics and Biases: Expertise and Task Realism in Auditing, in: Psychological Bulletin 1991, S. 472-489 (Expertise and Task Realism in Auditing).

SOLOMON, IRA/SHIELDS, MICHAEL D., Judgment and decision-making research in auditing, in: Judgment and decision-making research in accounting and auditing, hrsg. v. Ashton, Robert H., Cambridge 1995, S. 137-175 (Decision-Making in Auditing).

SOLSO, ROBERT/MACLIN, M. KIMBERLY/MACLIN, OTTO, Cognitive Psychology, 7. Aufl., Boston 2005 (Cognitive Psychology).

SPERL, ANDREAS, Prüfungsplanung, Düsseldorf 1978 (Prüfungsplanung).

STAHLBERG, DAGMAR/ELLER, FRANK/MAASS, ANNE/FREY, DIETER, We Knew It All Along: Hindsight Bias in Groups, in: Organizational Behavior and Human Decision Processes 1995, S. 46-58 (We Knew It All Along).

STAUDACHER, ALEXANDER, Phänomenales Bewußtsein als Problem für den Materialismus, Berlin 2002 (Phänomenales Bewußtsein).

STIBI, EVA-MARIA, Prüfungsrisikomodell und risikoorientierte Abschlußprüfung, Düsseldorf 1995 (Risikoorientierte Abschlußprüfung).

STRACK, FRITZ, Urteilsheuristiken, in: Motivations- und Informationsverarbeitungstheorien, hrsg. v. Baldwin, Mark W./Frey, Dieter/Irle, Martin, 2. Aufl., Stuttgart 1998, S. 239-267 (Urteilsheuristiken).

STRACK, FRITZ/MUSSWEILER, THOMAS, Explaining the Enigmatic Anchoring Effect: Mechanisms of Selective Accessibility, in: Journal of Personality and Social Psychology 1997, S. 437-446 (Explaining the Enigmatic Anchoring Effect).

STREIM, HANNES, Heuristische Lösungsverfahren – Versuch einer Begriffserklärung, in: Zeitschrift für Operations Research 1975, S. 143-162 (Heuristische Lösungsverfahren).

STROMBACH, WERNER, Die Gesetze unseres Denkens – Eine Einführung in die Logik, 2. Aufl., München 1971 (Gesetze unseres Denkens).

SUNSTEIN, CASS/THALER, RICHARD, Libertarian Paternalism Is Not An Oxymoron, in: University of Chicago Law Review 2003, S. 1159-1202 (Libertarian Paternalism).

SVENSON, OLA, Are We All Less Risky and More Skillful than Our Fellow Drivers?, in: Acta Psychologica 1981, S. 143-148 (Less Risky and More Skillful).

SWART, CHRISTOPH, Systemprüfung in verteilten Abrechnungssystemen unter besonderer Berücksichtigung mikrocomputergestützter Funktionen, Düsseldorf 1988 (Systemprüfung).

TAN, CHRISTINE/JUBB, CHRISTINE/HOUGHTON, KEITH, Auditor Judgments: The Effects of the Partner Views on Decision Outcomes and Cognitive Effort, in: Behavioral Research in Accounting 1997, S. 157-175 (Effects of Partner Views on Decision Outcomes and Cognitive Effort).

TAN, HUN-TONG, Effects of Expectations, Prior Involvement, and Review Awareness on Memory for Audit Evidence and Judgment, in: Journal of Accounting Research 1995, S. 113-135 (Audit Evidence and Judgment).

TARPY, ROGER/MAYER, RICHARD, Foundations of Learning and Memory, Glenview 1978 (Foundations of Learning and Memory).

TAYLOR, SHELLEY E., The Availability Bias in Social Perception and Interaction, in: Judgment under Uncertainty: Heuristics and Biases, hrsg. v. Kahneman, Daniel/Slovic, Paul/Tversky, Amos, Cambridge 2008, S. 190-200 (Availability Bias).

TEIGEN, KARL HALVOR, Judgements by Representativeness, in: Cognitive Illusions, hrsg. v. Pohl, Rüdiger F., Hove 2004, S. 165-182 (Representativeness).

TESCH, JÖRG, Nachweisprüfungshandlungen, in: Vahlens großes Auditing Lexikon, hrsg. v. Freidank, Carl-Christian/Lachnit, Laurenz/Tesch, Jörg/Weber, Stefan C., München 2007, S. 965 (Nachweisprüfung).

TETLOCK, PHILIP/BOETTGER, RICHARD, Accountability Amplifies the Status Quo Effect When Change Creates Victims, in: Journal of Behavioral Decision Making 1994, S. 1-23 (Status Quo Effect).

THALER, RICHARD, Toward a Positive Theory of Consumer Choice, in: Journal of Economic Behavior and Organization 1980, S. 39-60 (Positive Theory of Consumer Choice).

THALER, RICHARD/SUNSTEIN, CASS, Libertarian Paternalism, in: American Economic Review 2003, S. 175-179 (Libertarian Paternalism).

THALER, RICHARD/SUNSTEIN, CASS, Nudge – Improving Decisions about Health, Wealth, and Happiness, New York 2009 (Nudge).

THIEL, HANSPETER, Risikoorientierte Abschlussprüfung, in: Revision und Rechnungslegung im Wandel, hrsg. v. Helbling, Carl, Zürich 1989, S. 161-175 (Risikoorientierte Abschlussprüfung).

THOENNES, HORST O., Der risikoorientierte Prüfungsansatz, in: Rechnungslegung und Prüfung 1994, hrsg. v. Baetge, Jörg, Düsseldorf 1994, S. 31-51 (Risikoorientierter Prüfungsansatz).

THORNGATE, WARREN, Efficient Decision Heuristics, in: Behavioral Science 1980, S. 219-225 (Efficient Decision Heuristics).

TIETZ, REINHARD, Adaptation of Aspiration Levels – Theory and Experiment, in: Understanding Strategic Interaction, hrsg. v. Albers, Wulf/Güth, Werner/ Hammerstein, Peter/Moldovanu, Benny/van Damme, Eric, Berlin 1997, S. 345-364 (Adaptation of Aspiration Levels).

TOMASSINI, LAWRENCE/SOLOMON, IRA/ROMNEY, MARSHALL/KROGSTAD, JACK, Calibration of Auditors' Probabilistic Judgments – Some Empirical Evidence, in: Organizational Behavior and Human Performance 1982, S. 391-406 (Calibration of Auditors' Probabilistic Judgments).

TROTMAN, KEN/SNG, JENNIFER, The Effect of Hypothesis Framing, Prior Expectations and Cue Diagnosticity on Auditors' Information Choice, in: Accounting, Organizations and Society 1989, S. 565-576 (Auditors' Information Choice).

TROTMAN, KEN/WRIGHT, ARNOLD, Recency Effects – Task Complexity, Decision Mode, and Task-Specific Experience, in: Behavioral Research in Accounting 1996, S. 175-193 (Recency Effects).

TROTMAN, KEN/WRIGHT, ARNOLD, Order Effects and Recency: Where do we go from here?, in: Accounting and Finance 2000, S. 169-182 (Order Effects).

TUBBS, RICHARD/MESSIER JR., WILLIAM/KNECHEL, W. ROBERT, Recency Effects in the Auditor's Belief-Revision Process, in: The Accounting Review 1990, S. 452-460 (Recency Effects in the Auditor's Belief-Revision Process).

TVERSKY, AMOS/KAHNEMAN, DANIEL, Belief in the Law of Small Numbers, in: Psychological Bulletin 1971, S. 105-110 (Belief in the Law of Small Numbers).

TVERSKY, AMOS/KAHNEMAN, DANIEL, Availability – A Heuristic for Judging Frequency and Probability, in: Cognitive Psychology 1973, S. 207-232 (Availability).

TVERSKY, AMOS/KAHNEMAN, DANIEL, Judgement under Uncertainty: Heuristics and Biases – Biases in judgments reveal some heuristics of thinking under uncertainty, in: Science 1974, S. 1124-1131 (Heuristics and Biases).

TVERSKY, AMOS/KAHNEMAN, DANIEL, Extensional versus Intuitive Reasoning: The Conjunction Fallacy in Probability Judgment, in: Psychological Review 1983, S. 293-315 (Conjunction Fallacy in Probability Judgment).

TVERSKY, AMOS/KAHNEMAN, DANIEL, Advances in Prospect Theory – Cumulative Representation of Uncertainty, in: Journal of Risk and Uncertainty 1992, S. 297-323 (Advances in Prospect Theory).

TVERSKY, AMOS/KAHNEMAN, DANIEL, Judgments of and by Representativeness, in: Judgment under Uncertainty: Heuristics and Biases, hrsg. v. Kahneman, Daniel/Slovic, Paul/Tversky, Amos, Cambridge 2008, S. 84-98 (Judgments of and by Representativeness).

UECKER, WILFRED/KINNEY, WILLIAM, Judgmental Evaluation of Sample Results – A Study of the Type and Severity of Errors made by practicing CPAs, in: Accounting, Organizations and Society 1977, S. 269-275 (Evaluation of Sample Results).

ULRICH, DIETER, Einführung anlassunabhängiger Sonderuntersuchungen durch das Berufsaufsichtsreformgesetz, in: WPK Magazin 2006, S. 50-53 (Anlassunabhängige Sonderuntersuchungen).

VAN EXEL, JOB/BROUWER, WERNER/VAN DEN BERG, BERNARD/KOOPMANSCHAP, MARC, With a little help from an Anchor – Discussion and evidence of anchoring effects in contingent valuation, in: The Journal of Socio-Economics 2006, S. 836-853 (Discussion and Evidence of Anchoring Effects).

WALACH, HARALD, Psychologie – Wissenschaftstheorie, philosophische Grundlagen und Geschichte, 3. Aufl., Stuttgart 2013 (Grundlagen und Geschichte der Psychologie).

WALLER, WILLIAM/FELIX, WILLIAM, The Auditor and Learning from Experience – Some Conjectures, in: Accounting, Organizations and Society 1984, S. 383-406 (The Auditor and Learning from Experience).

WALZ, ANTHONY, An Integrated Risk Model, in: Internal Auditor 1992, S. 60-65 (Integrated Risk Model).

WÄNKE, MICHAELA/SCHWARZ, NORBERT/BLESS, HERBERT, The Availability Heuristic Revisited – Experienced Ease of Retrieval in Mundane Frequency Estimates, in: Acta Psychologica 1995, S. 83-90 (Availability Heuristic).

WASON, PETER, On the Failure to Eliminate Hypotheses in a Conceptual Task, in: Quarterly Journal of Experimental Psychology 1960, S. 129-140 (Failure to Eliminate Hypotheses).

WASON, PETER/JOHNSON-LAIRD, PHILIP, Psychology of Reasoning – Structure and Content, Cambridge 1972 (Psychology of Reasoning).

WEINSTEIN, NEIL, Unrealistic Optimism About Future Life Events, in: Journal of Personality and Social Psychology 1980, S. 806-820 (Unrealistic Optimism).

WENTURA, DIRK/FRINGS, CHRISTIAN, Kognitive Psychologie, Wiesbaden 2013 (Kognitive Psychologie).

WESSLING, EWALD, Individuum und Information – Die Erfassung von Information und Wissen in ökonomischen Handlungstheorien, Tübingen 1991 (Handlungstheorien).

WHYTE, GLEN/SEBENIUS, JAMES, The Effect of Multiple Anchors on Anchoring in Individual and Group Judgment, in: Organizational Behavior and Human Decision Processes 1997, S. 75-85 (Anchoring in Individual and Group Judgment).

WICH, HOLGER, Internes Kontrollsystem und Management-Informationssystem – Analyse der Systembedeutung für Unternehmensleitung und Abschlussprüfer, Frankfurt am Main 2008 (Internes Kontrollsystem).

WIEDMANN, HARALD, Die Prüfung des internen Kontrollsystems, in: Die Wirtschaftsprüfung 1981, S. 705-711 (Prüfung des internen Kontrollsystems).

WIEDMANN, HARALD, Der risikoorientierte Prüfungsansatz, in: Die Wirtschaftsprüfung 1993 (Risikoorientierter Prüfungsansatz).

WIEMANN, DANIELA, Prüfungsqualität des Abschlussprüfers – Einfluss der Mandatsdauer auf die Bilanzpolitik beim Mandanten, Wiesbaden 2011 (Prüfungsqualität des Abschlussprüfers).

WIEST, JEROME, Heuristic Programs for Decision Making, in: Harvard Business Review 1966, S. 129-146 (Heuristic Programs for Decision Making).

WILKS, THOMAS, Predecisional Distortion of Evidence as a Consequence of Real-Time Audit Review, in: The Accounting Review 2002, S. 51-71 (Predecisional Distortion of Evidence).

WILSON, TIMOTHY/BREKKE, NANCY, Mental Contamination and Mental Correction – Unwanted Influences on Judgments and Evaluations, in: Psychological Bulletin 1994, S. 117-142 (Unwanted Influences on Judgments).

WILSON, WARNER/MILLER, HOWARD, Repetition, Order of Presentation, and Timing of Arguments and Measures as Determinants of Opinion Change, in: Journal of Personality and Social Psychology 1968, S. 184-188 (Order of Presentation).

WIMMER, HEINZ/PERNER, JOSEF, Kognitionspsychologie – Eine Einführung, Stuttgart 1979 (Kognitionspsychologie).

WINKEL, SANDRA/PETERMANN, FRANZ/PETERMANN, ULRIKE, Lernpsychologie, Paderborn 2006 (Lernpsychologie).

WOLZ, MATTHIAS, Wesentlichkeit im Rahmen der Jahresabschlussprüfung – Bestandsaufnahme und Konzeptionen zur Umsetzung des Materialitygrundsatzes, Düsseldorf 2003 (Wesentlichkeit).

WÖMPENER, ANDREAS, Behavioral Budgeting – Beschränkte Rationalität von kognitiven Urteils- und Entscheidungsprozessen im Kontext der Budgetierung, Hamburg 2008 (Behavioral Budgeting).

WRIGHT, ARNOLD, The impact of prior working papers on auditor evidential planning judgments, in: Accounting, Organizations and Society 1988, S. 595-605 (Impact of Prior Working Papers).

WYSOCKI, KLAUS VON, Der meßtheoretische Ansatz einer Prüfungslehre, in: Treuhandwesen, hrsg. v. Lechner, Karl/Abel, Alfred, Wien 1978, S. 105-151 (Meßtheoretischer Ansatz).

WYSOCKI, KLAUS, Wirtschaftliches Prüfungswesen – Band III: Prüfungsgrundsätze und Prüfungsverfahren nach den nationalen und internationalen Prüfungsstandards, München 2003 (Wirtschaftliches Prüfungswesen).

XIA, SHILIANG, A Review Research of Errors Caused in Auditing Process, in: International Journal of Business and Management 2008, S. 154-155 (Research of Errors Caused in Auditing Process).

YAN, SONG, Über die Wirkung modalitätsspezifischer Hinweisreize im ikonischen Gedächtnis, Göttingen 2001 (Gedächtnis).

ZAEH, PHILIPP, Entscheidungsunterstützung in der risikoorientierten Abschlußprüfung – Prozeßorientierte Modelle zur EDV-technischen Quantifizierung der Komponenten des Prüfungsrisikos unter besonderer Würdigung der Fuzzy-Logic, Landsberg 1998 (Risikoorientierte Abschlußprüfung).

ZAEH, PHILIPP, Die Planung der Prüfungsmethoden in einer Problem- und Risikoorientierten Abschlußprüfung, in: Zeitschrift für Planung 1999, S. 373-390 (Planung der Prüfungsmethoden).

ZAEH, PHILIPP, Die Entwicklung von Prüfungsstrategien im Kontext der Problem- und Risikoorientierten Abschlußprüfung, in: Zeitschrift für Planung 2000, S. 217-237 (Entwicklung von Prüfungsstrategien).

ZAEH, PHILIPP, Das Entdeckungsrisiko im Kontext der Risikoorientierten Abschlußprüfung, in: Zeitschrift für Planung 2001, S. 245-260 (Entdeckungsrisiko).

ZAEH, PHILIPP E., Risiko und Wesentlichkeit im Kontext der Abschlussprüfung nach IDW PS 240 – Unter Würdigung des Bayesschen Theorems, in: Die deutsche Rechnungslegung und Wirtschaftsprüfung im Umbruch, hrsg. v. Freidank, Carl-Christian/Strobel, Wilhelm Theodor, München 2001, S. 303-340 (Risiko und Wesentlichkeit).

ZAYER, ERIC, Verspätete Projektabbrüche in F&E – Eine verhaltensorientierte Analyse, Wiesbaden 2007 (Verspätete Projektabbrüche).

ZEHNDER, CARL AUGUST, Das Prinzip der heuristischen Methoden, in: Heuristische Planungsmethoden, hrsg. v. Weinberg, Franz/Zehnder, Carl August, Berlin 1969, S. 7-22 (Prinzip der heuristischen Methoden).

ZIMMERMANN, ERHARD, Theorie und Praxis der Prüfungen im Betriebe, Essen 1954 (Theorie und Praxis der Prüfungen).

ZÜND, ANDRÉ, Revisionslehre, Zürich 1982 (Revisionslehre).

Verzeichnis berufsständischer Verlautbarungen

IAASB (Hrsg.), ISA 200 „Overall Objectives of the Independent Auditor and the Conduct of an Audit in Accordance with International Standards on Auditing”, in: Handbook of International Quality Control, Auditing, Review, Other Assurance, and Related Services Pronouncements, Edition Volume I, New York 2013, S. 73-101 (ISA 200).

IAASB (Hrsg.), ISA 220 „Quality Control for an Audit of Financial Statements“, in: Handbook of International Quality Control, Auditing, Review, Other Assurance, and Related Services Pronouncements, Edition Volume I, New York 2013, S. 125-143 (ISA 220).

IAASB (Hrsg.), ISA 240 „The Auditor's Responsibilities Relating to Fraud in an Audit of Financial Statements”, in: Handbook of International Quality Control, Auditing, Review, Other Assurance, and Related Services Pronouncements, Edition Volume I, New York 2013, S. 157-200 (ISA 240).

IAASB (Hrsg.), ISA 300 „Planning an Audit of Financial Statements”, in: Handbook of International Quality Control, Auditing, Review, Other Assurance, and Related Services Pronouncements, Edition Volume I, New York 2013, S. 253-266 (ISA 300).

IAASB (Hrsg.), ISA 315 (Revised) „Identifying and Assessing the Risks of Material Misstatement through Understanding the Entity and Its Environment”, in: Handbook of International Quality Control, Auditing, Review, Other Assurance, and Related Services Pronouncements, Edition Volume I, New York 2013, S. 267-320 (ISA 315).

IAASB (Hrsg.), ISA 330 „The Auditor's Responses to Assessed Risks”, in: Handbook of International Quality Control, Auditing, Review, Other Assurance, and Related Services Pronouncements, Edition Volume I, New York 2013, S. 330-352 (ISA 330).

IAASB (Hrsg.), ISA 500 „Audit Evidence”, in: Handbook of International Quality Control, Auditing, Review, Other Assurance, and Related Services Pronouncements, Edition Volume I, New York 2013, S. 388-404 (ISA 500).

IAASB (Hrsg.), ISA 530 „Audit Sampling”, in: Handbook of International Quality Control, Auditing, Review, Other Assurance, and Related Services Pronouncements, Edition Volume I, New York 2013, S. 449-465 (ISA 530).

IAASB (Hrsg.), ISA 570 „Going Concern”, in: Handbook of International Quality Control, Auditing, Review, Other Assurance, and Related Services Pronouncements, Edition Volume I, New York 2013, S. 551-567 (ISA 570).

IDW (Hrsg.), IDW Prüfungsstandard: Ziele und allgemeine Grundsätze der Durchführung von Abschlussprüfungen (IDW PS 200), Stand: 28. Juni 2000, in: Die Wirtschaftsprüfung 2000, S. 706-710 (IDW PS 200).

IFAC (Hrsg.), ISQC 1 „Quality Control for Firms that Perform Audits and Reviews of Financial Statements, and Other Assurance and Related Services Engagements", in: Handbook Of International Auditing, Assurance, And Ethics Pronouncements, 2005 Edition, New York 2005, S. 148-174 (ISQC 1).

PCAOB (Hrsg.), AU Section 230 „Due Professional Care in the Performance of Work", abrufbar unter: http://pcaobus.org/Standards/Auditing/Pages/AU230.aspx, zuletzt geprüft am: 5. Juni 2015 (AU Section 230).

PCAOB (Hrsg.), AU-C Section 200 „Overall Objectives of the Independent Auditor and the Conduct of an Audit in Accordance With Generally Accepted Auditing Standards", abrufbar unter: http://www.aicpa.org/Research/Standards/Audit Attest/DownloadableDocuments/AU-C-00200.pdf, zuletzt geprüft am: 5. Juni 2015 (AU-C Section 200).

WPK (Hrsg.), Satzung der Wirtschaftsprüferkammer über die Rechte und Pflichten bei der Ausübung der Berufe des Wirtschaftsprüfers und des vereidigten Buchprüfers (Berufssatzung für Wirtschaftsprüfer/vereidigte Buchprüfer – BS WP/vBP), abrufbar unter: www.wpk.de/pdf/bs-wpvbp.pdf, zuletzt geprüft am: 5. Juni 2015 (BS WP/vBP).

WPK und IDW (Hrsg.), VO 1/2006 „Gemeinsame Stellungnahme der WPK und des IDW: Anforderungen an die Qualitätssicherung in der Wirtschaftsprüferpraxis (VO 1/2006)", Stand: 27. März 2006, abrufbar unter: http://www.wpk.de/uploads/tx_templavoila/VO_1-2006.pdf, zuletzt geprüft am: 5. Juni 2015 (VO 1/2006).